통계학 기초 따라하기

| 원리 · 방법이해 및 엑셀 활용 |

함형범 지음

MEDIA JIPHIL
(주)지필미디어

〈저자 소개〉

함형범(이학박사)

- 서경대학교 금융정보공학과 교수
- 저서 : SAS/INSIGHT 통계분석(2004), 교우사
  SAS 프로그래밍과 데이터분석(2007), 연학사
  일반통계(2009), 연학사
  응용대학수학(2013), 교우사
  기초회귀분석(2016), 지필미디어

통계학기초 따라하기
원리 · 방법이해 및 엑셀활용

발 행 일 2017년 3월 6일 초판 인쇄
저 자 함형범
발 행 인 김성남
발 행 처 (주)지필미디어
주 소 경기도 파주시 문발로 132 조에아울렛 402호
전 화 031-957-4504
팩 스 031-957-4503
이 메 일 book@jiphil.co.kr
홈페이지 www.jiphil.co.kr
등록번호 제 312-1997-000043호 (1997년 07월 16일)
I S B N 979-11-86674-43-7 93310
가 격 **24,000 원**

머/리/말

통계학은 연구목적에 필요한 자료를 수집하여 정리·요약하고, 분석하여 연구자가 관심을 갖고 있는 불확실한 현상에 대해서 통계라는 객관적이고 정량적인 근거를 갖고 합리적인 의사결정을 내릴 수 있는 이론과 방법을 제시해 주는 학문이다. 오늘날 자료를 어떻게 수집, 정리, 분석하며 그 결과로부터 어떠한 의사결정을 하는가는 인문, 사회 및 자연과학 등의 모든 학문분야에서 그 중요성이 점점 증대되어 가고 있다.

이 책은 통계학을 처음 접하는 초보자나 통계학 기초 지식이 미흡한 관련분야 실무자들을 대상으로 통계학에 대한 기본 이론 및 응용 능력을 배양하기 위하여 저술한 책으로 통계학을 엑셀로만 치중해서 쓴 책은 아니다.

엑셀은 전문 통계관련 패키지는 아니지만 접근하기 쉽고 웬만한 통계분석은 할 수 있다. 엑셀을 이용한 기초 통계학 책들은 통계학의 이론과 방법보다는 대부분 엑셀로 통계 관련공식을 산출하는데 치중하고 있다. 따라서 출력결과물이 어떤 의미를 갖는지 통계학의 어떠한 이론과 방법 때문에 산출되는지를 충분히 설명할 필요가 있고 관련분야에 응용할 수 있다고 사료된다.

이 책은 다음과 같은 면에서 기존의 기초통계학 책이나 엑셀을 이용한 기초통계학 책들과 차별화된다. 먼저 기초통계학의 이론과 방법을 충분히 설명하고, 관련 예제를 계산기로 풀어 통계학이 어떻게 응용되는지 쉽게 이해할 수 있게 하였다. 그리고 똑 같은 예제를 엑셀로 해결하여 통계학을 확실하게 이해하고 다량의 데이터에도 적용하여 관련 분야에 응용할 수 있도록 하였다. 이렇게 책의 본문대로 따라서 하면 통계학 초보자나 기본 지식이 부족한 실무자들도 능히 관련분야에 원하는 통계학을 응용할 수 있을 것이라 생각한다.

이 책이 통계학을 처음 접하는 초보자들에게는 통계이론과 방법에 대한 이해와 응용능력을 배양할 수 있는 교재로, 현장 실무자들에게는 통계 관련문제를 분석하고 해결하여 원하는 업무에 폭넓게 응용할 수 있는 도구로 역할을 수행하길 기대한다.

이 책을 준비하는 과정에서 많은 분들의 도움이 있었다. 특히 저술에만 집중할 수 있도록 어려운 환경 속에서도 뒷바라지 해준 아내와 두 딸에게 고마움을 전한다. 또한 이 책이 출판될 수 있도록 정성을 기울여주신 (주)지필미디어의 편집부와 고현희 대표께 감사드린다.

2017년 3월

저자 드림

목/차

제10장 통계적 검정과 엑셀활용 / 229

제11장 두 모집단의 추론과 엑셀활용 / 257

제12장 분산분석과 엑셀활용 / 297

제13장 범주형 자료 분석과 엑셀활용 / 335

제14장 회귀분석과 엑셀활용 / 359

연습문제 풀이 / 411

부록 / 449

참고문헌 / 528

찾아보기 / 529

제 1 장

통계학이란?

1.1 통계의 정의와 모집단 및 표본

1.2 기술통계학과 추측통계학

1.3 자료 측정의 척도

1.4 엑셀 분석 도구의 설치

1.1 통계의 정의와 모집단 및 표본

우리는 일상생활에서 여러 가지 통계에 접하게 된다. 예를 들면 국민의 평균수명, 인구증가율, 여론조사 결과, 종합주가지수의 변동성, 물가지수, 경제성장률, 쌀 생산량, TV 시청률 등 수없이 많다. 통계는 집단의 특성을 수량화 한 것으로 이러한 통계를 산출하기 위해서는 우선 자료(data)가 필요한데 자료는 모집단 또는 표본으로부터 얻을 수 있다.

• 모집단(population)과 표본(sample)

모집단 : 어떤 정보를 얻기 위하여 연구 또는 조사대상이 되는 집단의 수집 가능한 모든 관측값을 모은 집합

⇒ 모수 : 모집단의 특성값

표본 : 모집단의 부분집합 즉, 모집단으로부터 일부를 추출하여 얻은 관측값들의 집합

⇒ 통계량 : 표본의 특성값

모집단에서 구한 평균, 표준편차 등 특별히 관심을 갖는 특성값을 모수(parameter)라 한다. 모수는 모집단의 전체 관측값을 대상으로 계산된 값이므로 변하지 않는 일정한 상수가 된다. 한편 표본의 특성값을 통계량(statistic)이라 한다. 통계량은 모집단의 일부분인 표본에 근거를 두고 계산되는 값이므로 추출한 표본에 따라 변하는 값이다.

통계분석에 있어 주요 관심은 표본이 아니라 모집단에 대하여 추측하고 의사결정 하는 것이다. 보다 정확한 분석을 위해서는 모집단을 모두 관측하여 자료를 얻어야 하나 이는 시간과 비용이 많이 소요되는 단점이 있으며, 상황에 따라서는 모집단 전체를 자료로 얻는 것이 불가능한 경우도 있다(혈액형 조사 등). 따라서 통계분석에서는 특별한 경우가 아니면 통상적으로 표본자료에 근거하여 모집단의 특성값을 추론하고 관심 대상에 대하여 의사결정 하는 것이다.

예제 1.1 어느 해 전국 대학생 300만 명을 대상으로 실시한 토익시험의 평균점수가 700점으로 발표되었다. 서울 소재 대학교 학생들의 평균점수를 파악하기 위하여 1,000명을 임의로 추출하여 조사한 결과 720점으로 나타났다. 이 경우에 모집단, 모수, 표본, 통계량을 정의하여라.

해설 모집단 : 전국 대학생 300만 명의 토익점수

표본 : 서울 소재 대학생 1,000명의 토익점수

모수 : 모평균 $\mu = 700$

통계량 : 표본평균 $\overline{x} = 720$

1.2 기술통계학과 추측통계학

통계학(statistics)은 연구자가 관심을 갖고 있는 불확실한 현상에 대해서 필요한 자료를 수집하여 정리·요약하고, 분석하여 과학적이고 합리적인 의사결정을 내릴 수 있는 이론과 방법을 제시해 주는 학문이다. 통계학은 크게 기술통계학과 추측통계학으로 나누어진다.

기술통계학(descriptive statistics)은 모집단 또는 표본으로부터 수집된 자료의 정보를 쉽게 파악할 수 있도록 정리, 요약하는 방법을 다루는 분야이다. 기술통계학에서는 표, 그림 등을 이용하여 자료의 특성을 파악하는 방법과 수치적으로 자료의 특성을 파악하는 대표값, 산포도 등을 통하여 자료를 정리, 요약하고 비교하는 방법들을 다룬다.

추측통계학(inferential statistics)은 표본을 기초로 하여 모집단의 특성을 추론(추정, 가설검정)하는 통계적 방법이다. 통계적 추론을 통해 얻어진 결론들은 항상 옳은 것은 아니며 어느 정도의 불확실성을 가지고 있으므로 이런 불확실성의 정도를 확률이라는 객관적 척도를 사용하여 표현하고 있다. 즉, 모집단의 일부로 추출된 표본은 모집단에 관한 완전한 정보를 갖고 있지 못하며, 추출되는 표본에 따라 그 정보가 달라진다. 따라서 표본에 근거한 모집단에 관한 추측은 오차를 수반하게 되며 이러한

오차를 확률적으로 다루어 모집단의 일반적인 특성을 찾아내게 되는데 이러한 부분을 추측통계학에서 연구한다.

통계학의 궁극적인 목표는 기술통계학에서나 추측통계학에서나 모두 관심의 대상이 되는 집단의 특성을 알기 위한 것이라는 점에서 마찬가지이나, 통계학을 표본으로부터 관심의 대상이 되는 모집단의 특성을 추론 또는 일반화 시키는 학문이라 생각하면 이는 추측통계학을 가리키며 이로부터 추측통계학이 현대 통계학의 핵심 분야임을 알 수 있다.

1.3 자료 측정의 척도

(1) 명목척도와 명목자료

자료는 조사나 실험, 측정 등을 통해 수집하게 되며, 측정대상에 하나의 값을 할당시키기 위하여 사용되는 측정의 수준을 척도(scale)라 한다.

명목척도(nominal scale)란 측정 대상의 속성을 분류하거나 확인할 목적으로 명목상의 숫자를 부여하는 것으로 명목자료(nominal data)는 명목척도에 의해 측정된 자료를 말한다. 다음의 예는 명목척도에 의한 명목자료이다.

예제 1.2 귀하의 성별은? ① 남자 ② 여자
귀하의 직업은 무엇입니까?
① 전문직 ② 사무직 ③ 노무직 ④ 주부 ⑤ 학생

[예제 1.2]와 같이 1, 2, … 등의 명목자료는 측정 대상의 속성만을 나타내는 것이지 양적인 크기를 나타내거나 산술적인 계산을 할 수 있는 의미를 갖지 않는다.

(2) 순서척도와 순서자료

순서척도(ordinal scale)란 측정 대상간의 높고 낮음 등의 순서 관계를 나타내기 위하여 숫자를 부여하는 것으로 순서자료(ordinal data)는 순서척도에 의해 측정된 자료이다. 다음의 예는 순서척도에 의한 순서자료이다.

예제 1.3 귀하는 지금 사용하고 있는 A회사 제품에 대하여 어떻게 생각합니까?
① 매우 불만족　② 불만족　③ 만족　④ 매우 만족

[예제 1.3]에서 4는 1의 4배라는 의미가 아니라 단지 만족 정도의 순위만을 나타낼 뿐이다. 즉 1, 2, … 등의 순서자료는 측정 대상의 순위를 나타내는 것으로 명목자료와 마찬가지로 산술적 계산은 의미가 없다.

(3) 구간척도와 구간자료

구간자료(interval data)는 구간척도(interval scale)에 의해 측정된 자료이다. 구간척도는 측정대상의 양적인 정도의 차이를 나타내는 척도로서 순서척도가 가지는 순위 이외에도 구간의 의미를 갖는다. 구간척도는 척도사이의 간격이 동일해야 하며, 숫자의 의미는 있으나 절대영점(zero)을 갖지 못하므로 비율의 의미를 갖지는 못한다.

예를 들어 어느 날 기온이 최저 섭씨 15도이고 최고기온은 섭씨 30도라 하자. 그러면 그 날의 기온은 15도에서 30도 구간 사이에 변화함을 알 수 있다. 그러나 30이 15의 두 배라고 해서 기온이 두 배나 덥다는 의미는 아니다. 또한 15도와 30도의 차이는 40도와 55도의 차이와 수치적으로 같다. 만일 어떤 지역의 기온이 섭씨 0도 이면 0도 라는 온도가 없는 것이 아니라 단지 물이 어는점을 0도로 정의한 것뿐이다. 이와 같이 구간자료에서는 0의 본래 수치적 의미는 없다. 따라서 구간자료의 숫자는 덧셈과 뺄셈은 가능하나 곱셈, 나눗셈의 계산은 의미가 없다.

또한 설문조사에 많이 사용하는 형태, 즉 1="매우 싫어한다", 2="약간 싫어한다", 3="보통이다", 4="약간 좋아한다", 5="매우 좋아한다"와 같은 것도 구간 자료의 한 예이다.

(4) 비율척도와 비율자료

비율척도(ratio scale)는 구간척도가 가진 모든 성질을 포함하면서 비율이 의미가 있는 척도를 말한다. 따라서 비율자료(ratio data)는 절대영점을 가지므로 구간자료가 갖는 특성에 추가적으로 측정값들 간의 비율 계산이 가능하다. 비율척도로 측정되는 자료는 연령, 상품 가격, 소득, 거리, 시간, 투표율 등이 있으며, 이를 설문지에서 사용하는 형태로 예를 들면 다음과 같다.

귀하의 한 달 용돈은 얼마입니까? (   )만원

이와 같이 한 달의 용돈이 0이라 함은 용돈이 없다는 뜻이므로 비율척도는 진정한 의미에서의 0의 존재를 갖고 있으므로 가감승제의 연산이 가능하다. 즉 용돈 20만원과 40만원을 비교할 때 절대영점인 용돈이 없는 상태를 0으로 가지면서 용돈도 두 배가 된다는 의미를 갖는다.

1.4 엑셀 분석 도구의 설치

엑셀에서는 **[분석 도구]**가 있어 자료 분석을 쉽게 할 수 있다. 하지만 기본 설치 시에 함께 설치가 되지 않으므로 다음과 같은 과정을 통해 설치한다.

① **[File 단추]** ⇨ **[Excel 옵션]**을 누른다.

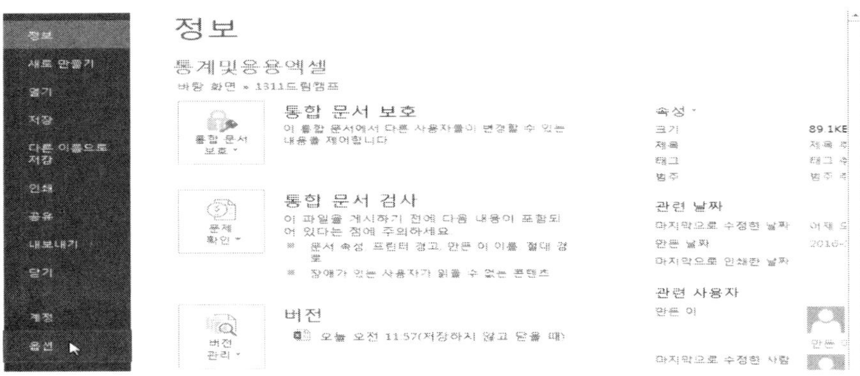

② **[Excel 옵션]**창에서 **[추가기능]**을 선택한다.

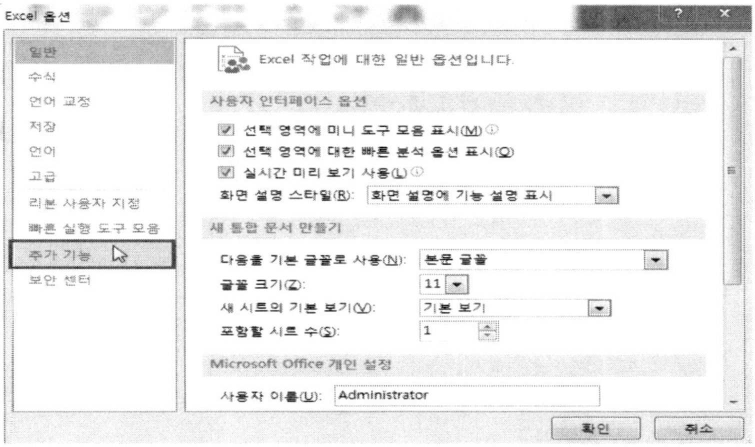

③ **[Excel 옵션]**창의 추가기능에서 **[분석도구]**를 선택한 후 **[이동]**을 누른다.

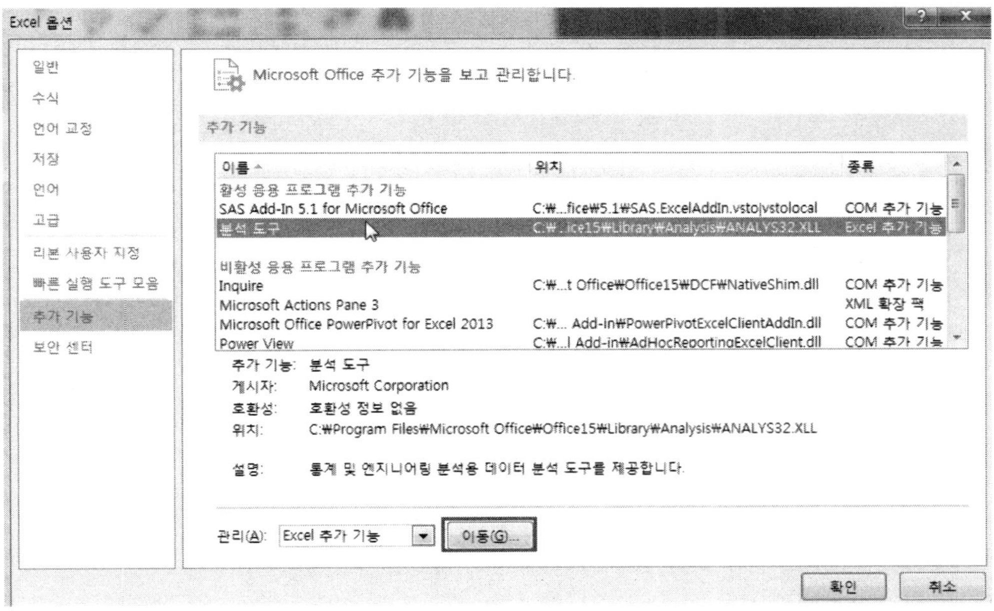

④ [**추가 기능**]에서 [**분석 도구**]**를** 선택한 후 [확인]을 누른다.

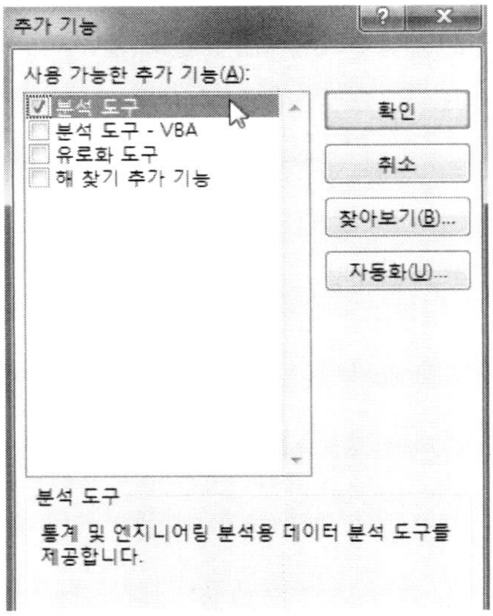

⑤ 정상적으로 설치를 마치면 [**데이터**]탭의 가장 아래 우측에 [**데이터 분석**]이 추가되어 있다.

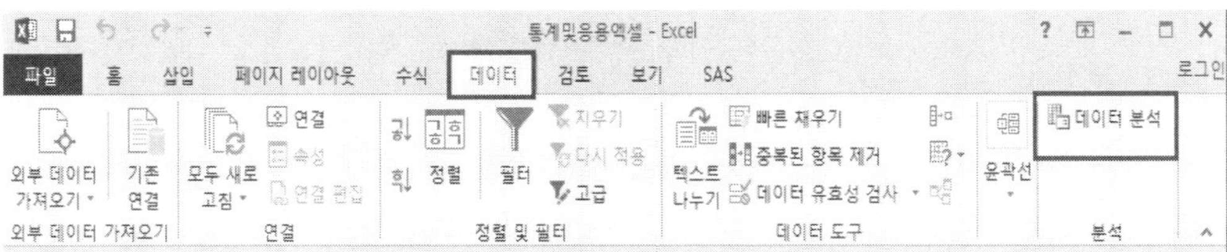

연 습 문 제

【1.1】 모수와 통계량은 상수로 취급하는가?

【1.2】 어떤 도시에는 3개의 백화점이 있으며, 이 백화점에서 근무하고 있는 종업원들은 모두 3,000명이다. 종업원들의 한 달 평균월급에 대한 정보를 얻기 위하여 100명의 종업원을 임의로 추출하여 평균월급을 계산한 결과 200만원 이었다. 이 때, 다음을 정의하여라.

① 모집단

② 표본

③ 모수

④ 통계량

【1.3】 다음 각각의 자료를 측정방법의 척도에 따라 명목, 순서, 구간, 비율자료로 구분하여라.

① 어느 대학에서 교양과목으로 통계학개론을 강의하고 있는 모 교수는 학생들을 대상으로 지난 학기에 통계학개론의 수강여부를 조사하였다. 통계학개론을 수강한 학생들은 1, 수강하지 않은 학생들은 2로 표시하였다.

② 모 교수는 학생들의 통계학개론 이해 정도를 알아보기 위하여 중간고사와 기말고사를 실시하여 100점 만점으로 성적을 측정하였다.

③ 모 교수는 한 학기 동안 통계학개론을 수강한 학생들을 대상으로 이 과목에 대한 만족도 평가를 측정하려고 한다. 이를 위하여 학생들로 하여금 통계학개론 강의에 대하여 "① 만족스럽다", "② 보통이다", "③ 불만족스럽다" 중에서 하나를 선택하여 응답하도록 하였다.

④ 모 교수는 취업을 앞 둔 4학년 학생들이 각 기업체에 대하여 가지고 있는 이미지를 측정하기 위하여 A, B, C, D 4개의 기업체를 선정하여 1, 2, 3, 4의 순위를 정하도록 하였다.

【1.4】 추측통계학에 대하여 설명하여라. 그리고 통계학에서 확률은 왜 필요한 것인가?

【1.5】 자료를 모집단보다는 표본으로부터 얻으려는 이유는 무엇인가?

제2장

도수분포에 의한 기술통계

2.1 자료의 종류

2.2 도수분포표

2.3 도수분포도

2.4 줄기-잎 그림

2.5 엑셀연습

2.1 자료의 종류

자료는 일반적으로 질적 자료와 양적 자료로 구분할 수 있다. 명목척도와 순서척도로 측정된 자료를 질적 자료라 하며, 구간척도와 비율척도로 측정된 자료를 양적 자료라고 한다. 양적자료는 이산형 자료와 연속형 자료로 구분할 수 있다.

- 질적자료
- 양적자료
  - 이산형자료
  - 연속형자료

(1) 질적자료

질적 자료(qualitative data)는 크기나 양을 나타내지 않는 숫자나 기호, 문자로 표현되는 자료로 성별(남, 여), 찬반의견(찬성, 반대), 혈액형(O, A, B, AB) 등이 이에 속한다. 질적 자료를 정리, 분석할 때 편리하도록 숫자로 표현할 수 있으나 그 숫자들이 양적인 크기를 나타내는 것은 아니다. 예를 들면 성별을 나타낼 때 남자를 1, 여자를 2로 표현하는 경우와, 교육수준을 나타낼 때 초등졸을 1, 중졸을 2, 고졸을 3, 대졸을 4, 대학원졸을 5로 숫자화 할 수 있으나 이러한 숫자들은 자료의 크기와는 무관함을 알 수 있다.

(2) 양적자료

양적 자료(quantitative data)는 크기나 양을 갖는 숫자로 표현할 수 있는 자료로 불량품 개수, 시간당 통화 수, 맥박 수, 무게, 키, 대기시간 등을 들 수 있다. 양적 자료의 경우도 질적 자료의 형태로 바꾸어 사용할 수 있다. 예를 들면 사람의 키를 180㎝ 이상, 160~180㎝, 160㎝ 이하로 그룹화 하여 대, 중, 소로 표현하면 질적 자료의 형태가 된다.

양적 자료는 이산형 자료와 연속형 자료로 구분한다. 이산형 자료(discrete data)는 불량품 개수, 시간당 통화 수, 맥박 수 등과 같이 그 값이 이산적(discrete) 이어서 하나, 둘 셀 수 있는 값으로 표현되는 자료이다. 반면에 버스를 타기 위한 대기시간, 무게, 키 등과 같이 어떤 수의 구간에서 하나의 값으로 표현되는 자료를 연속형 자료(continuous data)라고 한다.

자료를 수집하기 위하여 관찰대상으로부터 특별히 관심을 갖는 특성을 생각할 수 있으며 이러한 특성의 관측치를 얻을 수 있다. 이때 관찰대상을 개채, 개체의 특성을 변수, 변수의 구체적인 관측치를 자료라고 한다. 예를 들어 어느 대학 학생들로부터 학점, 토익점수, 성별, 지각횟수라는 특성에 대하여 다음과 같은 자료를 수집할 수 있다.

[표 2.1] 개체, 변수, 자료의 예

개체	학점	토익점수	성별	지각횟수
학생1	3.95	930	남	5
학생2	4.25	850	여	3
…	…	…	…	…

여기서 학생1, 학생2는 개체이며, 학점, 토익점수, 성별, 지각횟수는 변수이고 3.95, 930 등은 변수의 구체적 값인 자료이다. 결국 수집된 자료는 개체의 특성인 변수를 관측한 결과이다. 이러한 자료로부터 평균토익점수, 남자의 비율, 월평균 지각 횟수 및 변동성 등의 통계를 산출할 수 있다. 즉, 관찰대상 ⇒ 변수 ⇒ 자료 ⇒ 통계

이산형 자료를 갖는 변수를 이산형 변수(discrete variable), 연속형 자료를 갖는 변수를 연속형 변수(continuous variable)라고 한다. 보통 변수는 영문자의 대문자를 사용하여 $X, Y, \cdots$등으로 나타내고 자료는 소문자 $x, y, \cdots$등으로 표현한다.

예제 2.1 다음 자료들이 질적자료 인지 양적자료 인지를 구분하여라.

① 20대 여성들이 가장 좋아하는 승용차 이름
② 어느 주가의 수익률
③ 어느 지역의 자동차 사고 건수

해설 ① 질적자료 ② 양적자료(연속형) ③ 양적자료(이산형)

예제 2.2 개인의 키를 cm 단위로 측정되면 양적자료이고 170이하, 170-180, 180이상으로 나누어 작음, 중간, 큼으로 표현하면 질적자료이다.

2.2 도수분포표

실험이나 조사를 통해 얻어진 상태 그대로 아직 정리되지 않은 자료를 원자료(raw data)라 하는데 원자료는 관측된 순서로 나열되어 있을 뿐 별다른 정보를 주지 못한다. 원자료로부터 유용한 정보를 얻기 위해서는 먼저 이것을 정리, 요약해야 하며 이에는 표나 그림에 의한 방법과 수치적 방법이 있다.

주어진 자료를 표나 그림 등으로 표현하면 자료에 포함되어 있는 내용과 정보를 한 눈에 보다 쉽고 빠르게 파악할 수 있다.

[표 2.2] 학생 40명의 키

178	160	169	166	171	160	178	173
168	163	176	171	165	170	167	170
164	192	181	186	183	162	182	172
170	167	166	168	169	147	166	154
149	179	163	182	179	166	159	171

예를 들면 어떤 중학교에서는 운동회 때 사용하려고 T셔츠를 대, 중, 소로 제작하려 한다고 하자. 이를 위하여 학생 40명의 키(㎝)를 조사하여 [표 2.2]와 같은 자료를 얻었다.

이 자료는 키가 어느 정도 되면 큰 것인지, 작은 것인지 또 그러한 학생들은 몇 명이나 되는지 등에 대한 정보를 주지 못한다. 다음과 같이 자료를 표와 막대그래프로 정리 하였다. 이로부터 40명 학생들의 키가 어떻게 분포되었는지를 한 눈에 쉽게 파악할 수 있음을 알 수 있을 것이다.

[표 2.3] 40명 키의 도수 및 상대도수분포표

계급	계급값	도수	상대도수
140 이상-150 미만	145	2	0.05
150-160	155	2	0.05
160-170	165	17	0.425
170-180	175	13	0.325
180-190	185	5	0.125
190-200	195	1	0.025
합		40	1

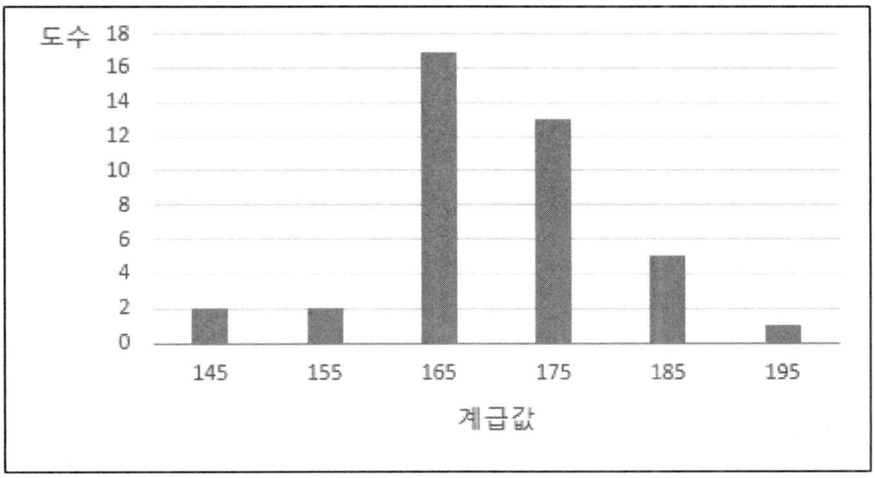

[그림 2.1] 40명 키의 막대그래프

이와 같이 수집된 모든 자료를 적절한 몇 개의 구간으로 구분하여 나타낼 수 있는데 이것을 계급(class)이라 하며 계급의 중앙값을 계급값이라고 한다. 각 계급에 속하는 자료의 개수를 도수(frequency)라 하며 각 계급에 도수를 나열한 것을 도수분포(frequency distribution)라고 한다. 도수분포를 표로 나타내면 도수분포표, 그림으로 나타내면 도수분포도라고 부른다.

다음은 n개 자료 $x_1, x_2, \cdots, x_n$을 k개의 계급으로 나타낸 도수분포표이다.

[표 2.4] 도수분포표

계급	계급값	도수
$a_0 - a_1$	x_1	f_1
$a_1 - a_2$	x_2	f_2
$\vdots$	$\vdots$	$\vdots$
$a_{k-1} - a_k$	x_k	f_k
합		$n = \sum_{i=1}^{k} f_i$

도수분포표는 다음과 같은 절차로 작성한다.

• 도수분포표 작성 절차

① 자료의 최대값과 최소값을 찾아서 범위(range)를 구한다.

범위 = 최대값 - 최소값

② 계급의 개수는 자료의 크기, 성질 등을 고려하여 5~20로 정한다.

③ 계급구간의 간격은 같게 정하여 준다. 일반적으로 계급구간의 간격은 (범위 / 계급의 수) 보다 조금 큰 숫자로 정한다.

④ 계급값은 계급의 중앙값으로 정한다.

⑤ 각 계급에 속하는 자료의 수를 세어 계급도수를 구한다.

도수분포표 작성은 반드시 위 방법에 구애받을 필요는 없으며 단지 자료집단의 특징이 잘 나타나도록 적절하게 작성하면 된다. 일반적으로 계급의 수가 너무 많으면 자료의 전반적인 형태를 파악하기 어려우며, 계급의 수가 너무 작으면 자료들의 분포상태에 대한 정보를 얻기 어렵게 된다. 그리고 자료에 극단적 수치값이 있는 경우처럼 각 계급구간을 동일한 간격으로 나누기가 불가능하거나 바람직하지 못한 경우는 불균등간격을 사용하기도 한다.

예제 2.3 어느 은행 100개 지점의 매출액이 다음과 같다(단위 : 억 원). 도수분포표를 작성하라.

186	168	176	141	180	140	163	190	183	194
165	163	185	187	179	177	176	174	176	178
175	160	196	174	173	187	152	197	188	164
176	169	160	174	172	176	157	164	167	158
172	180	172	156	173	182	178	145	175	156
175	186	166	186	150	178	166	179	168	160
180	183	187	178	180	177	181	192	157	152
158	182	173	195	166	160	184	180	179	163
180	188	158	184	196	187	172	165	179	180
176	166	174	176	168	182	157	175	135	134

해설 최소값이 134, 최대값이 197이므로 범위=197−134=63이 된다. 7개 정도의 계급 수를 사용한고 할 때 계급구간의 폭은 63/7=9가 된다. 계급구간의 폭을 편리하게 9보다 큰 10으로 결정하면 다음과 같은 도수분포표를 얻을 수 있다

계급구간	계급값	도수
130(이상)~140(미만)	135	2
140~150	145	3
150~160	155	11
160~170	165	20
170~180	175	32
180~190	185	25
190~200	195	7
합		100

도수분포표에서 도수 대신에 상대도수, 누적도수를 대응시켜 표를 작성할 수도 있다.

계급도수를 총도수로 나눈 것을 상대도수(relative frequency)라 하며, 상대도수를 각 계급에 대응시켜 작성한 표를 상대도수분포표라 한다.
각 계급에 있어서 그 계급값 이하에 있는 모든 계급의 도수 총계를 누적도수(cumulative frequency)라 하고, 이 누적도수를 각 계급에 대응시켜 표로 작성한 표를 누적도수분포표(cumulative frequency table)라 한다.
누적도수를 총도수로 나눈 것을 상대누적도수(relative cumulative frequency)라 하고, 이것을 각 계급에 대응시켜 작성한 표를 상대누적도수분포표라고 한다.

예제 2.4 예제 2.3의 자료를 이용하여 다음 표를 작성하여라.

① 상대도수분포표
② 누적도수분포표와 상대누적도수분포표

해설 ① 매출액에 대한 도수 및 상대도수분포표

계급구간	계급값	도수	상대도수
130~140	135	2	0.02
140~150	145	3	0.03
150~160	155	11	0.11
160~170	165	20	0.20
170~180	175	32	0.32
180~190	185	25	0.25
190~200	195	7	0.07
합		100	1.00

② 매출액에 대한 누적 및 상대누적도수분포표

계급구간	계급값	도수	누적도수	상대누적도수
130~140	135	2	2	0.02
140~150	145	3	5	0.05
150~160	155	11	16	0.16
160~170	165	20	36	0.36
170~180	175	32	68	0.68
180~190	185	25	93	0.93
190~200	195	7	100	1.00
합		100		

[표 2.5] 선수 포지션

선 수	포지션	선 수	포지션	선 수	포지션
정성일	내야수	조인삼	포수	오승일	투수
김현삼	외야수	박병일	내야수	봉중일	투수
이대영	외야수	박찬이	투수	이병삼	외야수
나지일	내야수	심수일	투수	박진일	내야수
박용삼	외야수	진갑삼	포수	정근이	내야수
이대구	내야수	류현일	투수	이승일	내야수
김태일	내야수	이승삼	투수	김광이	투수

질적 자료의 경우도 앞에서와 유사한 방법으로 도수분포표를 작성할 수 있다.

예제 2.5 [표 2.5]는 프로야구선수 중 21명을 뽑아서 포지션을 조사한 결과이다. 도수 및 상대도수분포표를 작성하라.

해설

포지션	선수 수	비율
투수	7	0.333
포수	2	0.095
내야수	8	0.381
외야수	4	0.191
합 계	21	1.000

2.3 도수분포도

(1) 막대그래프

평면의 직교좌표축에 가로축에는 각 계급의 계급값을 표시하고, 세로축에는 계급값에 해당되는 도수를 취하여 도수의 크기만큼 막대를 세워 작성한 것을 막대그래프(bar graph)라고 한다.

(2) 히스토그램

도수분포표에서 계급구간을 밑변으로 하고, 계급에 대응되는 도수를 높이로 하여 직사각형을 만들어 연결한 것을 히스토그램(histogram) 이라 한다. 또한, 계급에 대응되는 도수 대신에 상대도수를 높이로 하여 작성한 그래프를 상대도수 히스토그램(relative frequency histogram)이라 한다.

(3) 도수다각형

막대그래프에서 각 계급의 도수에 대응하는 점들을 선분으로 연결해서 얻은 꺾은선 그래프를 도수다각형(frequency polygon)이라 한다. 또한, 계급의 도수 대신에 상대도수를 이용하여 그린 그래프를 상대도수다각형(relative frequency polygon)이라 한다.

(4) 누적도수분포도

도수분포표로부터 여러 도수분포도를 만든 것과 같이 누적도수분포표로부터 누적도수분포도를 얻을 수 있다. 히스토그램에서 계급에 대응되는 도수 대신에 누적도수를 높이로 하여 작성한 그래프를 누적도수 히스토그램(cumulative frequency histogram)이라 한다. 또한, 도수다각형에서 계급에 대응되는 도수 대신에 누적도수에 대응하는 점들을 연결해서 얻은 그래프를 누적도수다각형(cumulative frequency polygon)이라 부른다.

예제 2.6 예제 2.3의 자료를 이용하여 다음을 작성하여라.

① 히스토그램 ② 도수다각형

③ 누적도수 히스토그램 ④ 원형그래프(pie chart)

해설 ① 히스토그램

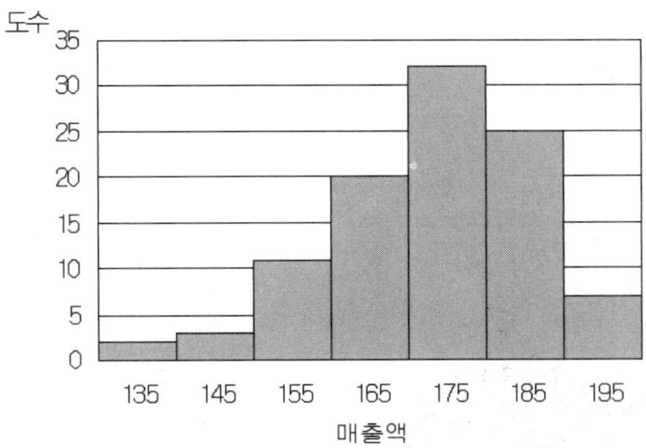

② 도수다각형

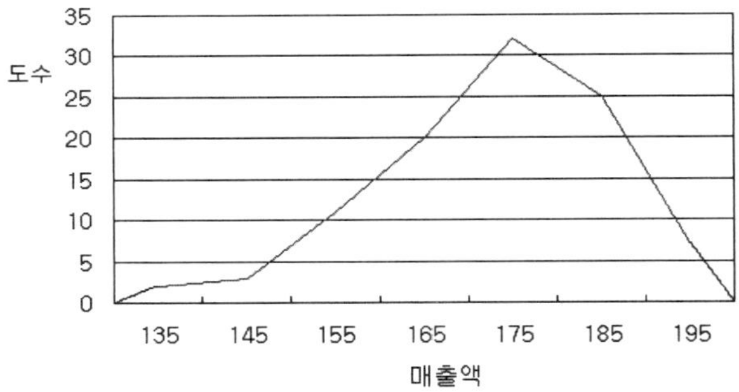

③ 누적도수 히스토그램

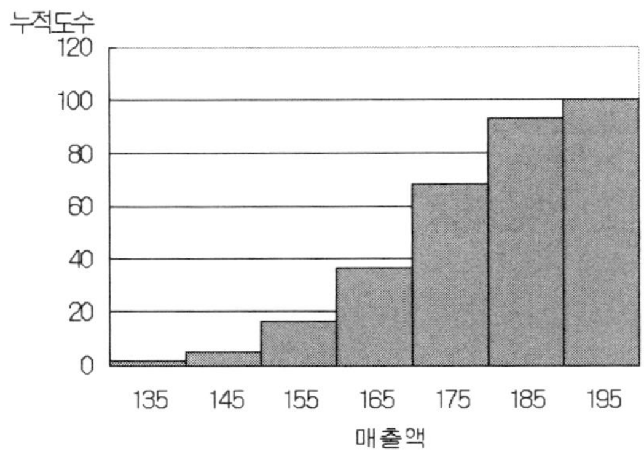

④ 원형그래프

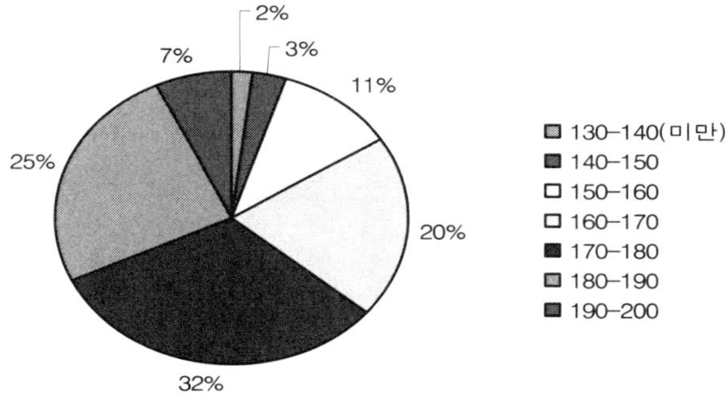

2.4 줄기-잎 그림

자료를 도수분포표나 히스토그램 등과 같은 도수분포도로 정리, 요약한 경우 원자료에 대한 정보를 잃게 되나 줄기-잎 그래프에서는 원 자료가 손실되지 않는다.

주어진 자료들을 줄기 부분과 잎 부분으로 나누어서 표현한 것을 줄기-잎 그림(stem-and-leaf plot)이라 한다. 예를 들어 62, 33, 66, 95, 68, 80, 88, 64와 같은 일련의 자료가 주어졌을 때, 다음과 같이 각 수치를 10자리까지 구분하여 나타내면 전체의 모양을 한눈에 파악할 수 있게 된다. 이 때 10의 자리가 줄기 부분이 되며, 1의 자리가 잎 부분이 된다.

줄기	잎
9	5
8	0 8
7	
6	2 4 6 8
5	
4	
3	3

줄기-잎 그림은 자료 전체의 모양 즉, 일련의 수치가 어느 정도 퍼져 있는가, 다른 것과 멀리 떨어진 수치가 있는가, 수치가 집중되어 있는지의 여부, 수치 전체가 어느 값을 중심으로 대칭적으로 퍼져 있는지의 여부, 전체의 수치가 몇 개의 그룹으로 나누어져 있는가 등을 파악하는데 유용하다. 이 때, 수치를 어느 자리에서 나눌 것인가는 전체의 모양으로부터 문제에 따라 적절히 정하면 된다.

줄기-잎 그림의 단점은 자료의 개수가 많은 경우 제한된 공간에 모든 자료값을 적는 것이 어려우며, 자료의 자릿수가 큰 경우에는 줄기-잎 그림으로 표현하는 것이 부적절하기도 하다. 그러나 이외의 경우에는 자료를 정리, 요약하는 또 하나의 유용한 방법이다.

줄기-잎 그림 다음과 같은 절차로 작성한다.

• 줄기-잎 그림의 작성 절차

① 자료를 줄기 부분과 잎 부분으로 나누어 줄기와 잎의 값을 정한 후 줄기값을 크기 순서대로 세로로 나열하고, 그 오른쪽 옆에 수직선을 긋는다.
② 각 줄기에 해당하는 잎의 값을 그 줄기의 오른쪽에 가로로 나열한다.
③ 각 줄기에 나열된 잎의 값을 크기 순서대로 재배열한다.

예제 2.7 [표 2.2]에 있는 학생 40명의 키 자료를 이용하여 줄기-잎 그림을 그려라.

해설 줄기-잎 그래프의 작성 과정에 따라 먼저 자료의 줄기부분으로 10의 자리를 선택하고, 그 다음 1의 자리를 잎 부분으로 정한다. 작성 과정 순서대로 줄기-잎 그림을 그려보면 다음과 같다

```
19 |          19 | 2
18 |          18 | 16322
17 |          17 | 8183610020991
16 |    ⇒     16 | 09608357427689636
15 |          15 | 49
14 |          14 | 79
```

⇒ 잎의 값을 순서대로 재배열한다.

```
19 | 2
18 | 12236
17 | 0001112368899
16 | 00233456666778899
15 | 49
14 | 79
```

2.5 엑셀연습

예제 2.8 [표 2.2]의 학생 40명의 키 자료를 갖고 [표 2.3]의 도수분포표, [그림 2.1]의 막대그래프를 엑셀을 이용하여 작성하라.

step 1 자료 입력

40명의 키 자료를 A1에서 A41까지 입력한다. 아래 그림에는 10행부터 38행까지의 중간부분이 생략되어 있다.

	A	B
1	키	
2	178	
3	160	
4	169	
5	166	
6	171	
7	160	
8	178	
9	173	
39	166	
40	159	
41	171	

step 2 필요한 정보입력

	A	B	C	D	E	F
1	키					
2	178		최소값	147		
3	160		최대값	192		
4	169		계급의 수	6		
5	166		계급간격	7.5		
6	171			10		
7	160					
8	178					

각 셀에 입력되는 내용은 다음과 같다.

D2셀 = MIN(A2:A41)

D3셀 = MAX(A2:A41)

D5셀 = (D3-D2)/D4

계급구간의 간격은 범위 / 계급의 수 = 7.5로 D6셀에 나타나 있으며 이보다 조금 큰 10을 계급구간의 간격으로 정한다.

step 3 계급구간의 상한 설정

FREQUENCY 함수를 이용해 도수분포를 구하기 위해 먼저 F2에서 F7까지 각 계급의 상한값을 지정한다. 이 예제에서와 같이 계급을 140이상~150미만, 150이상~160미만 등으로 구분할 때 주의할 것은 FREQUENCY 함수는 각 계급에서 지정된 상한값 이하의 값을 갖는 도수를 계산하므로 140이상~150미만의 계급에는 149를 상한값으로 지정한다. 이와 같은 이유로 각 계급의 상한값을 149, 159, 169, 179, 189, 199와 같이 지정한다.

	A	B	C	D	E	F	G
1	키					계급 상한	
2	178		최소값	147		149	
3	160		최대값	192		159	
4	169		계급의 수	6		169	
5	166		계급간격	7.5		179	
6	171			10		189	
7	160					199	
8	178						

step 4 최초 계급의 도수 출력

G2에 도수를 계산하는 함수 FREQUENCY를 이용해 최초 계급구간의 도수를 계산한다. G2셀에 입력되는 내용은 다음과 같다.

= FREQUENCY(A2:A41, F2:F7)

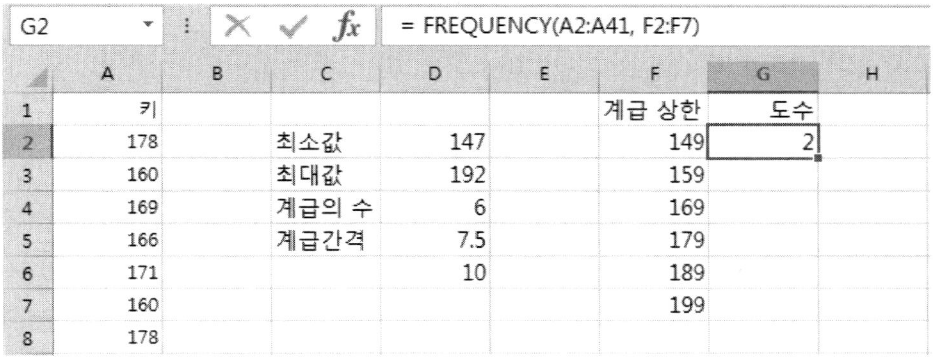

step 5 각 계급의 도수 출력

G2에서 G7까지 범위를 지정하고 마우스 포인터를 수식 입력줄로 이동한다.

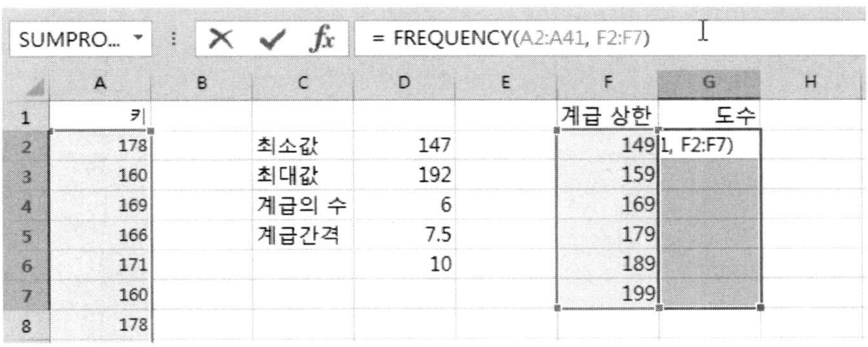

마우스에서 손을 떼고, Ctrl + Shift + Enter↵ 키를 동시에 누른다.

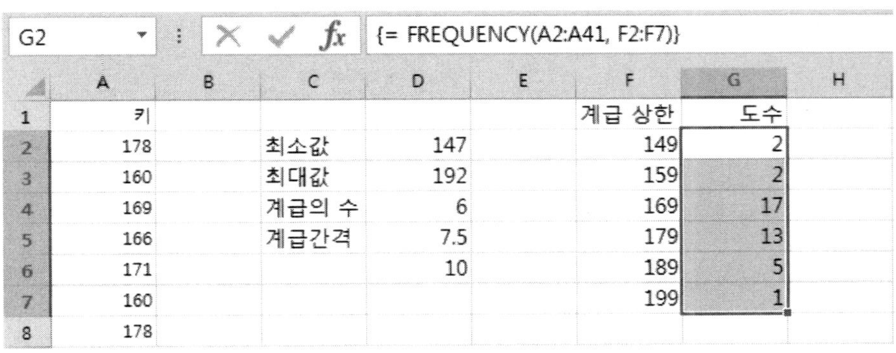

선택한 영역에 셀의 내용이 배열 복사되어 각 구간별로 도수가 계산된다. 각 셀의 내용은 모두가 아래와 같이 동일하다.

G2~G7 = { FREQUENCY(A2:A41, F2:F7) }

step 6 계급값의 입력과 총도수의 계산

각 계급에 해당되는 계급값 145, 155 등을 입력하고 상대도수를 구하기 위해 먼저 총도수를 계산한다. G8셀에 다음을 입력한다. G8 셀에 총도수가 40으로 나타나 있다.

=SUM(G2:G7)

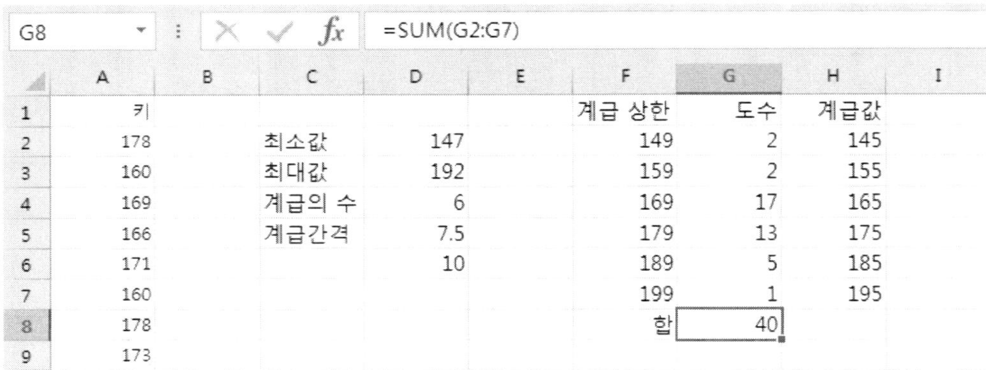
G8 =SUM(G2:G7)

	A	B	C	D	E	F	G	H	I
1	키					계급 상한	도수	계급값	
2	178		최소값	147		149	2	145	
3	160		최대값	192		159	2	155	
4	169		계급의 수	6		169	17	165	
5	166		계급간격	7.5		179	13	175	
6	171			10		189	5	185	
7	160					199	1	195	
8	178					합	40		
9	173								

step 7 상대도수의 계산

첫 번째 계급의 상대도수를 구하기 위해 I2 셀에 다음을 입력한다.

=G2/40

I2 셀에 상대도수가 0.05로 출력되어 있다. I3부터 I8까지 I2 셀을 드래그하여 복사한다.

I2 =G2/40

	A	B	C	D	E	F	G	H	I
1	키					계급 상한	도수	계급값	상대도수
2	178		최소값	147		149	2	145	0.05
3	160		최대값	192		159	2	155	0.05
4	169		계급의 수	6		169	17	165	0.425
5	166		계급간격	7.5		179	13	175	0.325
6	171			10		189	5	185	0.125
7	160					199	1	195	0.025
8	178					합	40		1

step 8 막대그래프

도수가 들어있는 셀 G1:G7를 범위로 지정한다.

[삽입] ⇨ **[세로막대형]** ⇨ **[2차원 세로 막대형]**을 선택한다.

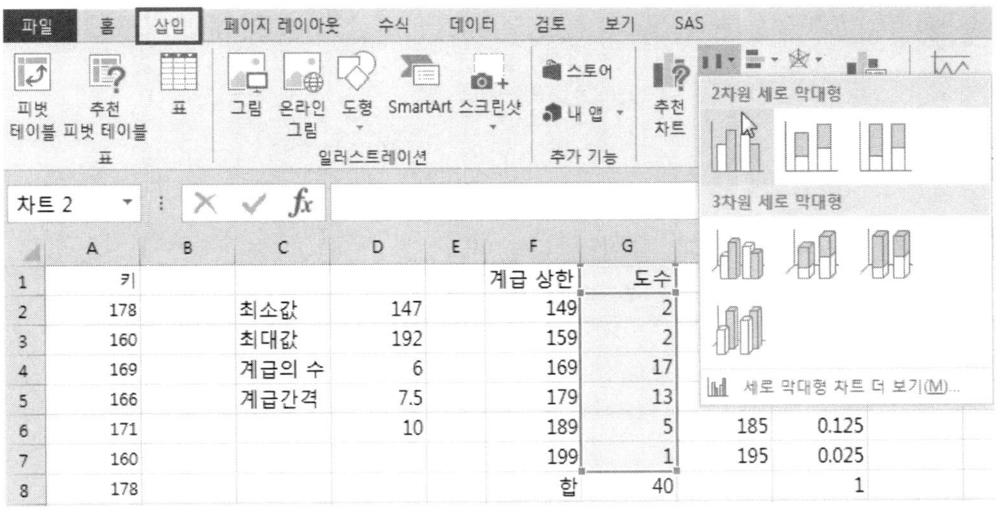

다음과 같은 막대그래프가 출력됨을 알 수 있다.

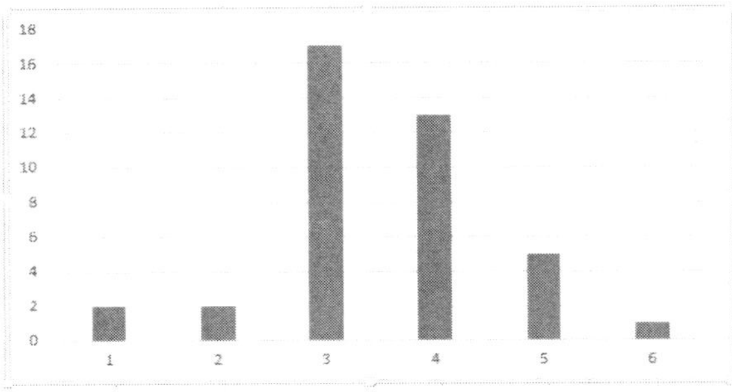

가로축을 편집하기 위하여 마우스를 이용하여 축 레이블 범위에 다음과 지정하고 확인을 누른다.

	A	B	C	D	E	F	G	H	I
1	키					계급 상한	도수	계급값	상대도수
2	178		최소값	147		149	2	145	0.05
3	160		최대값	192		159	2	155	0.05
4	169		계급의 수	6		169	17	165	0.425
5	166		계급간격	7.5		179	13	175	0.325
6	171			10		189	5	185	0.125
7	160					199	1	195	0.025
8	178					합	40		1
9	173								
10	168								
11	163								
12	176								
13	171								
14	165								

최종적인 화면이 다음과 같이 나타난다.

	A	B	C	D	E	F	G	H	I
1	키					계급 상한	도수	계급값	상대도수
2	178		최소값	147		149	2	145	0.05
3	160		최대값	192		159	2	155	0.05
4	169		계급의 수	6		169	17	165	0.425
5	166		계급간격	7.5		179	13	175	0.325
6	171			10		189	5	185	0.125
7	160					199	1	195	0.025
8	178					합	40		1
9	173								
10	168								
11	163								
12	176								
13	171								
14	165								
15	170								
16	167								
17	170								
18	164								
19	192								
20	181								
21	186								
22	183								

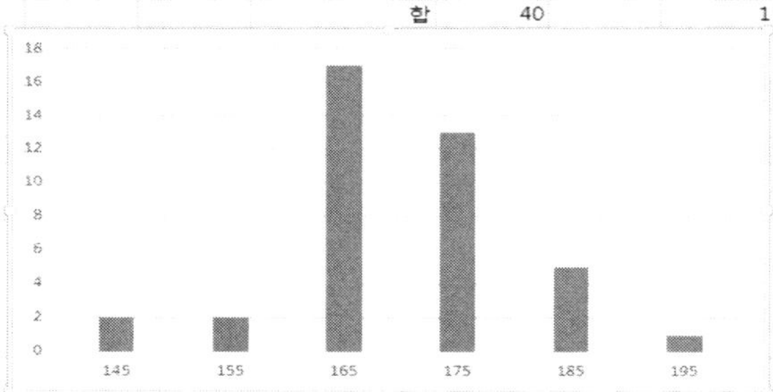

예제 2.9 [예제 2.5]의 프로야구선수 21명에 대한 도수 및 상대도수분포표를 이용하여 막대그래프와 원형그래프를 작성하라.

step 1 자료 입력

	A	B	C
1	포지션	선수수	
2	투수	7	
3	포수	2	
4	내야수	8	
5	외야수	4	
6			

step 2 자료의 입력범위 지정

A1 : B5를 드래그하여 지정한다.

	A	B	C
1	포지션	선수수	
2	투수	7	
3	포수	2	
4	내야수	8	
5	외야수	4	
6			

step 3 막대그래프

[삽입] ⇨ **[세로막대형]** ⇨ **[2차원 세로 막대형]**을 선택한다.

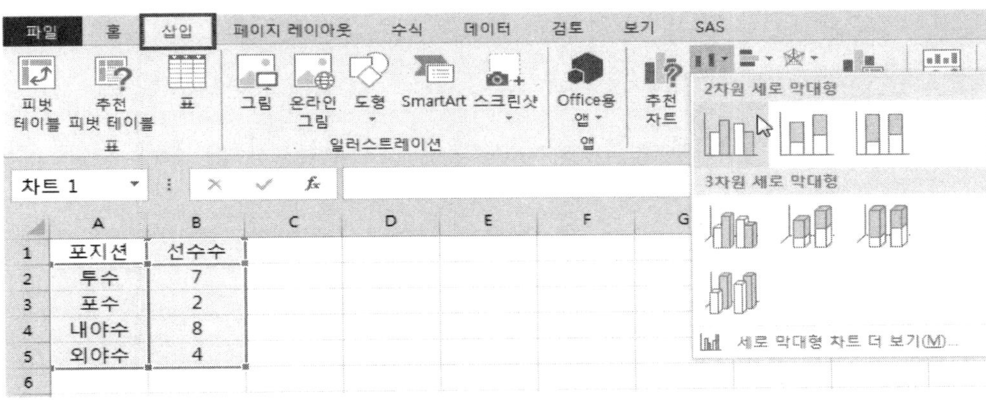

다음과 같이 세로 막대그래프가 나타난다.

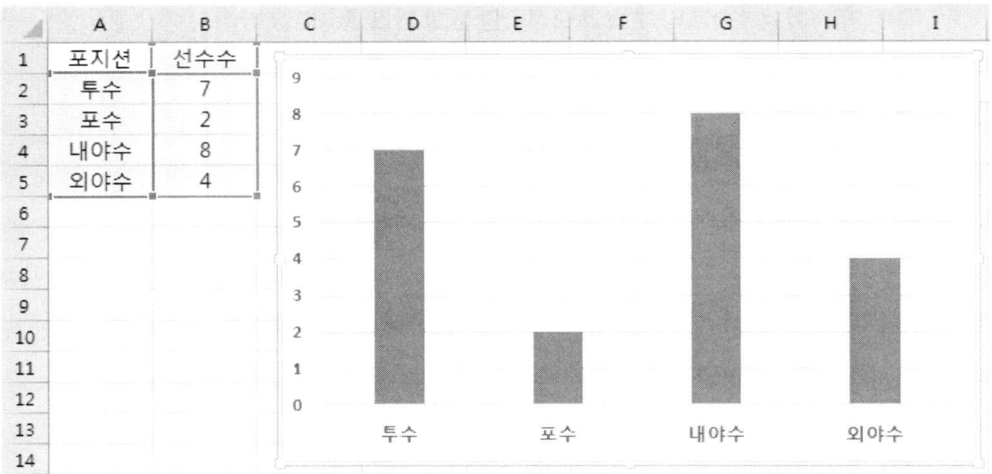

step 4 원형그래프

[삽입] ⇨ **[원형차트]** ⇨ **[2차원 원형]**을 선택한다.

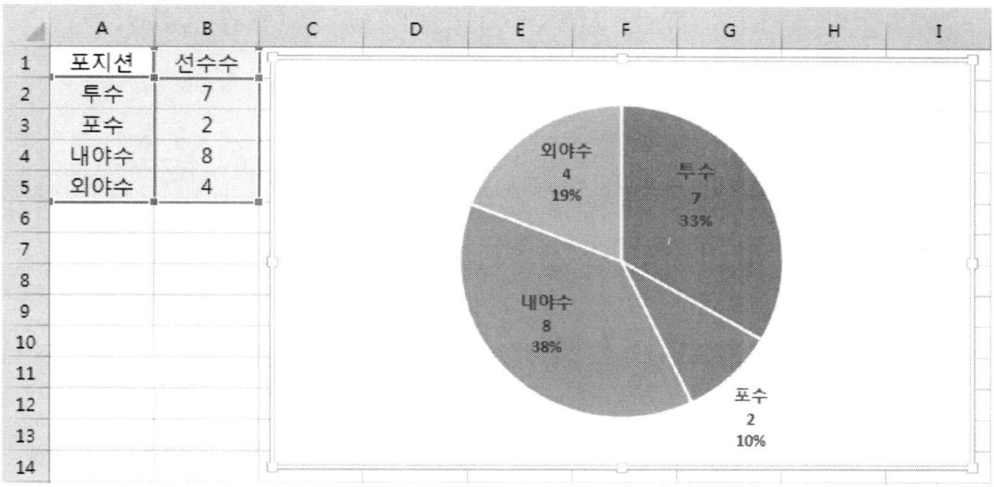
포지션 선수수
투수 7
포수 2
내야수 8
외야수 4
투수
7
33%
포수
2
10%
내야수
8
38%
외야수
4
19%

연 습 문 제

【2.1】 다음 자료가 질적자료 또는 양적자료인지를 구분하라. 그리고 양적자료이면 이산형과 연속형 자료 여부를 구분하라.

① 혈액형
② 어느 지점을 통과하는 자동차의 수
③ 어느 주식의 1일 거래량
④ 은행 창구에서 대기시간
⑤ 감기환자의 치유기간
⑥ 주사위를 던져 나타나는 숫자
⑦ 대학생 100명이 가장 좋아하는 회사명

【2.2】 어느 대학교 학생들 중에서 20명을 추출하여 그들이 가지고 있는 휴대폰 제조회사를 조사한 결과가 다음과 같다. 도수분포표 및 상대도수분포표를 작성하라.

학생	1	2	3	4	5	6	7	8	9	10
제조회사	삼성	삼성	애플	LG	삼성	애플	삼성	애플	애플	애플
학생	11	12	13	14	15	16	17	18	19	20
제조회사	기타	삼성	삼성	LG	기타	LG	기타	LG	삼성	삼성

【2.3】 어느 회사에서 영업사원들에게 지난달에 지급한 특별수당이 다음과 같다. (단위 : 만원)

62, 70, 82, 54, 78, 82, 66, 58, 62, 66, 70, 74, 74, 66, 78, 78, 82, 86, 50, 54

① 자료의 범위를 구하라.

② 계급을 50 ~ 60(미만), 60 ~ 70(미만), 70 ~ 80(미만), 80 ~ 90(미만)으로 나누어 도수분포표, 상대도수분포표, 누적도수분포표와 상대누적도수분포표를 작성하라.

③ 히스토그램과 상대도수 히스토그램을 그려라.

④ 도수다각형과 상대도수다각형을 그려라.

⑤ 원형그래프를 그려라.

⑥ 줄기-잎 그림을 그려라.

【2.4】 거래소에 상장된 50개 기업의 연간 매출액이 다음과 같을 때, 6개의 계급으로 구분하여 도수분포표를 작성하라.

136	172	154	160	145	127	150	146	149	155
162	144	167	146	160	154	155	138	127	161
169	170	130	161	153	149	120	136	147	151
163	122	129	138	145	141	154	148	159	164
157	163	169	165	159	160	161	157	141	149

【2.5】 도수분포표가 아래와 같을 때 계급 "40~60"에 해당되는 상대도수와 누적도수는?

계급	도수
0~20	4
20~40	12
40~60	26
60~80	15
80~100	3
합	60

【2.6】 예제 2.3의 자료를 이용하여 줄기-잎 그림을 작성하라.

【2.7】 자료를 줄기-잎 그림으로 나타날 때 어떤 문제점이 있는가?

【2.8】 도수분포표의 가장 큰 장점과 단점은?

제3장

수치에 의한 기술통계

3.1 중심위치의 측도(대표값)

도수분포표나 도수분포도에 의한 자료의 기술통계적 방법은 계급의 개수, 계급구간 등이 작성자의 주관에 따라 결정되므로 하나의 자료에 대해 여러 개의 표현이 가능하여 자료를 분석하는데 일관성과 객관성이 부족한 면이 있다. 이러한 단점을 보완하기 위하여 자료의 특성을 하나의 수치로 나타낼 필요가 있다.

대표값(representative value)은 주어진 자료의 중심적 경향이나 자료분포의 중심위치를 대표하는 값이다. 산포도는 대표값을 중심으로 자료들이 흩어져 있는 정도를 나타내는 값이며, 왜도는 분포의 비대칭 정도를, 첨도는 분포의 뾰족한 정도를 나타내는 값이다.

3.1.1 산술평균

평균에는 산술평균, 기하평균, 조화평균 등이 있으며 일반적으로 평균이라 하면 산술평균을 의미하며 통상 간단히 평균이라고 부른다. 모집단자료 $x_1, x_2, \cdots, x_N$과 표본 자료 $x_1, x_2, \cdots, x_n$에 대한 평균은 다음과 같이 정의한다.

• 산술평균(arithmetic mean)

모평균 : $\mu = \frac{1}{N}\sum_{i=1}^{N} x_i = \frac{1}{N}(x_1 + x_2 + \cdots + x_N)$

($\Rightarrow$ 모집단 자료 : $x_1, x_2, \cdots, x_N$)

표본평균 : $\bar{x} = \frac{1}{n}\sum_{i=1}^{n} x_i = \frac{1}{n}(x_1 + x_2 + \cdots + x_n)$

($\Rightarrow$ 표본 자료 : $x_1, x_2, \cdots, x_n$)

예제 3.1 어떤 벤처기업의 전체 직원은 10명이며 다음은 그들의 월급여 이다. 평균 급여는 얼마인가?

219, 230, 219, 236, 294, 347, 412, 433, 391, 337 억원

해설 모집단 자료이므로

$$\mu = \frac{1}{10}(219 + 230 + \cdots + 337) = 311.8\text{(모평균)}$$

만일 4명을 뽑아 얻은 자료가 219, 236, 294, 347 이면

$$\overline{x} = \frac{1}{4}(219 + 236 + 294 + 347) = 274\text{(표본평균)}$$

산술평균은 자료 집단의 무게 균형을 이루는 무게 중심점으로 통계적 추론을 하는데 있어서 좋은 성질을 가지고 있다. 그러나 다음 자료와 같이 대부분의 관측치보다 아주 크거나 작은 이상치(outlier)가 있으면 이상치에 많은 영향을 받는다.

7명의 체중 : 46 117 55 48 53 51 50(kg)

이상치가 포함된 자료에서는 평균 대신 3.1.4절에서 다루게 되는 중위수를 종종 사용하기도 한다.

3.1.2 가중평균

자료의 비중이나 중요도를 나타내는 값을 가중치(weight)라 한다. 산술평균에서 모평균이나 표본평균은 자료의 합을 그 개수로 나눈 것으로 모든 값의 가중치가 $\frac{1}{N}$ 또는 $\frac{1}{n}$로 동일하다. 그러나 다음 예제와 같이 가중치가 다른 경우에 산술평균을 사용하면 적절하지 못한 값을 얻는다.

예제 3.2 어떤 교수가 통계학 시험을 1차(20%반영), 2차(20%반영), 3차(60%반영) 시행하여 평균점수를 낸다. 어느 학생이 1차 75점, 2차 70점, 3차 95점을 받았다. 이 학생의 평균점수는?

해설
- $\bar{x}=\frac{1}{3}(75+70+95)=80(\times)$ ⇒ 산술평균
- $\bar{x}=\frac{0.2(75)+0.2(70)+0.6(95)}{0.2+0.2+0.6}=86(\bigcirc)$ ⇒ 가중평균

가중산술평균은 간단히 가중평균이라 부르며 일반적으로 다음과 같이 정의한다.

- 가중평균(weighted mean)

n개 자료 $x_1, x_2, \cdots, x_n$의 가중치가 각각 $w_1, w_2, \cdots, w_n$ 일 때 가중평균

$$\bar{x}=\frac{\sum_{i=1}^{n} w_i x_i}{\sum_{i=1}^{n} w_i}$$

예제 3.3 어떤 사람이 1억을 A주식에 6000만원, B주식에 4000만원 투자했다. A와 B의 수익률은 각각 5%, 10% 이었다. 이 사람의 평균 수익률은?

해설 $\frac{6}{10}(5)+\frac{4}{10}(10)=7(\%)$

예제 3.4 어떤 투자자가 1000만원을 갖고 있다. 이 투자자는 증권 B를 공매도하여 얻은 600만원을 합해서 1600만원을 증권 A에 투자하였다. 증권 A의 수익률은 20%, 증권 B의 수익률은 10%라고 할 때 이 투자자의 평균 수익률은?

해설 증권 A와 증권 B의 가중치는 각각

$w_A = 1600/1000 = 1.6, \quad w_B = -600/1000 = -0.6$ 이므로

$\overline{x} = (1.6)(20) + (-0.6)(10) = 26(\%)$

3.1.3 기하평균

기하평균은 다음과 같이 정의한다.

• 기하평균(geometric mean)

n개 자료 $x_1, x_2, \cdots, x_n$의 기하평균

$G = \sqrt[n]{x_1 x_2 \cdots x_n}$

예제 3.5 다음과 같은 자료의 기하평균은?

3, 6, 12, 24, 48

해설

$$G = \sqrt[5]{3(6)(12)(24)(48)}$$
$$= \sqrt[5]{3^5 \cdot 2^{10}} = 3(2^2) = 12$$

예제 3.6 어떤 부동산을 1억에 매입하였는데 3년 사이에 2억→10억→20억으로 증가 되었다. 부동산은 연평균 얼마나 증가한 것인가?

해설 ① $\overline{x} = \dfrac{2\text{배} + 5\text{배} + 2\text{배}}{3} = 3\text{배}$ (X)

⇒ 평균 3배씩 3년간 증가하면 1억은 27억이 되므로 20억과 차이가 많이 남.

② $G = (2\text{배} \times 5\text{배} \times 2\text{배})^{1/3} = 2.714\text{배}$ (○)

⇒ 연평균 2.714배 증가(2.714×2.714×2.714 = 20억)

⇒ 연평균 증가율 $r = 2.714 - 1 = 1.714$(171.4%)

기하평균은 앞의 예제와 같이 주어진 자료가 배수나 증가율과 같은 변화율의 평균을 구할 때 사용된다.

예를 들어 어떤 주식의 현재 주가를 x_0라 하고 x_1, x_2, $\cdots$,x_n은 1, 2,$\cdots$, n년 후 주가라 하자. 매년의 주가 상승률을 r_1, r_2, $\cdots$,r_n 으로 표시하면 n년 동안의 연평균상승률 r은 $(1+r)^n=(1+r_1)(1+r_2)\cdots(1+r_n)$ 로부터 구할 수 있다.

$r=[(1+r_1)(1+r_2)\cdots(1+r_n)]^{1/n}-1$	: r = n년 간의 연평균 상승률
$z=[(1+r_1)(1+r_2)\cdots(1+r_n)]^{1/n}$	: z = n년 간 연평균 z배 상승

증명

$$r_1=\frac{x_1-x_0}{x_0} \quad : x_1=x_0(1+r_1)$$

$$r_2=\frac{x_2-x_1}{x_1} \quad : x_2=x_1(1+r_2)=x_0(1+r_1)(1+r_2)$$

$$\vdots$$

$$r_n=\frac{x_n-x_{n-1}}{x_{n-1}} \quad : x_n=x_{n-1}(1+r_n)=x_0(1+r_1)(1+r_2)\cdots(1+r_n) \tag{3.1}$$

이제, n년 간의 연평균성장률을 r이라 하면 식(3.1)로부터

$$x_n=x_0(1+r)^n \tag{3.2}$$

이 되며, 이 식을 식 (3.1)과 연립하여 풀면 다음을 얻을 수 있다.

$$(1+r)^n=(1+r_1)(1+r_2)\cdots(1+r_n) \quad \rightarrow \quad r=[(1+r_1)(1+r_2)\cdots(1+r_n)]^{1/n}-1$$

예제 3.7 어떤 주식을 2000년에 자본금 1000만으로 매입하여 다음과 같이 증가하였다.

년도	2000년	2001년	2002년	2003년
자본금	1000	1400	1600	1900

① 연평균 자본금 증가율은?

② 연평균 자본금은 몇 배로 증가하였는가?

해설 2001년 증가율: r_1 =(1400-1000)/1000 = 4/10

2002년 증가율: r_2 =(1600-1400)/1400 = 2/14

2003년 증가율: r_3 =(1900-1600)/1600 = 3/16

$$(1+r)^3 = (1+r_1)(1+r_2)(1+r_3) = \left(\frac{14}{10} \cdot \frac{16}{14} \cdot \frac{19}{16}\right) = 1.9$$

$$(1+r) = (1.9)^{1/3} = 1.2386$$

∴ 3년간 자본금의 연평균증가율 $r = 1.2386 - 1 = 0.2386(23.86\%)$

자본금은 연평균 1.2386배 증가하였다.

예제 3.8 10년 전에 100만원의 원금을 차입하였다. 현재 200만원으로 원금을 그동안의 복리합계로 갚았다. 연평균 이자율은 얼마로 계산된 것인가?

해설 $x_n = x_0(1+r)^n \Rightarrow 200 = 100(1+r)^{10}$

따라서 연평균 이자율 $r = 2^{1/10} - 1 = 0.072(7.2\%)$

3.1.4 중위수와 사분위수

(1) 중위수

중위수는 자료 값들을 크기순으로 배열하였을 때 중앙에 위치하는 값으로 중앙값이라고도 하며 Me 로 표기하며 다음과 같이 정의한다.

• 중위수(median)

n 개의 자료 $x_1, x_2, \cdots, x_n$ 을 크기순으로 배열하였을 때,

- n 이 홀수이면 : $Me = \frac{n+1}{2}$ 번째 자료값
- n 이 짝수이면 : $Me = \frac{1}{2}[(\frac{n}{2})$번째 자료값 + $(\frac{n}{2}+1)$번째 자료값$]$

예를 들어 자료 값들이 20, 10, 40, 30, 100과 같이 주어졌을 때, 자료 값들을 크기순으로 다음과 같이 재배열한다.

10, 20, 30, 40, 100

위와 같이 자료의 수가 홀수인 경우는 중앙에 위치한 값은 세 번째에 위치한 값 $Me = 30$이라는 사실을 쉽게 알 수 있다. 그러나 만약 80이라는 자료가 위의 자료에 추가되면

10, 20, 30, 40, 80, 100

이 되는데, 이 경우는 자료의 수가 짝수가 되어 중앙에 위치한 값이 세 번째와 네 번째에 위치한 값이므로 30과 40의 평균인 $Me = 35$를 중위수로 정의한다.

예제 3.9 다음은 7명의 체중이다. 중위수를 구하여라.

46 117 55 48 53 51 50(kg)

해설 자료를 크기순으로 재배열 하면

46 48 50 51 53 55 117 이므로 $Me = 51$

예제 3.10 다음은 어떤 담배 6개의 니코틴 양을 조사한 결과이다(단위: mg). 중위수를 구하라.

2.3　2.7　2.5　2.9　3.9　1.9

해설 자료를 크기순으로 재배열 하면

1.9　2.3　2.5　2.7　2.9　3.9가 되고 자료의 수가 6개로 짝수이므로 중앙에 위치하는 값은 2.5와 2.7 두 개가 된다. 따라서

$$Me = \frac{2.5+2.7}{2} = 2.6$$

(2) 사분위수와 백분위수

자료 값들을 크기순으로 배열할 때 4등분하는 위치에 해당되는 값을 사분위수(quartile)라고 한다. 25%에 위치하는 자료값을 제1사분위수(Q_1), 50%에 위치하는 값은 제2사분위수(Q_2)로서 중위수가 되며, 75%에 위치하는 값을 제3사분위수(Q_3)라고 한다.

이 개념을 더 확대해서 100등분 하였을 때를 백분위수(percentile)라고 한다. 즉 $100p$ 백분위수($0 < p < 1$)는 n개 관측치 중 np개는 그 값보다 작거나 같고 $n(1-p)$개는 그 값 보다 크거나 같게 되는 값으로 다음과 같이 정의한다.

- $100p$ **백분위수**($0 < p < 1$)

n개의 자료 $x_1, x_2, \cdots, x_n$을 크기순으로 배열하였을 때,

- np가 정수이면 : $100p$ 백분위수 $= \frac{1}{2}$[np번째 값 + ($np+1$)번째 값]
- np가 정수가 아니면 : $100p$ 백분위수=(np의 정수부분+1)번째 값

백분위수와 사분위수와의 관계는 다음과 같다.

Q_1 =(25백분위수), Q_2 =(50백분위수) =Me (중위수), Q_3 =(75백분위수)

예제 3.11 다음과 같은 8개 자료에 대하여 제1사분위수, 제3사분위수, 중위수를 구하여라.

46 117 55 48 53 51 50 52(kg)

해설 자료를 크기순으로 재배열 하면

46 48 50 51 52 53 55 117

이고 np가 모두 정수인 경우로

- 제1사분위수 : $8(0.25) = 2$이므로 $Q_1 = (48 + 50)/2 = 49$
- 제3사분위수 : $8(0.75) = 6$이므로 $Q_3 = (53 + 55)/2 = 54$
- 중위수 : $8(0.5) = 4$이므로 $Q_2 = Me = (51 + 52)/2 = 51.5$

예제 3.12 중고차 17대의 가격(단위: 만원)이 다음과 같다. 제1사분위수, 제3사분위수, 중위수를 구하라.

260 129 660 320 19 230 680 155

245 105 725 410 530 360 240 1250 275

해설 자료를 크기순으로 재배열 하면

19 105 129 155 230 240 245 260

275 320 360 410 530 660 680 725 1250

이고 np가 모두 정수가 아닌 경우이다. 따라서

- 제1사분위수 : $17(0.25) = 4.25$이므로 5번째 값, $Q_1 = 230$
- 제3사분위수 : $17(0.75) = 12.75$이므로 13번째 값, $Q_3 = 530$
- 중위수 : $17(0.5) = 8.5$이므로 9번째 값, $Q_2 = Me = 275$

[예제 3.12]에서와 같이 np가 정수가 아닌 경우 중위수를 제외한 그밖에 $100p$ 백분위수를 구할 때, 선형보간법을 이용하면 보다 정확한 근사값을 구할 수 있다. 선형보간법(liner interpolation)은 주어진 두 점 사이의 값을 1차 함수를 이용하여 추정하는 방법이다. 즉 아래 그림과 같이 (x1, y1), (x2, y2)가 주어졌으면 (x, y)는 다음과 같이 1차 함수의 기울기를 이용하여 구한다.

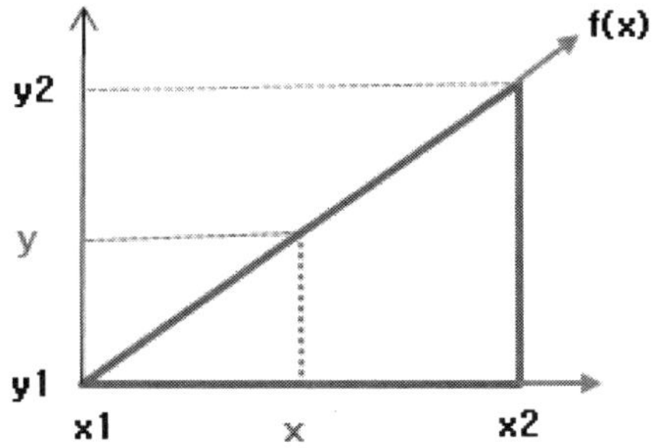

$$\frac{y-y_1}{x-x_1} = \frac{y_2-y_1}{x_2-x_1}$$

$$\Rightarrow x = x_1 + \frac{y-y_1}{y_2-y_1}(x_2-x_1)$$

$$\Rightarrow y = y_1 + \frac{y_2-y_1}{x_2-x_1}(x-x_1)$$

예제 3.13 [예제 3.12]의 자료에 대하여 선형보간법으로 제1사분위수, 제3사분위수, 중위수를 구하라.

해설

- 제1사분위수

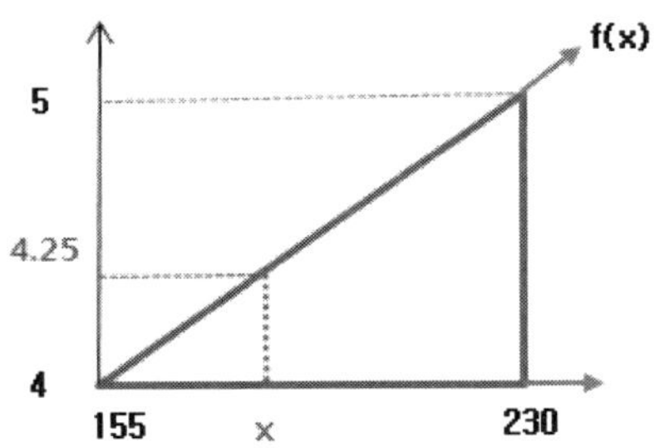

$$\Rightarrow \frac{4.25-4}{x-155} = \frac{5-4}{230-155}$$

$$\therefore\ Q_1 = x = 155 + (230-155)(4.25-4) = 173.75$$

같은 방법으로 제3사분위수를 구한다.

• 제3사분위수

$$\frac{12.75-12}{x-410}=\frac{13-12}{530-410}$$

$$\therefore\ Q_3 = x = 410 + (530-410)(12.75-12) = 500$$

3.1.5 최빈수

최빈수(mode)는 자료값 중에서 가장 높은 빈도를 갖는 값으로, Mo로 표기한다. 예를 들어 집단 A : 65, 80, 80, 90, 95에서 최빈수 $Mo=80$이고, 집단 B : 50, 60, 73, 60, 73, 82에서 최빈수는 $Mo=60$, $Mo=73$이다. 최빈수는 가장 이해하기 쉬운 대표값이며, 반드시 하나만 존재하는 것은 아니다. 주로 기성복이나 기성화 등의 치수를 정할 때 이용한다.

예제 3.14 어떤 회사에서 12명의 사원을 표본으로 추출하여, 회사에 대한 만족도를 불만족이 심한 경우에는 0으로 하고, 아주 만족하는 경우에는 5로 하여 만족도를 6단계로 조사한 결과 다음과 같았다.

2, 0, 3, 1, 2, 4, 2, 5, 4, 0, 1, 4

이 자료의 최빈수를 구하라.

해설 자료 중에서 2와 4가 3회로 가장 많이 나타나므로 이 자료의 최빈수 $Mo=2$ 와 4로 두 개가 존재한다.

3.2 산포의 측도

집단의 정보를 하나의 수치인 대표값으로 나타낼 때 "대표값이 같다"고 해서 집단의 분포 상태도 같음을 의미하는 것은 아니다. 예를 들어 X, Y 중학교 10명 학생들의 영어 성적이 다음과 같은 경우를 살펴보자.

예제 3.15 X, Y 중학교 10명 학생들의 영어 성적

X: 60	60	60	60	60	60	60	60	70	50	$(\bar{x}=60)$
Y: 60	60	60	60	40	40	80	80	30	90	$(\bar{y}=60)$

이 예제에서 X, Y 중학교 학생들의 평균성적은 똑같이 60점이나 X중학교 학생들의 성적은 Y중학교에 비하여 평균 60점에 더 밀집되어 있음을 알 수 있다.

일반적으로 자료들은 대표값을 중심으로 집중되어 있을 수도 있고 넓게 퍼져 있을 수도 있다. 따라서 자료를 정리, 요약함에 있어 대표값과 더불어 자료들이 대표값 주위에 어떻게 분포되어 있는가를 나타내는 측도인 산포도(dispersion)를 파악하는 것도 필요하다.

3.2.1 분산 및 표준편차

n개 자료 $x_1, x_2, \cdots, x_n$의 평균을 $\bar{x}$라고 할 때 $\frac{1}{n}\sum(x_i-\bar{x})$는 각 자료값들이 $\bar{x}$로부터 퍼져있는 평균거리가 된다. 그러나 이는 편차(deviation) $(x_i-\bar{x})$의 합이 항상 0이 되어 산포도로 사용하기에 부적절하다.

> 편차의 합은 0이다. $\Rightarrow \sum(x_i-\bar{x})=0$

증명

$$\sum(x_i-\bar{x}) = \sum x_i - n\bar{x} = n\bar{x}-n\bar{x}=0$$

편차의 합이 0이 되는 것을 방지하기 위하여 편차를 제곱할 수 있으며 이를 이용한 산포도가 분산과 표준편차이다.

• 분산(variance) 및 표준편차(standard deviation)

모집단 자료의 수가 N, 표본자료의 수가 n인 경우

• 모분산(population variance) : $\sigma^2 = \frac{1}{N}\sum_{i=1}^{N}(x_i - \mu)^2$

모표준편차(population standard deviation) : $\sigma = \sqrt{\sigma^2}$

• 표본분산(sample variance) : $s^2 = \frac{1}{n-1}\sum_{i=1}^{n}(x_i - \bar{x})^2$

표본 표준편차(sample standard deviation) : $s = \sqrt{s^2}$

여기서, 표준편차는 분산의 양(+)의 제곱근임을 알 수 있다. 또한 표본분산을 계산할 때, 자료의 수 n대신에 $n-1$을 사용하는 이유는 모분산의 통계적 추론을 할 때 추정량의 성질 중 불편성, 유효성이라고 하는 좋은 성질을 만족하기 때문이다. 분산이나 표준편차가 크면 클수록 자료가 평균으로부터 더욱 더 흩어져 있다는 것을 의미하며, 작으면 작을수록 자료가 평균을 중심으로 밀집되어 있다는 것을 의미한다.

예제 3.16 다음은 어느 지역 5개 편의점의 한 달 매출액이다.

20 10 40 30 60

① 이 자료를 표본 자료라 가정하고 분산과 표준편차를 구하라.

② 이 자료를 모집단 자료라 가정하고 분산과 표준편차를 구하라.

해설

편의점	x_i	$(x_i - \bar{x})$	$(x_i - \bar{x})^2$
1	20	-12	144
2	10	-22	484
3	40	8	64
4	30	-2	4
5	60	28	784
합	160	0	1480

① $\bar{x} = 160/5 = 32$

표본분산 $s^2 = \frac{1}{5-1}(1480) = 370$

표본 표준편차 $s = \sqrt{370} = 19.24$

② $\mu = 160/5 = 32$

모분산 $\sigma^2 = \frac{1}{5}(1480) = 296$

모표준편차 $\sigma = \sqrt{296} = 17.2$

위의 예에서 분산이나 표준편차를 구하기 위하여 평균을 구한 다음에 평균을 이용하여 편차의 제곱을 계산하는 번거로움이 있다. 다음 식을 이용하면 간편하게 구할 수 있다.

• 분산의 간편식

표본분산 : $s^2 = \frac{1}{n-1}\sum_{i=1}^{n}(x_i - \bar{x})^2 = \frac{1}{n-1}[\sum_{i=1}^{n}x_i^2 - n\bar{x}^2]$

모분산 : $\sigma^2 = \frac{1}{N}\sum_{i=1}^{N}(x_i - \mu)^2 = \frac{1}{N}(\sum_{i=1}^{N}x_i^2 - N\mu^2) = \frac{1}{N}\sum_{i=1}^{N}x_i^2 - \mu^2$

증명

$$\sum_{i=1}^{n}(x_i - \bar{x})^2 = \sum_{i=1}^{n}x_i^2 - 2\bar{x}\sum_{i=1}^{n}x_i + \sum_{i=1}^{n}\bar{x}^2$$

$$= \sum_{i=1}^{n}x_i^2 - 2\bar{x}(n\bar{x}) + n\bar{x}^2$$

$$= \sum_{i=1}^{n}x_i^2 - n\bar{x}^2$$

모분산의 경우도 같은 방법에 의해 구한다.

간편식을 이용하여 [예제 3.16]의 분산과 표준편차를 구하면

$$\sum_{i=1}^{n} x_i^2 - n\bar{x}^2 = (20^2 + 10^2 + \cdots + 60^2) - 5(32^2)$$

$$= 6600 - 5120 = 1480$$

$$\therefore\ s^2 = \frac{1}{5-1}(1480) = 370,\ \ s = \sqrt{370} = 19.24$$

$$\sigma^2 = \frac{1}{N}\sum_{i=1}^{N} x_i^2 - \mu^2 = \frac{1}{5}(20^2 + 10^2 + \cdots + 60^2) - (32^2)$$

$$= 1320 - 1024 = 296$$

$$\sigma = \sqrt{296} = 17.2$$

예제 3.17 다음은 7명 학생의 주당 인터넷 사용시간이다. 표본분산 s^2과 표준편차 s를 구하라.

9, 7, 6, 6, 3, 9, 2

해설

$$\sum x_i = 9 + 7 + \cdots + 2 = 42 \Rightarrow \bar{x} = \frac{42}{7} = 6$$

$$\sum x_i^2 = 9^2 + 7^2 + \cdots + 2^2 = 296$$

$$s^2 = \frac{1}{n-1}\left[\sum_{i=1}^{n} x_i^2 - n\bar{x}^2\right]$$

$$= \frac{1}{7-1}[296 - 7(6^2)] = 7.33 \Rightarrow s = \sqrt{7.33} = 2.71$$

3.2.2 변동계수

여러 집단의 산포도를 비교할 때 분산이나 표준편차로만 비교하면 적절하지 않은 경우가 있다. 가령 두 집단 A, B에 대하여 집단 A의 표준편차가 크다고 해서 집단 B보다 자료가 평균을 중심으로 더 흩어져 있다고 말할 수 없다. 왜냐하면 집단 A의 자료가 집단 B에 비해 더 크기 때문에 평균과 표준편차가 크게 계산될 수 있기 때문이다. 이러한 경우 평균 대비 표준표차의 값으로 산포도를 비교하는 것이 적절하며 그 값을 변동계수라고 한다.

• 변동계수(coefficient of variation)

$$V_c = \frac{s}{\bar{x}} \times 100\,(\%)$$

변동계수는 여러 다른 종류의 집단이나 같은 종류의 집단일지라도 평균이 크게 다를 때 산포를 상대적으로 비교하기 위한 측도로 쓰인다.

예제 3.18 40대 여성과 10대 여성의 몸무게(kg)를 조사하여 다음과 같은 결과를 얻었다. 어느 쪽의 산포도가 더 큰가?

여성	평균($\bar{x}$)	표준편차(s)
40대	51	5
10대	26.5	3.7

해설

40대 : $V_c = \frac{5}{51} \times 100 = 9.8(\%)$

10대 : $V_c = \frac{3.7}{26.5} \times 100 = 14.0(\%)$

10대 여성의 표준편차가 작음에도 불구하고, 변동계수는 10대 여성이 더 크게 나타나고 있다. 이로부터 10대 여성의 몸무게가 40대 여성보다 평균을 중심으로 더 흩어져 있음을 알 수 있다(10대 여성의 몸무게가 40대 여성보다 고르게 분포되어 있지 않다).

3.2.3 표준점수(Z 점수)

표준점수는 자료집단에서 어떤 특정 자료값이 평균으로부터 표준편차의 몇 배만큼 떨어져 있는가를 나타내는 값으로 z-점수, 또는 표준화된 자료라고도 부른다.

• 표준점수(standard score)

$$z\ 점수 = \frac{x_i - \bar{x}}{s_x}, \quad i = 1, 2, \cdots, n$$

예제 3.19 다음은 A학생의 국어, 영어, 수학성적과 반 평균 및 표준편차이다. 이 학생은 어떤 과목을 가장 잘 한 것인가?

과 목	국어	영어	수학
A 학 생	79	72	65
반 평 균	77	78	60
반 표준편차	16	10	20

해설 각 과목의 z점수를 구해보면 다음과 같다.

국어: $z = \dfrac{x_i - \bar{x}}{s} = \dfrac{79-77}{16} = 0.125$

영어: $z = \dfrac{x_i - \bar{x}}{s} = \dfrac{72-78}{10} = -0.6$

수학: $z = \dfrac{x_i - \bar{x}}{s} = \dfrac{65-60}{20} = 0.25$

따라서 z 점수가 가장 높은 수학의 성적이 가장 좋다.

위의 예에서 국어는 반 평균보다 0.125×표준편차만큼 높으며, 영어는 반 평균보다 0.6×표준편차만큼 낮고, 수학은 반 평균보다 0.25×표준편차만큼 높은 점수를 받았음을 다음 관계로부터 알 수 있다.

국어: $x = \bar{x} + zs = 77 + 0.125(16) = 79$
영어: $x = \bar{x} + zs = 78 - 0.6(10) = 72$
수학: $x = \bar{x} + zs = 60 + 0.25(20) = 65$

여기서 z 점수는 자료값들을 다음과 같이 상대적으로 비교 가능한 같은 단위로 변환한 것임을 알 수 있다.

• 표준점수의 평균과 분산

z 점수 $= \dfrac{x_i - \overline{x}}{s_x}$, $i = 1,2,\cdots,n$의 평균과 분산은

$\overline{z} = 0$, $s_z^2 = 1$

증명

$$\overline{z} = \frac{1}{n}\sum_{i=1}^{n} z_i = \frac{1}{n}\sum_{i=1}^{n}\left(\frac{x_i - \overline{x}}{s_x}\right)$$

$$= \frac{1}{s_x}\frac{1}{n}\sum_{i=1}^{n}\left(x_i - \overline{x}\right) = 0$$

$$s_z^2 = \frac{1}{n-1}\sum_{i=1}^{n}(z_i - \overline{z})^2 = \frac{1}{n-1}\sum_{i=1}^{n}\left(\frac{x_i - \overline{x}}{s_x}\right)^2$$

$$= \left(\frac{1}{s_x}\right)^2 \frac{1}{n-1}\sum_{i=1}^{n}\left(x_i - \overline{x}\right)^2$$

$$= \left(\frac{1}{s_x}\right)^2 s_x^2 = 1$$

3.3 분포의 모양과 상자그림

3.3.1 왜도 및 첨도

(1) 왜도

자료집단에서 분포 모양의 대칭인가, 비대칭인가 또는 뾰족한가, 평평한가를 나타내는 측도로 왜도와 첨도가 있다. 분포의 대칭, 비대칭 정도를 나타내는 값을 왜도라 하며, 모집단과 표본에서 왜도는 각각 다음과 같이 정의한다.

- 왜도(skewness)

$$\text{모집단 왜도 : } \alpha_3 = \frac{\frac{1}{N}\sum_{i=1}^{N}(x_i - \mu)^3}{\sigma^3}$$

$$\text{표본 왜도 : } \alpha_3 = c_{3n}\sum_{i=1}^{n} z_i^3 \qquad (3.3)$$

$$\text{단, } c_{3n} = \frac{n}{(n-2)}\frac{1}{(n-1)}, \quad z_i = \frac{x_i - \overline{x}}{s}$$

왜도는 다음과 같은 성질을 가지고 있다.

① $\alpha_3 = 0$ 이면 완전 대칭인 분포이다(정규분포의 왜도=0).

② $\alpha_3 < 0$ 이면 분포의 좌측에 긴 꼬리가 있는 비대칭분포(좌 비대칭 분포)

③ $\alpha_3 > 0$ 이면 분포의 우측에 긴 꼬리가 있는 비대칭분포(우 비대칭 분포)

④ $|\alpha_3|$ 의 값이 크면 클수록 비대칭도는 커진다.

(2) 첨도

분포의 뾰족한 정도를 나타내는 값을 첨도라 하며, 모집단과 표본에서 첨도는 각각 다음과 같이 정의한다.

- 첨도(kurtosis)

$$\text{모집단 첨도 : } \alpha_4 = \frac{\frac{1}{N}\sum_{i=1}^{N}(x_i - \mu)^4}{\sigma^4}$$

$$\text{표본 첨도 : } \alpha_4 = c_{4n}\sum_{i=1}^{n} z_i^4 - 3c_n \qquad (3.4)$$

$$\text{단, } c_{4n} = \frac{n(n+1)}{(n-2)(n-3)(n-1)}, \quad c_n = \frac{(n-1)^2}{(n-2)(n-3)}, \quad z_i = \frac{x_i - \overline{x}}{s}$$

자료의 실제 표본첨도는 식(3.4)에서 3을 더한 값이다. 그런데 SAS, SPSS 등의 통계분석 패키지에서는 실제 표본첨도에서 3을 뺀 식(3.4)를 이용하여 표본첨도를 계산한다. 엑셀에서도 식(3.4)로 표본첨도를 계산한다. 이러한 이유로 표본첨도를 식(3.4)로 정의하였으나 실제 표본첨도는 식(3.4)에서 3을 더하여 구해야 한다.

첨도는 다음과 같은 성질을 가지고 있다.

① $\alpha_4 = 3$ 이면 정규분포이다(중첨).

② $\alpha_4 < 3$ 이면 정규분포보다 정점이 낮고 완만하다(완첨).

③ $\alpha_4 > 3$ 이면 정규분포보다 정점이 높고 뾰족하다(급첨).

정규분포는 통계학에서 가장 중요한 확률분포로 7장에서 상세하게 다룬다. 우선 정규분포의 왜도와 첨도의 값은 각각 0과 3이 되며, 자료 집단에서 구한 첨도, 왜도 값을 정규분포의 대응하는 값들과 비교하여 분포의 비대칭 정도, 뾰족한 정도를 판단한다.

예제 3.20 다음과 같은 자료가 있다.

2 3 3 5 7

① 이 자료를 모집단 자료라 하고 왜도와 첨도를 구하라.

② 이 자료를 표본 자료라 하고 왜도와 첨도를 구하라.

해설 ① 모집단의 왜도와 첨도

$$\sum_{i=1}^{5} x_i = 20,\ \mu = 4,\ \sum_{i=1}^{5}(x_i - \mu)^2 = 16,\ \sigma = \sqrt{3.2}$$

$$\sum_{i=1}^{5}(x_i - \mu)^3 = 18,\ \sum_{i=1}^{5}(x_i - \mu)^4 = 100\text{이므로}$$

$$\alpha_3 = \frac{18/5}{(\sqrt{3.2})^3} = 0.63,\quad \alpha_4 = \frac{100/5}{(\sqrt{3.2})^4} = 1.95$$

해설 ② 표본의 왜도와 첨도

$$\sum_{i=1}^{5} x_i = 20,\ \bar{x} = 4,\ \sum_{i=1}^{5}(x_i - \bar{x})^2 = 16,\ s = \sqrt{4} = 2$$

$$\sum_{i=1}^{5}(x_i - \bar{x})^3 = 18,\ \sum_{i=1}^{5}(x_i - \bar{x})^4 = 100$$

$$c_{3n} = \frac{n}{(n-2)}\frac{1}{(n-1)} = \frac{5}{3}\cdot\frac{1}{4}$$ 이므로

왜도 $\alpha_3 = \frac{5}{3}\cdot\frac{1}{4}\left(\frac{18}{2^3}\right) = 0.9375$

$$c_{4n} = \frac{n(n+1)}{(n-2)(n-3)(n-1)} = \frac{5(6)}{3(2)(4)} = \frac{30}{24}$$

$$c_n = \frac{(n-1)^2}{(n-2)(n-3)} = \frac{4^2}{3(2)} = \frac{16}{6}$$ 이므로

$$\alpha_4 = \frac{30}{24}\cdot\frac{100}{2^4} - 3\left(\frac{16}{6}\right) = -0.1875$$

따라서 실제 첨도는 $\alpha_4 = -0.1875 + 3 = 2.8125$

3.3.2 상자그림

• 상자그림의 작성 절차

① Me, Q_1, Q_3을 구한다.

② Q_1과 Q_3을 네모 상자로 연결하고 중위수의 위치에 수직선을 긋는다.

③ 사분위수 범위(interquartile range) $IQR = Q_3 - Q_1$을 계산한다.

④ 상자 양끝에서 구간 $(Q_1 - 1.5IQR, Q_3 + 1.5IQR)$ 안에 포함되는 최소값과 최대값을 각각 Q_1과 Q_3로부터 선으로 연결한다.

⑤ 양 경계를 벗어나는 점들을 *등으로 표시하고, 이 점들을 이상점으로 판정한다.

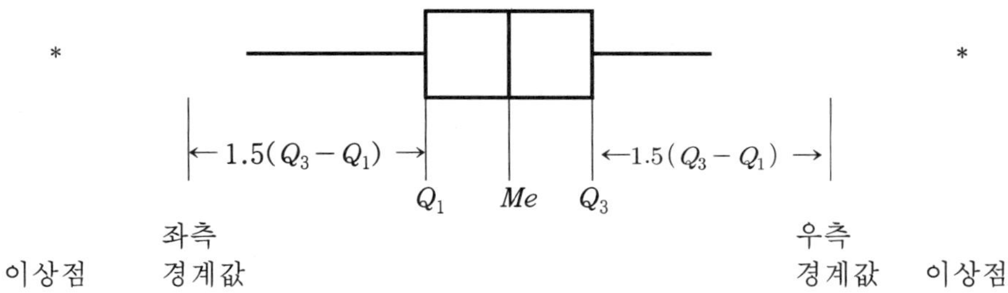

[그림 3.1] 상자그림

상자그림(box plot)은 중위수 Me, 제1사분위수 Q_1, 제3사분위수 Q_3을 이용하여 자료에 내포된 정보를 하나의 그림으로 함축시키는 방법이다. 이 그림으로부터 분포의 대칭성, 자료의 중심위치, 산포의 정도, 분포의 꼬리부분의 집중정도, 이상점 등을 파악할 수 있다.

예제 3.21 [예제 3.12]의 자료를 이용하여 상자그림을 그려라.

해설 제1사분위수 $Q_1=230$, 제3사분위수 $Q_3=530$, 중위수 $Me=275$

사분위수 범위 $IQR=530-230=300$

$1.5IQR=450$, $(Q_1-1.5IQR,\ Q_3+1.5IQR)=(-220, 980)$

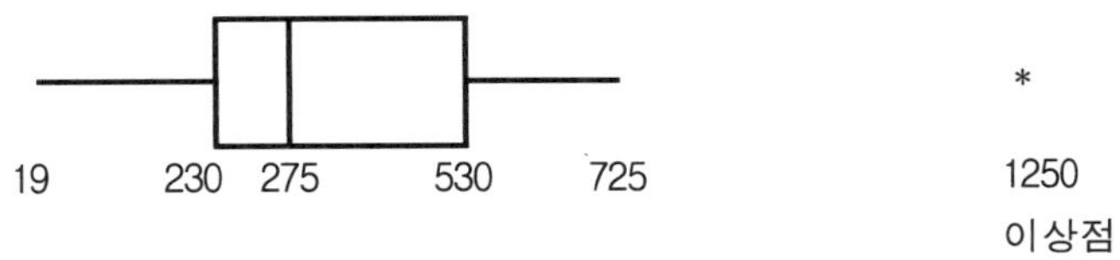

3.4 도수분포에서 대표값과 산포도

n개 자료 $x_1, x_2, \cdots, x_n$을 다음과 같이 k개 계급을 갖는 도수분포표로 정리하였을 때 평균, 분산, 중위수 등을 정의하여보자.

[표 3.1] 도수분포표

계급	계급값	도수
$a_0 - a_1$	x_1	f_1
$a_1 - a_2$	x_2	f_2
$\vdots$	$\vdots$	$\vdots$
$a_{k-1} - a_k$	x_k	f_k
합		$n = \sum_{i=1}^{k} f_i$

• 도수분포표에서 평균, 분산 및 표준편차

평균: $\overline{x} = \frac{1}{n}\sum_{i=1}^{k} f_i x_i = \frac{1}{n}(f_1 x_1 + f_2 x_2 + \cdots + f_k x_k),\quad n = \sum_{i=1}^{k} f_i$

분산: $s^2 = \frac{1}{n-1}\sum_{i=1}^{k} f_i\,(x_i - \overline{x}\,)^2 = \frac{1}{n-1}(\sum_{i=1}^{k} f_i\, x_i^2 - n\overline{x}^{\,2})$

표준편차: $s = \sqrt{s^2}$

여기서 분산의 간편식은 다음과 같이 증명할 수 있다.

$$
\begin{aligned}
s^2 = \frac{1}{n-1}\sum_{i=1}^{k} f_i\,(x_i - \overline{x}\,)^2 &= \frac{1}{n-1}\sum_{i=1}^{k} f_i\,(x_i^2 - 2x_i\overline{x} + \overline{x}^{\,2}) \\
&= \frac{1}{n-1}\left(\sum_{i=1}^{k} f_i\, x_i^2 - 2\overline{x}\sum_{i=1}^{k} f_i\, x_i + \overline{x}^{\,2}\sum_{i=1}^{k} f_i)\right) \\
&= \frac{1}{n-1}\left(\sum_{i=1}^{k} f_i\, x_i^2 - 2n\overline{x}^{\,2} + n\overline{x}^{\,2}\right) \\
&= \frac{1}{n-1}(\sum_{i=1}^{k} f_i\, x_i^2 - n\overline{x}^{\,2})
\end{aligned}
$$

도수분포표에서 중위수, 제1사분위수, 제3사분위수 등과 같은 백분위수는 보간법을 이용하여 다음과 같이 정의한다.

- **도수분포표에서 $100p$ 백분위수$(0 < p < 1)$**

$100p$ 백분위수 $P = L + (np - F)\frac{c}{f}$

단, L은$100p$ 백분위가 속해 있는 계급구간의 하한 값
F는 $100p$ 백분위가 속해 있는 계급구간 전까지의 누적도수
f는 $100p$ 백분위가 속해 있는 계급구간의 도수
c는 계급구간, n은 총도수

예제 3.22 다음은 어떤 은행에서 고객 30명이 상담을 받기 위해 기다린 시간 자료이다

10, 5, 11, 20, 15, 30, 0, 13, 17, 7
8, 9, 12, 14, 18, 6, 5, 17, 25, 22
30, 19, 3, 3, 15, 14, 23, 16, 31, 32

계급구간을 10, 계급의 개수를 4개로 하여 도수분포표를 작성하고, 이 표로부터
다음을 구하여라.

① 평균, 분산, 표준편차
② 중위수, 제1사분위수, 제3사분위수

해설 도수분포표

계급구간	계급값	도수	누적도수
0~10	5	9	9
10~20	15	12	21
20~30	25	5	26
30~40	35	4	30
합		30	

평균 $\overline{x} = \frac{1}{30}(9\times 5 + 12\times 15 + 5\times 25 + 4\times 35) = 16.33$

분산 $s^2 = \frac{1}{30-1}\left[9(5)^2 + \cdots + 4(35)^2 - 30(16.33)^2\right] = 101.7$

표준편차 $s = \sqrt{101.7} = 10.08$

중위수는 $30(0.5) = 15$번째 해당되는 값이므로

$$Me = 10 + (15-9)\frac{10}{12} = 15$$

제1사분위수는 $30(0.25) = 7.5$번째 해당되는 값이므로

$$Q_1 = 0 + (7.5-0)\frac{10}{9} = 8.33$$

제3사분위수는 $30(0.75) = 22.5$번째 해당되는 값이므로

$$Q_3 = 20 + (22.5-21)\frac{10}{5} = 23$$

일반적으로 도수분포표에서 최빈수는 도수가 가장 많이 나타난 계급구간의 계급값으로 정한다. 따라서 앞의 예에서 최빈수는 15가 됨을 알 수 있다.

3.5 엑셀연습

예제 3.23 다음과 같은 자료에 대하여 엑셀을 이용해서 기술통계량을 계산하라. (예제 3.20 참조)

2 3 3 5 7

step 1 자료 입력

자료를 A1에서 A6까지 입력한다.

	A	B	C
1	자료		
2	2		
3	3		
4	3		
5	5		
6	7		

step 2 엑셀 통계 함수의 입력

D4에서 D12까지 엑셀 통계함수를 입력해 기술통계량을 구한다. 각 셀에 입력되는 내용은 다음과 같다.

평 균 : D4셀 = AVERAGE(A2:A6)
분 산 : D5셀 = VAR(A2:A6)
표준 편차 : D6셀 = STDEV(A2:A6)
중 위 수 : D7셀 = MEDIAN(A2:A6)
최 소 값 : D8셀 = MIN(A2:A6)
최 대 값 : D9셀 = MAX(A2:A6)
범 위 : D10셀 = D9−D8
첨 도 : D11셀 = KURT(A2:A6)
왜 도 : D12셀 = SKEW(A2:A6)

워크시트에 다음과 같이 출력된다.

	A	B	C	D	E
1	자료				
2	2		기술통계량		
3	3				
4	3		평균	4	
5	5		분산	4	
6	7		표준편차	2	
7			중위수	3	
8			최소값	2	
9			최대값	7	
10			범위	5	
11			첨도	-0.1875	
12			왜도	0.9375	

☼ D11셀의 첨도 -0.1875는 식(3.4)의 값을 이용하여 구한 값이므로 실제 표본첨도는 -0.1875+3=2.8125가 된다.

예제 3.24 [예제 3.23]의 기술통계량을 엑셀의 데이터 분석 도구를 이용하여 구하라.

step 1 [데이터] ⇨ [데이터 분석]을 선택

step 2 [통계 데이터 분석] 대화상자에서 [기술 통계법]을 선택

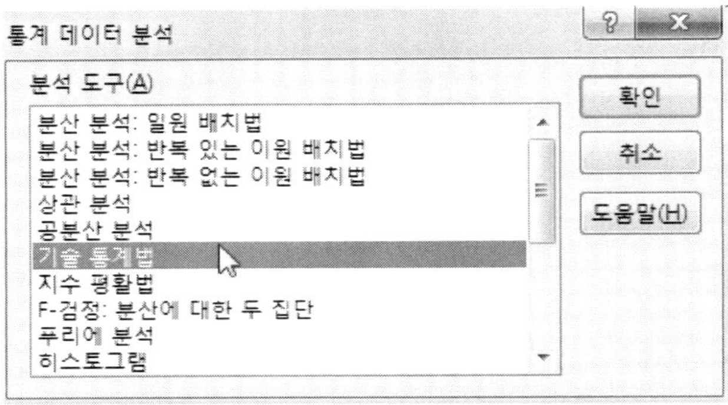

step 3 [기술 통계법] 대화상자에서 [입력]과 [출력 옵션]을 입력

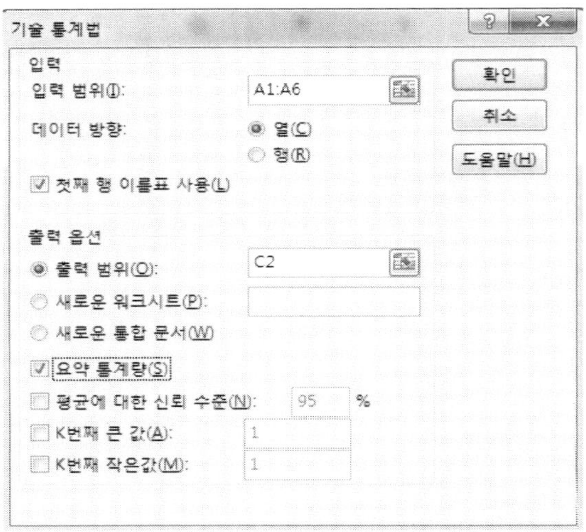

[입력]

입력범위 : A1:A6

데이터 방향 : 열 선택

첫째 행 이름표 사용 : 선택

[출력 옵션]

출력 범위 : C2

요약 통계량 : 선택

확인 단추를 누르면 워크시트에 다음과 같이 출력된다.

	A	B	C	D	E
1	자료				
2	2		자료		
3	3				
4	3		평균	4	
5	5		표준 오차	0.894427	
6	7		중앙값	3	
7			최빈값	3	
8			표준 편차	2	
9			분산	4	
10			첨도	-0.1875	
11			왜도	0.9375	
12			범위	5	
13			최소값	2	
14			최대값	7	
15			합	20	
16			관측수	5	
17					

☼ D5셀의 표준오차는 표준편차를 $\sqrt{\text{관측수}}$로 나눈 값이다.

예제 3.25 다음과 같은 8개 자료에 대하여 제1사분위수, 제3사분위수, 중위수를 구하여라. (예제 3.11 참조)

46　117　55　48　53　51　50　52(kg)

step 1 자료 입력

자료를 A1에서 A9까지 입력한다.

	A	B	C
1	자료		
2	46		
3	117		
4	55		
5	48		
6	53		
7	51		
8	50		
9	52		

step 2 엑셀 통계 함수의 입력

D2에서 D4까지 각 셀에 입력되는 내용은 다음과 같다.

중 위 수 : D2셀 = MEDIAN(A2:A9)

제 1사분위수 : D3셀 = QUARTILE(A2:A9,1)

제 3사분위수 : D4셀 = QUARTILE(A2:A9,3)

워크시트에 다음과 같이 출력된다.

	A	B	C	D
1	자료			
2	46		중위수	51.5
3	117		제1사분위수	49.5
4	55		제3사분위수	53.5
5	48			
6	53			
7	51			
8	50			
9	52			

☼ 엑셀에서 얻은 제1사분위수, 제3사분위수는 [예제 3.11]에서 구한 $Q_1 = 49$, $Q_3 = 54$와 다르게 나타나 있다. 왜냐하면 엑셀에서 $100p$ 백분위

수는 $np+(1-p)$번째 값으로 정의된다. 만일 $np+(1-p)$가 정수가 아니면 선형보간법으로 $100p$ 백분위수를 다음과 같이 계산하여 출력한다.

- 제1사분위수 : $np+(1-p)=8(0.25)+(1-0.25)=2.75$번째 값이므로

  $\dfrac{2.75-2}{x-48}=\dfrac{3-2}{50-48}$ $\therefore\ x=Q_1=49.5$

- 제3사분위수 : $np+(1-p)=8(0.75)+(1-0.75)=6.25$번째 값이므로

  $\dfrac{6.25-6}{x-53}=\dfrac{7-6}{55-53}$ $\therefore\ x=Q_3=53.5$

[예제 3.12]의 중고차 17대의 가격의 제1사분위수, 제3사분위수, 중위수를 엑셀로 구하면 다음과 같다(아래 그림에는 6행부터 16행까지 자료의의 중간부분이 생략 되어 있음).

	A	B	C	D
1	자료1			
2	260		중위수	275
3	129		제1사분위수	230
4	660		제3사분위수	530
5	320			
17	1250			
18	275			

이 경우는 제1사분위수, 제3사분위수, 중위수가

- 제1사분위수 : $np+(1-p)=17(0.25)+(1-0.25)=5$번째 값
- 제3사분위수 : $np+(1-p)=17(0.75)+(1-0.75)=13$번째 값
- 중위수 : $np+(1-p)=17(0.5)+(1-0.5)=9$번째 값

으로 모두 정수인 경우이므로 [예제 3.12]에서 구한 제1사분위수, 제3사분위수, 중위수와 같다.

예제 3.26 다음과 같은 자료의 기하평균은? (예제 3.5 참조)

3, 6, 12, 24, 48

step 1 자료 입력

자료를 A1에서 A5까지 입력한다.

	A	B	C
1	3		
2	6		
3	12		
4	24		
5	48		

step 2 엑셀 통계 함수의 입력

D2셀에 입력되는 내용은 다음과 같다.

=GEOMEAN(A1:A5)

워크시트에 다음과 같이 출력된다.

	A	B	C	D
1	3			
2	6		기하평균	12
3	12			
4	24			
5	48			

예제 3.27 [예제 3.7]의 자료에 대한 연평균 자본금 증가율을 엑셀로 구하라. (예제 3.7 참조)

step 1 자료 입력

A1에서 B5까지 연도별 자본금 자료를 입력한다.

	A	B	C
1	년도	자본금	1+r
2	2000	1000	
3	2001	1400	
4	2002	1600	
5	2003	1900	

step 2 연도별 증가배수 비율 계산

연도별로 전년도 대비 증가율을 계산하기 위해 먼저 증가배수 비율 1+r 을 C3셀에 다음과 같이 입력한다.

=B3/B2

그리고 마우스를 C4부터 C5까지 C3셀을 드래그하여 복사한다.

	A	B	C	D
1	년도	자본금	1+r	
2	2000	1000		
3	2001	1400	1.4	
4	2002	1600	1.142857	
5	2003	1900	1.1875	
6				

step 3 연평균 증가율 계산

3년간 자본금의 연평균 증가율을 계산하기 위해 C7셀에 다음을 입력한다.

=GEOMEAN(C3:C5)−1

워크시트에 다음과 같이 출력된다.

	A	B	C	D
1	년도	자본금	1+r	
2	2000	1000		
3	2001	1400	1.4	
4	2002	1600	1.142857	
5	2003	1900	1.1875	
6				
7	연평균증가율		0.238562	

연 습 문 제

【3.1】 다음은 어떤 학생의 월별 봉사시간 자료이다.

7,	5,	9,	7,	8,	6

① 이 자료를 표본 자료라 가정하고 분산과 표준편차를 구하라.

② 이 자료를 모집단 자료라 가정하고 분산과 표준편차를 구하라.

【3.2】 어떤 학생의 수강과목에 대한 점수가 다음과 같다.

과 목	통계학	경제학	컴퓨터	국어	영어	수학
학 점	3	3	3	2	2	2
점 수	82	90	95	76	85	55
평 점	B^0	A^0	A^+	C^+	B^+	F

① 학점을 가중치로 한 점수의 가중평균을 구하라.

② 학점을 가중치로 한 평점의 가중평균을 구하라.

단, $A^+=4.5$, $A^0=4.0$, $B^+=3.5$, $B^0=3.0$, $C^+=2.5$, $C^0=2.0$, $D^+=1.5$, $D^0=1.0$, $F=0$

【3.3】 어떤 주식의 최근 3년간 주가 상승률이 각각 10%, 7%, 4%일 때 연평균 주가 상승률을 구하라.

【3.4】 다음은 어느 나라 2000년부터 2006년까지의 물가지수이다.

연 도	2000	2001	2002	2003	2004	2005	2006
물가지수	100.0	109.3	116.1	121.7	129.3	135.1	141.9

6년간의 연평균 물가지수 상승률을 구하라.

【3.5】 어느 은행 12명의 사원들이 정보 검색을 위해 인터넷을 사용한 시간이 아래와 같다(단위 : 분).

10, 30, 20, 20, 30, 90, 50, 50, 80, 90, 50, 80

다음을 구하라.

① 산술평균 ② 중위수 ③ 최빈수 ④ 사분위수
⑤ 사분위범위 ⑥ 분산과 표준편차 ⑦ 변동계수

【3.6】 다음은 9개 주식의 주가수익률이다.

105	116	93	106	125	128	136	152	132

① 제3사분위수를 구하라.
② 선형보간법으로 제3사분위수를 구하라.

【3.7】 어느 증권사 20명의 사원들의 주간 초과근무시간이 아래 표와 같다. 도수분포표를 작성하여 다음을 구하라.

초과근무시간	사원 수
0 ~ 10	4
10 ~ 20	3
20 ~ 30	10
30 ~ 40	2
40 ~ 50	1
합	20

① 도수 및 누적도수분포표 ② 산술평균 ③ 중위수 ④ 사분위수
⑤ 최빈수 ⑥ 사분위수 범위 ⑦ 분산과 표준편차

【3.8】 어느 회사에서 기술직에 있는 사원과 연구직에 있는 사원들의 연봉을 조사하여 다음과 같은 결과를 얻었다(단위 : 만원).

생산직	임금평균($\bar{x}$)	표준편차(s)
기술직	4000	300
연구직	2500	250

기술직 사원과 연구직 사원 중 어느 쪽의 연봉이 더 고르지 못한가?

【3.9】 다음은 20명 학생의 통계학 성적이다. 상자그림을 그려라.

60,	64,	71,	80,	92,	64,	68,	73,	76,	80
84,	84,	76,	88,	88,	92,	96,	88,	92,	76

【3.10】 학생 7명의 통계학성적의 평균 76점에 대한 편차가 아래 표와 같다. 이때 학생 B의 수학점수는?

학생	A	B	C	D	E	F	G
편차(점)	-6	x	5	-3	-7	4	5

【3.11】 아래 그림은 학생 10명의 몸무게를 조사하여 히스토그램으로 나타낸 것이다. 10명의 평균 몸무게는?

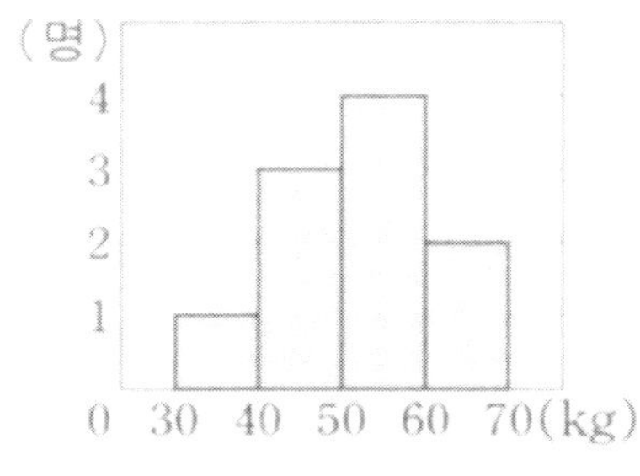

【3.12】 어느 대학에서는 학생들의 영어와 컴퓨터 능력에 대한 수준을 알아보기 위하여 100명의 학생들을 대상으로 시험을 실시하였다. 그 결과 영어와 컴퓨터 과목에 대한 평균과 표준편차는 각각 다음과 같았다.

과목	평균	표준편차
영어	80	10
컴퓨터	85	15

A라는 학생의 성적은 영어가 90점, 컴퓨터 과목은 95점이었다. 이 학생은 영어보다 컴퓨터 과목을 더 잘 한다고 할 수 있겠는가?

【3.13】 인구변화율이나 물가상승률과 같은 비율의 대표값으로 적당한 것은?

【3.14】 측정값들이 대표값을 중심으로 어떻게 분포되어 있는가를 나타내는 측도는 무엇인가?

【3.15】 여러 다른 종류의 통계집단이나 동종의 집단일지라도 평균이 크게 다를 때 산포를 비교하기 위한 측도는?

【3.16】 각각 31명, 29명으로 구성된 두 학급 A, B 학생들의 평균 체중이 아래와 같을 때, 두 학급 전체 학생들의 평균 체중은?

학급	A반	B반
학생 수(명)	31	29
평균체중(kg)	76	82

제4장

확률의 이해와 응용

4.1 표본공간과 사상

통계학에 있어서 궁극적인 목표는 표본자료에 근거하여 모집단을 추론하는 것이라고 할 수 있다. 그런데 모집단의 일부로 추출된 표본은 모집단에 관한 완전한 정보를 갖고 있지 못하며, 추출되는 표본에 따라 그 정보가 다르게 된다. 따라서 통계적 추론을 통해 얻어진 결론들은 항상 옳은 것은 아니며 어느 정도의 불확실성을 갖게 되며 이런 불확실성의 정도를 확률이라는 객관적 척도를 사용하여 표현하고 있다. 확률이란 어떤 사건이 일어날 가능성의 정도를 나타내는 수치이다.

확률론에서는 자료나 관측값을 얻는 일련의 과정을 실험이라고 하며 여기서 실험이란 확률실험을 의미한다. 실험을 실제로 실시하기 전에는 어떤 결과가 나올지 정확히 알 수 없으나 일어날 수 있는 모든 가능한 결과를 알 수 있으며 또한 동일한 조건하에서 반복할 수 있는 실험을 확률실험(random experiment)이라고 한다.

표본공간(sample space)은 실험에 의하여 일어날 수 있는 가능한 모든 결과들의 집합을 말하고, 보통 S로 나타낸다. 표본공간을 구성하는 원소(elements)를 표본점(sample points)이라 하며 w로 표기한다. 일반적으로 n개의 표본점으로 구성되어 있는 표본공간 S는 다음과 같이 표현된다.

$$S = \{ w_1, w_2, \cdots, w_n \}$$

표본공간의 부분집합을 사상(event) 또는 사건이라고 하며, 대문자 $A, B, \cdots$ 등으로 나타낸다.

예제 4.1 2일 동안 어느 주가의 상승과 하락을 관찰하는 실험에서 아래와 같은 사상 A, B, C, D를 구하라.

A : 2일 중 둘째 날이 상승하는 사상

B : 2일 중 둘째 날이 하락하는 사상

C : 2일 모두 상승하는 사상

D : 2일 모두 하락하는 사상

해설 주가의 상승을 U, 하락을 D을 로 나타내면
표본공간 $S = \{UU, UD, DU, DD\}$
$A = \{DU, UU\}$, $B = \{UD, DD\}$, $C = \{UU\}$, $D = \{DD\}$

예제 4.2 ① 한 개의 동전을 2번 던지는 실험에서 표본공간 S와 2번 모두 앞면이 나타나는 사상 A를 구하라.
② 주사위를 1번 던져 나타나는 눈의 수를 관찰할 때 표본공간 S와 홀수가 나타나는 사상 A를 구하라.

③ TV의 수명을 측정하는 실험에서 표본공간은?

해설 ① 앞면을 H, 뒷면을 T로 나타내면
$S = \{HH, HT, TH, TT\}$ $A = \{HH\}$
② $S = \{1, 2, 3, 4, 5, 6\}$ $A = \{1, 3, 5\}$
③ TV의 수명을 x로 나타내면
$S = \{0 < x < \infty\}$

4.2 사상의 연산

표본공간 S의 임의의 사상들에 대하여, 다음 사상의 연산이 성립된다.

① 합사상(union) : 표본공간 S의 임의의 두 사상 A와 B에 대하여 A 또는 B에 포함되는 원소들의 모임

$$A \cup B = \{w \mid w \in A \text{ or } w \in B\}$$

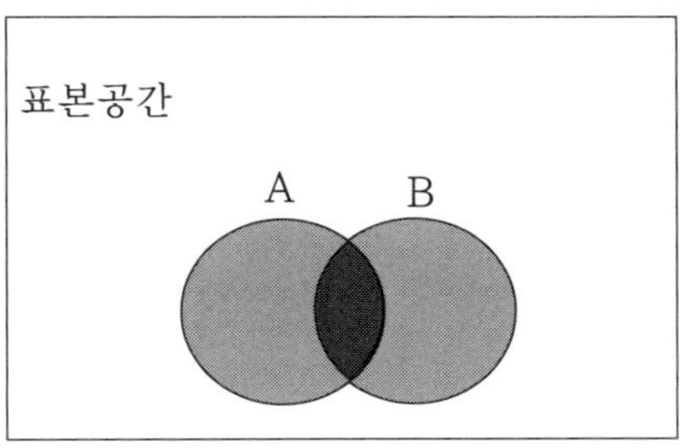

n개 사상 $A_1, A_2, \cdots, A_n$의 합사상은 $\bigcup_{i=1}^{n} A_i = A_1 \cup A_2 \cup \cdots \cup A_n$으로 나타낸다.

② 곱사상(intersection) : 표본공간 S의 임의의 두 사상 A와 B에 대하여 A와 B에 동시에 포함되는 원소들의 모임

$$A \cap B = \{w \mid w \in A \text{ and } w \in B\}$$

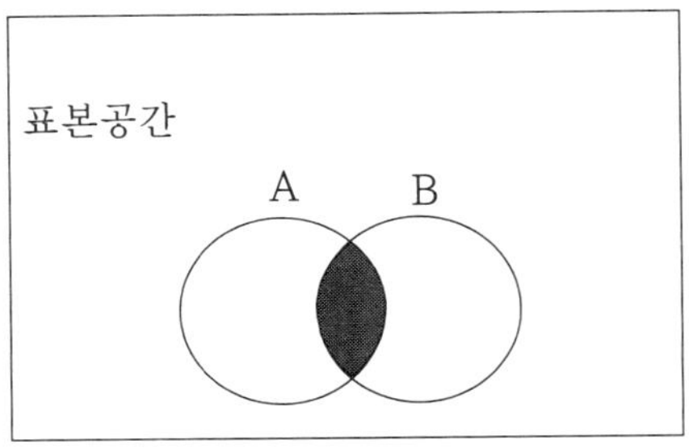

n개 사상 $A_1, A_2, \cdots, A_n$의 곱사상은 $\bigcap_{i=1}^{n} A_i = A_1 \cap A_2 \cap \cdots \cap A_n$으로 나타낸다.

③ 여사상(complement) : 사상 A의 여상은 A에 포함되지 않는 원소들의 모임

$$A^c = \{w \mid w \notin A\}$$

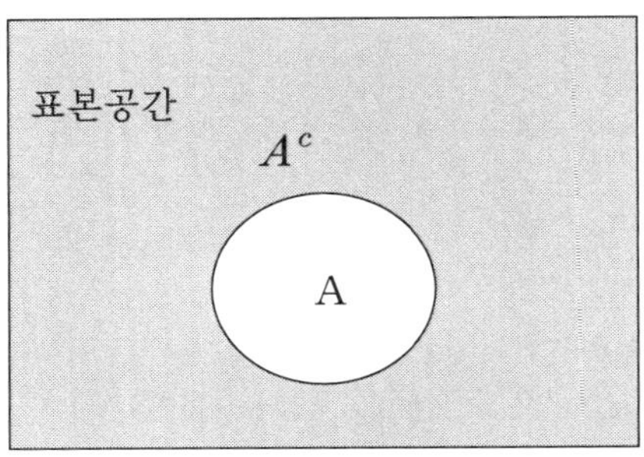

④ 공사상(null event) : 원소가 하나도 포함되지 않는 사상으로 ∅로 표

시한다.

⑤ 배반사상 : A와 B의 곱사상이 공사상인 경우 즉, $A \cap B = \varnothing$이면 A와 B는 상호 배반사상(mutually exclusive event)이라고 한다.

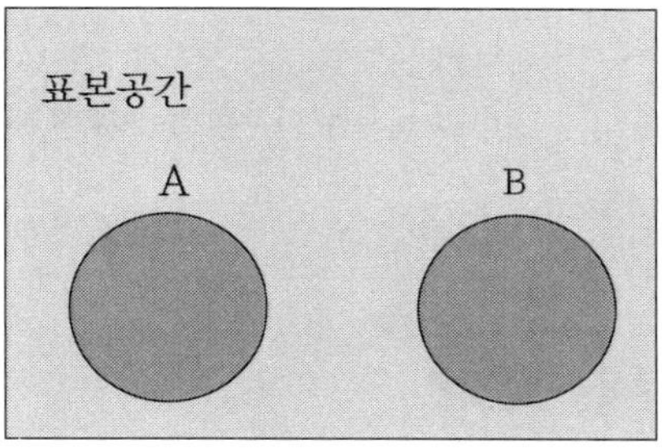

예제 4.3 1개의 주사위를 던져 나타나는 눈의 수를 관찰하는 실험에서 짝수가 나오는 사상을 A, 홀수가 나오는 사상을 B, 3보다 큰 수가 나오는 사상을 C라 하자.

① 표본공간 S를 정의하라.

② $A \cup B$를 구하라.

③ $B \cap C$를 구하라.

④ A^c을 구하라.

⑤ A와 B는 배반사상인가?

해설

① $S = \{1, 2, 3, 4, 5, 6\}$

$A = \{2, 4, 6\}$, $B = \{1, 3, 5\}$, $C = \{4, 5, 6\}$

② $A \cup B = \{2, 4, 6\} \cup \{1, 3, 5\} = \{1, 2, 3, 4, 5, 6\}$

③ $B \cap C = \{1, 3, 5\} \cap \{4, 5, 6\} = \{5\}$

④ $A^c = \{1, 3, 5\} = B$

⑤ $A \cap B = \{2, 4, 6\} \cap \{1, 3, 5\} = \varnothing$ 이므로 A와 B는 배반사상

예제 4.4 한 개의 동전을 두 번 던질 때 앞면이 적어도 한번 나타나는 사상을 A, 두 번째 동전이 뒷면이 나오는 사상을 B라 하고, 다음을 구하라.

① $A \cup B$　　　② $A \cap B$　　　③ A^c

해설 $S = \{HH, HT, TH, TT\}$

$A = \{HH, HT, TH\}$, $B = \{HT, TT\}$ 이므로

① $A \cup B = S$

② $A \cap B = \{HT\}$, 따라서 A 와 B 는 배반사상이 아니다.

③ $A^c = \{TT\}$

4.3 확률의 정의 및 연산

확률(probability)은 어떤 사건이 일어날 가능성의 정도를 숫자로 나타낸 것인데 그러면 표본공간 상에 있는 사상의 확률은 어떻게 표현할 것인가? 보통 표본공간 S에 있는 임의의 사상 A 를 실수와 대응시켜주는 함수를 P 라 하고 사상 A 의 확률을 $P(A)$ 로 나타낸다. 예를 들면 앞의 [예제 4.1]의 2일 동안의 주가의 상승과 하락을 관찰하는 실험에서 2일 중 둘째 날이 상승하는 사상 A 와 2일 중 둘째 날이 하락하는 사상 B 의 확률은 다음과 같은 관계로부터 $P(A) = \frac{3}{4}$, $P(B) = \frac{2}{4}$ 로 나타낸다.

$$S = \{UU, UD, DU, DD\}$$
$$A = \{DU, UU\}, \quad B = \{UD, DD\}$$
$$A \xrightarrow{P} \frac{3}{4} \quad \Rightarrow P(A) = \frac{3}{4}$$
$$B \xrightarrow{P} \frac{2}{4} \quad \Rightarrow P(B) = \frac{2}{4}$$

S를 표본공간, A 를 임의의 사상이라고 할 때 사상 A 의 확률 $P(A)$ 는 일반적으로 다음의 공리를 만족한다.

- **확률의 공리**

① 임의의 사상 A에 대하여 $0 \le P(A) \le 1$이다.
② $P(S) = 1$
③ A와 B가 상호 배반사상이면 $P(A \cup B) = P(A) + P(B)$
일반적으로 $A_1, A_2, \cdots, A_n$이 상호 배반사상이면,
$P(A_1 \cup A_2 \cup \cdots \cup A_n) = P(A_1) + P(A_2) + \cdots P(A_n)$

다음은 확률의 공리로부터 유도되는 몇 가지 성질이다.

① $P(\varnothing) = 0$ (공사상의 확률)
② $P(A^c) = 1 - P(A)$ (여사상의 확률)
③ $P(A \cup B) = P(A) + P(B) - P(A \cap B)$ (덧셈정리)
따라서 A와 B가 상호 배반사상이면,
$P(A \cup B) = P(A) + P(B)$

예제 4.5 2일 동안 어느 주가의 상승과 하락을 관찰하는 실험에서 아래와 같은 사상의 확률을 구하라(예제 4.1 참조).

① $P(A \cup C)$
② $P(A \cup D)$
③ $P(D^c)$

해설

① $P(A \cup C) = P(A) + P(C) - P(A \cap C) = \frac{2}{4} + \frac{1}{4} - \frac{1}{4} = \frac{2}{4}$

② $P(A \cup D) = P(A) + P(D) - P(A \cap D) = \frac{2}{4} + \frac{1}{4} - 0 = \frac{3}{4}$

③ $P(D^c) = 1 - P(D) = 1 - \frac{1}{4} = \frac{3}{4}$

예제 4.6 붉은 공 6개, 흰 공 4개, 푸른 공 5개가 들어있는 상자에서 하나의 공을 임의로 꺼낼 때 다음을 구하라.

① 붉은 공일 확률 ② 흰 공일 확률 ③ 푸른 공일 확률
④ 붉은 공이 아닐 확률 ⑤ 붉은 공이거나 흰 공일 확률

해설 붉은 공을 R, 흰 공을 W, 푸른 공을 B로 나타내면

① $P(R) = \frac{{}_6C_1}{{}_{15}C_1} = \frac{6}{15}$ ② $P(W) = \frac{{}_4C_1}{{}_{15}C_1} = \frac{4}{15}$

③ $P(B) = \frac{5}{15}$

④ $P(R^c) = 1 - P(R) = 1 - \frac{6}{15} = \frac{9}{15}$

⑤ R과 W는 상호 배반사상이므로

$$P(R \cup W) = P(R) + P(W) = \frac{6}{15} + \frac{4}{15} = \frac{10}{15}$$

4.4 조건부 확률

사전 정보가 주어졌을 때 이를 이용하여 관심 사상의 확률을 계산하는 경우가 있는데 이러한 확률을 조건부확률(conditional probability)이라고 한다. 예를 들어 어떤 지역의 날씨가 1년 중 30%는 구름이 끼어있고, 10%는 구름이 끼어있고 비가 온다고 하자. 어느 날 구름이 끼어있다고 할 때 비가 올 확률은 얼마인가?

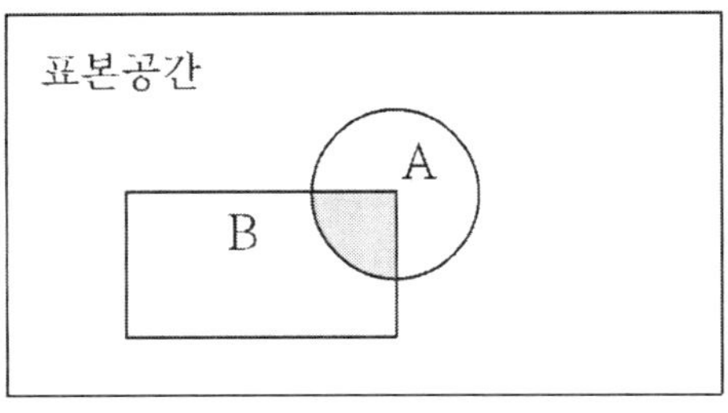

A를 비가 오는 사상, B를 구름이 끼어있는 사상이라고 하면 주어진 사전정보에 의하여 $P(B) = 0.3$, $P(A \cap B) = 0.1$이다. 구하고자 하는 확률

을 $P(A \mid B)$로 표시하면 이 확률은 다음과 같이 계산된다.

$$P(A \mid B) = \frac{P(A \cap B)}{P(B)} = \frac{0.1}{0.3} = \frac{1}{3}$$

조건부 확률은 다음과 같이 정의한다.

• 조건부 확률

사상 B가 일어났다는 조건하에서 사상 A가 일어날 확률을 사상 A의 조건부확률이라고 하고 다음과 같이 나타낸다.

$$P(A \mid B) = \frac{P(A \cap B)}{P(B)}, \quad (P(B) > 0)$$

위의 조건부확률에서 A와 B의 역할을 바꾸면

$$P(B \mid A) = \frac{P(A \cap B)}{P(A)}$$

가 되며 이로부터 다음과 같은 확률의 곱셈정리를 얻을 수 있다.

• 확률의 곱셈정리

$$P(A \cap B) = P(A)P(B \mid A) = P(B)P(A \mid B)$$

일반적으로 n개 사상 $A_1, \cdots, A_n$에 대하여 다음이 성립한다.

$$P(A_1 \cap A_2 \cap \cdots \cap A_n)$$
$$= P(A_1)P(A_2 \mid A_1)P(A_3 \mid A_1 \cap A_2) \cdots P(A_n \mid A_1 \cap A_2 \cap \cdots \cap A_{n-1})$$

예제 4.7 한 개의 주사위를 두 번 던지는 실험에서 A와 B가 각각 다음과 같은 사상일 때 조건부확률 $P(B \mid A)$를 구하라.

$A=$ 두 눈의 합이 8인사상, $B=$ 두 눈이 같은 사상

해설 $A=\{(2,6),(3,5),(4,4),(5,3),(6,2)\}$

$B=(1,1),(2,2),(3,3),(4,4),(5,5),(6,6),$

$A\cap B=\{(4,4)\}$ 이므로

$$P(B \mid A)=\frac{P(A\cap B)}{P(A)}=\frac{1/36}{5/36}=\frac{1}{5}$$

예제 4.8 눈이 내릴 확률은 0.3이다. 눈이 내린다는 조건하에 비행기가 예정시간에 이륙할 확률은 0.4이며, 눈이 내리지 않는다는 조건하에 비행기가 예정시간에 이륙할 확률은 0.9이다.

① 눈이 안오고 비행기가 예정시간에 이륙할 확률은?

② 비행기가 예정시간에 이륙할 확률은?

해설 A-눈이 내리는 사상, B- 비행기가 예정시간에 이륙하는 사상

$P(A)=0.3,\ P(B|A)=0.4,\ P(B\,|A^c)=0.9$

① $P(A^c\cap B)=P(A^c)P(B|A^c)=07(0.9)=0.63$

$=07(0.9)=0.63$

② $P(B)=P(A\cap B)+P(A^c\cap B)$

$=P(A)P(B|A)+P(A^c)P(B|A^c)$

$=0.3(0.4)+0.7(0.9)=0.75$

예제 4.9 월요일에 주가가 상승할 확률이 0.6이라고 한다. 그리고 월요일에 상승하였다는 조건하에서 화요일에도 다시 상승할 확률이 0.3일 때, 월요일과 화요일 동안 주가가 계속 상승할 확률을 구하여라.

해설 월요일에 주가가 상승할 사상을 A, 화요일에 주가가 상승할 사상을 B라 하면 $P(A)=0.6,\ P(B \mid A)=0.3$이 된다. 따라서

$P(A\cap B)=P(A)P(B \mid A)$

$=0.6(0.3)=0.18$

4.5 독립사상과 종속사상

두 사상 A와 B가 독립이라는 것은 사상 A가 일어나는 것과 사상 B가 일어나는 것이 서로 영향을 주지도 받지도 않는다는 것을 의미한다. 바꾸어 말하면 사상 B가 일어났다는 조건하에서 사상 A가 일어날 확률은 사상 B에 의존하지 않고 곧바로 사상 A가 일어나는 확률과 같다는 것이다. 즉, 두 사상 A와 B가 독립이면

$$P(A \mid B) = P(A)$$

이고, 사상 B에 대해서도 마찬가지로

$$P(B \mid A) = P(B)$$

가 성립한다. 따라서 두 사상이 독립이면 다음이 성립된다.

$$P(A \cap B) = P(A)P(B \mid A) = P(A)P(B)$$

• 독립사상(independent event)과 종속사상(dependent event)

두 사상 A와 B에 대해 다음이 성립하면 독립사상 이라하고, 그렇지 않으면 종속사상 이라고 한다.

$$P(A \cap B) = P(A)P(B)$$

일반적으로, n개의 사상 $A_1, A_2, \cdots, A_n$이 서로 독립이면 다음이 성립한다.

$$P(A_1 \cap A_2 \cap \cdots \cap A_n) = P(A_1)P(A_2)\cdots P(A_n)$$

예제 4.10 $P(A)=0.4,\ P(B)=0.2,\ P(A|B)=0.6$일 때, $P(A\cap B)$의 값은?

해설

$$\begin{aligned} P(A\cap B) &= P(B\cap A) \\ &= P(B)P(A|B) \\ &= 0.2(0.6)=0.12 \end{aligned}$$

예제 4.11 어떤 상자 안에 들어있는 12개 제품 중 4개가 불량품이고 8개는 합격품이다. 제품을 한 개씩 두 번 꺼낼 때 두 개 모두 합격품일 확률을 구하여라.

해설 ① 비복원추출의 경우(sampling without replacement)

추출된 것을 되돌려 넣지 않고 추출해 나가는 방법을 비복원추출이라고 한다.

A_1을 첫 번째 꺼낸 제품이 합격품인 사상, A_2를 두 번째 꺼낸 제품이 합격품인 사상이라고 하면 구하려는 확률은

$$P(A_1\cap A_2)=P(A_1)P(A_2 \mid A_1)=\frac{8}{12}\times\frac{7}{11}$$

② 복원추출의 경우(sampling with replacement)

추출된 것을 되돌려 넣고 추출해 나가는 방법을 복원추출이라고 한다.

$$P(A_1\cap A_2)=P(A_1)P(A_2 \mid A_1)=P(A_1)P(A_2)=\frac{8}{12}\times\frac{8}{12}$$

[예제 4.11]에서 두 사상 A_1과 A_2는 비복원추출의 경우에는 종속이며, 복원추출의 경우에는 독립이 됨을 알 수 있다. 그리고 만일 제품을 한 개씩 세 번 비복원 추출로 꺼낼 때 세 개 모두 합격품일 확률은 다음과 같이 구할 수 있다(A_3은 세 번째 꺼낸 제품이 합격품인 사상).

$$P(A_1\cap A_2\cap A_3)=P(A_1)P(A_2 \mid A_1)P(A_3 \mid A_1\cap A_2)=\frac{8}{12}\times\frac{7}{11}\times\frac{6}{10}$$

예제 4.12 2일 동안 주가의 상승(U)과 하락(D)을 관찰할 때 상승과 하락의 확률이 똑같이 1/2이라고 한다. A, B, C는 다음과 같은 사상이다.

① 사상 A와 B, B 와C, C와 A는 각각 독립인가?

② 사상 A, B, C는 독립인가?

해설

$S = \{UU, UD, DU, DD\}$

$A = \{UU, UD\}$, $B = \{UU, DU\}$, $C = \{UD, DU\}$

$A \cap B = \{UU\}$, $B \cap C = \{DU\}$, $C \cap A = \{UD\}$

① $P(A) = P(B) = P(C) = 2/4$

$P(A \cap B) = P(B \cap C) = P(C \cap A) = 1/4$ 이므로

$P(A \cap B) = P(A)P(B)$, $P(B \cap C) = P(B)P(C)$,

$P(C \cap A) = P(C)P(A)$가 성립하므로 독립이다.

② $P(A \cap B \cap C) = P(\phi) = 0 \neq P(A)P(B)P(C) = 1/8$ 이므로 독립이 아니다.

즉 이 예제로부터 세 개의 사상이 있을 때, 두 개씩의 사상이 모두 독립이라고 해서 반드시 세 개의 사상이 독립인 것은 아님을 알 수 있다.

A와 B가 독립사상이면 다음의 사상들도 독립이다.

① A와 B^c

② A^c와 B

③ A^c와 B^c

예제 4.13 어느 은행은 A기업에 25억, B기업에 30억을 대출한 것으로 대출 포트폴리오를 구성했다. A기업이 부도날 확률은 5%, B기업이 부도날 확률은 10%이며 각 기업의 부도는 서로 독립이라고 한다. 이 은행 대출 포트폴리오에 대한 부도 확률을 구하라.

해설 A : A기업이 부도나는 사상, B : B기업이 부도나는 사상

$P(A) = 0.05,\ P(B) = 0.10 \Rightarrow P(A^c) = 0.95,\ P(B^c) = 0.90$ 이므로

$P(A^c \cap B^c) = 0.95(0.9) = 0.855 \Rightarrow$ A, B 모두 정상

$P(A \cap B^c) = 0.05(0.9) = 0.045 \Rightarrow$ A만 부도

$P(A^c \cap B) = 0.95(0.1) = 0.095 \Rightarrow$ B만 부도

$P(A \cap B) = 0.05(0.1) = 0.005 \Rightarrow$ A, B가 부도

4.6 베이즈 정리

• 베이즈(Bayes) 정리

사상 $A_1, A_2, \cdots, A_n$이 표본공간 S의 분할(partition) 이라고 하자. 여기서 분할이란 사상 $A_1, A_2, \cdots, A_n$가 서로 배반이고, $S = A_1 \cup A_2 \cup \cdots \cup A_n$이 됨을 의미한다. 이 때, B를 임의의 사상이라 하면 다음이 성립한다.

$$P(A_k \mid B) = \frac{P(A_k)P(B \mid A_k)}{\sum_{i=1}^{n} P(A_i)P(B \mid A_i)},\quad k = 1, 2, \cdots, n$$

증명

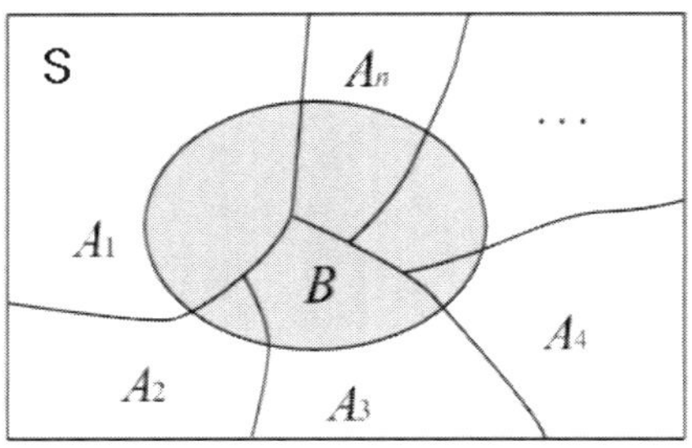

$$\begin{aligned} S &= S \cap B \\ &= (A_1 \cup A_2 \cup \cdots \cup A_n) \cap B \\ &= (A_1 \cap B) \cup (A_2 \cap B) \cup \cdots \cup (A_n \cap B) \end{aligned}$$

이고, $A_i \cap B \quad (i=1,2,\cdots,n)$는 상호 배반사상이므로

$$P(B)=P(A_1 \cap B)+P(A_2 \cap B)+\cdots+P(A_n \cap B)$$
$$=\sum_{i=1}^{n} P(A_i \cap B) = \sum_{i=1}^{n} P(A_i)P(B \mid A_i)$$

이다. 따라서

$$P(A_k \mid B)=\frac{P(A_k \cap B)}{P(B)}=\frac{P(A_k)P(B \mid A_k)}{\sum_{i=1}^{n} P(A_i)P(B \mid A_i)}$$

베이즈 정리로부터, 계산되기 전의 확률 $P(A_k)$는 새로운 정보 B가 고려되기 전에 결정되기 때문에 사전확률(prior probability)이라 부르고, 새로운 정보 B를 이용하여 계산된 조건부 확률 $P(A_k|B)$를 사후확률(posterior probability)이라고 한다.

예제 4.14 ① 어느 자동차 보험회사는 사람들을 사고성향이 있는 사람과 그렇지 않은 사람으로 분류한다. 그들의 통계자료에 의하면 사고성향이 있는 사람은 주어진 1년 내에 사고를 일으킬 확률이 0.4인 반면, 사고성향이 없는 사람은 그 확률이 0.2이다. 인구의 30%가 사고성향이 있다고 할 때, 새로운 보험계약자가 보험에 가입한지 1년 이내에 사고가 발생할 확률은 얼마인가?

② 새로운 계약자가 보험에 가입한지 1년 이내에 사고가 발생했다고 할 때, 그 계약자가 사고성향이 있는 사람일 확률은 얼마인가?

해설 ① B : 계약자가 1년 이내에 사고를 낼 사상

A : 계약자가 사고성향이 있는 사람일 사상

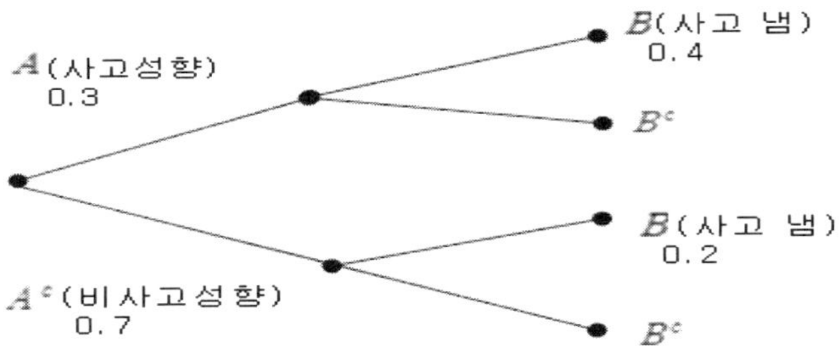

$$\begin{aligned} \therefore\ P(B) &= P(A \cap B) + P(A^c \cap B) \\ &= P(A)P(B \mid A) + P(A^c)P(B \mid A^c) \\ &= (0.3)(0.4) + (0.7)(0.2) = 0.26 \end{aligned}$$

② 구하려는 확률은 $P(A \mid B)$로 다음과 같다.

$$\begin{aligned} P(A \mid B) &= \frac{P(A \cap B)}{P(B)} \\ &= \frac{P(A)P(B \mid A)}{P(B)} \\ &= \frac{(0.3)(0.4)}{0.26} = \frac{6}{13} \end{aligned}$$

예제 4.15 어느 회사에서 반도체 관련 신규사업의 성공을 위해 외부 전문가 3명의 사장 K, P, L씨를 추천 받았다. K씨가 사장으로 임명될 확률은 0.3, P씨는 0.4, L씨는 0.3이다. K씨가 사장으로 임명되면 신규사업의 성공 확률은 0.5, P씨는 0.4, L씨는 0.7이다.

① 이 회사의 신규사업이 성공할 확률은?

② 신규사업이 성공했을 때 P씨가 사장에 임명되었을 확률은?

해설 ① A_1 : K씨가 사장으로 임명될 사상 $\Rightarrow P(A_1) = 0.3$

A_2 : P씨가 사장으로 임명될 사상 $\Rightarrow P(A_2) = 0.4$

A_3 : L씨가 사장으로 임명될 사상 $\Rightarrow P(A_3) = 0.3$

B : 신규사업이 성공할 사상

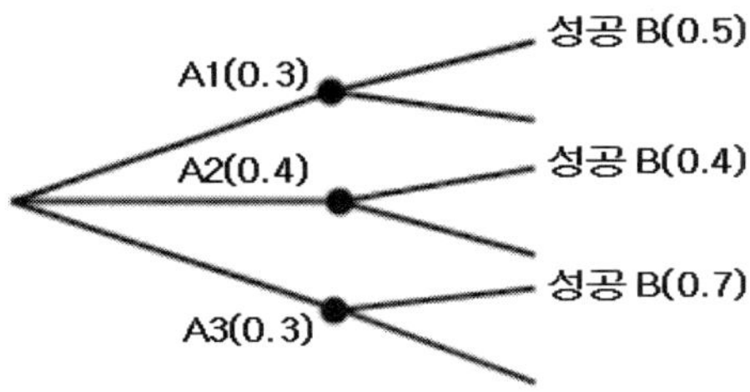

$$
\begin{aligned}
P(B) &= P(A_1 \cap B) + P(A_2 \cap B) + P(A_3 \cap B) \\
&= P(A_1)P(B \mid A_1) + P(A_2)P(B \mid A_2) + P(A_3)P(B \mid A_3) \\
&= 0.3(0.5) + 0.4(0.4) + 0.3(0.7) = 0.52
\end{aligned}
$$

② $P(A_2 | B) = \dfrac{P(A_2 \cap B)}{P(B)}$

$$
= \frac{P(A_2)P(B \mid A_2)}{P(A_1)P(B \mid A_1) + P(A_2)P(B \mid A_2) + P(A_3)P(B \mid A_3)}
$$

$$
= \frac{0.4(0.4)}{0.52} = 0.3077
$$

연습문제

【4.1】 한 개의 동전을 두 번 던지는 실험에서 앞면이 적어도 한번 나타나는 사상을 A, 두 번 모두 앞면 또는 뒷면이 나오는 사상을 B라 하고, 다음을 구하라.

① $P(A \cup B)$　　② $P(A^c)$

【4.2】 한 개의 동전을 세 번 던진다고 할 때, A를 적어도 하나의 앞면이 나오는 사건, B를 두 번째 동전이 앞면이 나오는 사건, C를 세 번째 동전이 뒷면이 나오는 사건, 그리고 D를 하나의 앞면도 나오지 않는 사건이라 하자. 다음 사건들을 구하라.

① $P(A^c)$　　② $P(B \cap D)$

③ $P(A \cup C)$　　④ $P(B \cup C)^c$

【4.3】 두 사건 A, B가 서로 독립이고 $P(B)=0.5$, $P(A^c \cap B)=0.2$일 때, $P(A)$의 값은?

【4.4】 두 사건 A와 B에 대하여 $P(A^c)=\frac{2}{5}$, $P(B^c|A)=\frac{1}{2}$일 때, $P(A \cap B)$의 값은?

【4.5】 어떤 상자 속에 USB가 10개 들어 있는데 이 중 4개는 불량품이다. 이 상자에서 3개의 USB를 동시에 꺼낼 때, 불량품이 2개 포함될 확률은?

【4.6】 경제학원론을 수강하는 학생 중에서 30%가 A학점을 받았으며, 2학년 중에서 A학점을 받은 학생은 전체 수강학생의 10%라고 한다. 수강생 중 임의로 선택한 학생이 A학점을 받았을 때 그 학생이 2학년일 확률은 얼마인가?

【4.7】 코스피지수가 상승할 확률은 0.6이며 이는 다우지수에 영향을 받는다고 한다. 자료에 의하면 다우지수가 연속해서 3일간 상승할 확률은 0.3, 연속해서 4일 이상 상승할 확률은 0.2, 연속해서 2일 이하 상승할 확률은 0.5이다. 그리고 다우지수가 연속해서 3일간 상승할 때 코스피지수의 상승 확률은 0.8, 다우지수가 연속해서 4일 이상 상승할 때 코스피지수의 상승 확률은 0.95라고 한다. 그러면 다우지수가 연속해서 2일 이하 상승할 때 코스피지수가 하락할 확률은?

【4.8】 어느 회사에서 기술직에 시민단체에서 3명의 회원이 회장 후보자로 추천되었다. K씨가 선출될 확률은 0.3, P씨가 선출될 확률은 0.5이고 L씨가 선출될 확률은 0.2이다. K씨가 임명되면 회원의 회비를 인상할 확률은 0.8, P씨 또는 L씨가 임명되면 회비를 인상할 확률은 각각 0.1과 0.4이다. 회장 선출 후 회원의 회비가 인상되었다. L씨가 클럽의 회장에 임명되었을 확률은 얼마인가?

【4.9】 두 개의 주사위 A, B를 던질 때

① A, B의 눈이 같을 확률을 구하여라.

② 한쪽 눈이 다른 쪽 눈의 2배가 되는 확률을 구하라.

【4.10】 사건 A와 B가 독립일 때, 다음 사건들도 독립임을 보여라.

① 사건 A와 B^c

② 사건 A^c와 B^c

③ 사건 A^c와 B

제5장

확률분포

5.1 확률변수

확률실험으로부터 얻게 되는 표본공간 상의 원소들은 숫자나 문자로 나타나게 되는데, 통계분석을 하기 위해서는 문자보다는 숫자로 표시하는 것이 편리하다. 다음과 같은 예제를 살펴보자.

예제 5.1 어느 은행은 A기업에 25억, B기업에 30억을 대출한 것으로 대출 포트폴리오를 구성했다. A기업이 부도날 확률은 5%, B기업이 부도날 확률은 10%이다. 각 기업의 부도는 서로 독립이며 회수율은 0이다. 이 은행 대출 포트폴리오의 손실과 손실의 확률을 구하라(예제 4.13 참조). 회수율이 0이라는 것은 대출해준 금액을 한 푼도 돌려받지 못함을 의미한다.

해설 예제 4.13의 풀이를 통해 아래와 같은 표를 작성할 수 있다.

부도기업의 표본공간	손실	확률
없음($A^c \cap B^c$)	0	0.855
A($A \cap B^c$)	25	0.045
B($A^c \cap B$)	30	0.095
A, B($A \cap B$)	55	0.005
합		1.0000

위의 표에서 손실을 X, X의 구체적인 값을 x로, $P(X=x)$를 $f(x)$로 표시하면 다음과 같은 확률분포표를 얻을 수 있다.

x	0	25	30	55	합
$f(x)$	0.855	0.045	0.095	0.005	1.0

[예제 5.1]에서 손실을 분석하기 위해 우선,
- 표본공간 상의 원소들을 수치(실수)로 나타내어 손실을 표현했음.
- 수치로 변환된 모든 손실에 대하여 확률을 구했음.
- 이를 이용하여 손실의 평균, 변동성 등을 구할 수 있다.

이와 같이 통계분석을 위해서는 표본공간의 원소들을 수치로 나타낼 필요가 있다. 확률변수란 표본공간의 각 원소를 실수와 대응시키는 규칙(함수)이며, 확률분포는 확률변수가 가질 수 있는 모든 값에 확률을 대응시켜주는 관계이다.

• 확률변수(random variable)

표본공간 S의 각 원소(표본점)를 실수(x)와 대응시켜 주는 함수(X)를 확률변수라고 한다.
즉, $S=\{w_1, w_2, \cdots, w_n\}$ 일 때

$$w \xrightarrow{X} x \Rightarrow X = X(w) = x$$

[예제 5.1]에서 표본공간 $S=\{A^c \cap B^c,\ A \cap B^c,\ A^c \cap B,\ A \cap B\}$ 이다. 이때 손실을 확률변수 X라 하면 $X=x$는 다음과 같은 관계로부터 0, 25, 30, 55가 된다.

$$A^c \cap B^c \xrightarrow{X} 0 \quad \Rightarrow X = X(A^c \cap B^c) = 0$$

$$A \cap B^c \xrightarrow{X} 25 \quad \Rightarrow X = X(A^c \cap B^c) = 25$$

$$A^c \cap B \xrightarrow{X} 30 \quad \Rightarrow X = X(A^c \cap B^c) = 30$$

$$A \cap B \xrightarrow{X} 55 \quad \Rightarrow X = X(A^c \cap B^c) = 55$$

일반적으로 확률변수는 대문자 $X, Y, Z \cdots$ 등으로 표시하고, 확률변수가 취할 수 있는 값은 소문자 $x, y, z \cdots$ 등으로 나타낸다. 따라서 $X=x$는

“확률변수 X는 x값을 취한다.” 라는 문장을 대신한다.

예제 5.2 ① 확률변수 X : 100개의 전구 중 불량품의 개수

X가 취할 수 있는 값 : $x = 0, 1, 2, \cdots, 100$

② 확률변수 X : TV의 수명

X가 취할 수 있는 값 : $0 < x < \infty$(년)

확률변수의 취할 수 있는 값이 불량품 개수, 시간당 통화 수, 부도 기업 수 등과 같이 그 값이 이산적(discrete) 이어서 하나, 둘 셀 수 있는 값으로 표현되는 경우의 확률변수를 이산형 확률변수(discrete random variable)라고 한다.

한편 TV의 수명, 버스를 타기 위한 대기시간, 키 등과 같이 확률변수의 취할 수 있는 값이 어떤 수의 구간에서 한 값으로 표현되는 경우의 확률변수를 연속형 확률변수(continuous random variable)라고 한다.

5.2 이산형 확률분포의 기대값과 분산

5.2.1 확률질량함수와 분포함수

(1) 확률질량함수

확률분포(probability distribution)란 확률변수가 취할 수 있는 모든 값에 확률을 대응시켜 주는 관계로 이산형 확률분포는 다음과 같이 정의한다.

• 확률질량함수(probability mass function)

확률변수 X가 취할 수 있는 값이 $x_1, x_2, \cdots, x_n$이라고 할 때 X가 x_i를 취할 확률이

$$f(x_i) = P(X = x_i), \quad i = 1, 2, \cdots, n$$

와 같이 표시되면 X는 이산형 확률분포를 따른다고 하며, $f(x_i)$를 X의 확률질량함수라 한다.

이산형 확률변수의 확률질량함수를 책에 따라서는 확률밀도함수 라고 부르기도 한다. 이산형 확률밀도함수 $f(x_i)$는 다음 두 조건을 만족해야 한다.

> ① $0 \leq f(x_i) \leq 1$
>
> ② $\sum_{i=1}^{n} f(x_i) = 1$

예제 5.3 2일 동안 어느 주가의 상승(U)과 하락(D)을 관찰하는 실험에서 표본공간은 $\mathrm{S} = \{\mathrm{UU,UD,DU,DD}\}$이다(예제 4.1 참조). 이때 주가가 상승하는 횟수를 X라 하고 X의 표본공간과 확률분포를 구하라.

해설 X의 표본공간은 $S = \{0, 1, 2\}$이고,

$$f(0) = P(X = 0) = \frac{1}{4}$$

$$f(1) = P(X = 1) = \frac{2}{4}$$

$$f(2) = P(X = 1) = \frac{1}{4}$$

다음과 같이 표로 나타낼 수 있다.

x	0	1	2	합
$f(x)$	$\frac{1}{4}$	$\frac{2}{4}$	$\frac{1}{4}$	1

또한 다음과 같이 확률질량함수로 표현할 수 있다.

$$f(x) = \begin{cases} \frac{1}{4}, & x = 0,\ 2 \\ \frac{2}{4}, & x = 1 \end{cases}$$

(2) 분포함수

확률분포는 분포함수(distribution function)로 나타낼 수도 있다. 분포함수를 누적분포함수(cumulative distribution function)라고도 한다.

• 이산형 확률변수 X의 분포함수

확률변수 X가 x보다 작거나 같은 값을 취하는 확률을 나타내는 함수를 X의 분포함수라고 하며 이산형 확률변수 X의 분포함수 $F(x)$는 다음과 같이 정의한다.

$$F(x) = P(X \le x) = \sum_{x_i \le x} f(x_i)$$

즉, 이산형 확률변수의 경우 분포함수 $F(x)$는 x를 넘지 않는 실수 x_i에 대하여 $f(x_i)$를 누적시켜 합한 것이며 $F(x)$의 그래프는 계단함수(step function)의 형태를 갖는다.

예제 5.4 [예제5.3]의 문제에서 분포함수를 구하라.

해설 X의 표본공간은 $S = \{0, 1, 2\}$이고,

$$F(0) = P(X \le 0) = f(0) = 1/4$$

$$F(1) = P(X \le 1) = f(0) + f(1) = 3/4$$

$$F(2) = P(X \le 2) = f(0) + f(1) + f(2) = 1$$

일반적으로 이산형의 경우 분포함수는 다음과 같이 나타낸다.

$$F(x) = \begin{cases} 0 & , x < 0 \\ 1/4 & , 0 \le x < 1 \\ 3/4 & , 1 \le x < 2 \\ 1 & , x \ge 2 \end{cases}$$

[예제5.3]의 분포함수를 그림으로 나타내면 아래와 같다.

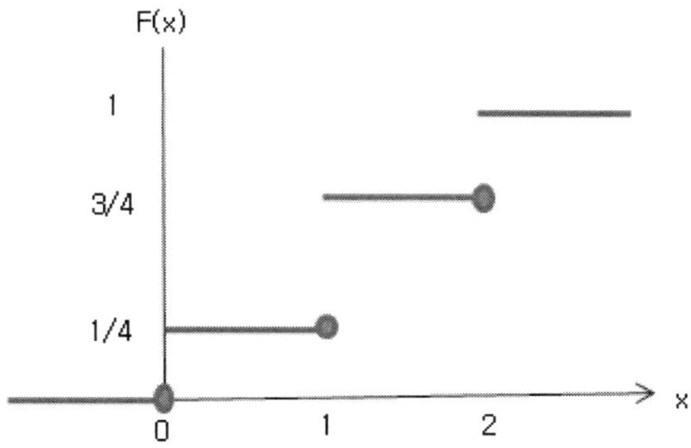

예제 5.5 어떤 대학의 한 학생이 갖고 있는 컴퓨터의 수를 X라 하자. 컴퓨터를 가지고 있지 않을 확률은 1/6, 컴퓨터를 한 대 가지고 있을 확률은 4/6, 컴퓨터를 두 대 가지고 있을 확률은 1/6이며, 컴퓨터를 세 대 이상 가지고 있는 학생은 없다고 한다.

① 확률분포를 구하라.

② 분포함수를 구하라.

해설 ① X의 표본공간은 $S=\{0,1,2\}$이므로 확률분포는 다음과 같다.

x	0	1	2
$f(x)$	$\frac{1}{6}$	$\frac{4}{6}$	$\frac{1}{6}$

② $F(0) = P(X \le 0) = P(X = 0) = \frac{1}{6}$

$$F(1) = P(X \le 1)$$
$$= P(X = 0) + P(X = 1)$$
$$= \frac{1}{6} + \frac{2}{3} = \frac{5}{6}$$

해설 $F(2) = P(X \le 2)$

$$= P(X=0) + P(X=1) + P(X=2)$$

$$= \frac{1}{6} + \frac{2}{3} + \frac{1}{6} = 1$$

따라서 분포함수는 다음과 같이 표현한다.

$$F(x) = \begin{cases} 0, & x < 0 \\ \frac{1}{6}, & 0 \le x < 1 \\ \frac{5}{6}, & 1 \le x < 2 \\ 1, & 2 \le x \end{cases}$$

5.2.2 기대값과 분산의 정의와 성질

3장에서 자료집단의 특성을 파악하기 위하여 중심적 경향을 나타내는 측도로 평균, 산포의 측도로 분산과 표준편차 등을 살펴보았다. 확률분포에서도 평균, 분산 등은 확률분포의 특성을 나타내는 중요한 측도이다.

확률분포는 확률변수 X가 취할 수 있는 모든 값에 대하여 확률의 분포 상태를 표현한 것으로 모집단과 같은 개념으로 생각할 수 있다. 따라서 확률분포의 중심이 되는 확률변수 X의 평균을 기대값(expectation)이라 하며 μ 또는 $E(X)$로 나타낸다. 확률분포의 산포도는 분산(표준편차)으로 나타내며 $\sigma^2(\sigma)$으로 표기한다.

이산형 확률변수 X의 임의의 함수 $u(X)$의 기대값은 다음과 같이 정의한다.

$$E[u(X)] = \sum_{i=1}^{n} u(x) \cdot f(x)$$

따라서 이산형 확률변수 X가 취할 수 있는 값이 $x_1, x_2, \cdots, x_n$이라고 할 때 X의 기대값은 다음과 같이 정의 된다.

• 이산형 확률변수 X의 기대값과 성질

기대값 $\mu = E(X) = \sum_{i=1}^{n} x_i f(x_i)$

a, b를 상수라 할 때

① $E(a) = a$

② $E(aX) = aE(X)$

③ $E(a + bX) = a + bE(X)$

이러한 기대값의 성질은 연속형 확률분포에서도 성립된다.

증명 ③ $$E(aX+b) = \sum_{i=1}^{n}(a+bx_i)f(x_i) = a\sum_{i=1}^{n}f(x_i) + b\sum_{i=1}^{n}x_i f(x_i) = a + bE(X)$$

확률분포에서는 X와 $\mu = E(X)$와의 차 $D = X - \mu$를 편차라 한다. 이때 기대값의 성질에 의하여 D의 기대값은 항상 $E(D) = 0$이 된다. 그러므로 편차의 기대값으로는 확률분포의 흩어진 정도를 표현하는 산포의 측도를 나타낼 수 없다. 따라서 $E[X - E(X)]^2$을 생각하게 되는데, 이를 확률변수 X의 분산이라 하고, $\sigma^2 = Var(X)$로 표기한다.

• 이산형 확률변수 X의 분산, 표준편차 및 성질

분산 : $\sigma^2 = Var(X) = E(X - \mu)^2 = \sum_{i=1}^{n}(x_i - \mu)^2 f(x_i)$

표준편차 : $\sigma = \sqrt{Var(X)}$

a, b를 상수라 할 때

① $Var(a) = 0$

② $Var(bX) = b^2 Var(X)$

③ $Var(a + bX) = b^2 Var(X)$

이러한 분산의 성질은 연속형 확률분포에서도 성립된다.

증명 ① $Var(a) = E[a - E(a)]^2 = 0$

③ $Y = a + bX$라 하면

$$\mu_Y = E(a + bX) = a + b\mu_X$$

$$\begin{aligned} Var(Y) &= E[(Y - \mu_Y)^2] \\ &= E[(a + bX) - (a + b\mu_X)]^2 \\ &= E[b(X - \mu_X)^2] = b^2\,Var(X) \end{aligned}$$

분산을 계산할 때 다음과 같은 식을 이용하면 간편하다.

• 분산의 간편식

$Var(X) = E(X - \mu)^2 = E(X^2) - \mu^2$

이산형 확률변수 X의 경우에 $E(X^2) = \sum_{i=1}^{n} x_i^2 f(x_i)$

증명

$$\begin{aligned} E[(X - \mu)^2] &= E(X^2 - 2\mu X + \mu^2) \\ &= E(X^2) - 2\mu E(X) + \mu^2 \\ &= E(X^2) - \mu^2 \end{aligned}$$

앞에서 확률분포는 확률변수 X가 취할 수 있는 모든 값에 대하여 확률의 분포 상태를 표현한 것으로 모집단과 같은 개념으로 생각할 수 있다. 다음의 예를 통하여 이를 확인하여 보자.

예제 5.6 어떤 모집단 자료가 {1 2 2 3} 이라고 하자.

① 모평균, 모분산을 구하라.

② 확률분포를 구하여 평균과 분산을 구하라.

해설 ① $\mu = (1 + 2 + 2 + 3)/4 = 2$

$\sigma^2 = [(1-2)^2 + \cdots + (3-2)^2]/4 = 2/4 = 0.5$

②

x	1	2	3	합
$f(x)$	1/4	2/4	1/4	1

$$\mu = E(X) = \sum xf(x)$$
$$= 1(1/4) + 2(2/4) + 3(1/4) = 2$$
$$E(X^2) = \sum x^2 f(x)$$
$$= 1(1/4) + 2^2(2/4) + 3^2(1/4) = 4.5$$
$$\therefore \ \sigma^2 = 4.5 - 2^2 = 0.5$$

[예제 5.6]에서 ①과 ②에서 구한 모평균, 모분산의 값은 같다. 이로부터 확률분포는 모집단 자료를 확률분포로 나타낸 것임을 알 수 있다.

예제 5.7 [예제 5.1]에서 어떤 은행 대출 포트폴리오의 손실에 대한 확률분포를 아래와 같이 구하였다. 이 은행의 기대손실과 분산, 표준편차를 구하라.

x	0	25	30	55	합
$f(x)$	0.855	0.045	0.095	0.005	1.0

해설

$$\mu = E(X) = 0(0.855) + \cdots + 55(0.005) = 4.25$$
$$E(X^2) = 0^2(0.855) + \cdots + 55^2(0.005) = 128.75$$
$$\therefore \ \sigma^2 = 128.75 - 4.25^2 = 110.69$$
$$\sigma = \sqrt{110.69} = 10.52$$

[예제 5.7]에서 이 은행은 손실이 4.25인 경우는 없다. 그러나 대출 포트폴리오에서 평균적으로 4.25만큼 손실을 기대할 수 있다는 의미로서 확률분포에서는 평균을 기대값으로도 부르는 것이다.

예제 5.8 확률변수 X와 Y의 확률질량함수가 각각 다음과 같을 때 평균과 분산을 구하여라. 그리고 두 확률분포 중 어느 것이 더 퍼져있는가?

$$f(x) = 1/3, \quad x = -1, 0, 1$$
$$f(y) = 1/3, \quad y = -2, 0, 2$$

해설 X의 평균, 분산 및 표준편차

$$\mu_X = (-1)\left(\frac{1}{3}\right) + (0)\left(\frac{1}{3}\right) + (1)\left(\frac{1}{3}\right) = 0$$

$$\sigma_X^2 = E(X-0)^2 = E(X^2)$$
$$= (-1)^2\left(\frac{1}{3}\right) + (0)^2\left(\frac{1}{3}\right) + (1)^2\left(\frac{1}{3}\right) = \frac{2}{3}$$

$$\sigma_X = \sqrt{\frac{2}{3}}$$

Y의 평균, 분산 및 표준편차도 같은 방법에 의하여

$$\mu_Y = 0, \quad \sigma_Y^2 = \sqrt{\frac{8}{3}}, \quad \sigma_Y = 2\sqrt{\frac{2}{3}}$$

여기서,
Y의 표준편차는 X의 표준편차의 2배이다. 이것은 확률분포에서 Y의 값들이 X의 값들보다 2배 만큼 널리 퍼져 있다는 것을 의미한다.

이 예제로부터 확률변수의 분산 및 표준편차는 확률분포가 기대값을 중심으로 퍼져있는 정도를 나타내는 측도임을 확인할 수 있다.

예제 5.9 3개의 동전을 동시에 던져 모두가 앞면, 또는 뒷면이 나오면 5원을 받고 그렇지 않으면 3원을 지불하는 내기에서 X를 얻게 되는 금액이라 할 때 다음을 구하라.

① X의 확률분포 ② $E(3X+6)$, $Var(-3X+6)$

해설 ① X의 확률분포

x	5	-3
$f(x)$	2/8	6/8

② $\mu = E(X) = 5(2/8) + (-3)(6/8) = -1$

$E(X^2) = 5^2(2/8) + (-3)^2(6/8) = 104/8 = 13$

$Var(X) = E(X^2) - \mu^2 = 12$

$\therefore\ E(3X+6) = 3E(X) + 6 = 3$

$Var(-3X+6) = 9V(X) = 108$

5.3 연속형 확률분포의 기대값과 분산

5.3.1 연속형 확률분포

(1) 확률밀도함수와 분포함수

앞 절에서 설명한 바와 같이 TV의 수명, 대기시간, 키 등과 같이 확률변수의 취할 수 있는 값이 어떤 수의 구간에서 한 값으로 표현되는 경우의 확률변수를 연속형 확률변수라고 한다.

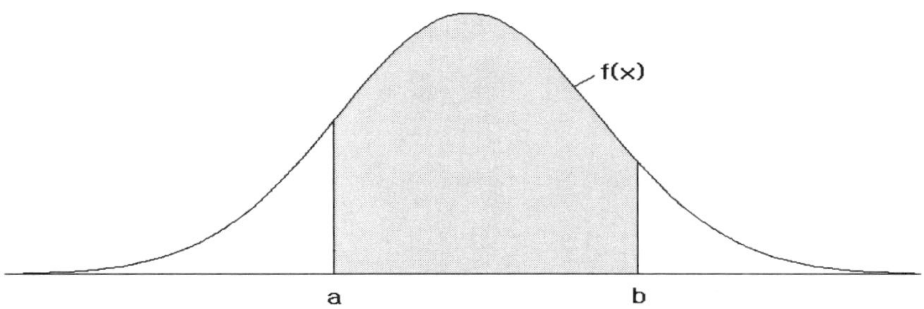

[그림 5.1] $P(a \leq X \leq b) = \int_a^b f(x)dx$

X가 연속형 확률변수로서 [그림 5.1]과 같이 사상 $\{a \le X \le b\}$의 확률이

$$P(a \le X \le b) = \int_a^b f(x)dx$$

로 표시될 때 확률변수 X는 연속형 확률분포를 따른다고 한다. 이때 $f(x)$를 연속형 확률변수 X의 확률밀도함수(probability density function)라고 하며 $f(x)$는 다음 성질을 만족한다.

> **연속형 확률밀도함수 $f(x)$의 성질**
> ① X가 취할 수 있는 모든 x 값에 대해 $f(x) \ge 0$
> ② $P(-\infty \le X \le \infty) = \int_{-\infty}^{\infty} f(x)dx = 1$
> ③ $P(a \le X \le b) = \int_a^b f(x)dx$

이산형 확률분포의 경우 확률밀도함수 $f(x)$는 X가 x를 취할 확률로서 즉, $f(x) = P(X = x)$이므로 그 값의 범위는 확률의 공리에 의해 $0 \le f(x) \le 1$이었다. 그러나 연속형 확률분포의 경우에는 $f(x)$가 이산형과 같이 확률 자체를 의미하는 것이 아니라, [그림 5.1]에서 보듯이 확률을 구하기 위한 함수이므로 1보다 작은 값을 가질 필요가 없어 그 범위가 $f(x) \ge 0$으로 된 것이다.

또한 $-\infty \le X \le \infty$는 X가 무한대의 값을 가진다기보다는 X가 취할 수 있는 모든 값을 그렇게 표기한 것이다.

그리고 연속확률변수의 경우 $P(X = c) = P(c \le X \le c) = \int_c^c f(x)dx = 0$ 이므로 다음 관계가 성립한다.

$$P(a \le X \le b) = P(a \le X < b) = P(a < X \le b) = P(a < X < b)$$

한편, X가 확률밀도함수 $f(x)$를 갖는 연속확률변수이면 X가 어떤 실수 x보다 작거나 같을 확률인 분포함수 $F(x) = P(X \le x)$는 다음과 같이 정의 된다.

> 연속형 확률변수 X의 분포함수
>
> $$F(x) = P(X \le x) = \int_{-\infty}^{x} f(t)dt$$

따라서 연속형 확률변수의 경우 확률밀도함수 $f(x)$와 분포함수 $F(x)$는 다음과 같은 관계가 성립된다.

$$f(x) = \frac{dF(x)}{dx} = F'(x)$$

5.3.2 기대값과 분산의 정의와 성질

$f(x)$가 연속확률변수 X의 확률밀도함수일 때 X의 기대값과 분산, 표준편차는 다음과 같이 정의한다.

> • 연속형 확률변수 X의 기대값, 분산, 표준편차
>
> 기대값 : $\mu = E(X) = \int_{-\infty}^{\infty} x f(x)dx$
>
> 분산 : $\sigma^2 = Var(X) = E(X-\mu)^2 = \int_{-\infty}^{\infty} (x-\mu)^2 f(x)dx$
>
> 표준편차 : $\sigma = \sqrt{Var(X)}$
>
> 분산의 간편식 : $\sigma^2 = Var(X) = E(X)^2 - \mu^2$
>
> 단, $E(X)^2 = \int_{-\infty}^{\infty} x^2 f(x)dx$

예제 5.10 연속형 확률변수 X의 확률밀도함수가 아래와 같다.

$$f(x) = 2x\ ,\ 0 \le x \le 1$$

다음을 구하라.

① X의 분포함수와 그래프

② $P(0 \le X \le 1/2)$

③ μ

④ σ^2

해설 ① $F(x) = \int_0^x 2t\ dt = \left[\ t^2\ \right]_0^x = x^2$

$$\Rightarrow F(x) = \begin{cases} 0 & ,\ x < 0 \\ x^2 & ,\ 0 \le x < 1 \\ 1 & ,\ x \ge 1 \end{cases}$$

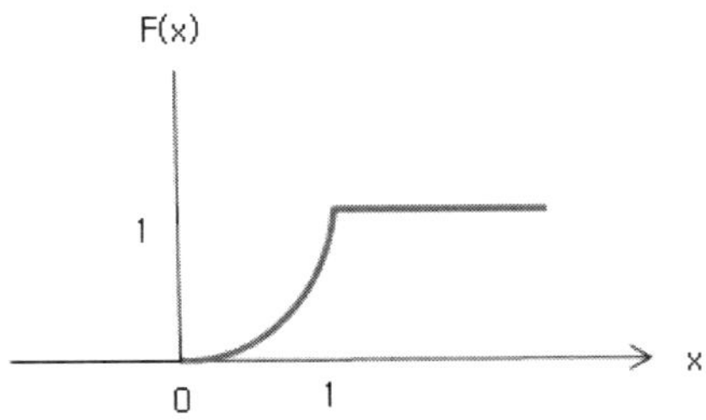

② $P(0 \le X \le 1/2) = \int_0^{1/2} 2x\ dx = \left[\ x^2\ \right]_0^{1/2} = \frac{1}{4}$

③ $\mu = \int_0^1 x\ 2x\ dx = \frac{2}{3}$

④ $E(X^2) = \int_0^1 x^2\ 2x\ dx = \frac{1}{2} \quad \therefore\ \sigma^2 = \frac{1}{2} - \left(\frac{2}{3}\right)^2 = \frac{1}{18}$

예제 5.11 어떤 은행의 고객이 창구에서 대기시간 X가 다음과 같은 확률밀도함수를 갖는다고 하자.

$$f(x) = \begin{cases} kx^2, & 0 \le x \le 2 \\ 0\ , & \text{그 밖에서} \end{cases}$$

① k를 구하여라.

② 분포함수를 구하여라.

③ $P(0 < X < 1)$을 구하여라.

④ $E(X)$를 구하여라.

⑤ $Var(X)$와 σ를 구하여라.

해설 ① $\int_{-\infty}^{\infty} f(x)dx = 1$ 이므로 $\int_0^2 kx^2 dx = k\frac{1}{3}[x^3]_0^2 = 1$ 이다.

따라서 $k = \frac{3}{8}$

② $F(x) = \int_0^x \frac{3}{8}t^2 dt = \frac{3}{8}\left[\frac{1}{3}t^3\right]_0^x = \frac{1}{8}x^3$

$$\Rightarrow F(x) = \begin{cases} 0 & , x < 0 \\ \frac{1}{8}x^3 & , 0 \le x < 2 \\ 1 & , 2 \le x \end{cases}$$

③ $P(0 < X < 1) = \int_0^1 \frac{3}{8}x^2 dx = \frac{3}{8}\left[\frac{1}{3}x^3\right]_0^1 = \frac{1}{8}$

④ $E(X) = \int_0^2 \frac{3}{8}x^3 dx = \frac{3}{8}\left[\frac{1}{4}x^4\right]_0^2 = \frac{3}{2}$

⑤ $E(X^2) = \int_0^2 \frac{3}{8}x^4 dx = \frac{3}{8}\left[\frac{1}{5}x^5\right]_0^2 = \frac{12}{5}$

$Var(X) = E(X^2) - \mu^2 = \frac{12}{5} - \left(\frac{3}{2}\right)^2 = \frac{3}{20}$

$\sigma = \sqrt{\frac{3}{20}} = 0.387$

5.4 공분산과 상관계수

5.4.1 결합확률분포와 주변확률분포

지금까지는 확률변수가 한 개인 경우를 다루었으나 두 개 이상의 확률변수의 확률분포가 필요한 경우가 있다. 예를 들면 경제성장률과 실업률 간의 관계, 키와 몸무게, 자동차의 무게와 연료 소비량 간의 관계 등 무수히 많다.

이와 같이 두 개 이상의 확률변수들이 어떠한 확률적 관계를 갖고 있을 때 한 개의 확률변수에 대한 확률분포를 두 개 또는 그 이상으로 확장한 결합확률분포(joint probability density function)를 생각하여 보기로 하자. 단, 연속형 확률변수의 결합확률분포는 이 책의 범위를 벗어나므로 여기서는 이산형인 경우만 다루기로 한다.

예제 5.12 1개 동전을 세 번 던지는 실험에서 X를 처음 두 번 던질 때 까지 나타나는 앞면의 수, Y를 마지막 세 번째 동전의 앞면의 수라고 하자. 그러면 아래와 같은 결과를 얻을 수 있다.

결과	$(X=x,\ Y=y)$	확률
HHH	(2 , 1)	1/8
THH	(1 , 1)	1/8
HTH	(1 , 1)	1/8
HHT	(2 , 0)	1/8
TTH	(0 , 1)	1/8
THT	(1 , 0)	1/8
HTT	(1 , 0)	1/8
TTT	(0 , 0)	1/8

이제 위의 표를 다음과 같이 정리할 수 있으며 이를 X와 Y의 결합확률분포표라고 한다.

x \ y	0	1	합
0	1/8	1/8	2/8
1	2/8	2/8	4/8
2	1/8	1/8	2/8
합	4/8	4/8	1

[예제 5.12]에서 X만의 평균과 분산을 구하려면 먼저 X만의 확률분포를 다음과 같이 구해야 할 것이다.

$$P(X=0)=f(0,0)+f(0,1)=\sum_{y=0}^{1} f(0,y)=2/8$$

$$P(X=1)=f(1,0)+f(1,1)=\sum_{y=0}^{1} f(1,y)=4/8$$

$$P(X=2)=f(2,0)+f(2,1)=\sum_{y=0}^{1} f(2,y)=2/8$$

x_i	0	1	2	합
$h(x_i)$	2/8	4/8	2/8	1

즉 X와 Y의 결합확률분포에서 X만의 확률분포는 다음과 같이 x값을 고정시켜 놓고 모든 y값에 대해 합하여 구한 것이다.

$$h(x_i)=P(X=x_i)=\sum_{y=0}^{1} f(x_i,y),\ i=1,2,3$$

이를 X의 주변확률분포(marginal probability distribution) 또는 주변확률질량함수라고 부른다. 만일 Y만의 확률분포를 구하려면 이번에는 y값을 고정시켜 놓고 모든 x값에 대해 다음과 같이 합하여 구하면 된다.

$$P(Y=0)=f(0,0)+f(1,0)+f(2,0)=\sum_{x=0}^{2} f(x,0)=4/8$$

$$P(Y=1)=f(0,1)+f(1,1)+f(2,1)=\sum_{x=0}^{2} f(x,1)=4/8$$

즉, $g(y_j) = P(Y=y_i) = \sum_{x=0}^{2} f(x, y_j)$, $j=1,2$

y_j	0	1	합
$g(y_j)$	4/8	4/8	1

이를 Y의 주변확률분포(marginal probability distribution) 또는 주변확률질량함수라고 부른다.

이제 이를 확장하여 두 이산형 확률변수 X와 Y가 각각 다음과 같이 n개와 m개의 값을 갖는다고 하자.

$$X : x_1,\ x_2,\ \cdots\ ,\ x_n$$
$$Y : y_1,\ y_2,\ \cdots\ ,\ y_m$$

이때 $(X,\ Y)$가 모든 $(x_i,\ y_j)$ 값을 동시에 취하는 확률을 결합확률분포라 하며, 결합확률분포는 다음과 같은 결합확률질량함수(joint probability mass function) $f(x_i, y_j)$로 나타낼 수 있다.

$$f(x_i, y_j) = P(X=x_i,\ Y=y_j),\quad (\ i=1,2,\cdots,n\ ;\ j=1,2,\cdots,m)$$

결합확률질량함수도 $(X,\ Y)$가 취할 수 있는 모든 $(x_i,\ y_j)$ 값에 대하여 다음과 같이 0과 1사이의 값을 가지며, 그 합은 1이 되는 성질을 갖는다.

① $0 \le f(x_i, y_j) \le 1$

② $\sum_{i=1}^{n} \sum_{j=1}^{m} f(x_i, y_j)=1$

결합확률분포를 표로 나타내면 다음과 같다.

[표 5.1] X와 Y의 결합확률분포표

$X \backslash Y$	y_1	y_2	$\cdots$	y_m	합
x_1	$f(x_1, y_1)$	$f(x_1, y_2)$	$\cdots$	$f(x_1, y_m)$	$h(x_1)$
x_2	$f(x_2, y_1)$	$f(x_2, y_2)$	$\cdots$	$f(x_2, y_m)$	$h(x_2)$
$\vdots$	$\vdots$	$\vdots$	$\cdots$	$\vdots$	$\vdots$
x_n	$f(x_n, y_1)$	$f(x_n, y_2)$	$\cdots$	$f(x_n, y_m)$	$h(x_n)$
합	$g(y_1)$	$g(y_2)$	$\cdots$	$g(y_m)$	1

X와 Y의 결합확률분포에서 X 또는 Y만의 확률분포를 주변확률분포라 하며, 이는 결합확률분포표에서 행의 합 또는 열의 합으로 주어진다.

[표 5.2] X의 주변확률분포표

x_i	x_1	x_2	$\cdots$	x_n	합
$h(x_i)$	$h(x_1)$	$h(x_2)$	$\cdots$	$h(x_n)$	1

X의 주변확률분포를 확률질량함수로 나타내면 다음과 같다.

$$h(x_i) = \sum_{j=1}^{m} f(x_i, y_j),\ i = 1,2 \cdots, n$$

마찬가지로 Y의 주변확률분포를 정의할 수 있다.

[표 5.3] Y의 주변확률분포표

y_j	y_1	y_2	$\cdots$	y_m	합
$g(y_j)$	$g(y_1)$	$g(y_2)$	$\cdots$	$g(y_m)$	1

Y의 주변확률분포를 확률밀도함수로 나타내면 다음과 같다.

$$g(y_j) = \sum_{i=1}^{n} f(x_i, y_j),\ j = 1,2,\cdots,m$$

예제 5.13 어느 지역의 가정을 대상으로 조사한 결과 공부방의 수 X와 에어컨 수 Y는 다음과 같은 결합확률분포 관계를 갖고 있다고 한다.

① X의 평균과 분산을 구하라.

② Y의 평균과 분산을 구하라.

에어컨 수(Y) / 공부방 수(X)	0	1	2
0	0.30	0.10	0.00
1	0.10	0.20	0.05
2	0.00	0.10	0.15

해설 ①

공부방 수 X의 주변확률분포

x_i	0	1	2
$h(x_i)$	0.40	0.35	0.25

$$E(X) = \sum_{i=1}^{3} x_i h(x_i) = 0(0.4) + 1(0.35) + 2(0.25) = 0.85$$

$$\sigma_x^2 = 0^2(0.4) + 1^2(0.35) + 2^2(0.25) - (0.85)^2 = 0.6275$$

②

에어콘 수 Y의 주변확률분포

y_j	0	1	2
$g(y_j)$	0.40	0.40	0.20

$$E(Y) = \sum_{j=1}^{3} y_j\, g(y_j) = 0(0.4) + 1(0.4) + 2(0.2) = 0.8$$

$$\sigma_y^2 = 0^2(0.40) + 1^2(0.40) + 2^2(0.2) - 0.8^2 = 0.56$$

5.4.2 공분산과 상관계수

두 개의 확률변수 X와 Y에 대한 결합산포의 정도를 나타내는 측도로 공분산이 있다.

• 두 이산형 확률변수 X와 Y의 공분산(covariance)

$$Cov(X, Y) = E[(X-\mu_X)(Y-\mu_Y)]$$
$$= E(XY) - \mu_X \mu_Y$$

여기서,

μ_X, μ_Y는 각각 X와 Y의 평균

$E(XY) = \sum_x \sum_y xy\, f(x, y)$

<공분산의 의미>

- 두 변수의 편차곱의 평균을 의미
- \- 두 변수의 값들이 각각의 평균값에서 분포되어 있는 양
- 두 변수의 증감변화를 나타냄
- \- 두 변수가 같은 방향으로 움직이는지 반대 방향으로 움직이는지를 측정함.
- \- 공분산이 +이면 같은 방향, -이면 반대 방향(한 변수가 증가할 때 다른 변수의 증감)
- 두 변수의 측정 단위가 크면(작으면) 그 값이 너무 커지므로(작아지므로) 표준화시킬 필요가 있음 ⇒ 공분산을 표준화 시킨 형태 ⇒ 상관계수

즉 공분산 $Cov(X, Y)$는 X와 Y의 단위 크기에 따라 그 값이 다르게 된다. 예를 들어 한 변수의 단위를 kg에서 g으로 변화시키면 공분산의 값은 1,000배가 된다. 단위와는 무관한 측도로 상관계수가 있다. 상관계수는 두 변수 X와 Y간의 선형적인 증감 정도가 얼마나 강한지를 나타내는 측도로 $\rho(X, Y)$로 표기하며 다음과 같이 정의한다.

• X와 Y의 상관계수(correlation coefficient)

$$\rho = \rho(X, Y) = \frac{Cov(X, Y)}{\sigma_X \sigma_Y}$$

단, σ_X, σ_Y는 각각 X와 Y의 표준편차

• 상관계수의 성질

① $-1 \le \rho \le 1$

② $0 < \rho \le 1$ 경우에는 양의 상관관계가 있다고 하며 이때는 X가 증가하면 Y도 같이 증가한다.

③ $-1 \le \rho < 0$ 경우에는 음의 상관관계가 있다고 하며 이때는 X가 증가하면 Y는 감소한다.

④ ρ 값이 1에 가까우면 강한 양의 상관, -1에 가까우면 강한 음(역)의 상관이 있다고 말한다.

⑤ ρ 값이 0에 가까우면 상관이 약한 경우이며 $\rho = 0$이면 무상관이라고 한다.

예제 5.14 [예제 5.13]의 공부방 수 X와 에어컨 수 Y에 대한 상관계수를 구하라.

해설 [예제 5.13]으로부터

$E(X) = 0.85,\ \sigma_x^2 = 0.6275$

$E(Y) = 0.8,\ \sigma_y^2 = 0.56$이고

$$
\begin{aligned}
Cov(X, Y) = E(XY) - \mu_X\mu_Y \\
&= 0 \cdot 0 \cdot 0.30 + 0 \cdot 1 \cdot 0.10 + 0 \cdot 2 \cdot 0.00 + 1 \cdot 0 \cdot 0.10 \\
&+ 1 \cdot 1 \cdot 0.20 + 1 \cdot 2 \cdot 0.05 + 2 \cdot 0 \cdot 0.00 + 2 \cdot 1 \cdot 0.10 \\
&+ 2 \cdot 2 \cdot 0.15 - 0.85 \cdot 0.8 \\
&= 0.2 + 0.1 + 0.2 + 0.6 - 0.68 = 0.42
\end{aligned}
$$

$$\therefore\ \rho = \frac{0.42}{\sqrt{0.6275}\ \sqrt{0.56}} = 0.71$$

공부방 수 X가 증가함에 따라 에어컨 수 Y가 선형적으로 42% 증가하는 관계가 있다.

예제 5.15 어떤 나라의 경제 성장률(X)과 실업률(Y)이 다음과 같이 주어졌다고 하자. 경제 성장률과 실업률 간의 상관계수를 구하라.

x \ y	5%	10%	20%	합
3%	0	0.2	0.3	0.5
5%	0.1	0.1	0.2	0.4
10%	0.1	0	0	0.1
합	0.2	0.3	0.5	1.0

해설 $E(XY) = 3(5)(0) + \cdots + 10(20)(0) = 56.5$

$E(X) = 3(0.5) + 5(0.4) + 10(0.1) = 4.5$

$E(Y) = 5(0.2) + 10(0.3) + 20(0.5) = 14$

따라서 $COV(X, Y) = 56.5 - 4.5(14) = -6.5$

$E(X^2) = 24.5,\ \sigma_X^2 = 24.5 - 4.5^2 = 4.25$

$$E(Y^2) = 235,\ \sigma_Y^2 = 235 - 14^2 = 39$$

$$\therefore \quad \rho = \frac{-6.5}{\sqrt{4.25}\sqrt{39}} = -0.505$$

선형변환된 두 변수의 공분산과 상관계수

$a, b, c, d\,(a \neq 0, c \neq 0)$가 상수일 때 $aX+b$와 $cY+d$의 공분산과 상관계수는 다음과 같다.

$$Cov(aX+b, cY+d) = ac\,Cov(X, Y)$$

$$\rho(aX+b,\ cY+d) = \begin{cases} \rho(X, Y), & ac > 0 \\ -\rho(X, Y), & ac < 0 \end{cases}$$

증명

$$\begin{aligned} Cov(aX+b, cY+d) &= E[(aX+b) - E(aX+b)][(cY+d) - E(cY+d)] \\ &= E[(aX+b) - (a\mu_X + b)][(cY+d) - (c\mu_Y + d)] \\ &= E[a(X - \mu_X)c(Y - \mu_Y)] \\ &= acE[(X - \mu_X)(Y - \mu_Y)] \\ &= ac\,Cov(X, Y) \end{aligned}$$

$$\begin{aligned} \rho(aX+b,\ cY+d) &= \frac{Cov(aX+b,\ cY+d)}{\sqrt{V(aX+b)}\sqrt{V(cY+d)}} \\ &= \frac{ac\ Cov(X, Y)}{\sqrt{a^2V(X)}\sqrt{c^2V(Y)}} \\ &= \frac{ac\ Cov(X, Y)}{|a||c|\sigma_x\sigma_y} = \begin{cases} \rho(X, Y), & ac > 0 \\ -\rho(X, Y), & ac < 0 \end{cases} \end{aligned}$$

예제 5.16 ① X, Y의 상관계수가 ρ일 때, $10X-2$와 $-2Y+3$의 상관계수를 구하라.

② $10X-2$와 $-2Y+3$의 상관계수가 ρ일 때, 두 확률변수 X, Y의 상관계수는 얼마인가?

해설 ① $\rho(X, Y) = \rho \Rightarrow ac = (10)(-2) = -20 < 0$ 이므로
$\rho(10X-2, -2Y+3) = -\rho$
② $\rho(10X-2, -2Y+3) = \rho$ 이므로 $\rho(X, Y) = -\rho$

5.4.3 두 확률변수의 독립성

확률에서 두 사상 A, B에 대하여 $P(A \cap B) = P(A)P(B)$이 성립하면 두 사상은 독립 이라고 하였는데 이는 두 확률변수의 독립으로 자연스럽게 연장할 수 있다.

• 확률변수의 독립과 종속

$f(x_i, y_j) \sim$ 확률변수 X, Y의 결합확률질량함수

$h(x_i) \sim$ X의 주변확률질량함수

$g(y_j) \sim$ Y의 주변확률질량함수

이때 $f(x_i, y_j) = h(x_i)g(y_j)$

가 성립하면 두 확률변수 X, Y는 독립이라고 하고, 성립하지 않으면 종속이라고 한다.

[정리 5.1] X와 Y가 독립이면 다음이 성립한다.
① $E(XY) = E(X)E(Y)$
② $Var(X \pm Y) = Var(X) + Var(Y)$
③ $Cov(X, Y) = 0$
④ $\rho(X, Y) = 0$

증명 ① $E(XY) = \sum_x \sum_y (xy)\, f(xy)$

$= \sum_x \sum_y (xy)\ h(x)\, g(y)$

$= \sum_x xh(x)\ \sum_y y\, g(y)$

$= E(X)E(Y)$

② $Z = aX + bY$ 라고 두면

$\mu_z = E(Z) = a\mu_x + b\mu_y$

$Var(aX+bY) = Var(Z) = E(Z-\mu_z)^2$

$= E[(aX+bY)-(a\mu_x+b\mu_y)]^2 = E[a(X-\mu_x)+b(Y-\mu_y)]^2$

$= a^2E(X-\mu_x)^2 + b^2E(Y-\mu_y)^2 + 2ab\,E[(X-\mu_x)(Y-\mu_y)]$

$= a^2V(X) + b^2V(Y) + 2ab\ COV(X, Y)$

$= a^2V(X) + b^2V(Y)\ \ (\because\ Cov(X, Y) = 0)$

③ $Cov(X, Y) = E(XY) - \mu_X\mu_Y$

$= E(X)E(Y) - \mu_X\mu_Y = 0$

④ $\rho = \dfrac{Cov(X, Y)}{\sigma_X\sigma_Y} = \dfrac{0}{\sigma_X\sigma_Y} = 0$

X와 Y가 서로 독립이 아니면 증명②로부터 $Var(aX \pm bY)$는

$$V(aX+bY) = a^2V(X) + b^2V(Y) + 2ab\ COV(X, Y)$$

$$V(aX-bY) = a^2V(X) + b^2V(Y) - 2ab\ COV(X, Y)$$

이 됨을 주의해야 한다.

이를 확장하여 $X_1, X_2, \cdots, X_n$을 n개의 확률변수라고 하고 $a_1, a_2, \cdots, a_n$을 상수라 하면

$$Var(a_1X_1 + a_2X_2 + \cdots + a_nX_n) = a_1^2V(X_1) + a_2^2V(X_2) + \cdots + a_n^2V(X_n) + 2\sum_{i<j} a_ia_jCOV(X_i, X_j)$$

이 되며, 만일 $X_1, X_2, \cdots, X_n$이 독립이면 공분산은 0이 되므로

$$Var(a_1X_1 + a_2X_2 + \cdots + a_nX_n) = a_1^2V(X_1) + a_2^2V(X_2) + \cdots + a_n^2V(X_n)$$

이 된다.

확률변수 X와 Y가 서로 독립이면 공분산과 상관계수가 0이 되지만, 역은 일반적으로 성립하지 않는다. 즉, 두 확률변수의 공분산과 상관계수가 0이라 하더라도 서로 독립이 아닌 경우가 있다.

예제 5.17 X의 분산 $\sigma_1^2 = 375$, Y의 분산 $\sigma_2^2 = 250$, X와 Y의 공분산이 $Cov(X, Y) = 125$일 때 다음을 구하라.

① $Var(0.8X + 0.9Y)$

② $Var(X - Y)$

해설 ① $Var(0.8X + 0.9Y) = 0.8^2(375) + 0.9^2(250) + 2(0.8)(0.9)(125) = 622.5$

② $Var(X - Y) = 375 + 250 - 2(125) = 375$

예제 5.18 어느 가정에서 소유하고 있는 컴퓨터의 수를 X라 하고, 자동차의 수를 Y라 하자. 이 때, 컴퓨터를 세 대 이상 가지고 있는 가정과 자동차를 두 대 이상 가지고 있는 가정은 없으며, X와 Y의 결합확률질량함수가 다음과 같다고 하자.

$$f(x_i, y_j) = \begin{cases} \frac{1}{3}, & (x_i, y_j) = (0,0),(1,1),(2,0) \\ 0, & \text{그 밖에서} \end{cases}$$

① X와 Y의 결합확률분포를 구하여라.

② 이 가정에 몇 대의 컴퓨터가 있다고 기대할 수 있겠는가? 또한, 이 가정에 몇 대의 자동차가 있다고 기대할 수 있겠는가?

③ 이 가정에 있을 컴퓨터 수의 분산을 구하여라. 또한, 이 가정에 있을 자동차 수의 분산을 구하라.

④ 이 가정에 있을 컴퓨터 수와 자동차 수의 공분산을 구하라.

⑤ 이 가정에 있을 컴퓨터 수와 자동차 수의 상관계수를 구하라.

⑥ 이 가정에 있을 컴퓨터 수와 자동차 수는 서로 독립이라고 할 수 있는가?

해설 ①

x \ y	0	1	합
0	1/3	0	1/3
1	0	1/3	1/3
2	1/3	0	1/3
합	2/3	1/3	1

② $$E(X)=\sum_{i=1}^{3}x_i h(x_i)=0\left(\frac{1}{3}\right)+1\left(\frac{1}{3}\right)+2\left(\frac{1}{3}\right)=1$$

$$E(Y)=\sum_{j=1}^{2}y_j g(y_j)=0\left(\frac{2}{3}\right)+1\left(\frac{1}{3}\right)=\frac{1}{3}$$

③ $$Var(X)=\sum_{i=1}^{3}x_i^2 h(x_i)-[E(X)]^2$$

$$=0^2\left(\frac{1}{3}\right)+1^2\left(\frac{1}{3}\right)+2^2\left(\frac{1}{3}\right)-1^2=\frac{2}{3}$$

$$Var(Y)=\sum_{j=1}^{2}y_j^2 g(y_j)-[E(Y)]^2$$

$$=0^2\left(\frac{2}{3}\right)+1^2\left(\frac{1}{3}\right)-\left(\frac{1}{3}\right)^2=\frac{2}{9}$$

④

$$E(XY)=\sum_{i=1}^{3}\sum_{j=1}^{2}x_iy_jf(x_i,y_j)$$

$$=0(0)\frac{1}{3}+1(1)\frac{1}{3}+2(0)\frac{1}{3}=\frac{1}{3}$$

$$\Rightarrow\quad Cov(X,Y)=E(XY)-E(X)E(Y)$$

$$=\frac{1}{3}-1\left(\frac{1}{3}\right)=0$$

⑤ $\rho(X,Y)=\dfrac{Cov(X,Y)}{\sigma_X\sigma_Y}=\dfrac{0}{\sqrt{\frac{2}{3}}\sqrt{\frac{2}{9}}}=0$

⑥ $f(0,0)=\dfrac{1}{3}$, $h(0)=\dfrac{1}{3}$, $g(0)=\dfrac{2}{3}$ 이므로,

$f(0,0)\neq h(0)g(0)$ 이 된다. 따라서, $f(x_i,y_j)\neq h(x_i)g(y_j)$ 이므로 X와 Y는 종속이다.

5.5 엑셀연습

예제 5.19 다음은 [예제 5.1]과 [예제 5.7]에 있는 어떤 은행 대출 포트폴리오의 손실에 대한 확률분포이다. 이 은행의 기대손실과 분산, 표준편차를 엑셀로 구하라.

x	0	25	30	55	합
$f(x)$	0.855	0.045	0.095	0.005	1.0

step 1 자료 입력

A1에서 F2까지 자료를 입력한다.

	A	B	C	D	E	F
1	x	0	25	30	55	합
2	f(x)	0.855	0.045	0.095	0.005	1
3						

step 2 기대값과 분산 계산을 위한 SUMPRODUCT함수 입력

	A	B	C	D	E	F
1	x	0	25	30	55	합
2	f(x)	0.855	0.045	0.095	0.005	1
3						
4		E(X)=	4.25			
5		E(X^2)=	128.75			
6		Var(X)=	110.6875			
7		σ=	10.52081			

C4에서 C7까지 각 셀에 입력되는 내용은 다음과 같다.

$E(X)$: C4셀 =SUMPRODUCT(B1:E1, B2:E2)

$E(X^2)$: C5셀 =SUMPRODUCT((B1:E1)^2, B2:E2)

$Var(X)$: C6셀 =C5−C4^2

σ : C7셀 =SQRT(C6)

☼ SUMPRODUCT함수는 SUMPRODUCT(array1, array2, …)의 형태로 입력하며 괄호 안에 있는 인수는 배열(array)로서, 각 배열의 동일한 위치에 있는 대응되는 값들을 곱하여 합계한 결과를 출력하여 준다.

예제 5.20 다음은 [예제 5.15]에 있는 경제 성장률(X)과 실업률(Y)의 결합확률분포이다. 엑셀을 이용하여 경제 성장률과 실업률 간의 상관계수를 구하라.

x \ y	5%	10%	20%	합
3%	0	0.2	0.3	0.5
5%	0.1	0.1	0.2	0.4
10%	0.1	0	0	0.1
합	0.2	0.3	0.5	1.0

step 1 자료 입력

A1에서 H3까지 X와 Y의 결합확률분포 자료를 입력한다. 그리고 A5에서 D6까지 X의 주변확률분포, A8에서 D9까지 Y의 주변확률분포 자료를 입력한다.

	A	B	C	D	E	F	G	H
1	x	3	3	3	5	5	5	10
2	y	5	10	20	5	10	20	5
3	f(x,y)	0	0.2	0.3	0.1	0.1	0.2	0.1
4								
5	x	3	5	10				
6	f(x)	0.5	0.4	0.1				
7								
8	y	5	10	20				
9	f(y)	0.2	0.3	0.5				

step 2 기대값, 공분산 계산을 위한 SUMPRODUCT함수 입력

	A	B	C	D	E	F	G	H
1	x	3	3	3	5	5	5	10
2	y	5	10	20	5	10	20	5
3	f(x,y)	0	0.2	0.3	0.1	0.1	0.2	0.1
4								
5	x	3	5	10		E(X)=	4.5	
6	f(x)	0.5	0.4	0.1		E(X^2)=	24.5	
7						Var(X)=	4.25	
8	y	5	10	20		E(Y)=	14	
9	f(y)	0.2	0.3	0.5		E(Y^2)=	235	
10						Var(Y)=	39	
11								
12						E(XY)=	56.5	
13						Cov(X,Y)=	-6.5	
14						상관계수	-0.505	

G5에서 G14까지 각 셀에 입력되는 내용은 다음과 같다.

$E(X)$: G5셀 =SUMPRODUCT(B5:D5, B6:D6)

$E(X^2)$: G6셀 =SUMPRODUCT((B5:D5)^2, B6:D6)

$Var(X)$: G7셀 =G6-G5^2

$E(Y)$: G8셀 =SUMPRODUCT(B8:D8, B9:D9)

$E(Y^2)$: G9셀 =SUMPRODUCT((B8:D8)^2, B9:D9)

$Var(Y)$: G10셀 =G9-G8^2

$E(XY)$: G12셀 =SUMPRODUCT(B1:H1,B2:H2,B3:H3)

$Cov(X,Y)$: G13셀 =G12-G5*G8

상 관 계 수 : G14셀 =G13/(SQRT(G7)*SQRT(G10))

연 습 문 제

【5.1】 3개의 동전을 던지는 실험에서 앞면이 나오는 횟수를 확률변수 X라 하고 다음을 구하라.

① X의 표본공간과 확률분포

② X의 분포함수

【5.2】 어느 주택공사에서는 매주 다음과 같이 상금이 걸려 있는 복권을 1,000매 발행하고 있다.

구 분	매수(매)	상금(만원)
1 등	1	1,000
2 등	5	100
3 등	20	10
4 등	100	5
등 외	874	0

매 복권당 상금을 X라 할 때 다음을 구하라.

① 기대값 $\mu = E(X)$

② 분산 $\sigma^2 = Var(X)$, 표준편차

【5.3】 주사위 한 개를 한번 던지는 게임에서 나온 눈의 100배의 상금을 준다고 한다. 주사위를 던져서 받는 상금 액수를 X라 하고 다음을 구하라.

① X의 확률분포

② 상금의 기대값과 분산 및 표준편차

【5.4】 주택복권 100장을 발매하였는데, 이 중에는 100만원 당첨권이 1장,

50만원 당첨권이 4장, 10만원 당첨권이 5장, 1만원 당첨권이 10장이 들어 있다고 한다. 이 복권 1장을 구매한 사람이 당첨될 수 있는 금액을 X라 할 때, X의 확률분포를 구하여라.

【5.5】 어떤 기금 모금의 행사에서 1달러, 5달러, 10달러의 상품이 각각 25개, 5개, 1개 들어 있는 추첨함이 준비되어 있다. 돈을 지불하면 한 번의 뽑는 기회가 주어진다고 하고, 지불한 금액과 같은 값의 상품을 얻으려면 얼마를 지불하면 되는가?

【5.6】 어떤 학급에서 시험을 본 결과 평균이 24점, 표준편차가 3점이었다. 성적이 나빠 학급의 모든 학생에게 성적을 2배 하여 10점을 더하여 주었다. 이 때 이 학급의 평균과 표준편차를 구하라.

【5.7】 어떤 회사 임원 8명 중 전무는 3명, 상무는 2명, 이사는 3명이 있다. 이 회사 사장은 임의로 두 명을 뽑아 출장을 보내려고 한다. 추출된 두 명 중에서 전무의 수를 X, 상무의 수를 Y라 하자.

① X와 Y의 결합확률질량함수를 구하라.

② 결합확률분포표를 작성하라.

③ $P(X+Y \leq 1)$을 구하라.

④ X의 주변분포를 구하라.

⑤ Y의 주변분포를 구하라.

【5.8】 다음은 A회사의 모든 맞벌이 부부 10쌍의 월소득 모집단 자료이다. 단, $X \sim$ 남편소득, $Y \sim$ 아내소득

번호	1	2	3	4	5	6	7	8	9	10
X	50	75	75	50	50	75	100	75	100	100
Y	25	75	50	50	50	25	50	50	75	50

① X와 Y의 결합확률분포를 구하라.

② X와 Y의 상관계수를 구하라.

【5.9】 X와 Y를 각각 분산 $\sigma^2(X)=1$과 $\sigma^2(Y)=2$를 갖는 독립인 확률변수라면 확률변수 $Z=3X-2Y+5$의 분산을 구하라.

【5.10】 다음 공분산의 간편 계산식을 증명하라.

$Cov(X, Y) = E(XY) - \mu_X \mu_Y$

【5.11】 어느 버스가 정류소에서 7시15분, 7시 30분, 7시 45분에 정차한다. 어떤 승객이 7시~7시 30분 사이에 임의로 도착할 때 이 사람이 도착한 시간을 X(분)라 하고 다음을 구하라. (* ①과 같이 얻어지는 분포를 연속형 변수 X의 균등분포(uniform distribution) 또는 균일분포라 한다.)

① X의 확률분포

② 버스를 5분 미만 기다릴 확률.

③ 버스를 10분 이상 기다려야 할 확률.

제6장

이항분포의 응용과 엑셀활용

6.1 베르누이 시행

5장의 확률분포의 정의에 의하면 이론적으로 확률분포형태는 무수히 많이 있을 수 있다. 여기서는 이산형 확률분포 중 가장 대표적인 이항분포, 포아송 분포 등에 대하여 알아보기로 한다.

어떤 실험의 결과가 오직 두 가지로만 나오는 경우가 있다. 예를 들면 기업의 도산 여부, 동전 던지기, 성별 검사, 입학시험 결과, 품질검사에서 합격 판정 여부 등 수없이 많다. 이와 같이 실험의 결과가 상호배반적인 두 개의 경우로만 나타나는 실험을 베르누이 실험(Bernoulli experiment)이라 하며 이 실험을 독립적으로 반복 수행하는 것을 베르누이 시행(Bernoulli trial)이라고 한다.

베르누이 시행에서는 둘 중의 하나의 결과를 "성공(success)"이라 하여 S로 나타내고, 다른 하나의 결과를 "실패(failure)"라 하여 F로 나타내면 표본공간은 $S=\{S, F\}$가 된다. 따라서 성공의 확률을 $P(S)=p$로 나타내면 실패의 확률은 $P(F)=1-p=q$가 된다. 베르누이 시행은 다음 조건을 만족한다.

• 베르누이 시행

① 각 시행의 결과는 성공(S), 실패(F) 중 어느 하나로 나타난다.
② 각 시행마다 성공확률은 $P(S)=p$, 실패확률은 $P(F)=q=1-p$로 일정하다.
③ 각 시행은 독립이다.
(각 시행의 결과가 다른 시행의 결과에 영향을 끼치지 않는다)

예를 들어 주사위를 던지는 실험에서 5의 눈이 나타나는 경우를 성공이라 하고 그 이외의 경우를 실패라고 정의하면 실험의 결과는 오직 두 가지이다. 또 성공의 확률은 $\frac{1}{6}$이고 실패의 확률은 $\frac{5}{6}$로 일정하며, 어느 한 시행의 결과가 다른 시행의 결과에 영향을 끼치지 않는다. 따라서 이 경우는 성공 확률이 $\frac{1}{6}$인 베르누이 시행이다.

6.2 이항분포

성공 확률이 p인 n번의 베르누이 시행에서 성공의 횟수가 x일 확률을 구해보자. 처음부터 x번째까지의 시행이 모두 성공이고, 나머지 $(n-x)$번의 시행은 모두 실패로 나타날 확률은 다음과 같다.

$$\begin{aligned} P(SS\cdots S\ FF\cdots F) &= P(S)P(S)\cdots P(S)P(F)P(F)\cdots P(F) \\ &= p^x(1-p)^{n-x} \end{aligned}$$

위의 확률은 처음부터 x번 까지는 성공이 순서대로 나타나고, 나머지 $(n-x)$번은 차례로 실패가 일어날 확률인데, 성공과 실패가 순서대로 나타나지 않고 뒤섞여 나타난다 하여도 n번 중 성공이 x번 나타나는 확률은 $p^x(1-p)^{n-x}$로 동일하다. 또한 n번 중 성공이 x번 나타나는 경우의 수는

$$\binom{n}{x} = \frac{n!}{x!(n-x)!}$$

이므로 구하고자 하는 확률은 다음과 같다.

$$\binom{n}{x} p^x (1-p)^{n-x}$$

위의 예에서 모든 x값에 이러한 확률을 대응시킨 분포를 이항분포라고 한다.

• 이항분포(binomial distribution)

확률변수 X를 성공확률이 p인 n번의 베르누이 시행에서 성공의 횟수라 하면, X의 확률분포는 다음과 같으며 이를 이항분포라 한다.

$$f(x) = \binom{n}{x} p^x (1-p)^{n-x}, \quad x = 0,1,2,\cdots,n$$

이항분포를 간단히 $b(n,p)$로 표기하며 평균과 분산은 다음과 같다.

$$E(X) = np, \qquad Var(X) = np(1-p)$$

이항분포 $b(n,p)$에서 $n=1$인 경우는 $b(1,p)$이며 이를 베르누이 분포라고 부른다. 이 분포의 평균과 분산은 각각 다음과 같이 구할 수 있다.

- $\mu = \sum xf(x) = \sum_{x=0}^{1} x\, p^x (1-p)^{1-x}$

  $= 0(1-p) + 1(p) = p$

  $E(X^2) = \sum x^2 f(x) = \sum_{x=0}^{1} x^2\, p^x (1-p)^{1-x}$

  $= 0^2(1-p) + 1^2(p) = p$

  $\therefore\ \sigma^2 = E(X^2) - \mu^2$

  $= p^2 - p = p(1-p)$

이를 확장하면 이항분포의 평균 $E(X) = np$, 분산 $Var(X) = np(1-p)$을 구할 수 있다.

예제 6.1 불량률이 0.1인 생산 공정에서 5개의 제품을 추출하였다. X를 불량품의 개수라 할 때 다음을 구하라.

① X의 확률분포

② 불량품이 두 개 이상일 확률

③ 평균, 분산, 표준편차

해설

① $f(x) = \binom{5}{x}(0.1)^x(0.9)^{5-x}, \quad x = 0, 1, \cdots, 5$

② $P(X \geq 2) = 1 - [P(X=0) + P(X=1)]$

$= 1 - (0.5905 + 0.3280) = 0.0815$

③ $E(X) = 5(0.1) = 0.5$

$Var(X) = 5(0.1)(0.9) = 0.45$

$\sigma = \sqrt{0.45} = 0.67$

예제 6.2 어느 백화점을 이용하는 고객들 중 그 백화점에서 발행한 전용 카드를 사용하는 고객의 비율은 60%이다. 어느 날 그 백화점에서 가전제품을 구입한 10명의 고객들을 임의로 추출하여 백화점 전용 카드 사용여부를 조사하고자 한다. 이 때, 전용 카드를 사용한 고객의 수를 X라 하고 다음을 구하라.

① X의 확률질량함수

② $P(X=0)$, $P(X=1)$, $P(X=2)$, $P(X=3)$

③ 카드를 사용한 고객이 최소한 4명일 확률

④ 카드를 사용한 고객이 3~7명일 확률

⑤ 10명의 고객들 중 몇 명의 고객이 백화점 전용 카드를 사용할 것이라고 기대할 수 있겠는가?

⑥ 백화점 전용 카드를 사용할 고객 수의 분산은?

해설

① $f(x) = \binom{10}{x}(0.6)^x(0.4)^{10-x}, \quad x = 0, 1, \cdots, 10$

② $P(X=0) = \binom{10}{0}(0.6)^0(0.4)^7 = 0.0001$

같은 방법에 의해

$P(X=1) = 0.0016$, $P(X=2) = 0.0106$, $P(X=3) = 0.0425$

③ $P(X \geq 4) = 1 - P(X \leq 3)$

$$= 1 - \sum_{x=0}^{3} \binom{10}{x} (0.6)^x (0.4)^{10-x}$$

$$= 1 - 0.0548 = 0.9452$$

④ $P(3 \leq X \leq 7) = P(X \leq 7) - P(X \leq 2) = 0.821$

⑤ $E(X) = 10 \times 0.6 = 6$

⑥ $Var(X) = 10 \times 0.6 \times 0.4 = 2.4$

엑셀연습 이 예제를 다음과 같이 엑셀로 풀어보자.

step 1 자료 입력

자료를 A2에서 B3까지 입력한다.

	A	B	C
1	이항분포		
2	n=	10	
3	p=	0.6	
4			

step 2 엑셀 통계함수 BINOMDIST의 입력

	A	B	C	D	E
1	이항분포				
2	n=	10		P(X=0)	0.000105
3	p=	0.6		P(X=1)	0.001573
4				P(X=2)	0.010617
5				P(X=3)	0.042467
6				1-P(X≤3)	0.945238
7				P(3≤X≤7)	0.820416

E2~E7셀에 입력되는 내용은 다음과 같다.

E2셀 =BINOMDIST(0,B2,B3,0)

E3셀 =BINOMDIST(1,B2,B3,0)

E4셀 =BINOMDIST(2,B2,B3,0)

E5셀 =BINOMDIST(3,B2,B3,0)

E6셀 =1-BINOMDIST(3,B2,B3,1)

E7셀 =BINOMDIST(7,B2,B3,1)-BINOMDIST(2,B2,B3,1)

※ 엑셀에서 이항분포의 확률을 계산하는 BINOMDIST함수는 4개의 인수를 지정하는 BINOMDIST(number_s, trials, probability_s, cumulative)의 형태이며, 여기서 number_s는 성공의 횟수, trials은 시행 횟수, probability_s는 성공의 확률을 지정한다. cumulative에는 누적확률을 구할 경우에는 1 또는 TRUE를 입력하고, 단순히 주어진 하나의 값에 대한 확률을 구할 때는 0 또는 FALSE를 입력한다.

예제 6.3 5개 중 하나를 택하는 선다형 문제가 20문항이 있는 시험에서 임의로 답을 써넣은 경우에

① 정답이 하나도 없을 확률은 얼마인가?

② 8개 이상의 정답을 맞힐 확률은 얼마인가?

③ 4개부터 6개 사이의 정답을 맞힐 확률은 얼마인가?

④ 평균 몇 개 정도 맞힐 수 있는가?

해설 X를 20문항 중 정답의 수라 정의하면, X는 이항분포 $b(20, 0.2)$를 따른다.

① $P\{X=0\}=0.012$

② $P\{X \geq 8\}=1-P\{X \leq 7\}=1-0.968=0.032$

③ $P\{4 \leq X \leq 6\}=P\{X \leq 6\}-P\{X \leq 3\}=0.931-0.411=0.502$

④ $E(X)=20 \times 0.2=4$

6.3 이항분포와 신용위험 분산효과

신용위험(credit risk)은 거래상대방이 약속한 금액을 지불하지 못하는

경우에 발생하는 손실에 대한 위험이다. 신용리스크 관리에서 분산효과를 달성하는 가장 간단한 방법은 많은 가계대출, 기업대출 등과 같이 대출 포트폴리오가 한 분야에 집중되지 않도록 대출한도를 설정하는 것이다.

예제 6.4 어떤 은행에서 100억원을 ① 1개 ② 10개 ③ 100개 ④ 1000개의 기업에 균등하게 대출하여 준다고 한다. 각 기업의 채무불이행확률 $p=1\%$로 모두 동일하며 채무불이행이 발생하면 은행은 손실을 입게 된다. 각각의 경우에 대출에 대한 이 은행의 기대손실과 손실의 표준편차를 구하라.

해설 $X\sim$ n개 대출 중 채무불이행의 수 $\Rightarrow X\sim b(n, 0.01)$

$100/n\sim$ 1개 대출당 대출금액, 손실$=(X)\dfrac{100}{n}$

기대손실 $=E\left(X\dfrac{100}{n}\right)=\dfrac{100}{n}E(X)=100p$

손실의 분산 $=Var\left(X\dfrac{100}{n}\right)=\dfrac{100^2}{n^2}Var(X)$

$$=\frac{100^2}{n}p(1-p)$$

손실의 표준편차 $=\dfrac{100}{\sqrt{n}}\sqrt{p(1-p)}$

(1) 기대손실 $100p=100(0.01)=1$억으로 ①, ②, ③, ④의 경우 모두 같다.

(2) 손실의 표준편차

① $=\dfrac{100}{\sqrt{n}}\sqrt{p(1-p)}=\dfrac{100}{\sqrt{1}}\sqrt{0.01(0.99)}=9.95$억

② $=\dfrac{100}{\sqrt{n}}\sqrt{p(1-p)}=\dfrac{100}{\sqrt{10}}\sqrt{0.01(0.99)}=3.15$억

③ $=\dfrac{100}{\sqrt{n}}\sqrt{p(1-p)}=\dfrac{100}{\sqrt{100}}\sqrt{0.01(0.99)}=0.99$억

④ $=\dfrac{100}{\sqrt{n}}\sqrt{p(1-p)}=\dfrac{100}{\sqrt{1000}}\sqrt{0.01(0.99)}=0.31$억

금융관련 분야에서 분산이나 표준편차는 위험의 크기를 나타내는 측도로 사용된다. 이 예제에서 기대손실은 포트폴리오를 구성하는 대출의 수와 무관하나, 손실의 표준편차는 대출의 수가 증가함에 따라 작아진다. 이는 많은 소규모 대출로 구성된 포트폴리오가 대규모 대출로 구성된 대출 포트폴리오의 신용위험보다 작음을 의미한다.

6.4 포아송분포

이항분포 $b(n, p)$에서 평균 np를 $np=\lambda$로 일정하게 하고 n을 충분히 크게 하는 경우(상대적으로 p는 매우 작아진다)에 만들어지는 이항분포의 근사분포를 포아송분포(Poisson distribution)라고 한다.

포아송분포는 단위구간(어떤 주어진 시간 또는 공간, 영역 등)에서 희귀하게 일어나는 사건의 횟수, 즉 성공확률 p가 작은 경우에 유용하게 사용될 수 있다. 예를 들면 어떤 시간 내에 구조대에 걸려온 구조신청 전화 횟수, 어떤 지역의 하루 교통사고 사망자 수, 혈액 속에 있는 백혈구 수, 어떤 은행에 1시간 동안 방문하는 특정 고객의 수 등은 포아송분포를 따른다.

확률변수 X를 단위구간에서 일어나는 사건의 수라 하면 X는 다음과 같은 포아송분포를 따른다.

• 포아송분포

포아송분포의 확률질량함수

$$f(x)=\frac{\lambda^x\ e^{-\lambda}}{x!},\quad x=0,1,2,\cdots,\quad e=2.718\cdots$$

포아송분포의 기대값과 분산은 다음과 같다.

$$E(X)=\lambda,\ \ Var(X)=\lambda$$

포아송분포에서 e는 자연대수(natural logarithm)의 밑수로서 그 정의는 $e=\lim_{n\to\infty}(1+\frac{1}{n})^n$ 이다.

이제 이항분포로부터 $np=\lambda$로 일정하게 하고, n이 매우 크고 p가 극히 작은 값을 가질 때 포아송분포가 유도되는 과정을 살펴보자.

$$P(X=x)=\lim_{n\to\infty}\frac{n!}{x!(n-x)!}\left(\frac{\lambda}{n}\right)^x\left(1-\frac{\lambda}{n}\right)^{n-x}$$

$$=\lim_{n\to\infty}\frac{n(n-1)\cdots(n-x+1)}{n^x}\frac{\lambda^x}{x!}\left(1-\frac{\lambda}{n}\right)^n\left(1-\frac{\lambda}{n}\right)^{-x}$$

그런데,

$$\lim_{n\to\infty}\frac{n(n-1)\cdots(n-x+1)}{n^x}=\lim_{n\to\infty}\left[1\left(1-\frac{1}{n}\right)\cdots\left(1-\frac{x-1}{n}\right)\right]=1$$

$$\lim_{n\to\infty}\left(1-\frac{\lambda}{n}\right)^{-x}=1,\quad \lim_{n\to\infty}\left(1-\frac{\lambda}{n}\right)^n=e^{-\lambda}$$

따라서 $P(X=x)=\dfrac{\lambda^x\ e^{-\lambda}}{x!}$

예제 6.5 어떤 휴대폰 서비스센터에 특정 부품을 수리하기 위하여 오전 9시부터 10시까지 방문하는 평균 고객 수는 5명이라고 한다. 이 시간에 방문하는 고객의 수를 X라 하고 다음을 구하라.

① 확률밀도함수

② 평균, 분산

③ 이 시간에 방문하는 고객이 2명일 확률

④ 이 시간에 방문하는 고객이 3~5명일 확률

해설

① $f(x) = \dfrac{5^x e^{-5}}{x!}, \quad x = 0,1,2,\cdots$

② $E(X) = 5, \quad Var(X) = 5$

③ $P(X = 2) = \dfrac{5^2 e^{-5}}{2!} = 0.0842$

④ $P(3 \le X \le 5) = P(X \le 5) - P(X \le 2) = 0.491$

엑셀연습 이 예제를 다음과 같이 엑셀로 풀어보자.

step 1 자료 입력

B2에 λ값을 입력한다.

	A	B	C
1	포아송분포		
2	lambda=	5	
3			

step 2 엑셀 통계함수 POISSON의 입력

E2, E3셀에 입력되는 내용은 다음과 같다.

E2셀 =POISSON(2,B2,0)

E3셀 =POISSON(5,B2,1)−POISSON(2,B2,1)

워크시트에 다음과 같이 출력된다.

	A	B	C	D	E
1	포아송분포				
2	lambda=	5		P(X=2)	0.084224
3				P(3≤X≤5)	0.491309
4					

※ 엑셀에서 포아송분포의 확률을 계산하는 POISSON함수는 3개의 인수를 지정하는 POISSON(x, mean, cumulative)의 형태이며, 여기서 x는 포아송분포에서 사건의 수인 x의 값을, mean에는 사건의 평균횟수인 λ를 입력한다. cumulative에는 누적확률을 구할 경우에는 1 또는 TRUE를 입력하고, 단순히 주어진 하나의 값에 대한 확률을 구할 때는 0 또는 FALSE를 입력한다.

예제 6.6 어떤 보험회사의 조사 결과에 의하면 백혈병으로 사망하는 확률이 0.00001이라고 한다. 이 보험회사의 가입자가 100,000명 일 때 백혈병으로 사망할 사람에게 보험금이 지급되는 건수가 5건 이상일 확률은?

해설 ① X: 가입자 100,000명 중 백혈병으로 사망하는 사람의 수

$$f(x) = \binom{100000}{x} 0.00001^x \, 0.99999^{100000-x}, \; x = 0, 1, \cdots, 100000$$

$$\begin{aligned} P(X \geq 5) &= 1 - P(X \leq 4) \\ &= 1 - \sum_{x=0}^{4} \binom{100000}{x} 0.00001^x \cdot 0.99999^{100000-x} \end{aligned}$$

② 이와 같이 n이 크고 p가 작은 경우 이항분포로 계산하기에는 불편하므로 다음과 같이 포아송분포를 적용하여 구한다.

$$\lambda = np = 100,000(0.00001) = 1$$

$$f(x) = \frac{1^x e^{-1}}{x!} = \frac{e^{-1}}{x!}, \quad x = 0, 1, 2, \cdots$$

$$\begin{aligned} P(X \geq 5) &= 1 - P(X \leq 4) \\ &= 1 - \sum_{x=0}^{4} \frac{e^{-1}}{x!} = 1 - 0.996 = 0.004 \end{aligned}$$

예제 6.7 어떤 재난 구조대에 교환원은 하루에 평균 500건의 전화를 받는다고 한다. 그런데 이중 1%는 장난 전화이다. 오늘 교환원이 3건의 장난 전화를 받을 확률은?

해설 n이 충분히 크고 p가 작은 값이므로 이항분포로로 계산하기에는 복잡하고 불편하다. 다음과 같이 포아송분포를 적용하여 구한다.

$$P(X = 3) = \frac{\lambda^x \, e^{-\lambda}}{x!} = \frac{5^3 \, e^{-5}}{3!} = 0.14$$

연습문제

【6.1】 정답이 1개인 5지 선택형 문제가 20개 있다. 이들 문제에 대하여 짐작으로 정답을 선택할 때 80점 이상 맞을 확률은?

【6.2】 어느 컴퓨터 대리점의 하루 평균 노트북 판매대수는 $\lambda = 2$인 포아송분포를 따른다고 할 때, 하루 동안에 노트북이 1대 이하 판매될 확률은?

【6.3】 어느 제약회사에서 개발한 백신을 어린이에게 투약했을 때, 면역성을 갖게 될 확률은 0.9이다. 임의로 추출된 10명의 어린이에게 이 백신을 투약할 때, 면역성을 갖는 어린이의 수를 X라 하자.

① X의 확률함수를 구하라.

② 10명의 어린이 모두가 면역성을 갖게 될 확률을 구하라.

③ 7명의 어린이가 면역성을 갖게 될 확률을 구하라.

④ 10명의 어린이 중 몇 명의 어린이가 면역성을 갖게 되리라고 기대할 수 있겠는가?

⑤ 면역성을 갖게 될 어린이 수의 분산을 구하라.

【6.4】 평균불량률이 10%인 공정에서 생산된 제품 중에서 10개의 표본을 추출할 때, 불량품의 수를 X라 하자.

① 불량품이 2개 나올 확률을 구하라.

② 불량품이 최소한 3개일 확률을 구하라.

③ X의 기대값과 분산을 구하라.

【6.5】 어떤 전자 제품은 10개의 서로 독립적인 부품으로 구성되어 있는데 그 중에 3개 이상의 부품이 고장나면 이 전자 제품은 작동되지 않는다. 각각의 부품이 고장 날 확률이 0.1이라면 이 전자 제품이 계속 작동될 확률을 구하라.

【6.6】 어떤 수술을 받은 환자가 회복할 수 있는 확률을 0.8이라고 할 때, 6명의 환자가 수술을 받은 경우 회복되는 사람이 5명일 확률을 구하여라.

【6.7】 성공의 형태가 M개이고 실패의 형태의 $N-M$개로 구성된 크기 N의 유한모집단에서 n개의 표본을 비복원추출할 때 n개 중에 성공의 형태를 나타내는 개수 X의 확률분포를 구하라. (* 이 문제와 같이 얻어지는 분포를 초기하분포(hypergeometric distribution)라고 한다.)

【6.8】 어떤 PC의 8개 기억부품 중에서 2개가 고장이 났다고 한다. 고장 난 부품을 찾기 위해 기술자가 한꺼번에 2개의 기억부품을 끄집어내서 검사한다고 할 때 X를 고장 난 부품의 수라 하고 X의 확률분포를 구하라.

【6.9】 성공 확률이 p인 베르누이 시행을 독립적으로 반복하여 수행하는 경우 r번 성공할 때까지의 시행 횟수를 X라 하고 X의 확률분포를 구하라. (* 이 문제와 같이 얻어지는 분포를 음의 이항분포(negative binomial distribution)라고 한다.)

【6.10】 다음 어떤 시합의 결승전에서 7전 4승이면 우승한다고 하자. 두 팀 A, B가 결승에 진출하였다. 과거의 전적에 의하면 A팀이 B팀을 이길 확률은 0.52라고 한다. A팀이 7번째 시합에서 우승할 확률을 구하라.

【6.11】 보험판매 성공률이 0.1인 보험 외판원이 하루 동안 3건의 보험을 판매할 때까지 구매자를 방문한다고 하자. 10번째 방문에서 3건의 보험을 모두 판매할 확률을 구하라.

【6.12】 성공확률이 p인 베르누이 시행을 독립적으로 반복할 때 첫 번째 성공을 거두기까지의 시행 횟수를 X라 하고 X의 확률분포를 구하라. (* 이 문제와 같이 얻어지는 분포를 기하분포(geometric distribution)라고 한다.)

【6.13】 자동차 운전면허 시험에 합격할 확률이 0.6이라고 한다. 어떤 사람이 5번 시험 봐서 합격할 확률을 구하라.

【6.14】 로또 복권의 당첨 확률이 0.1이라고 한다. 어떤 사람이 복권을 구입하여 3번 만에 처음으로 당첨될 확률은?

제 7 장

정규분포와 엑셀활용

7.1 정규분포의 정의 및 특성

여기서는 연속형 확률분포 중 가장 대표적인 그리고 추측통계학에서 매우 중요한 이론적 근거가 되는 정규분포에 대하여 알아본다.

정규분포(normal distribution)는 일상생활이나 학문 연구에서 광범위하게 사용되는 확률분포이다. 예를 들면 사람의 몸무게나 키, 성적, 매출액 등 무수히 많은 변수들이 정규분포에 따르거나 근사한다. 특히, 통계학에 있어서 거의 모든 이론과 방법들이 정규분포에 근거하여 다루어진다 하여도 과언이 아닐 정도로 중요한 분포이다.

• 정규분포

연속형 확률변수 X의 확률밀도함수가

$$f(x) = \frac{1}{\sqrt{2\pi}\,\sigma} e^{-\frac{(x-\mu)^2}{2\sigma^2}}, \quad -\infty < x < \infty$$

와 같이 주어지면 X는 평균 μ, 분산 σ^2인 정규분포를 따른다고 하며, $X \sim N(\mu, \sigma^2)$으로 표기한다.

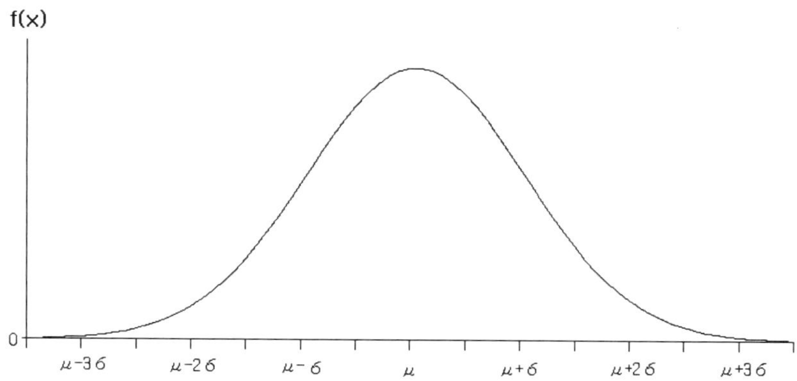

[그림 7.1] 정규분포곡선

정규분포 $N(\mu, \sigma^2)$의 그래프는 [그림 7.1]과 같이 종모양(bell shape)의 좌우 대칭인 형태를 갖는다.

• 정규분포의 성질

① $x = \mu$에 대하여 좌우 대칭이고, 이 점에서 최대값 $\frac{1}{\sqrt{2\pi}\,\sigma}$을 갖는다.
② $x = \mu \pm \sigma$는 정규분포곡선의 변곡점이다.
③ 왜도=0, 첨도=3이다.
④ 평균=중위수=최빈수 이다.
⑤ 정규분포곡선과 수평축 사이의 전체면적은 1이다

정규분포 $N(\mu, \sigma^2)$은 평균과 표준편차에 따라 그 모양이 다음과 같이 다양하게 나타날 수 있다. 평균은 같고 표준편차가 다른 경우에 평균의 위치는 같지만 분포의 모양은 다음과 같이 다르게 나타난다.

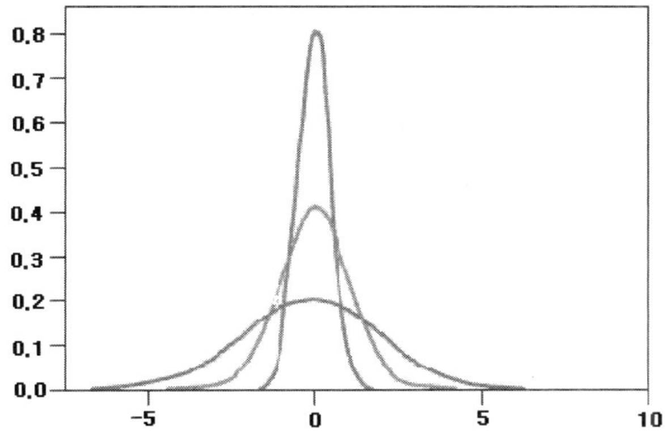

[그림 7.2] 평균은 같고 표준편차가 다른 정규분포들

또한, 평균은 다르고 표준편차가 같은 경우에 분포의 모양은 같지만 평

균의 위치는 다음과 같이 다르게 나타난다.

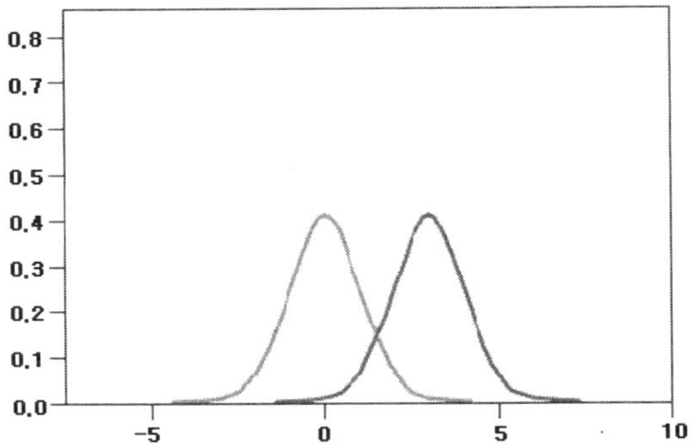

[그림 7.3] 평균은 다르고 표준편차가 같은 정규분포들

7.2 표준정규분포

정규분포 $N(\mu, \sigma^2)$에서 어떤 주어진 확률 값을 계산할 때 표준정규분포를 이용하면 보다 쉽게 계산할 수 있다. 표준정규분포(standard normal distribution)는 평균=0, 표준편차=1인 정규분포 즉, $N(0,1)$인 분포이다.

> [정리 7.1] $X \sim N(\mu, \sigma^2)$일 때 X의 선형함수 $Y = aX + b$는 아래와 같은 정규분포를 따른다.
>
> $Y = aX + b \sim N(a\mu + b, a^2\sigma^2)$ 단, $a \neq 0$, b는 상수.

[정리 7.1]로부터 확률변수 X가 $N(\mu, \sigma^2)$인 정규분포를 할 때, 표준화 확률변수 $Z = \dfrac{X - \mu}{\sigma}$는 $E(Z) = 0$, $Var(Z) = 1$인 다음과 같은 정규분포를 갖게 되며 이를 표준정규분포라고 한다.

$$f(z) = \frac{1}{\sqrt{2\pi}} e^{-\frac{z^2}{2}}, \quad -\infty < z < \infty$$

확률변수 X가 $N(\mu, \sigma^2)$을 따를 때 여러 경우의 확률은 X를 표준화 확률변수로 변환하여 표준정규분포 $N(0,1)$을 이용하여 구하면 편리하다. 예를 들면 $X \sim N(\mu, \sigma^2)$에서 확률 $P(a \le X \le b)$는

$$P(a \le X \le b) = P\left(\frac{a-\mu}{\sigma} \le \frac{X-\mu}{\sigma} \le \frac{b-\mu}{\sigma}\right)$$
$$= P(z_a \le Z \le z_b)$$

단, $z_a = \dfrac{a-\mu}{\sigma}$, $z_b = \dfrac{b-\mu}{\sigma}$

와 같으므로 $Z \sim N(0,1)$을 이용하여 구한다. 표준화확률변수 $Z \sim N(0,1)$의 분포함수는 다음과 같다.

$$\Phi(z) = P(Z \le z) = \int_{-\infty}^{z} \frac{1}{\sqrt{2\pi}} e^{-\frac{t^2}{2}} dt$$

여러 z값에 대한 $\Phi(z)$의 값이 부록의 [표 3]에 수록되어 있다. [표 3]에서 첫 번째 세로줄은 z의 소수점 이하 첫째 자리수이고, 첫 번째 가로줄은 z의 소수점 이하 둘째 자리수를 나타내고 있다. 예를 들어 $P(Z \le 1.52)$의 확률값은 [표 3]에서 세로 첫째 줄에서 1.5에 해당하는 줄과 가로 첫째 줄의 0.02에 해당하는 곳이 만나는 지점을 찾으면 되며, 그 값은 0.9357이다.

X가 정규분포 $N(\mu, \sigma^2)$을 따를 때 표준편차의 1배, 2배, 3배 사이에 있을 확률은 표준정규분포 $N(0,1)$을 이용하여 다음과 같이 구할 수 있다.

① $P(\mu-\sigma \le X \le \mu+\sigma) = P(-1 \le Z \le 1) = 0.6826$

② $P(\mu-2\sigma \le X \le \mu+2\sigma) = P(2 \le Z \le 2) = 0.9544$

③ $P(\mu-3\sigma \le X \le \mu+3\sigma) = P(-3 \le Z \le 3) = 0.9974$

정규분포 $X \sim N(\mu, \sigma^2)$과 표준정규분포 $Z \sim N(0,1)$의 관계를 그림으로 나타내면 다음과 같다.

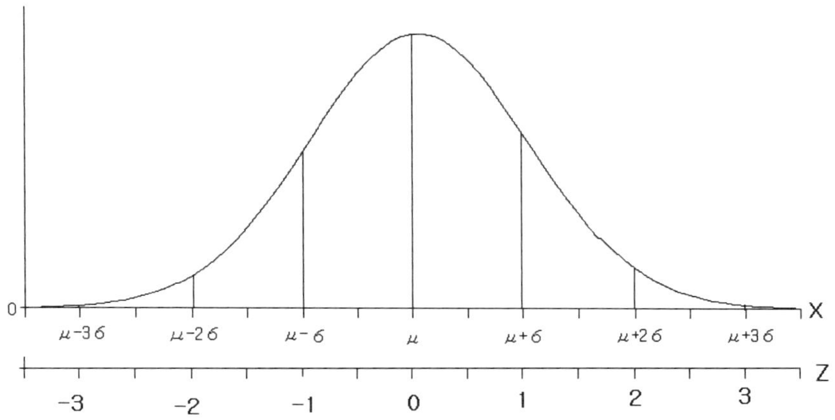

[그림 7.4] 정규분포와 표준정규분포의 값

$$P(\mu-\sigma \le X \le \mu+\sigma) = P\left(\frac{\mu-\sigma-\mu}{\sigma} \le \frac{X-\mu}{\sigma} \le \frac{\mu+\sigma-\mu}{\sigma}\right)$$
$$= P(-1 \le Z \le 1)$$
$$= 2P(0 \le Z \le 1)$$

그런데, $P(0 \le Z \le 1) = P(Z \le 1) - P(Z \le 0) = 0.8413 - 0.5 = 0.3413$이므로

$$P(\mu-\sigma \le X \le \mu+\sigma) = 2(0.3413) = 0.6826$$

같은 방법에 의해 표준편차의 2배, 3배 사이에 있을 확률도 구할 수 있다. 또한 $P(Z > z) = \alpha$가 되는 z값을 z_α로 표기하면 다음과 같은 값을 구 할 수 있으며 이러한 z_α 값은 추정과 검정에서 유용하게 쓰이는 값이다.

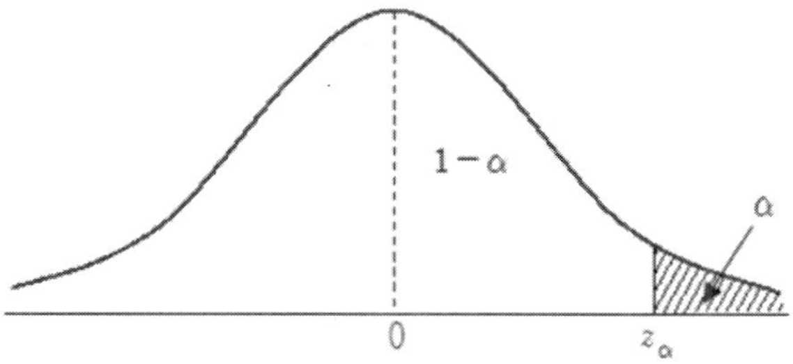

[그림 7.5] 표준정규분포의 z_α 값

$$P(Z > 1.282) = 0.10 \text{ 이므로 } z_{0.10} = 1.282$$
$$P(Z > 1.645) = 0.05 \text{ 이므로 } z_{0.05} = 1.645$$
$$P(Z > 1.96) = 0.025 \text{ 이므로 } z_{0.025} = 1.96$$
$$P(Z > 2.576) = 0.005 \text{ 이므로 } z_{0.005} = 2.576$$

예제 7.1 $Z \sim N(0, 1)$일 때 부록의 표준정규분포표를 이용하여 다음 확률을 구하라

① $P(0 \le Z \le 1.2)$ ② $P(Z \le -1.81)$ ③ $P(1.8 \le Z \le 2.8)$

해설 ①

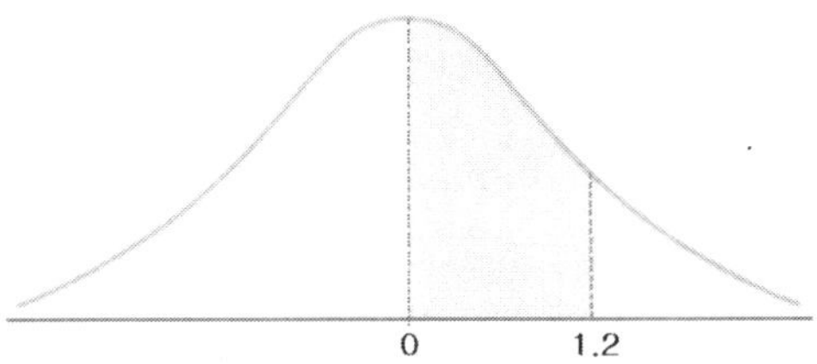

$$P(0 \le Z \le 1.2) = P(Z \le 1.2) - 0.5$$
$$= 0.8849 - 0.5 = 0.3849$$

②

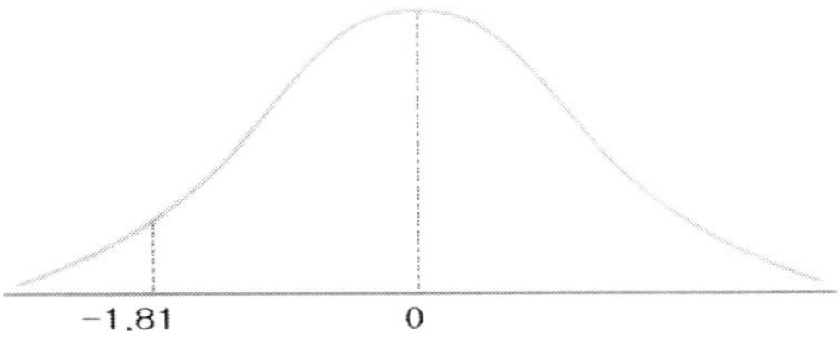

$$
\begin{aligned}
P(Z \le -1.81) &= P(Z \ge 1.81) \\
&= 1 - P(Z \le 1.81) \\
&= 1 - 0.9649 = 0.0351
\end{aligned}
$$

③

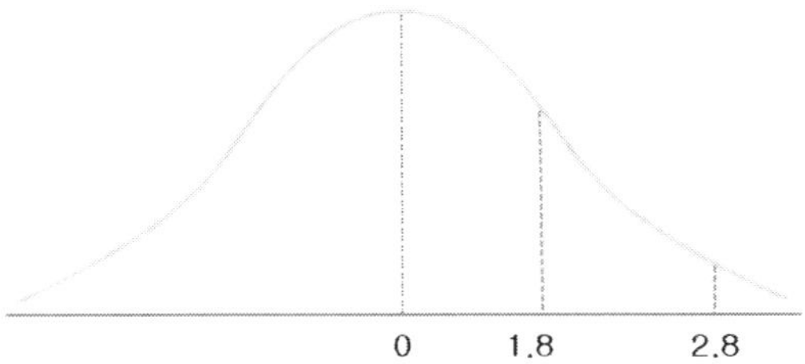

$$
\begin{aligned}
P(1.8 \le Z \le 2.8) &= P(Z \le 2.8) - P(Z \le 1.8) \\
&= 0.9974 - 0.9641 = 0.0333
\end{aligned}
$$

엑셀연습 이 예제를 다음과 같이 엑셀로 풀어보자.

step 1 엑셀 통계함수 NORMSDIST의 입력

	A	B	C	D
1	표준정규분포			
2	P(0≤Z≤1.2)=		0.38493	
3	P(Z≤-1.81)=		0.03515	
4	P(1.8≤Z≤2.8)=		0.03338	

C2, C3, C4셀에 입력되는 내용은 다음과 같다.

C2셀 =NORMSDIST(1.2)−NORMSDIST(0)

C3셀 =NORMSDIST(−1.81)

C4셀 =NORMSDIST(2.8)−NORMSDIST(1.8)

※ 엑셀에서 표준정규분포 $N(0,1)$의 누적확률을 계산하는 NORMSDIST함수는 1개의 인수를 지정하는 NORMSDIST(z)의 형태이다. z의 값을 입력하면 z까지의 누적확률 $P(Z \le z)$를 계산하여 출력한다.

예제 7.2 어떤 대학 학생들의 용돈이 평균 40만원, 표준편차 10만원인 정규분포를 따른다고 할 때, 다음 각 확률을 구하라.

① $X \le 30$ ② $X \ge 60$ ③ $20 \le X \le 50$

해설 ①

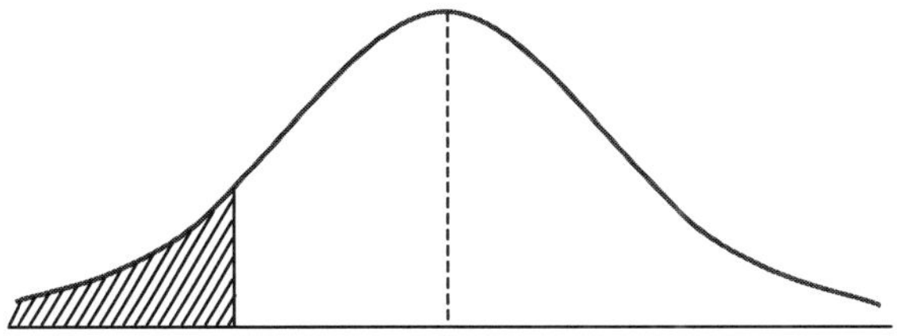

$$P(X \le 30) = P\left(Z \le \frac{30-40}{10}\right) = P(Z \le -1)$$
$$= 1 - P(Z \le 1)$$
$$= 1 - 0.8413 = 0.1587$$

②

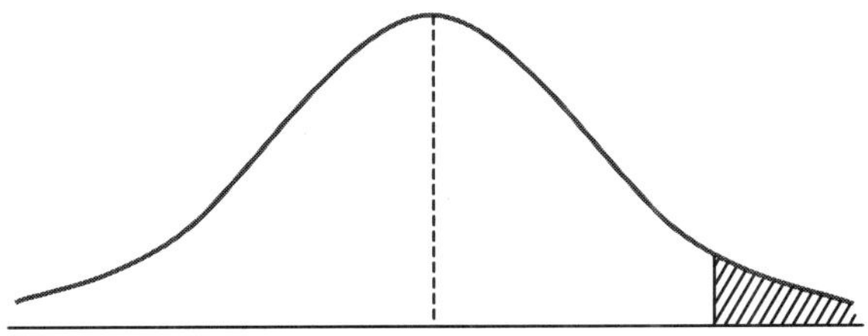

$$P(X \ge 60) = P\left(\frac{X-40}{10} \ge \frac{60-40}{10}\right) = P(Z \ge 2)$$
$$= 1 - P(Z \le 2)$$
$$= 1 - 0.9772 = 0.0228$$

③

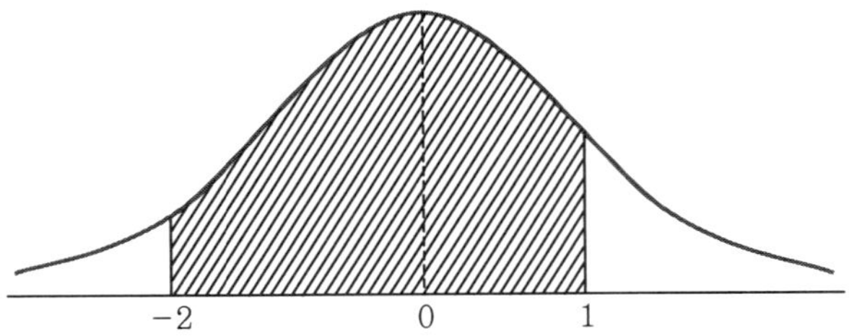

$$P(20 \le X \le 50) = P\left(\frac{20-40}{10} \le Z \le \frac{50-40}{10}\right)$$
$$= P(-2 \le Z \le 1)$$
$$= P(Z \le 1) - P(Z \le -2)$$
$$= P(Z \le 1) - P(Z \ge 2)$$
$$= P(Z \le 1) - [1 - P(Z \le 2)]$$
$$= 0.8413 - (1 - 0.9772) = 0.8185$$

엑셀연습 이 예제를 다음과 같이 엑셀로 풀어보자.

step 1 자료 입력

B2에 평균, B3에 표준편차의 값을 입력한다.

	A	B	C
1	정규분포		
2	μ	40	
3	σ	10	
4			

step 2 엑셀 통계함수 NORMDIST의 입력

	A	B	C	D
1	정규분포			
2	μ	40	P(X≤30)	0.158655
3	σ	10	P(X≥60)	0.02275
4			P(20≤X ≤50)	0.818595

D2, D3, D4셀에 다음과 같이 입력한다.

D2셀　=NORMDIST(30,B2,B3,1)
D3셀　=1-NORMDIST(60,B2,B3,1)
D4셀　=NORMDIST(50,B2,B3,1)-NORMDIST(20,B2,B3,1)

※ 엑셀에서 정규분포 $N(\mu,\sigma^2)$의 누적확률을 계산하는 NORMDIST함수는 4개의 인수를 지정하는 NORMDIST(x, mean, standard_dev, cumulative) 형태이다. x는 변수의 값을, mean은 평균 값, standard_dev에는 표준편차 값을 입력한다. cumulative에는 누적확률을 구할 경우에는 1 또는 TRUE를 입력한다. 만일 0 또는 FALSE를 입력하면 입력한 x값에 대한 $N(\mu,\sigma^2)$의 값을 계산한다. NORMDIST(30, 40, 10, 0)은 0.024197을 출력한다.

예제 7.3 어떤 대학 600명 학생들의 통계학 성적이 평균 64점, 표준편차 10인 정규분포를 따른다고 한다. 82점 이상을 받은 학생은 몇%이며, 최소 몇 등 정도 되겠는가?

해설

$$P(X \geq 82) = P\left(\frac{X-64}{10} \geq \frac{82-64}{10}\right)$$
$$= P(Z \geq 1.8)$$
$$= 1-P(Z < 1.8) = 1-0.9641 = 0.0359\,(3.59\%)$$

따라서 적어도 $600(0.0359) \fallingdotseq 22$등 정도 된다.

예제 7.4 어떤 회사 사원들의 업무점수는 평균 55, 표준편차 10점인 정규분포를 따른다고 한다. 회사에서는 업무점수가 하위 5% 안에 드는 사원들에게 연말 상여금을 지급하지 않기로 했다. 상여금을 받으려면 업무점수가 몇 점 이상이 되어야 하는가?

해설 사원들의 업무점수를 X, 하위 5%에 해당되는 점수 중 가장 높은 점수를 x라 하면

$$0.05 = P(X \leq x) = P(Z \leq \frac{x-55}{10})$$

$$\Rightarrow \frac{x-55}{10} = -1.645$$

$$\therefore\ x = 38.55 \text{ 이상}$$

엑셀연습 이 예제를 다음과 같이 엑셀로 간단하게 풀 수 있다.

	A	B	C	D
1	μ	55		
2	σ	10	x=	38.55146
3				

B1에 평균, B2에 표준편차의 값을 입력한다. D2 셀에 입력되는 내용은 다음과 같다.

D2셀 =NORMINV(0.05, B1, B2)

※ 엑셀에서 정규분포 $N(\mu, \sigma^2)$의 누적확률에 해당되는 변수 x의 값을 계산하는 NORMINV함수는 NORMINV(probability, mean, standard_dev) 형태이다. probability에는 누적확률, mean은 평균 값, standard_dev에는 표준편차 값을 입력한다.

7.3 이항분포의 정규근사

이항분포 $b(n, p)$에서 n이 매우 크고 p가 매우 작을 때 이항분포는 포아송분포에 근사한다는 것을 6.4절에서 설명하였다. 그런데 n이 크고 p가 그다지 작지 않을 때(특히, 0.5에 접근할 때) 8.3절에서 설명할 중심극한 정리에 의해 이항분포는 정규분포에 가까워진다고 알려져 있다.

즉, n이 크고 p가 0에 가깝지 않을 경우 이항분포 $X \sim b(n, p)$는 평균이 $\mu = np$, 분산 $\sigma^2 = npq$인 정규분포 $N(np, npq)$에 근사한다($q = 1 - p$). 따라서

$$Z = \frac{X - \mu}{\sigma} = \frac{X - np}{\sqrt{npq}}$$

는 표준정규분포 $N(0,1)$에 근사하게 된다. 일반적으로 이항분포의 확률값을 정규분포를 이용하여 근사적으로 구하는 경우, $np \geq 5$, $n(1-p) \geq 5$일 때 근사값이 비교적 정확하다고 알려져 있다.

이항분포의 확률을 정규분포에 근사시켜서 확률을 구할 때 유의할 점은 이항분포는 이산형이고, 정규분포는 연속형이라는 것이다. 이러한 경우에 먼저 다음과 같은 연속성의 수정(correction for continuity)을 하여야 한다. 즉, X가 이항분포 $b(n, p)$를 따를 때 임의의 정수 k에 대하여 다음과 같이 계산한 후 정규분포를 적용한다.

$$P(X = k) = P(k - 0.5 \leq X \leq k + 0.5)$$

예제 7.5 $X \sim b(25, 0.3)$일 때 $P(X = 7)$을 다음 각 경우로 구하라.

① 이항분포

② 이항분포의 정규근사

해설 ① $P(X = 7) = \binom{25}{7}(0.3)^7(0.7)^{25-7} = 0.171$

② $\mu = np = 25(0.3) = 7.5$

$\sigma^2 = npq = 25(0.3)(0.7) = 5.25$

정규분포에서는 한 점에서 확률값이 0이므로 $X \sim N(7.5, 5.25)$에서 $P(X = 7) = 0$이 된다. 따라서 다음과 같이 연속성의 수정을 하여 계산한다.

$$
\begin{aligned}
P(X=7) &= P(6.5 \le X \le 7.5) \\
&= P\left(\frac{6.5-7.5}{\sqrt{5.25}} \le \frac{X-7.5}{\sqrt{5.25}} \le \frac{7.5-7.5}{\sqrt{5.25}}\right) \\
&= P(-0.44 \le Z \le 0) = 0.170
\end{aligned}
$$

예제 7.6 동전을 500번 던졌을 때 앞면이 240번에서 260번까지 나올 확률을 구하여라.

해설 X를 나타나는 앞면의 수라고 할 때 $X \sim b(500,\ 0.5)$로 계산하기가 불편하다.

$\mu = np = 250,\ \sigma^2 = 125$이므로 정규분포 $X \sim N(250,\ 125)$에 근사시켜 다음과 같이 구한다.

$$
\begin{aligned}
P(240 \le X \le 260) &= P\left(\frac{240-0.5-250}{\sqrt{125}} \le Z \le \frac{260+0.5-250}{\sqrt{125}}\right) \\
&= P(-0.94 \le Z \le 0.94) \\
&= P(Z \le 0.94) - P(Z \le -0.94) \\
&= 0.8264 - 0.1736 = 0.6528
\end{aligned}
$$

예제 7.7 어느 도시에서 자기 주택을 소유한 사람은 40%라고 한다. 이 도시에서 50명을 뽑았을 때 자기 주택을 소유한 사람의 수를 X라 하고 다음 각각의 확률을 구하여라.

① $P(X \ge 30)$

② $P(X \le 9)$

③ $P(15 \le X \le 21)$

해설 $X \sim b(50,0.4)$이다. 이때 X의 평균과 분산은 각각

$\mu = 50(0.4) = 20$

$\sigma^2 = 50(0.4)(0.6) = 12$이며,

X는 근사적으로 $N(20, 12)$인 정규분포를 따르게 되고, 연속성의 수정방법을 이용하여 근사 확률을 구할 수 있다.

①

$$P(X \geq 30) = P(X \geq 29.5)$$

$$= P\left(\frac{X-20}{\sqrt{12}} \geq \frac{29.5-20}{\sqrt{12}}\right)$$

$$= P(Z \geq 2.74) = 0.003$$

②

$$P(X \leq 9) = P(X \leq 9.5)$$

$$= P\left(\frac{X-20}{\sqrt{12}} \leq \frac{9.5-20}{\sqrt{12}}\right)$$

$$= P(Z \leq -3.03) = 0.001$$

③

$$P(15 \leq X \leq 21) = P(14.5 \leq X \leq 21.5)$$

$$= P\left(\frac{14.5-20}{\sqrt{12}} \leq \frac{X-20}{\sqrt{12}} \leq \frac{21.5-20}{\sqrt{12}}\right)$$

$$= P(-1.30 \leq Z \leq 1.43) = 0.570$$

연습문제

【7.1】 $Z \sim N(0, 1)$일 때 다음 확률을 구하라.

① $P(-2.42 \leq Z \leq 0.8)$

② $P Z \geq -2.13)$

③ $P(Z \leq -2) + P(Z \geq 1.2)$

【7.2】 X가 $N(10, 4)$를 따를 때, 다음 확률값을 구하라.

① $P(7 < X < 12)$ ② $P(X > 5)$ ③ $P(X < 8.5)$

【7.3】 어느 대학의 성적에 대한 평점은 평균 2.95, 표준편차 0.5점인 정규분포를 따른다고 한다. 이 대학에서 상위 10%에 해당하는 학생들에게는 학기별 장학금이 지급되고 있다. 장학금을 받기 위해서는 평점이 얼마 이상이어야 하는가?

【7.4】 어떤 공장에서 1년 동안 노동자가 사고를 낼 확률이 0.4라고 한다. 이 공장에 200명의 노동자가 있을 때 1년에 75명 이상의 사람이 사고가 날 확률은 얼마인가?

【7.5】 어떤 대학 학생들의 영어 점수의 분포는 $N(55, 100)$이다. 당당교수는 다음과 같이 학점을 부여하기로 결정하였다.

점수	학점
60점 이상	A
50점 이상 60점 미만	B
45점 이상 50점 미만	C
45점 미만	D

① 각 학점에 대응되는 확률을 구하라.
② 담당교수가 하위 5% 학생들에게 F학점을 부여한다면, F를 받지 않기 위해서는 몇 점 이상을 받아야 하는가?

【7.6】 대학수능 시험 성적은 평균이 250점이고, 표준편차가 20인 정규분포를 따른다고 한다. 대학수능 시험에 응시한 한 학생을 임의로 추출하였을 때, 다음 확률을 구하라.
① 그 학생의 성적이 250점 이상일 확률
② 그 학생의 성적이 220점에서 290점 사이에 있을 확률
③ 그 학생의 성적이 200점 이하이거나 300점 이상일 확률

【7.7】 어느 여론조사 기관에서 매월 실시하는 전화조사에 드는 비용은 평균이 500만원이고 표준편차가 100만원인 정규분포를 따른다고 한다. 어떤 월에 실시한 전화조사에 드는 비용이 600만원 이상일 확률을 구하라.

【7.8】 사회조사분석사 필기 시험을 치른 사람들의 점수는 평균이 50점이고, 표준편차가 9점인 정규분포에 근사한다고 한다. 합격점수가 60점이라고 할 때, 시험에 응시한 사람들 중에서 몇 %의 사람이 합격하였다고 할 수 있는가?

【7.9】 어느 대학 학생이 집에서 학교까지 등교하는데 걸리는 시간은 평균이 40분, 표준편차가 10분인 정규분포를 따른다고 한다.
① 이 학생이 등교하는데 걸리는 시간이 55분 이상일 확률을 구하라.
② 학교의 1교시 수업이 9시에 시작된다면, 이 학생이 집에서 8시 10분에 출발했을 때 1교시 수업에 지각할 확률을 구하라.

【7.10】 어느 기업 취직시험에서 필기점수가 450과 500 사이인 사람은 그 기업에 적당하다고 한다. 만일 평균 점수가 400이고, 표준편차가 50인 정규분포를 한다면 그 기업에 적당하다고 생각되는 점수는 몇 %에 해당하는가?

【7.11】 주사위를 720번 던져서 3의 눈이 나온 횟수를 X라 하면, X는 근사적으로 어떤 분포를 따르는가?

【7.12】 동전을 64회 던져서 앞면이 24개 이상 32개 이하가 나올 확률을 구하라.

【7.13】 불량률이 0.25인 생산공정에서 1,200개의 부품을 임의추출 하였을 때, 불량품의 수를 X라 하고 $P(285 \le X \le 315)$을 구하라.

제8장

표본분포와 엑셀활용

8.1 전수조사와 표본조사

통계학의 주요 관심은 수집된 자료를 이용하여 모집단의 특성을 추측하고 의사결정 하는 것이다. 그러나 시간 비용 등의 이유로 관심의 대상이 되는 모집단 전체를 조사하여 자료를 얻는 것은 바람직하지 않다. 따라서 모집단으로부터 표본을 추출하여 표본으로부터 얻은 통계량을 이용하여 모집단의 특성인 모수를 추론하게 된다.

그러나 모집단의 일부로 추출된 표본에 근거한 통계량의 값은 모수와 일치하지 않고, 더구나 추출되는 표본에 따라 그 값이 달라지므로 오차가 발생한다. 오차의 정도를 어떻게 하면 작게 하고 오차의 성격을 규명할 것인가? 이러한 문제점을 해결하기 위하여 통계량은 어떤 분포를 하게 되는지를 설명하는 것이 표본분포이다.

어떤 정보를 얻기 위하여 연구대상이 되는 집단의 모든 구성 원소들의 집합을 모집단(population)이라고 한다. 모집단을 이루고 있는 원소의 개수가 유한한 경우 유한모집단(finite population), 무한한 경우에는 무한모집단(infinite population)이라고 한다.

모집단에 관한 정보를 얻기 위하여 모집단에 속하는 모든 구성원을 낱낱이 조사하여 자료를 얻는 경우를 전수조사(complete survey)라고 한다. 반면에 모집단으로부터 일부를 추출한 표본의 구성원을 조사하여 자료를 얻는 경우를 표본조사(sample survey)라고 한다.

통계분석에 있어 주요 관심은 표본이 아니라 모집단에 대하여 추측하고 의사결정 하는 것이다. 보다 정확한 분석을 위해서는 모집단을 모두 관측하여 자료를 얻어야 하나 이는 시간과 비용이 많이 소요되는 단점이 있으며, 상황에 따라서는 모집단 전체를 자료로 얻는 것이 불가능한 경우도 있다(혈액형 조사 등). 따라서 특별한 경우가 아니면 표본조사에 의해 자료를 얻는 것이 일반적이다.

8.2 확률표본과 표본분포

모집단의 특성값을 모수(parameter)라 한다(모평균, 모분산, 모상관계수 등). 모수는 모집단의 전체 관측값을 대상으로 얻게 되는 값이므로 변하지 않는 일정한 상수이나 앞에서 설명한 바와 같이 실제로 모집단 전부를 조사하지 않으므로 모르는(unknown) 상수로 취급한다.

모수를 추론하기 위하여 표본을 추출해야 하는데 여기서 표본은 확률표본을 의미한다. 확률표본(random sample)은 모집단의 모든 구성 원소들이 표본으로 뽑혀질 가능성이 모두 동등하다는 전제 하에서 객관적으로 추출된 표본으로 다음과 같은 성질을 갖는다.

• 확률표본의 성질

평균 μ, 분산 σ^2, 확률분포가 $f(x)$인 모집단으로부터 크기 n인 확률표본 $X_1, X_2, \cdots, X_n$은 다음과 같은 성질을 갖는다.

① $X_1, X_2, \cdots, X_n$은 모집단과 같은 확률분포가 $f(x)$를 갖는다.

② $X_1, X_2, \cdots, X_n$은 서로 독립인 확률변수이다.

③ $E(X_1) = E(X_2) = \cdots = E(X_n) = \mu$

$Var(X_1) = Var(X_2) = \cdots = Var(X_n) = \sigma^2$

확률표본을 iid(independent identically distributed) 확률변수라고도 부른다.

예를 들어 우리나라 대학생들의 토익성적을 모집단으로 하고 모집단의 크기는 N, 모평균 μ, 모분산 σ^2, 확률분포를 $f(x)$라 하자. 이 모집단으로부터 뽑힌 n개 표본 $X_1, X_2, \cdots, X_n$은 모집단의 어느 하나이므로 $f(x)$를 따르게 된다. 또 첫 번째 뽑힌 표본 X_1은 두 번째 표본이나 그 밖에 표본과는 무관하게 뽑히는 것이므로 모든 표본들은 독립이다. 또 표본 $X_1, X_2, \cdots, X_n$은 N개의 표본점으로 구성된 모집단에서 중복을 허용하여 n개의 표본점을 갖는 복원추출로 생각할 수 있으므로 기대값과 분산은 모집단의 그것과 동일하게 된다.

예제 8.1 10,000명의 학생이 있는 어느 대학 학생들의 토익성적이 정규분포 N(70, 25)을 따른다고 한다. 표본 5명 $X_1, X_2, \cdots, X_5$을 무한히 반복 추출하여 얻은 성적이 다음과 같다고 하자.

	X_1	X_2	X_3	X_4	X_5
표본1	68	57	82	46	92
표본2	87	57	93	62	82
⋮	⋮	⋮	⋮	⋮	⋮

$X_{1,}\ X_2,\ \ldots, X_5$는 모두 N(70, 25)를 따른다. 같은 분포를 따르므로 $X_{1,}\ X_2,\ \ldots, X_5$의 평균과 분산은 모두 같다.

확률표본의 특성값을 통계량(statistic)이라 한다. 모평균 μ대신 표본평균 $\overline{X}$와 같이 관심 모수에 대응하는 통계량을 만들어 해당 모수를 추론하게 되는데 통계량은 추출되는 표본에 따라 그 값이 변하므로 확률변수가 된다. 따라서 통계량은 확률분포를 갖게 되며 통계량의 확률분포를 표본분포(sampling distribution)라고 부른다.

8.3 표본평균의 분포와 중심극한정리

다음 예를 통하여 표본평균의 분포가 어떻게 작성되는지 알아보기로 하자.

예제 8.2 탁구공의 무게가 1, 2, 3그램인 크기가 3인 모집단이 있다. 다음을 구하라.

① 확률분포 $f(x)$

② 평균 μ

③ 분산 σ^2

해설 ① 모집단의 확률분포

x	$f(x)$
1	1/3
2	1/3
3	1/3
합	1

② $\mu = \sum x f(x) = 1 \times \frac{1}{3} + 2 \times \frac{1}{3} + 3 \times \frac{1}{3} = 2$

③ $\sigma^2 = \sum x^2 f(x) - \mu^2$

$= 1^2 \times \frac{1}{3} + 2^2 \times \frac{1}{3} + 3^2 \times \frac{1}{3} - 2^2 = \frac{2}{3}$

이제 [예제 8.2]로부터 표본 2개를 임의추출하여 표본평균의 분포를 만들어 보자. 단, 복원추출과 비복원추출에 대하여 각각 작성한다.

① 복원추출의 경우 다음의 [표 8.1]과 같이 표본평균 $\overline{x}$의 값과 $\overline{x}$의 분포 $f(\overline{x})$를 얻을 수 있다.

[표 8.1] 복원추출의 경우 $\overline{x}$와 $f(\overline{x})$

표본	$\overline{x}$
(1, 1)	1
(1, 2)	1.5
(1, 3)	2
(2, 1)	1.5
(2, 2)	2
(2, 3)	2.5
(3, 1)	2
(3, 2)	2.5
(3, 3)	3

$\overline{x}$	$f(\overline{x})$
1.0	1/9
1.5	2/9
2.0	3/9
2.5	2/9
3.0	1/9
합	1

평균과 분산은 각각 다음과 같이 구할 수 있다.

$$E(\overline{X}) = \sum \overline{x} f(\overline{x})$$
$$= 1 \times \frac{1}{9} + 1.5 \times \frac{1}{9} + \cdots + 3 \times \frac{1}{9} = 2 = \mu$$

$$Var(\overline{X}) = \sum \overline{x}^2 f(\overline{x}) - [E(\overline{x})]^2$$
$$= 1^2 \times \frac{1}{9} + 1.5^2 \times \frac{1}{9} + \cdots + 3^2 \times \frac{1}{9} - 2^2 = \frac{1}{3}$$

여기서 $\overline{X}$의 분산 $Var(\overline{X})$를 [예제 8.2]로부터 얻은 모분산 $\sigma^2 = 2/3$를 다음과 같이 이용하여 구할 수 있다.

$$Var(\overline{X}) = \frac{\sigma^2}{n}$$
$$= \frac{2/3}{2} = \frac{1}{3}$$

이러한 사실로부터 다음과 같은 정리를 얻을 수 있다.

> [정리 8.1] 평균이 μ이고 분산이 σ^2인 크기 N인 유한모집단으로부터 크기 n인 확률표본 $X_1, X_2, \cdots, X_n$을 임의로 복원추출하여 만든 표본평균 $\overline{X}$의 평균과 분산은 각각 다음과 같다.
>
> $$E(\overline{X}) = \mu, \quad Var(\overline{X}) = \frac{\sigma^2}{n}$$

② 비복원추출의 경우 다음의 [표 8.2]와 같이 표본평균의 분포 $f(\overline{x})$를 얻을 수 있다.

[표 8.2] 비복원추출의 경우 $\bar{x}$ 와 $f(\bar{x})$

표본	$\bar{x}$
(1, 2)	1.5
(1, 3)	2.0
(2, 1)	1.5
(2, 3)	2.5
(3, 1)	2.0
(3, 2)	2.5

$\bar{x}$	$f(\bar{x})$
1.5	1/3
2.0	1/3
2.5	1/3
합	1

이 경우 평균과 분산은 각각 다음과 같다.

$$E(\overline{X}) = \sum \bar{x} f(\bar{x})$$
$$= 1.5 \times \frac{1}{3} + 2 \times \frac{1}{3} + 2.5 \times \frac{1}{3} = 2 = \mu$$

$$Var(\overline{X}) = \sum \bar{x}^2 f(\bar{x}) - [E(\bar{x})]^2$$
$$= 1.5^2 \times \frac{1}{3} + 2^2 \times \frac{1}{3} + 2.5^2 \times \frac{1}{3} - 2^2 = 0.167$$

여기서 $\overline{X}$ 의 분산 $Var(\overline{X})$를 [예제 8.2]로부터 얻은 모분산 $\sigma^2 = 2/3$를 다음과 같이 이용하여 구할 수 있다.

$$Var(\bar{x}) = \frac{N-n}{N-1}\frac{\sigma^2}{n}$$
$$= \frac{3-2}{3-1}\frac{2/3}{2} = \frac{1}{6} = 0.167$$

이로부터 다음과 같은 정리를 얻을 수 있다.

[정리 8.2] 평균이 μ이고 분산이 σ^2인 크기 N인 유한모집단으로부터 크기 n인 확률표본 $X_1, X_2, \cdots, X_n$을 임의로 비복원추출하여 만든 표본평균 $\overline{X}$의 평균과 분산은 각각 다음과 같다.

$$E(\overline{X}) = \mu, \quad Var(\overline{X}) = \frac{\sigma^2}{n}\frac{N-n}{N-1}$$

여기서 $\frac{N-n}{N-1}$ 을 유한모집단 수정계수라 한다. 유한모집단에서는 표본을 비복원추출 하느냐 복원추출 하느냐에 따라 표본평균 $\overline{X}$의 분산 형태가 달라짐을 알 수 있었다. 그러나 무한모집단에서 $N \to \infty$이면 $Var(\overline{X}) \to \frac{\sigma^2}{n}$이므로 복원추출이나 비복원추출이나 같은 결과를 얻게 된다.

한편, $\frac{n}{N}$을 추출률(sampling fraction)이라 하는데, 이 추출률이 충분히 작으면 유한모집단에서 표본을 비복원추출할 때에도 $Var(\overline{X}) \approx \frac{\sigma^2}{n}$이 되므로 복원추출이나 비복원추출이나 동일한 결과를 얻게 되며 다음과 같이 요약할 수 있다.

[정리 8.3] 평균이 μ이고 분산이 σ^2인 크기 N인 모집단으로부터 크기 n인 확률표본 $X_1, X_2, \cdots, X_n$의 표본평균 $\overline{X}$의 평균과 분산은 N이 무한히 크거나 또는 n보다 상대적으로 크면 복원추출이나 비복원추출이나 같은 결과를 얻는다.

$$E(\overline{X}) = \mu, \quad Var(\overline{X}) = \frac{\sigma^2}{n}$$

따라서 [정리 8.3]으로부터 모집단분포가 정규분포 일 때 표본평균의 분포는 [정리 8.4]와 같다.

[정리 8.4] 모집단분포가 정규분포 $N(\mu, \sigma^2)$를 따를 때, 표본평균 $\overline{X}$의 분포는 정규분포$N\left(\mu, \frac{\sigma^2}{n}\right)$을 따른다. 따라서 표준화확률변수

$Z = \frac{\overline{X} - \mu}{\sigma / \sqrt{n}}$ 는 표준정규분포 $N(0,1)$을 따른다.

예제 8.3 어떤 회사 신입사원들의 월봉은 평균 120만원이고 표준편차가 8만원인 정규분포를 따른다고 한다. 임의로 16명의 신입사원들을 추출하여 얻은 월봉의 평균이 125만원 이상 될 확률을 구하라.

해설 표본 16명의 평균월봉 $\overline{X}$는

$$E(\overline{X}) = 120, \quad Var(\overline{X}) = \frac{8^2}{16} = 4$$

인 정규분포를 따른다. 따라서 구하는 확률은 다음과 같다.

$$P(\overline{X} \geq 125) = P\left(\frac{\overline{X} - 120}{2} \geq \frac{125 - 120}{2}\right)$$

$$= P(Z \geq 2.5) = 1 - P(Z < 2.5)$$

$$= 1 - 0.9938 = 0.0062$$

예제 8.4 어떤 대학 학생들의 토익성적은 평균 68.3, 분산 1.5인 정규분포를 따른다고 한다.

① 임의로 한 명을 추출하였을 때 이 학생이 69점 이상일 확률을 구하라.

② 10명을 임의로 뽑았을 때 이 학생들의 평균점수가 69점 이상일 확률을 구하라.

해설 ① 임의로 추출한 학생의 성적은 $X \sim N(68.3, 1.5)$이므로

$$P(X \geq 69) = P\left(\frac{X - 68.3}{\sqrt{1.5}} \geq \frac{69 - 68.3}{\sqrt{1.5}}\right)$$

$$= P(Z \geq 0.57)$$

$$= 1 - P(Z \leq 0.57) = 1 - 0.7157 = 0.2843$$

② 표본 16명의 평균점수는 $\overline{X} \sim N(68.3, 0.15)$이므로

$$P(\overline{X} \geq 69) = P\left(\frac{\overline{X} - 68.3}{\sqrt{0.15}} \geq \frac{69 - 68.3}{\sqrt{0.15}}\right)$$

$$= P(Z \geq 1.81)$$

$$= 1 - P(Z \leq 1.81) = 1 - 0.9649 = 0.0351$$

엑셀연습 이 예제를 다음과 같이 엑셀로 풀 수 있다.

step 1 자료 입력

B2, B3, B4에 각각 평균, 분산, 자료의 수를 입력한다.

	A	B	C
1	정규분포		
2	μ	68.3	
3	σ^2	1.5	
4	n	10	

step 2 엑셀 통계함수 NORMDIST의 입력

B5, D2, D3셀에 다음과 같이 입력한다.

B5셀 =SQRT(B3)/SQRT(B4)

D2셀 =1−NORMDIST(69,B2,SQRT(B3),1)

D3셀 =1−NORMDIST(69,B2,B5,1)

워크시트에 다음과 같이 출력된다(반올림 때문에 예제 8.4의 결과와 약간의 차이가 남).

	A	B	C	D	E
1	정규분포				
2	μ	68.3		P(X ≥69)	0.28381
3	σ^2	1.5		P($\overline{X}$ ≥69)	0.03535
4	n	10			
5	$\sigma/\sqrt{n}$	0.3873			

모집단의 분포가 정규분포가 아닌 경우에도 표본평균의 분포는 표본크기가 크면(대략 $n \geq 30$) 다음의 중심극한정리(central limit theorem)에 의하여 정규분포를 따른다.

[정리 8.5] 모평균 μ, 모분산 σ^2인 모집단(임의의 분포)으로부터 크기 n인 표본의 표본평균 $\overline{X}$의 분포는 n이 크면 근사적으로 정규분포 $N\left(\mu, \frac{\sigma^2}{n}\right)$을 따른다.

따라서 $Z = \frac{\overline{X} - \mu}{\sigma/\sqrt{n}} \approx N(0, 1)$

중심극한정리에서 가장 주목할 점은 모집단의 분포가 무엇이든 n이 크면(대략 $n \geq 30$) 표본평균 $\overline{X}$의 분포는 근사정규분포가 된다는 것이다. 이 점이 정규분포가 통계학에서 중요하게 쓰이는 이유이다.

예제 8.5 대학생들의 아르바이트 월 급여는 평균 82, 분산 144만원이라고 한다. 64명의 학생을 임의추출 하였을 때 이들의 월 급여 평균이 80.8에서 83.2 사이에 있을 확률을 구하라.

해설 모집단의 분포가 알려져 있지 않으나 중심극한정리에 의하여 표본평균은 $\overline{X} \sim N(82,\ 144/64)$을 따르므로

$$P(80.8 \leq \overline{X} \leq 83.2) = P\left(\frac{80.8 - 82}{\sqrt{144}/\sqrt{64}} \leq \overline{X} \leq \frac{83.2 - 82}{\sqrt{144}/\sqrt{64}}\right)$$
$$= P(-0.8 \leq Z \leq 0.8)$$
$$= 0.5762$$

예제 8.6 어느 은행 사원들의 보너스는 평균 168.5, 표준편차 5만원 이라고 한다. 49명의 사원을 임의추출 하여 보너스를 조사하였을 때 49명의 평균 보너스가 170만원 이상일 확률을 구하라.

해설 모집단의 분포가 알려져 있지 않으나 중심극한정리에 의하여 표본평균은 $\overline{X} \sim N(168.5,\ 25/49)$을 따른다. 따라서

$$P(\overline{X} \geq 170) = P\left(Z \geq \frac{170 - 168.5}{5/7}\right)$$
$$= P(Z \geq 2.1) = 0.0179$$

8.4 χ^2 분포(chi square distribution)

여기서부터 다루게 되는 χ^2분포, t분포, F분포는 통계분석에서 매우 유용하게 쓰이는 표본분포이다. 그러나 그 도출 과정은 간단치 않으므로 통계분석에 활용할 수 있도록 이들 분포를 정의하고 몇 가지 중요한 정리를 증명 없이 소개한다.

χ^2(카이 제곱)분포는 다음과 같이 정의되며 주로 모분산 σ^2의 추정이나 검정, 또는 적합도 검정, 독립성검정, 동일성 검정 등에 활용된다.

> **확률변수 X의 확률밀도함수가 다음과 같이 주어질 때, X는 자유도가 n인 χ^2분포를 따른다고 한다.**
>
> $$f(x) = \frac{1}{2^{\frac{n}{2}}\Gamma\left(\frac{n}{2}\right)} x^{\frac{n}{2}-1} e^{-\frac{x}{2}}, \quad x > 0$$
>
> **간단히, $X \sim \chi^2(n)$으로 표기하며, $E(X) = n$, $Var(X) = 2n$**

여기서 자유도(degrees of freedom)란 특정한 변수들의 함수식에서 자유롭게 선택할 수 있는 변수의 개수이다.

예를 들면 3개 변수 X_1, X_2, X_3에 대한 $X_1 + X_2 + X_3 = 8$의 식에서 자유도는 2가 된다. 왜냐하면 3개의 변수 중 2개의 변수 값이 정해지면 나머지 한 변수의 값은 자동적으로 결정되기 때문이다. 일반적으로 여러 통계적 방법에서 자유도를 계산할 때 표본의 수에서 추정되는 모수의 개수를 빼어주면 된다.

예를 들어 표본분산 $S^2 = \frac{1}{n-1}\sum_{i=1}^{n}(X_i - \overline{X})^2$의 자유도는 모평균 μ를 표본평균 $\overline{X}$로 추정하여 정의하였기에 자유도는 $n-1$이 된다. 또한 여기서 $\Gamma\left(\frac{n}{2}\right)$은 감마함수로서 다음과 같이 정의된다.

Gamma 함수 : $\Gamma(\alpha)=\int_0^\infty x^{\alpha-1}e^{-x}\,dx \quad ,\alpha>0$

① $\Gamma(\alpha)=(\alpha-1)\Gamma(\alpha-1), \quad \alpha>1$

② $\Gamma(1)=1, \qquad \Gamma(\alpha)=(\alpha-1)!$, α는 양의 정수

③ $\Gamma\left(\frac{1}{2}\right)=\sqrt{\pi}$

χ^2분포의 형태는 자유도 n의 크기에 따라 분포의 모양이 변하며, 자유도가 커지면 대칭에 가까워진다. χ^2분포의 확률밀도함수를 그래프로 표현하면 다음과 같다.

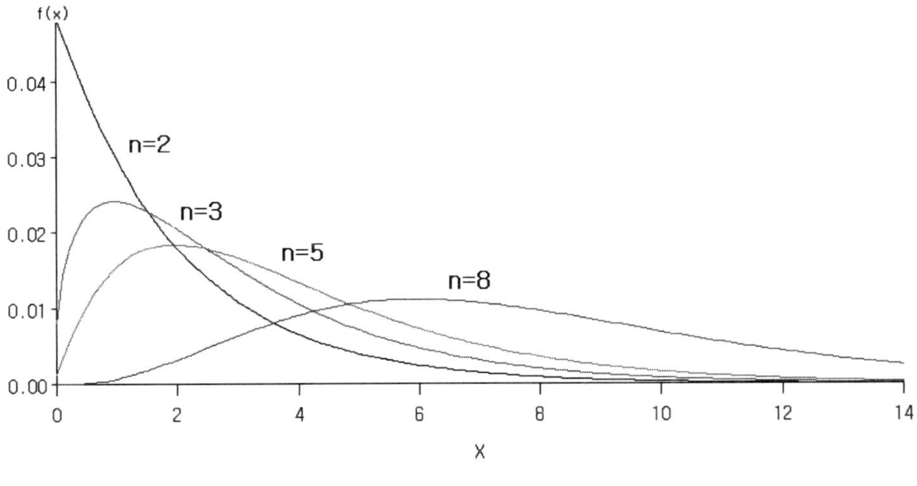

[그림 8.1] χ^2-분포의 확률밀도함수

확률변수 X가 자유도 n인 χ^2분포를 따를 때, $P(X>c)=\alpha$를 만족하는 상수 c를 자유도 n인 χ^2분포의 α점이라 하며, $\chi^2_\alpha(n)$으로 표기한다. 즉 $\chi^2_\alpha(n)$는 $\chi^2(n)$분포에서 오른쪽 꼬리부분의 확률이 α가 되는 값으로 그림 [8.2]와 같다.

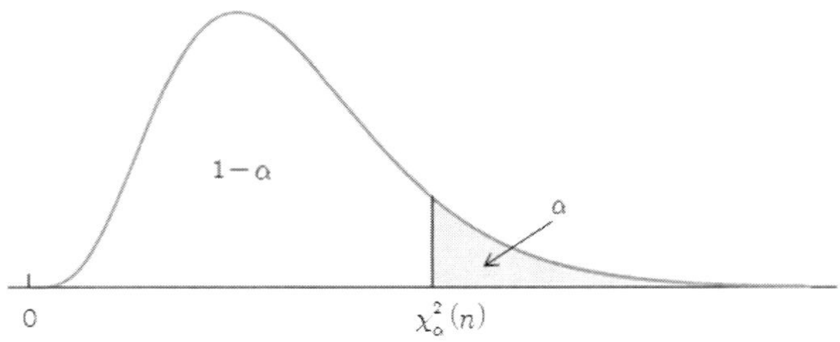

[그림 8.2] $\chi^2(n)$분포의 $\chi^2_\alpha(n)$값

자유도 n과 α의 변화에 따른 $\chi^2_\alpha(n)$값을 부록의 [표 5]에 수록하여 놓았다.

예를 들어 $n = 15$이고 $\alpha = 0.05$인 경우 [표 5]로부터 $\chi^2_{0.05}(15) = 25.0$이며, $n = 20$이고 $\alpha = 0.01$일 때는 $\chi^2_{0.01}(20) = 37.57$을 얻을 수 있다.

예제 8.7 X가 자유도 $n = 20$인 χ^2-분포를 따른다고 할 때, 부록의 표를 이용하여

① $P(X > c) = 0.05$를 만족하는 c를 구하라.

② $P(X > c) = 0.025$를 만족하는 c를 구하라.

③ $E(X)$를 구하라.

④ $Var(X)$를 구하라.

해설

① $\chi^2_{0.05}(20) = 31.41$

② $\chi^2_{0.025}(20) = 34.17$

③ $E(X) = n = 20$

④ $Var(X) = 2n = 40$

엑셀연습 이 예제를 다음과 같이 엑셀로 풀 수 있다.

step 1 자료 입력

B2부터 C3까지 필요한 α, n의 값을 입력한다.

	A	B	C	D
1	x^2 값	α	n	
2		0.05	20	
3		0.025	20	
4				

step 2 엑셀 통계함수 CHIINV의 입력

E2, E3셀에 다음과 같이 입력한다.

E2셀 =CHIINV(B2, C2)

E3셀 =CHIINV(B3, C3)

워크시트에 다음과 같이 출력된다.

	A	B	C	D	E
1	x^2 값	α	n		χ^2_α (n)
2		0.05	20		31.41043
3		0.025	20		34.16961
4					

※ 엑셀에서 χ^2분포의 $\chi^2_\alpha(n)$ 값을 계산하는 CHINV함수는 2개의 인수를 지정하는 CHINV(probability, degrees_freedom)의 형태이다. probability에는 오른쪽 꼬리 부분의 확률, degrees_freedom에는 자유도를 입력한다.

χ^2분포의 중요한 성질을 열거하면 다음과 같다.

[정리 8.6] χ^2분포의 성질

(1) X가 표준정규분포 $N(0,1)$을 따르면, X^2은 $\chi^2(1)$을 따른다.

(2) k개 변수$X_1, X_2, \cdots, X_k$가 독립이고, 각각 $\chi^2(n_1), \chi^2(n_2), \cdots, \chi^2(n_k)$이면 $Y = X_1 + X_2 + \cdots + X_k$은 $\chi^2(n_1 + n_2 + \cdots + n_k)$를 따른다.

[정리 8.6]으로부터 다음의 정리가 성립함을 알 수 있다.

[정리 8.7] $X \sim N(\mu, \sigma^2)$일 때, $Z = \dfrac{X-\mu}{\sigma} \sim N(0,1)$이다. 따라서

(1) $Z^2 = \left(\dfrac{X-\mu}{\sigma}\right)^2 \sim \chi^2(1)$

(2) $\displaystyle\sum_{i=1}^{n} Z_i^2 = \sum_{i=1}^{n}\left(\dfrac{X_i-\mu}{\sigma}\right)^2 \sim \chi^2(n)$

(3) $\displaystyle\sum_{i=1}^{n}\left(\dfrac{X_i-\overline{X}}{\sigma}\right)^2 = \dfrac{(n-1)S^2}{\sigma^2} \sim \chi^2(n-1)$

예제 8.8 X_1은 자유도가 3인 χ^2분포, X_2는 자유도가 4인 χ^2분포를 따르고 서로 독립이면 $X_1 + X_2$는 어떤 분포를 따르겠는가?

해설 $X_1 + X_2$는 자유도가 $7(=3+4)$인 χ^2분포를 따른다.

8.5 t 분포(t distribution)

정규분포 $N(\mu, \sigma^2)$을 따르는 모집단에서 추출한 크기 n인 표본의 표본평균 $\overline{X}$는 정규분포 $N\left(\mu, \dfrac{\sigma^2}{n}\right)$을 따른다. 따라서 이를 표준화한 $Z = \dfrac{\overline{X}-\mu}{\sigma/\sqrt{n}}$는 표준정규분포 $N(0,1)$을 따르게 된다. 그런데 여기서 모분산 σ^2이 알려지지 않았다면 σ^2 대신 표본분산 S^2으로 대체하여 얻은 확률변수 $T = \dfrac{\overline{X}-\mu}{S/\sqrt{n}}$도 n이 크면 중심극한정리에 의해 표준정규분포 $N(0,1)$을 따르게 된다. 이러한 사실을 이용하여 우리는 모평균 μ에 대한 통계적 추정이나 검정을 하게 된다.

그러나 표본의 크기 n이 작으면 중심극한정리를 그대로 적용하여 $T=\dfrac{\overline{X}-\mu}{S/\sqrt{n}}$가 표준정규분포를 따른다고 할 수 없으며, 이 때 사용할 수 있는 분포가 t-분포이며 다음과 같이 정의한다.

> 확률변수 X의 확률밀도함수가 다음과 같을 때, X는 자유도가 n인 t분포를 따른다고 한다.
>
> $$f(x)=\frac{\Gamma\left(\frac{n+1}{2}\right)}{\sqrt{n\pi}\,\Gamma\left(\frac{n}{2}\right)}\left(1+\frac{x^2}{n}\right)^{-\frac{n+1}{2}}, \quad -\infty<x<\infty$$

확률변수 X가 자유도가 n인 t분포를 따를 때 간단히 $X\sim t(n)$으로 표기하며 다음과 같은 특징을 갖는다.

> $X\sim t(n)$의 특징
>
> (1) $E(X)=0, \quad Var(X)=\dfrac{n}{n-2}, \ n>2$
>
> (2) 평균을 중심으로 좌우대칭인 종 모양의 분포이고 n이 충분히 크면 표준정규분포 $N(0,1)$에 근사한다.
>
> (3) t분포는 평균 0에 대하여 대칭인 것이 $N(0,1)$과 흡사하지만 꼬리 부분이 조금 더 두텁고 약간 평평한 점이 다르다.

t분포의 형태는 자유도 n에 따라 그 모양이 변하며, t-분포의 확률밀도함수를 그림으로 표현하면 다음과 같다.

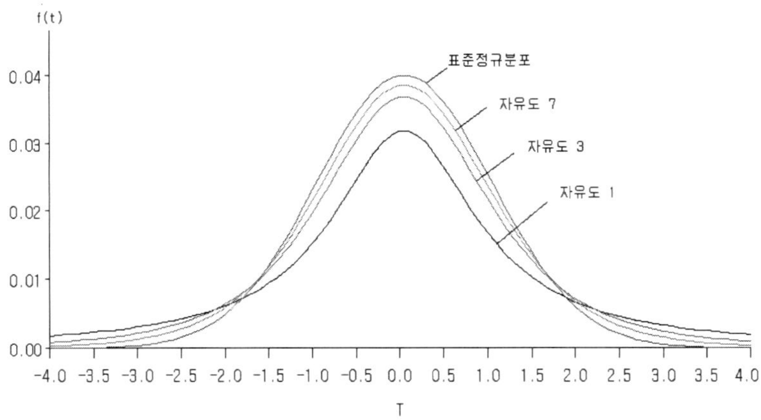

[그림 8.3] t 분포의 확률밀도함수

t 분포는 모분산 σ^2을 모르고 표본의 크기 n이 작은 경우에 모평균, 모평균의 차 또는 이와 관련된 통계적 방법에 유용하게 쓰이는 분포이다. 확률변수 X가 자유도 n인 t분포를 따를 때, $P(X > c) = \alpha$를 만족하는 상수 c를 자유도 n인 t분포의 α점이라 하며, $t_\alpha(n)$으로 표기한다.

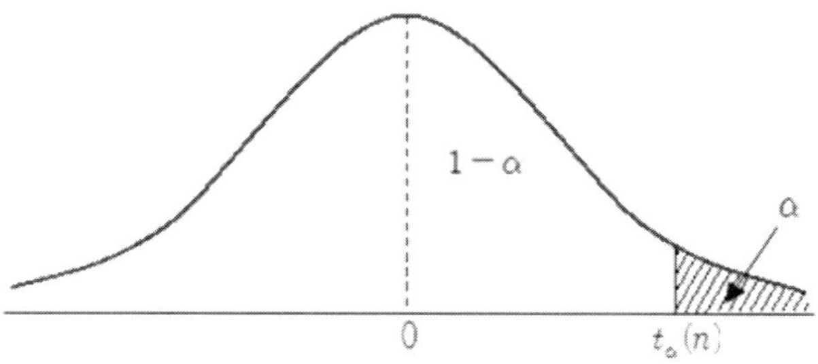

[그림 8.4] $t(n)$분포의 $t_\alpha(n)$값

자유도 n과 α의 변화에 따른 $t_\alpha(n)$의 값을 부록의 [표 4]에 수록하여 놓았다. 예컨대 $n = 15$이고 $\alpha = 0.05$일 때, [표 4]로부터 $t_{0.05}(15) = 1.753$이며, $n = 20$이고 $\alpha = 0.01$일 때 $t_{0.01}(20) = 2.528$을 얻을 수 있다.

예제 8.9 X가 자유도 $n=5$인 t분포를 따른다고 할 때,

① $P(X>c)=0.05$를 만족하는 c를 구하라.

② $P(|X|>c)=0.05$를 만족하는 c를 구하라.

③ $E(X)$를 구하라.

④ $Var(X)$를 구하라.

해설 ① $t_{0.05}(5)=2.015$

② $t_{0.025}(5)=2.571$

③ $E(X)=0$

④ $Var(X)=\frac{5}{5-2}=1.667$

엑셀연습 이 예제를 다음과 같이 엑셀로 풀 수 있다.

	A	B	C	D	E
1	t분포 값	α	n		t_α (n)
2		0.05	5		2.015048
3		0.025	5		2.570582
4					

E2, E3셀에 입력되는 내용은 다음과 같다.

E2셀 =TINV(2*B2, C2)

E3셀 =TINV(2*B3, C3)

※ 엑셀에서 t분포의 $t_\alpha(n)$ 값을 계산하는 TINV함수는 2개의 인수를 지정하는 TINV(probability, degrees_freedom)의 형태이다. 그런데 TINV함수는 주어진 α값에 대해 $t_{\alpha/2}(n)$ 값을 계산하므로 probability에는 $2\times\alpha$를 입력해야 함을 유의해야 한다. degrees_freedom에는 자유도를 입력한다.

예제 8.10 X가 t분포를 따른다고 할 때, 다음을 구하라.

① $n=\infty$ 일 때, $P(X>c)=0.05$ 를 만족하는 c

② $n=\infty$ 일 때, $P(X>c)=0.025$ 를 만족하는 c

③ $n=\infty$ 일 때, $P(|X|>c)=0.01$ 를 만족하는 c

해설

① $t_{0.05}(\infty)=1.645$

② $t_{0.025}(\infty)=1.96$

③ $t_{0.005}(\infty)=2.576$

①, ②, ③의 결과로부터 $n\to\infty$ 일 때 표준정규분포의 확률값과 같아짐을 알 수 있다.

두 확률변수들 Z와 U의 분포가 각각 $N(0,1)$과 $\chi^2(n)$을 따르고 서로 독립이면 $T=\dfrac{Z}{\sqrt{U/n}}$는 자유도가 n인 t분포를 따른다는 것이 알려져 있다. 즉,

$$T=\frac{Z}{\sqrt{U/n}}=\frac{N(0,1)}{\sqrt{\chi^2(n)/n}}\sim t(n)$$

이 사실로부터 [정리 8.8]이 성립하며 우리는 이 정리를 이용하여 모분산 σ^2의 값을 모르고 표본의 크기 n이 작은 경우에 모평균 μ에 대한 통계적 추정이나 검정 등을 하게 된다.

[정리 8.8] 평균 μ, 분산 σ^2인 정규모집단으로부터 크기가 n인 표본의 표본평균과 표본분산을 각각 $\overline{X}$와 S^2이라고 할 때 $T=\dfrac{\overline{X}-\mu}{S/\sqrt{n}}$는 자유도가 $n-1$인 t분포를 따른다. 즉

$$T=\frac{\overline{X}-\mu}{S/\sqrt{n}}\sim t(n-1)$$

여기서,

$$T=\frac{\overline{X}-\mu}{S/\sqrt{n}}=\frac{(\overline{X}-\mu)/(\sigma/\sqrt{n})}{(S/\sqrt{n})/(\sigma/\sqrt{n})}$$

$$=\frac{(\overline{X}-\mu)/(\sigma/\sqrt{n})}{\sqrt{S^2/\sigma^2}}$$

$$=\frac{(\overline{X}-\mu)/(\sigma/\sqrt{n})}{\sqrt{\sum(X_i-\overline{X})^2/\sigma^2(n-1)}}=\frac{N(0,1)}{\sqrt{\chi^2(n-1)/(n-1)}}\sim t(n-1)$$

예제 8.11 정규모집단 $N(\mu,\sigma^2)$으로부터 $n=30$인 표본을 추출하여 통계량 $T=\dfrac{\overline{X}-\mu}{S/\sqrt{30}}$을 얻었다. 다음을 구하라.

① T의 분포

② $t_{0.05}(29)$

③ $t_{0.05}(26)$, $t_{0.05}(27)$, $t_{0.05}(28)$

해설 ① T는 자유도 29인 t분포

② $t_{0.05}(29)=1.699$

③ $t_{0.05}(26)=1.706$, $t_{0.05}(27)=1.703$, $t_{0.05}(28)=1.701$

8.6 F 분포(F distribution)

F분포는 두 정규모집단 $N(\mu_1,\sigma_1^2)$, $N(\mu_2,\sigma_2^2)$에서 두 모분산의 비 σ_1^2/σ_2^2에 대한 통계적 추론, 분산분석, 회귀분석 등에 주로 활용되는 분포로 다음과 같이 정의된다.

두 확률변수 U와 V가 각각 $\chi^2(n_1)$와 $\chi^2(n_2)$를 따르고 서로 독립이면,

확률변수 $X = \dfrac{U/n_1}{V/n_2}$의 확률밀도함수는

$$f(x) = \frac{\Gamma\left(\frac{n_1+n_2}{2}\right)}{\Gamma\left(\frac{n_1}{2}\right)\Gamma\left(\frac{n_2}{2}\right)}\left(\frac{n_1}{n_2}\right)^{\frac{n_1}{2}} x^{\frac{n_1}{2}-1}\left(1+\frac{n_1}{n_2}x\right)^{-\frac{1}{2}(n_1+n_2)} \quad , \ x>0$$

와 같으며 X는 자유도 (n_1, n_2)인 F분포를 따른다고 한다.

$\Rightarrow$ $X \sim F(n_1, n_2)$으로 표기한다.

F분포는 오른쪽으로 꼬리가 길게 늘어진 비대칭 형태의 모양을 갖지만 자유도가 증가함에 따라 대칭에 가까워지며, F분포의 확률밀도함수를 그림으로로 표현하면 다음과 같다.

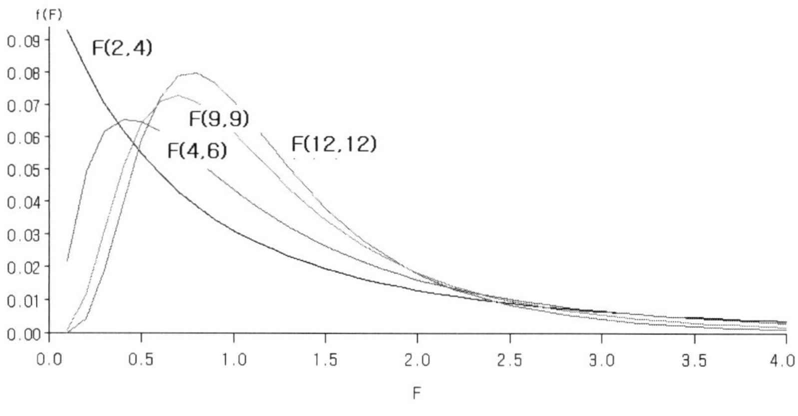

[그림 8.5] F분포의 확률밀도함수

확률변수 X가 자유도 (n_1, n_2)인 F분포를 따를 때, $P(X > c) = \alpha$를 만족하는 상수 c를 $F(n_1, n_2)$의 α점이라 하며, $F_\alpha(n_1, n_2)$로 표기한다.

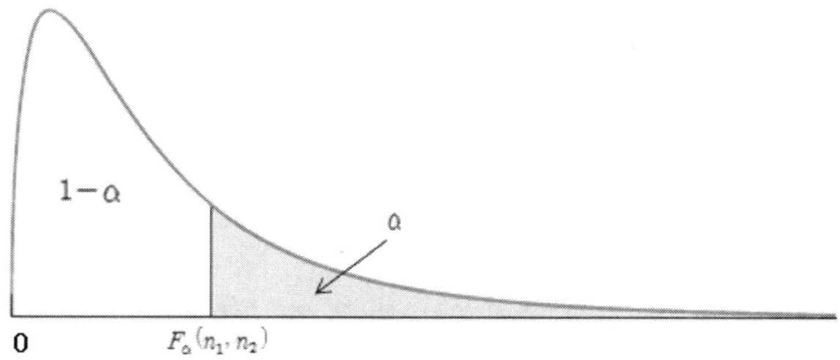

[그림 8.6] 분포의 $F_\alpha(n_1, n_2)$값

자유도 (n_1, n_2)와 $\alpha = 0.05, 0.025, 0.01$의 변화에 따른 $F_\alpha(n_1, n_2)$의 값은 부록의 [표 6]에 수록되어 있다. 예를 들어 $n_1 = 10, n_2 = 10$이고 α가 각각 $\alpha = 0.05$, $\alpha = 0.025$, $\alpha = 0.01$일 때, [표 6]으로부터 $F_{0.05}(10, 10) = 2.98$, $F_{0.025}(10, 10) = 3.72$, $F_{0.01}(10, 10) = 4.85$를 얻을 수 있다.

만일 $n_1 = 10, n_2 = 20$이고 $\alpha = 0.01$이면 $F_{0.01}(10, 20) = 3.37$이 된다. [정리 8.9]는 F분포의 α점을 구하는 또 하나의 유용한 방법이다.

> [정리 8.9] $X \sim F(n_1, n_2)$이면, $\frac{1}{X} \sim F(n_2, n_1)$이다. 따라서
>
> $$F_{1-\alpha}(n_2, n_1) = \frac{1}{F_\alpha(n_1, n_2)}$$

예를 들어 $F_{0.95}(3, 5)$의 값은 $F_{0.95}(3, 5) = \frac{1}{F_{0.05}(5, 3)} = \frac{1}{9.01} = 0.11$과 같이 구할 수 있다.

예제 8.14 다음 F분포의 확률값을 구하여라.

① $F_{0.05}(5, 4)$　　② $F_{0.05}(15, 15)$

③ $F_{0.05}(6, 10)$　　④ $F_{0.95}(10, 6)$

해설 ① $F_{0.05}(5, 4) = 6.26$

② $F_{0.05}(15, 15) = 2.40$

③ $F_{0.05}(6,10) = 3.22$

④ $F_{0.95}(10, 6) = \dfrac{1}{3.22} = 0.311$

엑셀연습 이 예제를 다음과 같이 엑셀로 풀 수 있다.

	A	B	C	D	E	F
1	F분포 값	α	n1	n2		$F_\alpha(n_1, n_2)$
2		0.05	5	4		6.2560565
3		0.05	15	15		2.40344707
4		0.05	6	10		3.21717455
5		0.95	10	6		0.31083175
6						

F2~F5셀에 입력되는 내용은 다음과 같다.

F2셀 =FINV(B2,C2,D2)

F3셀 =FINV(B3,C3,D3)

F4셀 =FINV(B4,C4,D4)

F5셀 =FINV(B5,C5,D5)

※ 엑셀에서 F분포의 $F_\alpha(n_1, n_2)$ 값을 계산하는 FINV함수는 3개의 인수를 지정하는 FINV(probability, degrees_freedom1, degrees_freedom2의 형태이다. probability에는 오른쪽 꼬리 부분의 확률, degrees_freedom1에는 분자의 자유도, degrees_freedom2는 분모의 자유도를 입력한다.

앞에서 정의한 F분포의 확률밀도함수로부터 다음 [정리 8.10]이 성립함을 알 수 있다. 우리는 이 정리를 이용하여 두 정규모집단의 모분산 비 등에 대한 통계적 추정과 검정을 수행할 수 있다.

[정리 8.10] 두 정규모집단 $N(\mu_1, \sigma_1^2)$, $N(\mu_2, \sigma_2^2)$으로부터 크기가 각각 n_1, n_2인 표본을 독립적으로 추출하였을 때 표본평균과 표본분산을 각각 $\overline{X_1}$, S_1^2 그리고 $\overline{X_2}$, S_2^2이라고 한다면, 확률변수 $F=\dfrac{S_1^2/\sigma_1^2}{S_2^2/\sigma_2^2}=\dfrac{\sigma_2^2 S_1^2}{\sigma_1^2 S_2^2}$는 자유도가 (n_1-1, n_2-1) F분포를 따른다.

• t 분포와 F분포의 관계

F분포에서 분자의 자유도가 1인 경우는 F분포와 t분포 사이에 다음 관계식이 성립한다.

① $F(1, n)=[t(n)]^2$

② $F_\alpha(1, n)=[t_{\alpha/2}(n)]^2$

연 습 문 제

【8.1】 어느 은행 사원들의 월봉은 $\mu = 380$, $\sigma^2 = 2500$으로 알려져 있다(단위: 만원). 100명을 표본으로 뽑아 표본평균을 구할 때 표본평균이 390만원 이상 될 확률을 구하라.

【8.2】 어떤 공장에서 생산하는 전구의 수명은 평균이 800시간이고, 분산이 40^2 시간인 정규분포를 한다. 이 공장에서 만든 전구 중에서 임의로 표본 $n = 16$ 개를 추출할 때 뽑혀진 표본전구의 평균수명이 780시간 미만이 될 확률을 구하라.

【8.3】 어떤 나라의 성인의 학력 연수는 평균이 11.1년, 분산이 9년인 정규분포를 따른다고 한다. 임의로 추출한 10명의 성인을 조사했을 때, 교육의 평균년수가 10년에서 12년 사이가 될 확률을 구하라.

【8.4】 어느 대학 학생의 몸무게의 분포가 $N(45, 4^2)$를 따른다고 할 때 49명의 표본을 추출하여 몸무게를 측정할 경우 표본의 평균 몸무게가 46kg 이상일 확률을 구하라.

【8.5】 어떤 집단의 평균 키가 170cm이고, 표준편차는 6cm라고 한다. 이들 중 임의로 추출한 36명의 평균 키가 168cm와 172cm 사이에 있을 확률을 구하라.

【8.6】 X가 자유도 $n = 10$ 인 χ^2-분포를 따른다.
① $P(X > c) = 0.05$ 를 만족하는 c를 구하라.
② $P(X > c) = 0.025$ 를 만족하는 c를 구하라.

【8.7】 X가 자유도 $n = 10$인 t분포를 따른다.

① $P(X > c) = 0.05$를 만족하는 c를 구하라.

② $P(|X| > c) = 0.05$를 만족하는 c를 구하라.

【8.8】 F-분포의 다음 확률값을 구하라.

① $F_{0.05}(8, 10)$ ② $F_{0.9}(6, 7)$

【8.9】 분산이 동일한 두 개의 정규모집단으로부터 각각 임의로 추출한 크기가 5와 4인 표본에서 구한 표본분산 s_1^2과 s_2^2의 비의 분포는 어떤 분포를 따르는가? (단, $s_1^2 > s_2^2$)

【8.10】 서로 독립인 두 정규모집단으로부터 각각 크기 $n_1 = 9$, $n_2 = 16$의 확률표본을 임의 추출했다고 하자. 두 모집단의 분산이 같다면 $\frac{s_1^2}{s_2^2}$이 4를 넘을 확률을 구하라.

제 9 장 통계적 추정과 엑셀활용

9.1 추정의 이해

9.1.1 점추정과 구간추정

모집단의 특성을 나타내는 모수에는 모평균, 모분산, 모비율, 모상관계수 등이 있는데 이들 모수의 정확한 값을 모르는 것이 대부분이다. 모집단 전체를 조사하여 모수의 값을 파악하는 것은 시간, 경비 등의 문제로 바람직하지 않다. 이때 표본을 추출하여 자료를 얻고 이를 토대로 모집단에 관한 정보를 얻으려 하는 것을 통계적 추론(statistical inference)이라 한다.

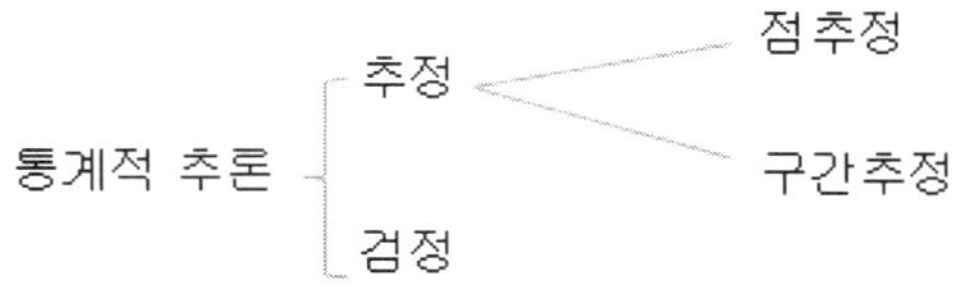

통계적 추론은 추정(estimation)과 가설검정(testing of hypothesis)의 두 분야로 나누어진다. 알려지지 않은 모수의 참값을 표본정보에 근거하여 하나의 값으로 추정하는 것을 점추정(point estimation)이라 한다. 반면에 모수의 참값이 포함되는 구간을 추정하는 것을 구간추정(interval estimation)이라 한다. 추정과는 달리 모수나 모집단 분포에 대하여 어떤 가설을 설정하고 이 가설의 옳고 그름을 표본 정보를 이용하여 검정하는 과정을 가설검정이라 한다.

가설검정은 10장에서 다루게 된다. 여기서는 추정의 개념과 성질을 살펴보고 모집단이 하나인 경우 대표적인 모수인 모평균, 모비율, 모분산을 추정하는 절차를 다룬다.

9.1.2 바람직한 추정량

모집단으로부터 추출한 표본을 이용하여 하나의 수치로 모수를 추정하는 것을 점추정이라 한다. 이때 모수를 추정하는데 사용된 통계량을 추정량(estimator)이라고 부른다. 그리고 실제의 표본 데이터로부터 계산된 추정량의 구체적인 값을 추정값(estimate)이라 한다. 따라서 추정량은 통계량이므로 확률변수가 되고, 추정값은 하나의 구체적인 값일 뿐이다. 일반적으로 모수는 θ, 추정량은 $\hat{\theta}$로 나타낸다.

예제 9.1 모평균 μ를 추정하기 위하여 n개의 표본 $X_1, X_2, \cdots, X_n$을 임의로 추출하였다. μ를 추정하는데 가능한 여러 개의 통계량 중 표본평균 $\overline{X} = \frac{1}{n}\sum_{i=1}^{n} X_i$를 사용하였다면 $\overline{X}$는 μ의 추정량이다. 이제 표본 $X_1, X_2, \cdots, X_n$을 관측하여 $x_1, x_2, \cdots, x_n$을 얻었다고 하자. 그러면 표본평균 값 $\overline{x} = \frac{1}{n}\sum_{i=1}^{n} x_i$는 μ의 추정값이다.

일반적으로 특정 모수의 추정량으로 여러 개를 사용할 수 있다. 예를 들면 모평균 μ의 추정량으로 표본으로부터 구한 평균, 중위수, 최빈수 중 어느 하나를 사용할 수 있다. 어느 것을 사용할 것인가? 당연히 모평균에 가까운 추정량 즉, 오차의 값이 작은 추정량을 택할 것이다. 그러나 모평균의 참값을 모르기 때문에 어떠한 추정량의 값이 모수에 가까운지 알 수 없다. 이럴 때 평균, 중위수, 최빈수의 표본분포를 비교하면 된다.

따라서, 어떤 추정량 $\hat{\theta}$가 좋고 나쁜지는 추정량의 표본분포가 모수 θ 주위에 어떤 형태로 분포되어 있는가에 달려 있다고 할 수 있다. 추정량 $\hat{\theta}$의 바람직한 성질로 불편성, 유효성, 일치성, 충분성 등이 있다.

• 평균제곱오차(MSE : mean squared error)

모수 θ를 추정하기 위해 n개의 표본 $X_1, X_2, \cdots, X_n$으로부터 어떤 추정량을 $\hat{\theta} = Y = U(X_1, X_2, \cdots, X_n)$라고 하자. 이때 추정량 Y의 평균제곱오차 MSE는 아래와 같이 정의한다.

$$MSE(Y) = E(Y-\theta)^2 = Var(Y) + [E(Y) - \theta]^2$$

추정량 Y의 평균제곱오차 MSE는 다음과 같이 나타낼 수 있다.

$$
\begin{aligned}
MSE(Y) &= E(Y-\theta)^2 \\
&= E[Y-E(Y)+E(Y)-\theta]^2 \\
&= E[Y-E(Y)]^2+E[E(Y)-\theta]^2+2E[Y-E(Y)][E(Y)-\theta] \\
&= Var(Y)+[E(Y)-\theta]^2
\end{aligned}
$$

MSE를 작게 하려면 $E(Y)-\theta=0$이 되어야 한다. 이때 $E(Y)-\theta$를 편의(bias)라 하고, $E(Y)-\theta=0$이면 Y를 θ의 불편추정량이라고 한다. $E(Y)=\theta$ 하에서 $Var(Y)$가 최소가 되면 Y를 최량추정량(best estimator)이라고 한다.

모수 θ의 추정량에 기대값을 취하면 모수와 같아지는 성질을 불편성(unbiasedness)이라하며 이를 만족하는 추정량을 불편추정량(unbiased estimator)이라고 한다.

• 불편추정량

모수 θ의 추정량 $\hat{\theta}$에 대하여 $E(\hat{\theta})=\theta$이면, $\hat{\theta}$를 θ의 불편추정량이라 한다. $E(\hat{\theta})-\theta$를 편의라고 하며 $E(\hat{\theta})\neq\theta$이면 $\hat{\theta}$는 편의 추정량이라 한다.

따라서 불편추정량은 편의(偏倚, bias)가 0인 추정량이다. 편의는 어느 한쪽(크거나 작은 쪽)으로 치우쳐 있다는 것을 의미한다. 따라서 불편추정량은 추정량의 표본분포에서 모수보다 크거나 작은 쪽으로 치우쳐 있지 않고 모수 θ에 집중되어 있음을 의미한다.

예제 9.2 모평균 μ, 모분산 σ^2인 임의의 모집단(임의의 분포)으로부터 크기 n인 표본 $X_1, X_2, \cdots, X_n$을 추출하였다.

① 표본평균 $\overline{X}=\frac{1}{n}\sum_{i=1}^{n}X_i$는 모평균 μ의 불편추정량이다.

② 표본분산 $U=\frac{1}{n}\sum_{i=1}^{n}(X_i-\overline{X})^2$은 모분산 σ^2의 편의추정량이다.

③ 표본분산 $S^2=\frac{1}{n-1}\sum_{i=1}^{n}(X_i-\overline{X})^2$은 모분산 σ^2의 불편추정량 이다.

해설 ① $E(\overline{X})=E\left(\frac{1}{n}\sum_{i=1}^{n}X_i\right)=\frac{1}{n}\sum_{i=1}^{n}E(X_i)$

$$=\frac{1}{n}\sum_{i=1}^{n}\mu=\frac{1}{n}(n\mu)=\mu$$

② $\sum_{i=1}^{n}(X_i-\overline{X})^2=\sum_{i=1}^{n}\left[(X_i-\mu)-(\overline{X}-\mu)\right]^2$

$$=\sum_{i=1}^{n}\left[(X_i-\mu)\right]^2-2(\overline{X}-\mu)\sum_{i=1}^{n}(X_i-\mu)+n(\overline{X}-\mu)^2$$

그런데 $\sum_{i=1}^{n}(X_i-\mu)=n\overline{X}-n\mu=n(\overline{X}-\mu)$이므로

$$\sum_{i=1}^{n}(X_i-\overline{X})^2=\sum_{i=1}^{n}(X_i-\mu)^2-n(\overline{X}-\mu)^2$$

따라서

$$E(U)=\frac{1}{n}E\left[\sum_{i=1}^{n}(X_i-\mu)^2-n(\overline{X}-\mu)^2\right]$$

$$=\frac{1}{n}\left[\sum_{i=1}^{n}E(X_i-\mu)^2-nE(\overline{X}-\mu)^2\right]$$

$$=\frac{1}{n}\left[n\sigma^2-n\frac{\sigma^2}{n}\right]=\frac{n-1}{n}\sigma^2\neq\sigma^2$$

이므로 $U=\frac{1}{n}\sum_{i=1}^{n}(X_i-\overline{X})^2$는 σ^2의 불편추정량이 아니다.

③ $E(S^2) = E\left(\frac{n}{n-1}U\right) = \frac{n}{n-1}E(U) = \sigma^2$

그러므로 $S^2 = \frac{1}{n-1}\sum_{i=1}^{n}(X_i - \overline{X})^2$은 σ^2의 불편추정량이다.

모수 θ의 불편추정량이 여러 개 있다면 어떤 추정량을 선택할 것인가? 예를 들어 두 개의 불편추정량 $\widehat{\theta}_1$, $\widehat{\theta}_2$가 [그림 9.1]과 같은 표본분포를 갖는다고 하자.

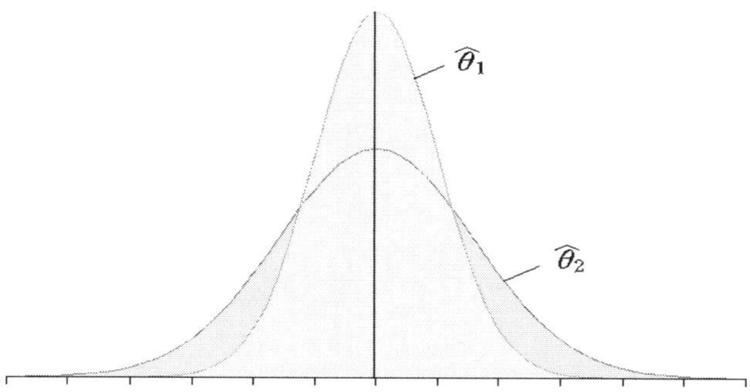

[그림 9.1] θ의 불편추정량 $\widehat{\theta}_1$, $\widehat{\theta}_2$의 분포

[그림 9.1]에서 두 개의 불편추정량 중 $\widehat{\theta}_1$이 $\widehat{\theta}_2$보다 분산(표준편차)이 작아 모수 θ에 더 밀집되어 있음을 알 수 있다. 이런 경우 $\widehat{\theta}_1$이 $\widehat{\theta}_2$보다 더 유효성(efficiency) 또는 효율성이 있다고 한다.

• 유효추정량

모수 θ에 대한 두 불편추정량 $\widehat{\theta}_1$, $\widehat{\theta}_2$의 분산을 각각 $Var(\widehat{\theta}_1)$, $Var(\widehat{\theta}_2)$라고 할 때 $Var(\widehat{\theta}_1) < Var(\widehat{\theta}_2)$이면 $\widehat{\theta}_1$이 $\widehat{\theta}_2$보다 더 유효한 추정량(more efficient estimator)이라 한다.

평균제곱오차 MSE에서 말한바와 같이 모수 θ의 가능한 모든 불편추정량 중에서 가장 작은 분산을 갖는 추정량을 최량추정량(best estimator) 또는 최소분산불편추정량(minimum variance unbiased estimator)이라 한다.

예제 9.3 정규모집단 $N(\mu, \sigma^2)$으로부터 임의로 추출한 3개의 표본을 X_1, X_2, X_3라 하자. 이 때, 모평균 μ의 추정량으로 $\widehat{\mu_1}, \widehat{\mu_2}, \widehat{\mu_3}$을 고려하였다.

$$\widehat{\mu_1} = \frac{1}{3}(X_1 + X_2 + X_3) = \overline{X}$$

$$\widehat{\mu_2} = \frac{1}{4}(X_1 + X_2 + 2X_3)$$

$$\widehat{\mu_3} = \frac{1}{4}(X_1 + X_2 + X_3)$$

① $\widehat{\mu_1}$가 μ의 불편추정량임을 보여라.

② $\widehat{\mu_2}$가 μ의 불편추정량임을 보여라.

③ $\widehat{\mu_3}$가 μ의 편의추정량임을 보여라.

④ $\widehat{\mu_1}$, $\widehat{\mu_2}$, $\widehat{\mu_3}$ 중 어느 것이 가장 유효한 추정량인가?

해설 ①

$$E(\widehat{\mu_1}) = E\left[\frac{1}{3}(X_1 + X_2 + X_3)\right]$$
$$= \frac{1}{3}[E(X_1) + E(X_2) + E(X_3)] = \frac{1}{3}(\mu + \mu + \mu) = \mu$$

따라서, $\widehat{\mu_1}$는 μ의 불편추정량이다.

②

$$E(\widehat{\mu_2}) = E\left[\frac{1}{4}(X_1 + X_2 + 2X_3)\right]$$

$$= \frac{1}{4}[E(X_1) + E(X_2) + 2E(X_3)] = \frac{1}{4}(\mu + \mu + 2\mu) = \mu$$

따라서, $\widehat{\mu_2}$는 μ의 불편추정량이다.

③

$$E(\hat{\mu_3}) = E\left[\frac{1}{4}(X_1 + X_2 + X_3)\right]$$

$$= \frac{1}{4}[E(X_1) + E(X_2) + E(X_3)]$$

$$= \frac{1}{4}(\mu + \mu + \mu)$$

$$= \frac{3}{4}\mu \neq \mu$$

따라서, $\hat{\mu_3}$ 는 μ 의 편의추정량이다.

④ 우선 $\hat{\mu_1}, \hat{\mu_2}, \hat{\mu_3}$ 중 $\hat{\mu_3}$ 은 불편추정량이 아니므로 비교 대상에서 제외한다.

$$Var(\hat{\mu_1}) = Var\left[\frac{1}{3}(X_1 + X_2 + X_3)\right]$$

$$= \frac{1}{9}[Var(X_1) + Var(X_2) + Var(X_3)]$$

$$= \frac{1}{9}(\sigma^2 + \sigma^2 + \sigma^2) = \frac{\sigma^2}{3}$$

$$Var(\hat{\mu_2}) = Var\left[\frac{1}{4}(X_1 + X_2 + 2X_3)\right]$$

$$= \frac{1}{16}[Var(X_1) + Var(X_2) + 4\,Var(X_3)]$$

$$= \frac{1}{16}(\sigma^2 + \sigma^2 + 4\sigma^2) = \frac{3}{8}\sigma^2$$

$Var(\hat{\mu_1}) < Var(\hat{\mu_2})$ 이므로 $\hat{\mu_1} = \overline{X}$ 가 $\hat{\mu_2}$ 보다 더 유효한 추정량이다.

한편, 표본 크기 n이 커질수록 추정량이 모수에 가까워지는 성질을 일치성(consistency)이라 하며 이를 만족하는 추정량을 일치추정량

(consistent estimator)이라고 한다.

예를 들면 표본평균 $\overline{X}=\frac{1}{n}\sum_{i=1}^{n}X_i$는 n이 커질수록 모평균 μ의 참 값에 근접하게 되므로 모평균 μ의 일치추정량이다. 그리고 [예제 9.2]에서 언급한 표본분산 $U=\frac{1}{n}\sum_{i=1}^{n}(X_i-\overline{X})^2$이나 $S^2=\frac{1}{n-1}\sum_{i=1}^{n}(X_i-\overline{X})^2$은 모두 모분산 σ^2의 일치추정량이 된다.

모수를 추정함에 있어 어떤 표본으로부터 얻은 통계량이 그 표본에 포함되어 있는 모수에 관련된 정보를 모두 갖고 있으면 충분통계량(sufficient statistic)이라고 한다.

우리가 일반적으로 관심을 갖고 있는 모평균, 모분산, 모비율에 대하여 추정량으로 사용하는 표본평균, 표본분산 S^2, 표본비율은 모두 불편성, 유효성, 일치성, 충분성을 갖고 있으며 각각의 모수에 대하여 최량추정량이 된다.

9.1.3 신뢰구간의 개념

일반적으로 점추정 값과 모집단의 모수는 정확히 일치하지 않는다. 이러한 불일치를 오차(error)라고 하는데, 추정값이 갖는 이러한 오차에 대해 점추정과 같이 하나의 값으로만 모수를 추정하는 것은 의미가 없을 수 있다.

즉, 추정값과 모수가 정확하게 일치하지 않으면 그 추정값이 모수와 얼마나 차이가 나는지 알 수 없다. 따라서 이러한 경우에는 모수에 대한 하나의 점추정 값을 구하기보다는 모수가 포함되어 있을 것으로 생각되는 구간을 추정하는 것이 바람직하다.

알려지지 않은 모수의 참값을 표본정보에 근거하여 하나의 값으로 추정하는 것을 점추정이라고 하는 반면에 모수의 참값이 포함되는 구간을 추정하는 것을 신뢰구간추정 또는 간단히 구간추정이라고 한다.

• 신뢰구간(confidence interval)

모수 θ의 구간 추정을 위해 표본으로부터 계산된 두 통계량의 값을 각각 $\hat{\theta}_L$, $\hat{\theta}_U$라 할 때, 다음을 만족하는 구간($\hat{\theta}_L$, $\hat{\theta}_U$)를 모수 θ의 $100(1-\alpha)\%$ 신뢰구간이라 한다.

$$P(\hat{\theta}_L < \theta < \hat{\theta}_U) = 1-\alpha \qquad (0 < \alpha < 1)$$

이때 $\hat{\theta}_L$과 $\hat{\theta}_U$를 각각 모수 θ의 신뢰하한(lower confidence limit), 신뢰상한(upper confidence limit)이라 하며, $1-\alpha$를 신뢰수준(confidence level) 또는 신뢰계수(confidence coefficient)라고 한다.

신뢰수준 $1-\alpha$는 보통 0.95, 0.90, 0.99를 사용한다. 신뢰수준에 대비되는 값으로 유의수준(significance level)이 있으며 10장의 통계적 가설검정에서 사용된다. 유의수준은 (1-신뢰수준)으로 결정되며, α로 표기한다.

9.2 모평균의 구간추정

9.2.1 정규분포를 이용하는 경우

모평균의 신뢰구간은 정규분포와 t분포를 이용하여 구한다. 정규분포를 이용하는 경우는 다음과 같다.

① 모집단의 분포가 정규분포 $N(\mu, \sigma^2)$이며 모분산 σ^2값이 알려진 경우
② 모집단의 분포가 정규분포 $N(\mu, \sigma^2)$이며 모분산 σ^2값을 모르나 대표본인 경우
③ 모집단의 분포가 정규분포가 아닌 임의의 분포라도 대표본인 경우

만일 정규모집단 $N(\mu,\ \sigma^2)$에서 모분산 σ^2값을 모르고 소표본인 경우이면 t분포를 이용하여 신뢰구간을 구한다.

① 정규분포 $N(\mu,\ \sigma^2)$에서 모분산 σ^2값이 알려진 경우

정규모집단 $N(\mu,\sigma^2)$에서 모분산 σ^2을 알고 있을 때 모평균 μ의 신뢰구간은 다음과 같은 과정을 통해 구할 수 있다. 정규모집단으로부터 추출한 크기가 n인 임의표본의 표본평균 $\overline{X}$는 정규분포 $N\left(\mu,\dfrac{\sigma^2}{n}\right)$을 따르므로 이것을 표준화한 Z-통계량 $Z=\dfrac{\overline{X}-\mu}{\sigma/\sqrt{n}}$는 표준정규분포 $N(0,1)$을 따른다. 따라서 임의의 양수 $\alpha\ (0<\alpha<1)$에 대하여

$$P(-z_{\alpha/2}<Z<z_{\alpha/2})=1-\alpha \qquad (9.1)$$

가 성립한다. 여기서, $z_{\alpha/2}$는 표준정규분포 $N(0,1)$에서 오른쪽 꼬리의 면적이 $(\alpha/2)$인 점을 나타내며, 구간추정에서 $z_{\alpha/2}$값으로 $z_{0.025}=1.96$, $z_{0.05}=1.645$, $z_{0.005}=2.576$이 주로 사용된다.

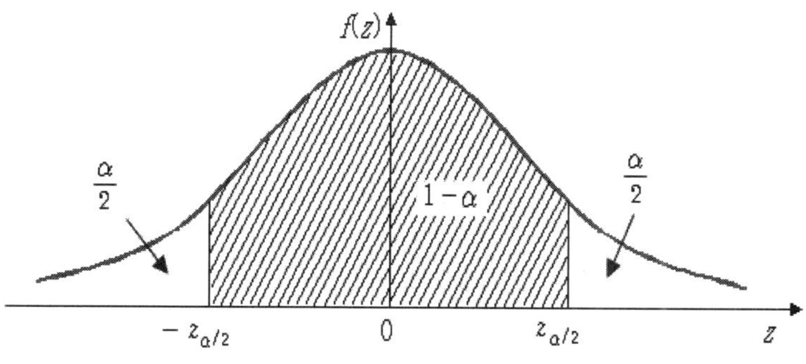

[그림 9.2] 모평균의 구간추정(정규분포)

식(9.1)에 Z-통계량을 대입하면

$$P\left(-z_{\alpha/2} < \frac{\overline{X}-\mu}{\sigma/\sqrt{n}} < z_{\alpha/2}\right) = 1-\alpha \tag{9.2}$$

이므로, 좌변 항의 괄호 속의 부등식을 μ에 관해 풀어서 정리하면 다음과 같이 쓸 수 있다.

$$P\left(\overline{X}-z_{\alpha/2}\frac{\sigma}{\sqrt{n}} < \mu < \overline{X}+z_{\alpha/2}\frac{\sigma}{\sqrt{n}}\right) = 1-\alpha \tag{9.3}$$

따라서 확률구간(random interval)

$$\left(\overline{X}-z_{\alpha/2}\frac{\sigma}{\sqrt{n}}\ ,\ \overline{X}+z_{\alpha/2}\frac{\sigma}{\sqrt{n}}\right)$$

가 모평균 μ를 포함할 확률은 $100(1-\alpha)\%$이다.

이제 표본 $X_1, X_2, \cdots, X_n$을 관찰하여 실제 측정값 $x_1, x_2, \cdots, x_n$을 얻어 계산한 표본평균이 $\overline{x}$이면 구간

$$\left(\overline{x}-z_{\alpha/2}\frac{\sigma}{\sqrt{n}}\ ,\ \overline{x}+z_{\alpha/2}\frac{\sigma}{\sqrt{n}}\right) \tag{9.4}$$

은 이미 알려진 값이다. 이 구간은 계산된 값으로 더 이상 확률구간이 아니므로 신뢰구간이라고 부른다.

② 정규분포 $N(\mu,\ \sigma^2)$에서 모분산 σ^2값을 모르나 대표본인 경우

정규모집단 $N(\mu,\ \sigma^2)$에서 σ^2값을 모르나 대표본인 경우에는 Z-통계량 $Z=\frac{\overline{X}-\mu}{\sigma/\sqrt{n}}$의 σ 대신 표본표준편차 S를 대입하여도 중심극한정리에 의해 $Z=\frac{\overline{X}-\mu}{S/\sqrt{n}}$는 표준정규분포 $N(0,1)$을 따른다. 따라서 표본표준편차

S의 관측값을 s라고 하면 μ의 신뢰구간은 다음과 같다.

$$\left(\overline{x}-z_{\alpha/2}\frac{s}{\sqrt{n}}\ ,\ \overline{x}+z_{\alpha/2}\frac{s}{\sqrt{n}}\right) \tag{9.5}$$

③ 모집단의 분포가 정규분포가 아닌 임의의 분포라도 대표본인 경우

이 경우에도 중심극한정리에 의해 $Z=\dfrac{\overline{X}-\mu}{S/\sqrt{n}}$는 표준정규분포 $N(0,1)$을 따른다. 따라서 μ의 신뢰구간은 식(9.5)와 같게 된다.

• 대표본에서 모평균 μ의 $100(1-\alpha)\%$ 신뢰구간

$\left(\overline{x}-z_{\alpha/2}\dfrac{\sigma}{\sqrt{n}}\ ,\ \overline{x}+z_{\alpha/2}\dfrac{\sigma}{\sqrt{n}}\right)$:모분산 σ^2을 아는 경우①

$\left(\overline{x}-z_{\alpha/2}\dfrac{s}{\sqrt{n}}\ ,\ \overline{x}+z_{\alpha/2}\dfrac{s}{\sqrt{n}}\right)$:모분산 σ^2을 모르는 경우(대표본 ②, ③)

여기서 신뢰구간의 의미를 다시 한번 살펴보자. 모평균의 경우 신뢰구간은 모평균을 포함하거나 포함하지 않을 수 있는데 표본을 여러 번 반복 추출하여 신뢰구간을 구하면 그 중 모평균을 포함하는 비율이 $100(1-\alpha)\%$라는 의미이다(크기 50인 모집단에서 크기 10인 표본을 뽑는 방법은 $\binom{50}{10}=10{,}272{,}278{,}170$ 가지이다).

예를 들어 대학생 평균 토익점수 μ를 추정하기 위해 50명을 조사하여 μ의 95% 신뢰구간을 $\left(\overline{x}-1.96\dfrac{s}{\sqrt{50}},\ \overline{x}-1.96\dfrac{s}{\sqrt{50}}\right)$와 같이 구하였다. 이것은 50명을 반복적으로 뽑아 신뢰구간을 구하면 이 중 95%에 해당되는 구간들이 μ를 포함하고 있다는 의미이다.

예제 9.4 설탕공장에서 커피용으로 생산되는 소단위 설탕 한 봉지의 무게는 평균이 μ이고 분산이 $\sigma^2 = 0.09$인 정규분포에 따른다고 한다. 9개의 표본을 추출하여 $\bar{x} = 7.0$을 얻었을 때 평균무게 μ에 대한 95% 신뢰구간을 구하라.

해설 구하고자 하는 신뢰구간은$\left(\bar{x} - z_{\alpha/2}\frac{\sigma}{\sqrt{n}},\ \bar{x} + z_{\alpha/2}\frac{\sigma}{\sqrt{n}}\right)$이므로

$$\Rightarrow 7.0 - 1.96\frac{0.3}{\sqrt{9}} < \mu < 7.0 + 1.96\frac{0.3}{\sqrt{9}}$$

$$\Rightarrow 6.804 < \mu < 7.196$$

예제 9.5 어느 투자회사에서 주가의 수익률을 향상시킬 수 있는 새로운 투자기법을 개발했다고 발표하였다. 이전 기법의 평균 수익률은 56% 이었다. 새로운 투자기법에 의한 수익률의 향상 여부를 파악하려고 한다. 다음은 새 투자기법에 의한 40개 주가의 수익률을 임의추출하여 측정한 자료이다. 새로운 투자기법에 의한 주가의 평균수익률에 대한 95% 신뢰구간을 구하라.

54.7	58.9	60.3	53.4	60.6	54.1	53.2	56.9	58.7	70
50.1	56.4	57.8	57.9	61.3	56.4	56.2	57.7	56.6	58.6
59.8	57.6	54.3	52.1	56.2	57.4	58.9	59.7	60.5	62.6
66.7	58	54.3	61.5	59.8	61	71.3	54.3	56.2	59.6

해설 중심극한 정리를 적용하여 다음과 같이 신뢰구간을 구한다.

$\sum x_i = 2331.6$, $\sum x_i^2 = 136615.44$이므로

$$\bar{x} = \frac{2331.6}{40} = 58.29$$

$$s = \sqrt{\frac{1}{n-1}\left(\sum x_i^2 - n\bar{x}^2\right)}$$

$$= \sqrt{\frac{1}{40-1}\left[136615.44 - 40(58.29)^2\right]}$$

$$= \sqrt{\frac{706.48}{39}} = 4.26$$

$$\Rightarrow 58.29 - 1.96 \cdot \frac{4.26}{\sqrt{40}} \le \mu \le 58.29 + 1.96 \cdot \frac{4.26}{\sqrt{40}}$$

$$\therefore \; 56.97 \le \mu \le 59.61$$

엑셀연습 이 예제를 다음과 같이 엑셀로 풀 수 있다.

step 1 자료 입력

A2에서 B21까지 자료를 입력한다.

	A	B	C
1	수익률		
2	54.7	59.8	
3	58.9	57.6	
4	60.3	54.3	
5	53.4	52.1	
6	60.6	56.2	
7	54.1	57.4	
8	53.2	58.9	
9	56.9	59.7	
10	58.7	60.5	
11	70	62.6	
12	50.1	66.7	
13	56.4	58	
14	57.8	54.3	
15	57.9	61.5	
16	61.3	59.8	
17	56.4	61	
18	56.2	71.3	
19	57.7	54.3	
20	56.6	56.2	
21	58.6	59.6	

step 2 필요한 함수의 입력

	A	B	C	D	E
1	수익률				
2	54.7	59.8		자료의 수	40
3	58.9	57.6		α	0.05
4	60.3	54.3		평균	58.29
5	53.4	52.1		표준편차	4.2561449
6	60.6	56.2		신뢰하한	56.971031
7	54.1	57.4		신뢰상한	59.608969
8	53.2	58.9			
9	56.9	59.7			
10	58.7	60.5			
11	70	62.6			
12	50.1	66.7			
13	56.4	58			
14	57.8	54.3			
15	57.9	61.5			
16	61.3	59.8			
17	56.4	61			
18	56.2	71.3			
19	57.7	54.3			
20	56.6	56.2			
21	58.6	59.6			

여기서 각 셀에 들어갈 내용은 다음과 같다.

E2셀 = COUNT(A2:B21)

E3셀 = 0.05

E4셀 = AVERAGE(A2:B21)

E5셀 = STDEV(A2:B21)

E6셀 = E4−ABS(NORMSINV((E3/2))*E5/SQRT(E2))

E7셀 = E4+ABS(NORMSINV((E3/2))*E5/SQRT(E2))

☼ 엑셀에서 표준정규분포 $N(0, 1)$의 누적확률에 해당되는 변수 z의 값을 계산하는 NORMSINV함수는 NORMSINV(probability) 형태이다. probability에 누적확률 값을 입력하면 이에 대응하는 표준화 확률변수 z값을 계산한다.

예제 9.6 어느 은행의 관리자는 창구 직원의 고객 한 사람 당 서비스 시간을 알아보기 위하여 임의로 선정된 고객 81명에 대하여 서비스 시간을 측정하였다. 그 결과 평균($\overline{x}$)은 3분이었고, 분산(s^2)는 1.2분으로 나타났다. 평균 서비스 시간 μ에 대한 99% 신뢰구간을 구하여라.

해설 모분산 σ^2은 모르지만 표본의 크기가 81로 대표본 이므로 중심극한정리를 적용하여 모평균 μ에 대한 99% 신뢰구간을 다음과 같이 구한다.

$$3 - 2.576\frac{1.095}{\sqrt{81}} < \mu < 3 + 2.576\frac{1.095}{\sqrt{81}}$$

$$\Rightarrow 3-0.314 < \mu < 3+0.314$$

$$\Rightarrow 2.686 < \mu < 3.314$$

9.2.2 t 분포를 이용하는 경우

정규모집단 $N(\mu, \sigma^2)$에서 모분산 σ^2을 모르고 n이 소표본($n<30$)일 경우에는 더 이상 중심극한정리가 적용되지 않으므로 Z-통계량 $Z = \frac{\overline{X}-\mu}{S/\sqrt{n}}$가 정규분포에 근사한다고 볼 수 없다. 이러한 경우에는 8.5절에서 다룬 t분포를 이용하여 모평균 μ의 신뢰구간을 다음과 같이 구한다. 앞으로 n이 소표본인 경우에 Z-통계량을 편의상 T-통계량이라 부르겠다. T-통계량

$$T = \frac{\overline{X}-\mu}{S/\sqrt{n}}$$

은 자유도 $n-1$인 t분포를 따른다. 그러므로 임의의 양수 $\alpha\ (0<\alpha<1)$에 대하여

$$P\left(-t_{\alpha/2}(n-1) < \frac{\overline{X}-\mu}{S/\sqrt{n}} < t_{\alpha/2}(n-1)\right) = 1-\alpha \tag{9.6}$$

가 성립한다. 여기서, $t_{\alpha/2}(n-1)$는 자유도 $n-1$인 t분포의 오른쪽 꼬리의 면적이$(\alpha/2)$인 점을 나타낸다.

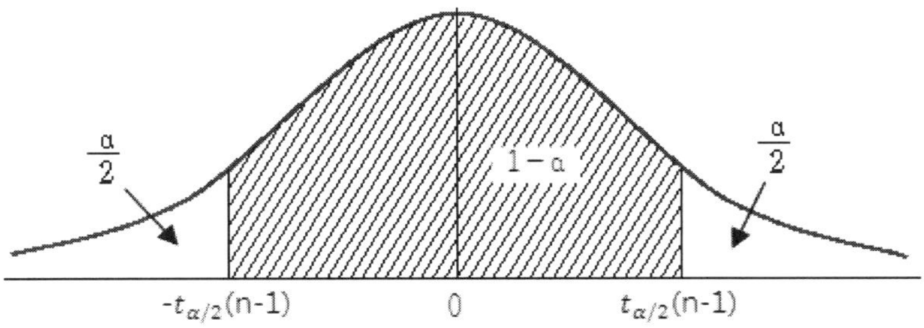

[그림 9.3] 모평균의 구간추정(t분포)

식(9.6)의 좌변 항의 괄호 속의 부등식을 μ에 관해 풀어서 정리하면 다음과 같이 쓸 수 있다.

$$P\left(\overline{X}-t_{\alpha/2}(n-1)\frac{S}{\sqrt{n}} < \mu < \overline{X}+t_{\alpha/2}(n-1)\frac{S}{\sqrt{n}}\right) = 1-\alpha \tag{9.7}$$

따라서 모평균 μ에 대한 $100(1-\alpha)\%$ 신뢰구간은 다음과 같다.

$$\left(\overline{x}-t_{\alpha/2}(n-1)\frac{s}{\sqrt{n}}\ ,\ \overline{x}+t_{\alpha/2}(n-1)\frac{s}{\sqrt{n}}\right) \tag{9.8}$$

• 소표본에서 모평균 μ의 $100(1-\alpha)\%$ 신뢰구간

모분산 σ^2을 모르는 경우

$$\left(\overline{x}-t_{\alpha/2}(n-1)\frac{s}{\sqrt{n}}\ ,\ \overline{x}+t_{\alpha/2}(n-1)\frac{s}{\sqrt{n}}\right)$$

예제 9.7 보험회사 신입사원들의 평균 월 급여 μ가 얼마나 되는지 알아보려고 한다. 보험회사에 근무하는 신입사원 10명을 추출하여 다음과 같은 월 급여 자료를 얻었다. μ의 95% 신뢰구간을 구하라.

226　228　226　225　232
228　227　229　225　230 (단위: 만원)

해설 $\sum x_i = 2276,\ \sum x_i^2 = 518064$이므로

$$\bar{x} = \frac{2276}{10} = 227.6$$

$$s = \sqrt{\frac{1}{n-1}\left(\sum x_i^2 - n\bar{x}^2\right)}$$

$$= \sqrt{\frac{1}{10-1}\left[518064 - 10(227.6)^2\right]}$$

$$= \sqrt{\frac{46.4}{9}} = 2.271$$

$t_{0.025}(10-1) = 2.262$이므로 모평균 μ에 대한 95% 신뢰구간은 다음과 같다.

$$227.6 - 2.262\frac{2.271}{\sqrt{10}} < \mu < 227.6 + 2.262\frac{2.271}{\sqrt{10}}$$

$$\therefore\ 225.98 < \mu < 229.22$$

엑셀연습 이 예제를 다음과 같이 엑셀로 풀어보자.

	A	B	C	D	E
1	월급여				
2	226				
3	228		자료의 수	10	
4	226		α	0.05	
5	225		평균	227.6	
6	232		표준편차	2.2705848	
7	228		$t_{\alpha/2}$	2.2621572	
8	227		신뢰하한	225.97572	
9	229		신뢰상한	229.22428	
10	225				
11	230				

step 1 자료 입력

A2에서 A11까지 자료를 입력한다.

step 2 필요한 함수의 입력

D3에서 D9까지 각 셀에 들어갈 내용은 다음과 같다.

D3셀 = COUNT(A2:A11)
D4셀 = 0.05
D5셀 = AVERAGE(A2:A11)
D6셀 = STDEV(A2:A11)
D7셀 =TINV(D4,D3−1)
D8셀 =D5−D7*D6/SQRT(D3)
D9셀 =D5+D7*D6/SQRT(D3)

※ t분포에서 설명한 t분포의 $t_{\alpha}(n)$ 값을 계산하는 TINV함수는 2개의 인수를 지정하는 TINV(probability, degrees_freedom)의 형태이다. 그런데 엑셀에서 TINV함수는 주어진 α값에 대한 $t_{\alpha/2}(n)$ 값을 계산함을 유의해야 한다. degrees_freedom에는 자유도를 입력한다.

예제 9.8 다음은 어떤 방송사 TV 광고시간을 측정한 자료이다(단위 : 분). 이 자료를 이용하여 이 방송사의 평균 TV 광고시간에 대한 95% 신뢰구간을 구하여라. 단, TV 광고시간은 정규분포를 따른다고 알려져 있다.

0.5, 1.0, 0.9, 0.2, 0.7, 0.4

해설

$\sum_{i=1}^{6} x_i = 3.7$, $\sum_{i=1}^{6} x_i^2 = 2.75$ 이므로,

$$\bar{x} = \frac{3.7}{6} = 0.617$$

$$s = \sqrt{\frac{1}{n-1}\left(\sum_{i=1}^{n} x_i^2 - n\overline{x}^2\right)}$$

$$= \sqrt{\frac{1}{6-1}\left[2.75 - 6(0.617)^2\right]} = \sqrt{0.0937}$$

$t_{0.025}(6-1) = 2.571$이므로 모평균 μ에 대한 95% 신뢰구간은

$$0.617 - 2.571\frac{\sqrt{0.0937}}{\sqrt{6}} < \mu < 0.617 + 2.571\frac{\sqrt{0.0937}}{\sqrt{6}}$$

$$\Rightarrow 0.617 - 0.321 < \mu < 0.617 + 0.321$$

$$\Rightarrow 0.296 < \mu < 0.938$$

9.3 모비율의 구간추정

불량률, 지지율, 기업의 부도율 등과 같이 모집단에서 어떤 특성의 비율(모비율)을 p라고 할 때 모비율 p의 신뢰구간은 다음과 같이 추정할 수 있다.

크기 n인 표본에서 이 특성에 속하는 개수를 X라 하면 표본비율 $\hat{p} = \frac{X}{n}$는 모비율 p의 최량추정량이다. 그리고 X는 이항분포 $b(n, p)$를 따르게 된다. 그런데 여기서 n이 충분히 크면 X는 중심극한정리에 의해 정규분포 $N(np, np(1-p))$에 근사하게 된다. 따라서

$$E(\hat{p}) = E\left(\frac{X}{n}\right) = \frac{1}{n}E(X) = \frac{1}{n}(np) = p$$

$$Var(\hat{p}) = Var\left(\frac{X}{n}\right) = \frac{1}{n^2}Var(X) = \frac{1}{n^2}np(1-p) = \frac{p(1-p)}{n}$$

이므로 표본비율 $\hat{p} = \frac{X}{n}$는 n이 충분히 크면 중심극한정리에 의해 정

규분포 $N\left(p,\ \frac{p(1-p)}{n}\right)$에 근사한다. 그러므로 표준화 확률변수

$$Z = \frac{\hat{p} - p}{\sqrt{\frac{p(1-p)}{n}}} \sim N(0,\ 1)$$

이므로

$$P\left(-Z_{\alpha/2} < \frac{\hat{p} - p}{\sqrt{\frac{p(1-p)}{n}}} < Z_{\alpha/2}\right) = 1 - \alpha$$

가 성립한다. 이로부터 모비율 p의 $100(1-\alpha)\%$ 신뢰구간은

$$\left(\hat{p} - z_{\alpha/2}\sqrt{\frac{p(1-p)}{n}}\ ,\ \hat{p} + z_{\alpha/2}\sqrt{\frac{p(1-p)}{n}}\right)$$

과 같이 구할 수 있다. 그러나 표본비율의 분산 $Var(\hat{p}) = \frac{p(1-p)}{n}$에서 p가 알려져 있지 않으므로 이 구간을 신뢰구간으로 쓸 수가 없다. 따라서 p의 추정량인 표본비율 $\hat{p}$를 대체하여 사용한다.

• 모비율 p의 $100(1-\alpha)\%$ 신뢰구간

크기가 n인 확률표본의 표본비율을 $\hat{p}$라 하면, 표본크기 n이 충분히 큰 경우 모비율 p에 대한 $100(1-\alpha)\%$ 신뢰구간은

$$\left(\hat{p} - z_{\alpha/2}\sqrt{\frac{\hat{p}(1-\hat{p})}{n}}\ ,\ \hat{p} + z_{\alpha/2}\sqrt{\frac{\hat{p}(1-\hat{p})}{n}}\right)$$

예제 9.9 어느 TV 방송국에서는 특정 시사프로그램에 대한 청취율을 조사하고자 한다. 이 프로그램이 방송되는 시간에 1,000명의 사람을

임의로 추출하여 조사한 결과 700명이 청취하고 있는 것으로 나타났다. 이 특정 시사프로그램에 대한 청취율의 95% 신뢰구간을 구하여라.

해설 $\hat{p} = \dfrac{700}{1,000} = 0.7$ 이고 $z_{\alpha/2} = z_{0.025} = 1.96$ 이므로 청취율의 95% 신뢰구간은 다음과 같다.

$$0.7 - 1.96\sqrt{\frac{0.7(0.3)}{100}} < p < 0.7 + 1.96\sqrt{\frac{0.7(0.3)}{100}}$$
$$\Rightarrow 0.7 - 0.0284 < p < 0.7 + 0.0284$$
$$\Rightarrow 0.6716 < p < 0.7284$$

예제 9.10 어떤 시민단체에서 실업률을 파악하기 위하여 160명을 임의로 추출하여 조사한 결과 10명의 응답자가 실직자라고 응답하였다. 실업률 p에 대한 95%의 신뢰구간을 구하라.

해설 $n = 160,\ X = 10,\ \hat{p} = \dfrac{10}{160} = 0.0625,\ z_{\alpha/2} = z_{0.025} = 1.96$

$$\sqrt{\frac{\hat{p}(1-\hat{p})}{n}} = \sqrt{\frac{0.0625(1-0.0625)}{160}} = 0.0191$$

따라서 p의 95% 신뢰구간은

$$\hat{p} \pm z_{0.025}\sqrt{\frac{\hat{p}(1-\hat{p})}{n}} = 0.0625 \pm (1.96)(0.0191)$$
$$= 0.0625 \pm 0.0374$$

9.4 모분산의 구간추정

$S^2 = \dfrac{1}{n-1}\sum(X_i - \overline{X})^2$을 정규모집단 $N(\mu, \sigma^2)$에서 추출한 크기 n의 표

본분산 이라 하면 $\frac{(n-1)S^2}{\sigma^2}$ 의 분포는 $\chi^2(n-1)$를 따른다는 것을 8장의 [정리 8.7]에서 다루었다. 이를 이용하여 다음의 식을 얻을 수 있다.

$$P\left(\chi^2_{1-\alpha/2}(n-1) \le \frac{(n-1)S^2}{\sigma^2} \le \chi^2_{\alpha/2}(n-1)\right) = 1-\alpha \qquad (9.9)$$

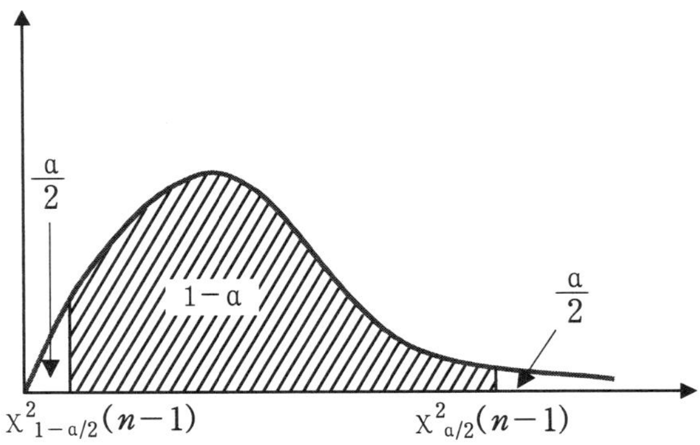

[그림 9.4] 모분산의 구간추정

식(9.9)의 괄호 안에 있는 부등식에서 각 항에 역수를 취한 다음에, 각 항에 $(n-1)S^2$를 곱하여 σ^2에 대해 정리하면

$$P\left(\frac{(n-1)S^2}{\chi_{\alpha/2}(n-1)} \le \sigma^2 \le \frac{(n-1)S^2}{\chi^2_{1-\alpha/2}(n-1)}\right) = 1-\alpha$$

- 모분산 σ^2의 $100(1-\alpha)\%$ 신뢰구간

$$\left(\frac{(n-1)S^2}{\chi_{\alpha/2}(n-1)},\ \frac{(n-1)S^2}{\chi^2_{1-\alpha/2}(n-1)}\right) \quad \text{단, } S^2 = \frac{1}{n-1}\sum(X_i - \overline{X})^2$$

예제 9.11 다음은 [예제 9.7]에 있는 보험회사 신입사원 10명의 월 급여 자료이다. 이를 이용하여 보험회사 신입사원들의 월 급여의 분산 σ^2의 95% 신뢰구간을 구하라.

226 228 226 225 232
228 227 229 225 230 (단위: 만원)

해설 [예제 9.7로부터 $s^2 = \frac{46.4}{9} = 5.156$을 얻었다. 그리고

$\chi^2_{1-\alpha/2}(n-1) = \chi^2_{0.975}(9) = 2.7$

$\chi^2_{\alpha/2}(n-1) = \chi^2_{0.025}(9) = 19.02$

$$\frac{(n-1)s^2}{\chi^2_{1-\alpha/2}(n-1)} = \frac{(10-1)5.156}{2.7} = 17.187$$

$$\frac{(n-1)s^2}{\chi^2_{\alpha/2}(n-1)} = \frac{(10-1)5.156}{19.02} = 2.439$$

이므로 신입사원들의 월 급여에 대한 모분산의 95% 신뢰구간은

$2.439 \leq \sigma^2 \leq 17.187$

엑셀연습 이 예제를 다음과 같이 엑셀로 풀어보자.

	A	B	C	D
1	월급여			
2	226			
3	228		자료의 수	10
4	226		α	0.05
5	225		표본분산	5.1555556
6	232		$\chi^2_{\alpha/2}$	19.022768
7	228		$\chi^2_{1-\alpha/2}$	2.7003895
8	227		신뢰하한	2.4391824
9	229		신뢰상한	17.182706
10	225			
11	230			

step 1 자료 입력

A2에서 A11까지 자료를 입력한다.

step 2 필요한 함수의 입력

D3에서 D9까지 각 셀에 들어갈 내용은 다음과 같다.

D3셀	= COUNT(A2:A11)
D4셀	= 0.05
D5셀	=VAR(A2:A11)
D6셀	=CHIINV(D4/2, D3−1)
D7셀	=CHIINV(1−D4/2,D3−1)
D8셀	=(D3−1)*D5/D6
D9셀	=(D3−1)*D5/D7

예제 9.12 어느 회사에서 생산되는 건전지 가운데 9개를 임의추출하여 수명을 조사하였더니 평균은 20시간, 표준편차는 3시간이었다고 한다. 이 회사의 건전지 수명이 정규분포를 따른다고 할 때 σ^2에 대한 95% 신뢰구간을 구하라.

해설 $n = 9,\ s^2 = 9,\ \alpha = 0.05$

$$\chi^2_{1-\alpha/2}(n-1) = \chi^2_{0.975}(8) = 2.18$$

$$\chi^2_{\alpha/2}(n-1) = \chi^2_{0.025}(8) = 17.54$$

따라서 모분산의 95% 신뢰구간은

$4.106 \le \sigma^2 \le 33.032$

9.5 표본 크기의 결정

모수를 추정하기 위하여 표본을 추출할 때 적절한 표본의 크기를 얼마로 하여야 할 것인가를 결정할 필요가 있다. 일반적으로 표본의 크기가 너무 크면 시간과 비용 등이 많이 드는 반면에 표본의 크기가 너무 작으면 오차가 큰 정보를 얻을 수 있다. 따라서 정해진 오차의 한계(limit of error)를 만족시키는 표본의 크기 결정이 필요하게 된다. 여기서는 모평균 및 모비율의 추정에서 필요한 표본의 크기에 대하여 다루어 본다.

(1) 모평균 추정에 필요한 표본크기 결정

표본의 크기를 결정하기 전에 반드시 고려되어야 할 요인은 신뢰수준과 신뢰구간이다. 신뢰수준은 받아들이고자 하는 오차의 위험수준을 나타내며, 신뢰구간은 표본추출 정도의 수준을 결정해 주며 대표적으로 90%, 95%, 99%의 신뢰구간이 이용된다.

모평균 μ를 추정하는데 있어서 오차의 한계를 정해진 값 d보다 작게 하려면 표본의 크기를 얼마로 하면 좋은가를 결정해 보자. 모분산 σ^2을 알고 있을 때 모평균 μ에 대한 $100(1-\alpha)\%$ 신뢰구간은 다음과 같았다.

$$\left(\overline{x}-z_{\alpha/2}\frac{\sigma}{\sqrt{n}}<\mu<\overline{x}+z_{\alpha/2}\frac{\sigma}{\sqrt{n}}\right)$$

이것을 추정오차 $\overline{x}-\mu$에 대하여 정리하면

$$-z_{\alpha/2}\frac{\sigma}{\sqrt{n}}<\overline{x}-\mu<z_{\alpha/2}\frac{\sigma}{\sqrt{n}}\ =|\overline{x}-\mu|<z_{\alpha/2}\frac{\sigma}{\sqrt{n}}$$

가 된다. 여기서, $z_{\alpha/2}\frac{\sigma}{\sqrt{n}}$는 모수와 추정값의 차이인 오차가 이것보다 작을 가능성이 $100(1-\alpha)\%$ 임을 의미한다. 이 때, $z_{\alpha/2}\frac{\sigma}{\sqrt{n}}$를 모평균 μ의 추정에서 $100(1-\alpha)\%$ 오차의 한계(limit of error)라고 한다.

따라서 오차의 한계 $z_{\alpha/2}\frac{\sigma}{\sqrt{n}}$를 d 이하로 하려면

$$d=z_{\alpha/2}\frac{\sigma}{\sqrt{n}}$$

을 n에 대해서 풀어 표본의 크기를 다음과 같이 얻을 수 있다.

$$n = \left(\frac{z_{\alpha/2}\,\sigma}{d}\right)^2$$

> **모평균 μ의 추정에서 $100(1-\alpha)\%$ 신뢰수준에서 오차의 한계를 d이하로 할 때 표본크기는 $\Rightarrow n = \left(\frac{z_{\alpha/2}\,\sigma}{d}\right)^2$**

위의 식은 모표준편차 σ를 알고 있는 경우에만 사용 가능하며, 실제로 σ를 모르는 경우가 대부분이므로 예비표본을 미리 추출하여 표본 표준편차 s를 구하여 표본의 크기 n을 구한다.

예제 9.13 어떤 산업에 종사하는 종업원의 임금이 정규분포를 따르는데 표준편차가 50,000원이라고 한다. 이 산업 전체 종업원의 평균 임금을 95%의 신뢰수준에서 10,000원 이내의 오차로 추정하기 위해서는 얼마나 많은 표본이 필요한가?

해설

$$n \geq \left(z_{0.025}\frac{\sigma}{d}\right)^2$$

$$= \left(1.96 \times \frac{50,000}{10,000}\right)^2$$

$$= 96.04$$

따라서 필요한 표본의 크기 $n = 97$ 이상이다.

예제 9.14 자전거를 생산하는 어떤 업체에서 하루 평균 자전거 생산량 μ를 추정하려고 한다. 과거 121일 간의 하루 생산량을 조사하여 다음을 얻었다. $\bar{x} = 500$대, $s = 110$대 .

95%의 신뢰수준에서 추정값 $\bar{x}$와 모평균 μ와의 차이가 10대 이내로 하려면 얼마나 많은 표본이 필요한가?

해설 $n \geq \left(\frac{Z_{\alpha/2}\ s}{d}\right)^2 = \left(1.96\frac{110}{10}\right)^2 = 463.83$

따라서 필요한 표본의 크기는 적어도 464대 이상이다.

(2) 모비율 추정에 필요한 표본크기 결정

모비율 p를 추정하는데 있어서 오차의 한계를 정해진 값 d보다 작게 하려면 표본의 크기를 얼마로 하면 좋은가를 결정해 보자.

모비율 p에 대한 $100(1-\alpha)\%$ 신뢰구간은

$$\hat{p} - z_{\alpha/2}\sqrt{\hat{p}(1-\hat{p})/n} \ < \ p \ < \hat{p} + z_{\alpha/2}\sqrt{\hat{p}(1-\hat{p})/n}$$

이며 이를 오차 $p-\hat{p}$에 대하여 정리하면

$$-z_{\alpha/2}\sqrt{\hat{p}(1-\hat{p})/n} \ < \ p-\hat{p} \ < z_{\alpha/2}\sqrt{\hat{p}(1-\hat{p})/n}$$

이 된다. 오차의 한계는 $z_{\alpha/2}\sqrt{\hat{p}(1-\hat{p})/n}$이 되며 이것을 d이하로 하려면 표본크기 n은 다음과 같이 구할 수 있다.

$$z_{\alpha/2}\sqrt{\hat{p}(1-\hat{p})/n} \leq d \quad \Rightarrow \quad n \geq \hat{p}(1-\hat{p})\left(\frac{z_{\alpha/2}}{d}\right)^2$$

여기서, 만일 $\hat{p}$를 사전조사나 과거의 경험에 의해 추정하지 않았다면 $\hat{p}(1-\hat{p})$의 값이 최대가 되는 $\hat{p}=1/2$을 대입하여 다음과 같이 표본크기 n을 구한다.

$$n \geq \frac{1}{4}\left(\frac{z_{\alpha/2}}{d}\right)^2$$

$\hat{p}(1-\hat{p})$의 값이 $\hat{p}=1/2$에서 최대가 되는 이유는

$$\hat{p}(1-\hat{p}) = -(\hat{p}^2-\hat{p}) = -(\hat{p}-1/2)^2+1/4 \le 1/4$$

이므로 $\hat{p}(1-\hat{p})$의 최대값은 $\hat{p}=1/2$일 때 1/4이다.

모평균 p의 추정에서 $100(1-\alpha)\%$ 신뢰수준에서 오차의 한계를 d이하로 할 때 표본의 크기 ① 모비율 p에 대한 사전정보가 있을 때 : $n \ge \hat{p}(1-\hat{p})\left(\frac{z_{\alpha/2}}{d}\right)^2$ ② 모비율 p에 대한 사전정보가 없을 때 : $n \ge \frac{1}{4}\left(\frac{z_{\alpha/2}}{d}\right)^2$

예제 9.15 어느 대형 할인마트에서 5만원 이상 물품을 구입할 때, 카드를 사용하는 고객들의 비율을 95% 신뢰수준에서 추정하고자 한다.

추정오차한계가 5%이내가 되기 위해서 필요한 표본의 크기를 구하여라. 단, 지난해에는 45%의 고객이 카드를 사용하였다고 한다.

해설

$$n \ge \hat{p}(1-\hat{p})\left(\frac{z_{\alpha/2}}{d}\right)^2$$

$$= (0.45)(0.55)\left(\frac{1.96}{0.05}\right)^2 = 380.32$$

따라서 필요한 표본의 크기는 $n = 381$ 이다.

예제 9.16 어느 대학에서는 학생들의 흡연율을 조사하려고 한다. 신뢰수준 90%에서 이 대학 학생의 전체 흡연 비율과 추정값의 차이가 5% 이내가 되도록 하려면 표본의 크기를 얼마로 해야 되는가?

해설 흡연율에 대한 사전 정보가 없는 경우이므로

$$n \geq \frac{1}{4}\left(\frac{z_{\alpha/2}}{d}\right)^2$$

$$= \frac{1}{4}\left(\frac{1.645}{0.05}\right)^2 = 270.6$$

따라서 필요한 표본의 크기는 $n = 271$ 명이다.

연습문제

【9.1】 어떤 제품의 품질 특성을 조사하기 위하여 10개의 표본을 추출하여 측정한 결과 다음과 같은 값을 얻었다.

2.3	2.2	2.1	1.9	2.2	2.4	2.1	2.3	1.7	1.8

① 이 품질특성치에 대한 모평균 μ를 추정하라.
② 모분산 σ^2을 추정하라.
③ 모표준편차 σ을 추정하라.
④ 모평균 μ에 대한 표준오차의 추정값을 구하라.

【9.2】 어느 대학교에서 영어 과목을 수강하는 학생들의 기말성적은 평균이 μ이고 표준편차가 $\sigma = 15$인 정규분포를 따른다고 한다. 25명의 학생을 추출하여 $\overline{x} = 69.2$을 얻었을 때 평균μ에 대한 95% 신뢰구간을 구하라.

【9.3】 어느 건전지 회사의 A제품은 표준편차가 4.26(시간)으로 알려져 있다. 이 회사 A제품의 평균 수명을 추정하기 위하여 40개의 표본을 임의로 추출하여 $\overline{x} = 58.29$(시간)을 얻었다. 이 회사 A제품의 평균수명 시간에 대한 95%의 신뢰구간을 구하라.

【9.4】 어떤 회사 커피 자판기에서 컵 한 잔에 나오는 커피의 양을 조사하기 위하여 15잔을 조사하여 다음과 같은 값을 얻었다. 이 자판기에서 나오는 커피 한 잔의 평균 양에 대한 95% 신뢰구간을 구하라. 단, 여기서 나오는 한 잔의 커피 양은 $\sigma = 0.25$인 정규분포를 따른다고 한다.

2.31	1.94	2.07	2.09	2.15
1.97	2.15	2.25	2.15	2.48
1.86	2.23	2.30	2.19	2.25

【9.5】 주식시장에서 성장주의 주식에 대하여 9개의 표본을 추출하여 주가수익률(PER)을 조사한 결과 다음을 얻었다. 성장주 주식의 평균 주가수익률에 대한 95% 신뢰구간을 구하여라.

21.45, 20.99, 20.87, 21.01, 20.98, 21.34, 21.76, 20.99, 21.12

【9.6】 투자신탁에서 운영하고 있는 펀드의 지난 8년간 수익률이 다음과 같다. 수익률의 분포가 정규분포에 가깝다고 가정할 때 σ^2에 대한 90% 신뢰구간을 구하라.

연도별	1	2	3	4	5	6	7	8
수익률	7.6	8.5	3.4	4.9	9.8	8.5	-2.5	12.0

【9.7】 1주일 동안 어떤 기계에서 생산된 제품들 중에서 200개의 제품을 임의로 추출하여 제품의 길이를 측정한 결과 표본평균이 8.5㎝, 표본표준편차가 0.7㎝이었다. 이 제품 길이의 평균에 대한 99% 신뢰구간을 구하라.

【9.8】 어떤 제품의 정확한 무게를 알아보기 위하여 7개의 제품을 임의로 추출하여 무게를 측정한 결과는 다음과 같다. 이 측정치의 분포가 정규분포를 따른다고 가정하고, 이 제품의 실제 평균 무게 μ에 대한 95% 신뢰구간을 구하라.

45, 47, 44, 48, 46, 45, 47

【9.9】 어느 은행의 조사부에서는 대학생들을 대상으로 실시하고 있는 학자금 융자에 대하여 그 회수율을 조사하고자 한다. 임의로 추출된 융자를 받은 200명의 학생들을 조사한 결과 180명이 융자금을 반환하였다. 융자금 회수율의 90% 신뢰구간을 구하라.

【9.10】 어느 신용카드 회사에서는 신용카드대금을 연체하는 소비자들을 대

상으로 연체기간에 대하여 조사하고자 한다. 신용카드대금 연체자들의 이름 목록으로부터 표본을 임의로 추출하여 전화조사를 실시할 계획이다. 전년도의 유사한 조사를 통해 연체기간에 대한 표본분산이 $s^2 = 100$(일)임이 알려져 있다. 평균 연체기간 95% 추정 오차한계가 3일 이내가 되기 위해서 필요한 표본의 크기를 구하라.

【9.11】 어느 광고회사에서 새로 나온 신제품에 대한 불량률을 조사하고자 한다. 신제품에 대한 불량률의 95% 추정오차한계가 5% 이내가 되기 위해서 필요한 표본의 크기를 구하라.

【9.12】 어느 학생집단으로부터 흡연 학생 비율을 추정하고자 한다. 학생 50명을 임의로 추출하여 조사한 결과 30명의 학생이 흡연을 하는 것으로 나타났다. 흡연 학생 비율의 90% 추정오차한계가 5% 이내가 되기 위해서 추가로 필요한 표본의 크기를 구하라.

【9.13】 어느 회사에서 생산되는 건전지 가운데 9개를 임의 추출하여 수명을 조사하였더니, 표본평균은 20.0시간, 표본분산은 9.0시간이었다. 이 회사의 건전지 수명이 정규분포를 따를 때 모분산 σ^2에 대한 95% 신뢰구간을 구하라.

제 10 장

통계적 검정과 엑셀활용

10.1 검정의 이해

10.1.1 검정의 이해

모집단의 모수나 확률분포에 대한 어떤 주장이나 예상을 통계적 가설이라고 한다. 통계적 가설검정(statistical hypothesis test)이란 모집단의 모수 값이나 확률분포에 대하여 어떤 가설을 설정하고 그 가설의 성립 여부를 표본정보를 이용하여 판정 하는 것을 말한다.

이러한 검정을 하려면, 우선 어떤 주장이나 예상에 대해 상호 배타적인 한 쌍으로 가설을 세워야 한다. 둘 중 하나의 예상은 진실이지만, 두 예상이 동시에 진실이 될 수는 없다. 두 예상 중 어느 것이 진실인지 모르기 때문에 가설이라고 부른다.

가설은 H_0 으로 표시하는 귀무가설(null hypothesis)과 H_1 로 표시하는 대립가설(alternative hypothesis)을 짝지어 세운다.

$$\begin{cases} H_0 : \text{귀무가설} \\ H_1 : \text{대립가설} \end{cases}$$

통상 어떤 새로운 주장이나 생각을 H_1로 설정하고, 이와 대립되는 즉, 기존의 입장이나 변화가 없는(무$=null=0$) 것을 H_0으로 설정한다. 이렇게 설정된 가설은 참이거나 거짓일 수 있으며, 표본정보에 근거하여 가설을 부정할 때 그 가설을 기각(reject)한다고 하며, 부정하지 못할 때 그 가설을 채택(accept)한다고 말한다.

예제 10.1 어떤 고등학교 졸업생들의 수능성적은 정규분포 $N(250, 40^2)$을 따른다. 새로운 교육방법의 도입으로 성적이 상승할 것이라는 주장이 제기되었다고 하자. 이에 대해 학교당국은 새로운 주장이 근거 있는 제안이라고 판단하여 임의로 25명의 학생을 뽑아 새로운 교육방법을 적용하고 그들의 수학능력시험이 향상되었는가를 평가하기로 하였다고 하자.

[예제 10.1]에서 학교당국의 주장이 맞는지에 대해 다음과 같이 귀무가설과 대립가설을 설정할 수 있다.

$$\begin{cases} H_0 : \mu = 250 \\ H_1 : \mu > 250 \end{cases}$$

두 가설 중 어느 것이 옳은지 귀무가설의 기각 여부를 결정하여야 한다.
- H_0을 기각한다면 대립가설 H_1이 옳다고 결론을 내릴 수 있다.
- H_0을 채택한다면 대립가설 H_1이 옳지 않다고 결론을 내릴 수 있다.
- 즉, 두 가설을 모두 검정하지 않고, H_0의 기각 여부만 결정한다.

이렇듯 가설은 반증적인 방법으로 증명하기 위해 귀무가설을 검정의 대상으로 삼고 표본정보에 의해 귀무가설을 기각(대립가설 채택)하거나 귀무가설을 채택(대립가설 기각)하게 된다. 위의 예제에서 25명의 표본평균 성적 $\overline{X}$가 250점 보다 높으면 귀무가설을 기각하려고 할 것이다.

이와 같이 귀무가설과 대립가설 중 어느 하나를 택하는데 사용되는 통계량을 검정통계량(test statistic)이라고 한다. 검정통계량의 값에 따라 귀무가설 H_0을 기각하든지 또는 채택하든지 결정하게 되므로, H_0을 기각하게 되는 검정통계량 값의 영역을 기각역(rejection region or critical region)이라 한다. 반대로 채택하게 되는 검정통계량 값의 영역을 채택역(acceptance region)이라 하며, 기각역과 채택역의 경계가 되는 값을 임계값(critical value)라고 한다.

어떻게 의사결정 할 것인가? ⇒ 증거의 역할 ⇒ H_0의 기각역을 구한다.
- 귀무가설이 사실이라고 가정하고 모순을 찾는다.

- 즉, 귀무가설은 사실인데 이를 기각하는 오류의 확률을 계산한다.
- μ에 대한 검정통계량 $\overline{X} \Rightarrow \overline{X} \sim N(250,\ 40^2/25)$
- $\overline{X}$가 H_1에 가까우면 H_0을 기각하려고 할 것이다(즉, H_1을 채택).
- c를 임계값이라 하고 귀무가설은 사실인데 이를 기각하는 오류의 확률이 0.05라고 하면

$$
\begin{aligned}
0.05 &= P(H_0 \text{을 기각} \mid H_0 \text{ 가 사실}) \\
&= P(\overline{X} > c \mid \mu = 250) \\
&= P\left(\frac{\overline{X} - 250}{40/\sqrt{25}} > \frac{c-250}{40/\sqrt{25}}\right) \\
&= P\left(Z > \frac{c-250}{40/\sqrt{25}}\right)
\end{aligned}
$$

$$\therefore\ \frac{c-250}{40/\sqrt{25}} = 1.645 \Rightarrow\ c = 250 + \frac{40}{\sqrt{25}}1.645 = 263.16$$

즉, 기각역은 $\bar{x} > 263.16$ 또는 $\dfrac{\bar{x} - 250}{40/\sqrt{25}} > 1.645$

물론 이렇게 귀무가설을 기각시킨다면 귀무가설이 참인데도 이를 기각시키는 오류를 범할 가능성은 5% 정도 된다.

이와 같이 가설검정에서는 기존의 상황에서는 발생할 가능성이 희박한 검정통계량의 어떤 수준을 정해 놓고, 검정통계량이 그 수준을 벗어나면 새로운 주장 대립가설을 받아들이는 체계를 갖고 있다.

여기서 유의해야 할 것은 H_0을 채택하는 결정을 내린다는 것은 H_0이 참이라는 것을 뜻하는 것은 아니다. 단지 그것이 의미하는 바는 주어진 표본자료에 근거해 볼 때 H_0이 틀렸다고는 확신하지 못한다는 것이다.

따라서 'H_0를 채택한다.'라는 명제는 'H_0을 기각할 뚜렷한 근거가 없다.'라는 의미로 받아들이는 것이 바람직한 것이다. H_0을 기각하는 결정을 내리는 경우에도 'H_0을 채택할 확실한 근거가 없다.'라는 의미로 해석하는 것이 바람직하다.

10.1.2 제1종 오류와 제2종 오류

가설검정의 결과를 나누어 보면 귀무가설이 참인 경우에 이를 채택하거나 기각하는 두 가지의 결정이 있고, 귀무가설이 거짓인 경우에 이를 채택하거나 기각하는 두 가지 결정이 있다.

따라서 가설검정에는 2개의 오류가 있게 되는데, 귀무가설이 참임에도 불구하고 귀무가설을 기각함으로써 발생되는 오류를 제1종 오류(type I error)라 하고, 제1종 오류를 범할 확률의 최대허용한계를 유의수준(significance level) 또는 위험률(critical rate)이라 하며 α로 표시한다.

또한, 귀무가설이 거짓임에도 불구하고 귀무가설을 채택함으로써 발생되는 오류를 제2종 오류(type II error)라 한다. 제2종 오류를 범할 확률을 β로 나타내며, $(1-\beta)$를 검정력함수(power function)라 한다. 검정력함수의 값을 검정력(power)이라 하는데 이것은 귀무가설이 틀린 경우에 이를 기각하는 확률이 된다.

[표 10.1] 제1종 및 제2종 오류

검정의 결과 / 실제의 현상	H_0를 채택	H_0 기각
H_0가 사실	옳은 결정	제1종 오류
H_0가 거짓	제2종 오류	옳은 결정

제1종 오류와 제2종 오류를 동시에 줄이는 검정이 바람직한 검정법이지만 표본의 크기가 고정되어 있을 때 제1종 오류를 줄이면 제2종 오류가 커지게 되므로 두 가지 오류를 줄이는 것은 불가능 하다.

이런 경우에 두 종류의 오류를 줄이기 위해서는 표본의 크기 n을 크게 해야 한다. 일반적으로 통계적 가설검정에서는 유의수준 α를 고정시키고, 제2종 오류의 확률을 최소가 되도록 하는 것이 보통이다.

10.1.3 단측검정과 양측검정

일반적으로 미지의 관심 모수 θ에 대한 가설은 θ_0을 θ의 특정한 값이라 할 때, 다음과 같이 설정할 수 있다.

(1) $H_0 : \theta = \theta_0$,　　$H_1 : \theta > \theta_0$　　(우측검정)

(2) $H_0 : \theta = \theta_0$,　　$H_1 : \theta < \theta_0$　　(좌측검정)

(3) $H_0 : \theta = \theta_0$,　　$H_1 : \theta \neq \theta_0$　　(양측검정)

(1), (2)와 같이 대립가설이 단측으로 주어질 때의 검정을 단측검정(one-tailed test)이라 하며 (3)과 같이 양측으로 주어질 때는 양측검정(two-tailed test)이라 한다. 보통 검정의 기각역은 대립가설의 형태에 따라 결정된다.

(1) $H_0 : \theta = \theta_0$,　　$H_1 : \theta > \theta_0$　　(우측검정의 기각역)

대립가설의 형태에 따라 기각역도 비슷한 형태를 취하게 되는데 우측검정일 때는 검정통계량 분포의 우측에 기각역이 설정되어진다.
즉, 유의수준을 α라 하고, $\hat{\theta}$를 가설의 검정통계량이라 하면, 우측검정일 때의 기각역은 $\{ \hat{\theta} > c_1 \}$이며, 이 때 c_1은 검정통계량 $\hat{\theta}$가 귀무가설 하에서 우측확률이 α가 되는 임계값이다.

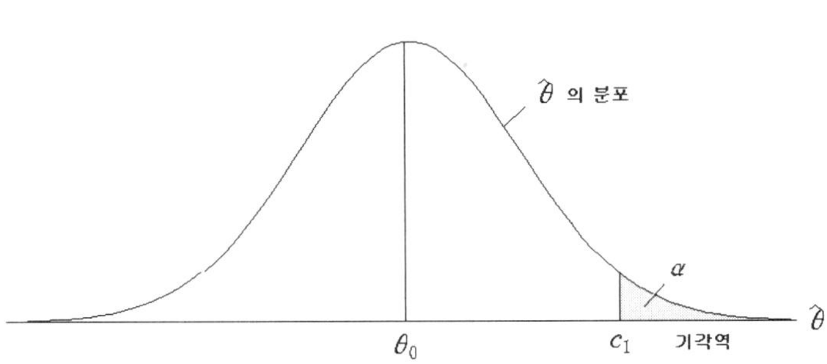

[그림 10.1] 우측검정의 기각역

(2) $H_0 : \theta = \theta_0$,　$H_1 : \theta < \theta_0$　(좌측검정의 기각역)

좌측검정일 때의 기각역은 $\hat{\theta} < c_2$ 이며, 이 때 c_2 는 검정통계량 $\hat{\theta}$ 가 귀무가설 하에서 좌측확률이 α 가 되는 임계값이다.

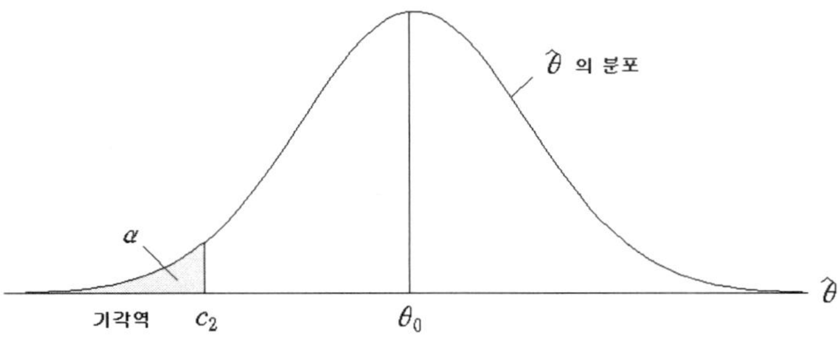

[그림 10.2] 좌측검정의 기각역

(3) $H_0 : \theta = \theta_0$,　$H_1 : \theta \neq \theta_0$　(양측검정의 기각역)

양측검정일 때의 기각역은 $\hat{\theta} > c_3$ 또는 $\hat{\theta} < c_4$ 이며, 이 때 c_3 는 우측확률이 $\alpha/2$ 가 되는 임계값이며, c_4 는 좌측확률이 $\alpha/2$ 가 되는 임계값이다.

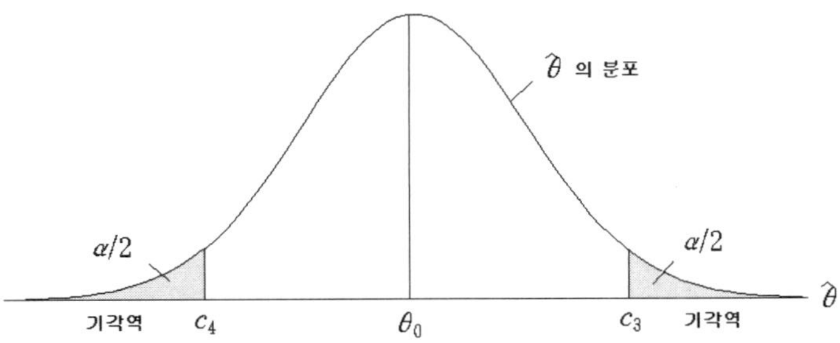

[그림 10.3] 양측검정의 기각역

가설검정을 수행하는 절차는 다음과 같다.

• 검정의 순서

① 귀무가설(H_0)과 대립가설(H_1)을 설정한다.
② 적절한 검정통계량을 결정하고 그 값을 계산한다.
③ 유의수준 α를 결정한다.
④ 기각역을 구한다.
⑤ 검정통계량 값이 기각역 안에 포함되면 H_0을 기각하고, 그렇지 않으면 H_0을 채택한다.

10.1.4 $p-$값(유의확률)

검정 수행 결과 유의수준 하에서 귀무가설이 기각될 때 그 검정결과는 "통계적으로 유의하다(statistical significant)"라고도 하는데 이는 가설을 검정하기 위해 모집단으로부터 얻은 표본정보가 귀무가설을 받아들일 만한 뚜렷한 증거를 갖고 있지 않아서 "귀무가설이 참이 아닐 것"이라는 것을 의미한다.

가설의 기각역 또는 채택역은 유의수준을 어떻게 취하느냐에 따라서 다르게 된다. 예를 들어, 유의수준이 0.05라면 이것은 귀무가설이 옳은 데도 불구하고 표본이 잘못 선정되어서 대립가설을 채택할 오류의 확률이 5/100라는 의미이다. 이는 표본을 100번 독립적으로 얻어 똑같은 검정을 할 때, 5번 정도는 귀무가설이 맞는데도 귀무가설을 기각할 오류를 범할 수 있다는 것이다.

일반적으로 유의수준은 0.05 또는 0.01로 놓지만, 검정하는 사람에 따라 다르게 놓을 수 있으며 이에 따라 같은 표본결과를 갖고서도 다른 검정결과를 얻을 수 있다.

이와 같이 유의수준 선택에 대한 다양성 때문에, 각종 통계소프트웨어에서는 유의확률(significance probability)을 출력 제공하여 의사결정자에게 검정의 결과를 판정하도록 하고 있다.

유의확률은 귀무가설 H_0가 참일 때, 표본으로부터 구한 검정통계량 값을 이용하여 H_0을 기각시킬 수 있는 가장 작은 크기의 유의수준이다. 보통 유의확률을 $p-$값(p-value)이라고 부르며 이 값을 유의수준과 비교하여 다음과 같이 귀무가설의 기각 여부를 판정한다.

• $p-$값을 이용한 검정

$p-$값 $<$ 유의수준 $\alpha \Rightarrow$ 귀무가설 H_0을 기각

$p-$값 $>$ 유의수준 $\alpha \Rightarrow$ 귀무가설 H_0을 채택

10.2 모평균의 검정

10.2.1 정규분포를 이용하는 경우

모평균의 검정은 신뢰구간과 마찬가지로 정규분포와 t분포를 이용하여 검정한다. 정규분포를 이용하는 경우는 다음과 같다.

① 모집단의 분포가 정규분포 $N(\mu,\ \sigma^2)$이며 모분산 σ^2값이 알려진 경우

② 모집단의 분포가 정규분포 $N(\mu,\ \sigma^2)$이며 모분산 σ^2값을 모르나 대표본인 경우

③ 모집단의 분포가 정규분포가 아닌 임의의 분포라도 대표본인 경우

만일 정규모집단 $N(\mu,\ \sigma^2)$에서 모분산 σ^2값을 모르고 소표본인 경우이면 t분포를 이용하여 신뢰구간을 구한다.

정규모집단 $N(\mu, \sigma^2)$에서 모분산 σ^2을 알고 있을 때 모평균 μ의 검정 절차는 다음과 같다.

정규모집단으로부터 추출한 크기가 n인 표본을 $X_1,\ X_2,\ \ldots, X_n$이라 하고 귀무가설이

$$H_0\ :\ \mu = \mu_0\,(\mu_0 \text{는 어떤 정해진 값})$$

이라 하자. 검정통계량으로 μ의 추정량인 표본평균 $\overline{X}$를 생각할 수 있는데 $\overline{X}$는 정규분포 $N\left(\mu, \frac{\sigma^2}{n}\right)$을 따르므로 H_0이 참일 때 이것을 표준화한 Z-통계량

$$Z_0 = \frac{\overline{X} - \mu_0}{\sigma / \sqrt{n}} \sim N(0,1) \tag{10.1}$$

을 검정통계량으로 사용한다.

만일 정규모집단 $N(\mu,\ \sigma^2)$에서 σ^2값을 모르나 대표본인 경우에는 Z-통계량 $Z_0 = \frac{\overline{X} - \mu_0}{\sigma / \sqrt{n}}$의 σ 대신 표본표준편차 S를 대입하여도 중심극한정리에 의해

$$Z_0 = \frac{\overline{X} - \mu_0}{S / \sqrt{n}} \sim N(0,1) \tag{10.2}$$

을 따르므로 식(10.2)를 검정통계량으로 사용한다.

모집단의 분포가 정규분포가 아닌 임의의 분포라도 대표본인 경우에도 중심극한정리에 의해

$$Z_0 = \frac{\overline{X} - \mu_0}{S / \sqrt{n}} \sim N(0,1)$$

이므로 식(10.2)를 검정통계량으로 사용한다. 따라서 검정통계량과 기각역

은 다음과 같이 요약할 수 있다.

• 대표본에서 모평균 μ의 가설검정

귀무가설 $H_0 : \mu = \mu_o$

검정통계량 값 $z_0 = \frac{(\bar{x} - \mu_0)}{\sigma / \sqrt{n}}$ 또는 $z_0 = \frac{(\bar{x} - \mu_0)}{s / \sqrt{n}}$

대립가설의 형태에 따른 기각역(유의수준 α)

$H_1 : \mu > \mu_0$인 경우 $z_0 > z_\alpha$

$H_1 : \mu < \mu_0$인 경우 $z_0 < -z_\alpha$

$H_1 : \mu \neq \mu_0$인 경우 $|z_0| > z_{\alpha/2}$

예제 10.2 어떤 시장 분석자는 A지역의 가정에서는 일주일 간의 외식비가 평균 28000원 미만이라고 주장한다. 이 지역에서 100세대의 가정을 추출하여 조사한 결과 주당 외식비의 평균이 26600원, 표준편차가 7000원 이었다. 시장 분석자의 주장이 맞는지 여부를 다음 경우에 검정하여 보라.

(1) 유의수준 α가 0.05로 미리 주어진 경우

(2) 유의수준 α가 미리 주어지지 않은 경우

해설 (1) 유의수준 α가 0.05로 미리 주어진 경우

① $H_0 : \mu = 28000$, $H_1 : \mu < 28000$

② 대표본이므로 정규분포를 이용한다.

검정통계량 : $z_0 = \frac{(\bar{x} - \mu_0)}{s / \sqrt{n}} = \frac{(26600 - 28000)}{7000 / \sqrt{100}} = -2.0$

③ $\alpha = 0.05$ 이므로 $-z_{0.05} = -1.645$ 이다.

④ $Z_0 = -2.0 < -z_{0.05} = -1.645$ 이므로 H_0 을 기각한다.

(2) 유의수준 α가 미리 주어지지 않은 경우

앞에서 구한 검정통계량 값이 -2.0이었다. $p-$값의 정의에 의해

$p-값 = P(Z_0 \leq -2.0) = 0.0228$

즉, 검정통계량 값 -2.0을 가지고 귀무가설을 기각시키기 위해서는 유의수준 α를 적어도 0.0228로 책정해야 된다는 것을 의미한다. 이 문제를 만일 유의수준 0.01에서 검정하였다면 귀무가설은 채택될 것이다. 왜냐하면,

$p-값 = 0.0228 > \alpha = 0.01$이기 때문이다.

엑셀연습 이 예제를 다음과 같이 엑셀로 풀 수 있다.

	A	B	C
1	검정		
2	n	100	
3	μ	28000	
4	α	0.05	
5	평균	26600	
6	표준편차	7000	
7			
8	검정통계량	-2	
9	양측기각치	1.96	
10	우측기각치	1.6449	
11	좌측기각치	-1.645	
12			
13	양측유의확률	0.0455	
14	우측유의확률	0.9772	
15	좌측유의확률	0.0228	

step 1 자료 입력

B2에서 B6까지 주어진 자료를 입력한다.

step 2 필요한 함수의 입력

B8에서 B15까지 각 셀에 들어갈 내용은 다음과 같다.

```
B8셀    =(B5-B3)/(B6/SQRT(B2))
B9셀    = NORMSINV(1-B4/2)
B10셀   = NORMSINV(1-B4)
B11셀   = NORMSINV(B4)
B13셀   =(1-NORMSDIST(ABS(B8)))*2
B14셀   = 1-NORMSDIST(B8)
B15셀   = NORMSDIST(B8)
```

만일 귀무가설 $H_0 : \mu = 28000$에 대해 대립가설이 $H_1 : \mu > 28000$로 주어지면 엑셀분석에서 우측 기각치와 우측 유의확률을 이용하여 판정하면 된다. 대립가설이 $H_1 : \mu \neq 28000$로 주어지면 양측 기각치와 양측 유의확률을 이용하여 판정한다.

예제 10.3 어떤 회사에서 생산하는 라이트의 수명은 평균36.5, 표준편차 6.02(단위: 일)인 정규분포를 따른다고 한다. 이 회사는 수명을 개선하기 위하여 신기술을 도입하였다. 생산된 신제품 중에서 49개의 표본을 추출하여 평균을 계산한 결과 39.08이었다. 다음을 유의수준 $\alpha = 0.05$ 에서 검정하라.

① 신기술 도입 후 생산된 제품은 종전 제품과 차이가 있다.
② 신기술 도입 후 생산된 제품은 종전 제품보다 개선되었다.
③ 신기술 도입 후 생산된 제품은 종전 제품보다 못하다.

해설 ① $H_0 \ : \ \mu = 36.5 \qquad H_1 \ : \ \mu \neq 36.5$

검정통계량 : $z_0 = \dfrac{39.08 - 36.5}{6.02/\sqrt{49}} = 3.0$

$\alpha = 0.05$ 이므로 $z_{0.025} = 1.96$

$z_0 = 3.0 > z_{\ 0.025} = 1.96$ 이므로 H_0을 기각한다. 따라서 유의수준 5%에서 신제품의 수명은 종전 제품과는 차이가 있다고 할 수 있다.

② H_0 : $\mu = 36.5$ H_1 : $\mu > 36.5$

검정통계량 : $z_0 = \dfrac{39.08 - 36.5}{6.02/\sqrt{49}} = 3.0$

$\alpha = 0.05$ 이므로 $z_{0.05} = 1.645$ 이다.

$z_0 = 3.0 > z_{0.05} = 1.645$ 이므로 H_0 을 기각한다. 따라서 유의수준 5%에서 신제품의 수명은 종전 제품보다 개선되었다고 할 수 있다.

③ H_0 : $\mu = 36.5$ H_1 : $\mu < 36.5$

검정통계량 : $z_0 = \dfrac{39.08 - 36.5}{6.02/\sqrt{49}} = 3.0$

$\alpha = 0.05$ 이므로 $-z_{0.05} = -1.645$ 이다.

$z_0 = 3.0 > -z_{0.05} = -1.645$ 이므로 H_0 을 기각할 수 없다. 따라서 유의수준 5%에서 신제품의 수명은 종전 제품보다 못 하다고 할 수 없다.

예제 10.4 다음은 [예제 9.5]에서 새 투자기법에 의한 40개 주가의 수익률 자료이다. 새로운 투자기법이 수익률을 향상시켰는지를 유의수준 5%에서 검정하여라.

54.7	58.9	60.3	53.4	60.6	54.1	53.2	56.9	58.7	70
50.1	56.4	57.8	57.9	61.3	56.4	56.2	57.7	56.6	58.6
59.8	57.6	54.3	52.1	56.2	57.4	58.9	59.7	60.5	62.6
66.7	58	54.3	61.5	59.8	61	71.3	54.3	56.2	59.6

해설 [예제 9.5]로부터 $\bar{x} = 58.29$, $s = 4.26$

① H_0 : $\mu = 56$ H_1 : $\mu > 56$

② 검정통계량 : $Z_0 = \dfrac{58.29 - 56}{4.26/\sqrt{40}} = 3.40$

③ $\alpha = 0.05$ 이므로 $z_{0.05} = 1.645$

④ $Z_0 = 3.40 > z_{0.05} = 1.645$ 이므로 H_0 을 기각한다. 즉 새로운 투자기법이 수익률을 향상시켰다고 볼 수 있다.

검정통계량을 이용해 유의확률 p 값을 구하면

$P(Z > 3.40) = 1 - 0.9997 = 0.0003$

이 된다. p값이 0.0003으로 유의수준 0.05보다 작기 때문에 귀무가설이 기각되고 대립가설이 채택된다.

엑셀연습 이 예제를 다음과 같이 엑셀로 풀 수 있다.

	A	B	C	D	E	F
1	수익률					
2	54.7	59.8		자료의 수	40	
3	58.9	57.6		μ	56	
4	60.3	54.3		α	0.05	
5	53.4	52.1				
6	60.6	56.2		평균	58.29	
7	54.1	57.4		표준편차	4.2561	
8	53.2	58.9				
9	56.9	59.7		검정통계량	3.4029	
10	58.7	60.5		양측기각치	1.96	
11	70	62.6		우측기각치	1.6449	
12	50.1	66.7		좌측기각치	-1.645	
13	56.4	58				
14	57.8	54.3		양측유의확률	0.0007	
15	57.9	61.5		우측유의확률	0.0003	
16	61.3	59.8		좌측유의확률	0.9997	
17	56.4	61				
18	56.2	71.3				
19	57.7	54.3				
20	56.6	56.2				
21	58.6	59.6				

step 1 자료 입력

A2에서 B21까지 자료를 입력한다.

step 2 필요한 함수의 입력

E2에서 E16까지 각 셀에 들어갈 내용은 다음과 같다.

E2셀 = COUNT(A2:B21)
E3셀 = 56
E4셀 = 0.05
E6셀 = AVERAGE(A2:B21)
E7셀 = STDEV(A2:B21)

E9셀 = (E6-E3)/(E7/SQRT(E2))
E10셀 = NORMSINV(1-E4/2)
E11셀 = NORMSINV(1-E4)
E12셀 = NORMSINV(E4)

E14셀 = (1-NORMSDIST(ABS(E9)))*2
E15셀 = 1-NORMSDIST(E9)
E16셀 = NORMSDIST(E9)

10.2.2 *t* 분포를 이용하는 경우

• 소표본에서 모평균 μ의 가설검정

귀무가설 $H_0 : \mu = \mu_o$

검정통계량 값 $t_0 = \dfrac{(\bar{x} - \mu_0)}{s/\sqrt{n}}$

대립가설의 형태에 따른 기각역(유의수준 α)

$H_1 : \mu > \mu_0$인 경우 $t_0 > t_\alpha(n-1)$

$H_1 : \mu < \mu_0$인 경우 $t_0 < -t_\alpha(n-1)$

$H_1 : \mu \neq \mu_0$인 경우 $|t_0| > t_{\alpha/2}(n-1)$

정규모집단 $N(\mu, \sigma^2)$에서 모분산 σ^2을 모르고 n이 소표본($n<30$)일 경

우 Z-통계량에서 σ 대신 S를 대입한 T-통계량

$$T_0 = \frac{\overline{X} - \mu_0}{S/\sqrt{n}}$$

는 자유도 $n-1$인 t분포를 따른다. 따라서 이와 같은 경우 T-통계량을 검정통계량으로 사용하며 앞에서와 같이 요약할 수 있다.

예제 10.5 [예제 9.7]에서 보험회사 신입사원들의 월 급여에 대한 자료를 이용하여 귀무가설과 대립가설이 각각 다음과 같을 때 이 가설들의 성립여부를 유의수준 5%에서 검정하라.

① $H_0 : \mu = 230 \quad H_1 : \mu \neq 230$

② $H_0 : \mu = 230 \quad H_1 : \mu < 230$

③ $H_0 : \mu = 230 \quad H_1 : \mu > 230$

해설 [예제 9.7]로부터 $\overline{x} = 227.6$, $s = 2.271$, $t_{0.025}(9) = 2.262$ 이다. $t_{0.05}(9) = 1.833$

검정통계량 $t_0 = \dfrac{227.6 - 230}{2.271/\sqrt{10}} = -3.342$

① $H_1 : \mu \neq 230$인 경우 $|t_0| = 3.342 > t_{0.025}(9) = 2.262$ 이므로 H_0을 기각한다.

② $H_1 : \mu < 230$인 경우 $t_0 = -3.342 < -t_{0.05}(9) = -1.833$ 이므로 H_0을 기각한다.

③ $H_1 : \mu > 230$인 경우 $t_0 = -3.342 < t_{0.05}(9) = 1.833$ 이므로 H_0을 기각 할 수 없다.

이상의 결과로부터 신입사원들의 평균 월 급여는 유의수준 0.05에서 230만원 미만이라고 볼 수 있다.

엑셀연습 이 예제를 다음과 같이 엑셀로 풀 수 있다.

	A	B	C	D	E
1	월급여				
2	226		자료의 수	10	
3	228		μ	230	
4	226		α	0.05	
5	225		평균	227.6	
6	232		표준편차	2.2706	
7	228		검정통계량	-3.3425	
8	227		양측기각치	2.2622	
9	229		우측기각치	1.8331	
10	225		좌측기각치	-1.8331	
11	230				
12			양측유의확률	0.0086	
13			우측유의확률	0.9957	
14			좌측유의확률	0.0043	

step 1 자료 입력

A2에서 A11까지 자료를 입력한다.

step 2 함수의 입력

D2에서 D14까지 각 셀에 들어갈 내용은 다음과 같다.

D2셀 = COUNT(A2:A11)

D3셀 = 230

D4셀 = 0.05

D5셀 = AVERAGE(A2:A11)

D6셀 = STDEV(A2:A11)

D7셀 = (D5−D3)/(D6/SQRT(D2))

D8셀 = TINV(D4,D2−1)

D9셀 = TINV(D4*2,D2−1)

D10셀 = −TINV(D4*2,D2−1)

D12셀 = TDIST(−D7,D2−1,2)

D13셀 = 1−TDIST(−D7,D2−1,1)

D14셀 = TDIST(−D7,D2−1,1)

D12에서 D14 셀에 있는 유의확률 $p-$값을 이용하면

$H_1 : \mu \neq 230$인 경우에는 $p-$값 $= 0.0086 <$ 유의수준 이므로 H_0을 기각

$H_1 : \mu < 230$인 경우에는 $p-$값 $= 0.0043 <$ 유의수준이므로 H_0을 기각,

$H_1 : \mu > 230$인 경우에는 $p-$값 $= 0.9957$이므로 H_0을 채택한다.

> ※ 엑셀에서 t분포의 꼬리 부분 확률 값을 계산하는 TDIST함수는 3개의 인수를 지정하는 TDIST(x, degrees_freedom, tails)의 형태이다. x는 분포의 확률 값을 계산하려는 변수의 값이고 degrees_freedom에는 자유도를 입력한다. tails는 분포가 단측 또는 양측분포인지를 나타내는 숫자로서 tails=1이면 단측분포를, tails=2이면 양측분포를 적용하여 확률 값을 계산한다.
> 예 : TDIST(2.571, 5, 1)=0.025, TDIST(2.571, 5, 2)=0.05

예제 10.6 어떤 승용차의 휘발유 $1l$(리터)당 평균 주행거리 μ를 파악하기 위하여 6대의 승용차에 $1l$의 휘발유를 넣고 달리는 실험을 하여 다음의 자료를 얻었다.

12 , 8 , 7 , 12 , 14 , 13 (단위;km)

소비자 보호협회에서는 이 승용차의 평균주행거리가 12km 미만이라고 주장한다. 이 협회의 주장이 맞는지를 유의수준 $\alpha = 0.05$에서 검정하라.

해설 ① $H_0 : \mu = 12$, $H_1 : \mu < 12$

② $\bar{x} = 11$, $s^2 = \frac{1}{n-1}(\sum x^2 - n\bar{x}^2) = \frac{1}{5}[766 - 6(11)^2] = 8$

검정통계량 : $t_0 = \dfrac{11-12}{\sqrt{8}/\sqrt{6}} = -0.866$

③ $\alpha = 0.05$ 이고, $t_{0.05}(5) = 2.015$

④ $t_0 = -0.866 > -t_{0.05}(5) = -2.015$ 이므로 H_0 을 기각할 수 없다.

10.3 모비율의 검정

이항모집단 $b(n, p)$에서 모수가 p일 때 검정할 가설이

$$H_0 \ : \ p = p_0 \,(p_0 \text{는 어떤 정하여진 값})$$

라고 하자. 표본의 크기 n이 충분히 크면 표본비율 $\hat{p}$는 중심극한정리에 의해 정규분포 $N\!\left(p,\ \frac{p(1-p)}{n}\right)$에 근사하므로 H_0이 참일 때 이것을 표준화한 Z-통계량

$$Z_0 = \frac{\hat{p} - p_0}{\sqrt{\frac{p_0(1-p_0)}{n}}} \sim N(0,\ 1)$$

을 검정통계량으로 사용한다. 따라서 검정통계량과 기각역을 다음과 같이 요약할 수 있다.

• 모비율 p의 가설검정

귀무가설 $H_0 : p = p_o$

검정통계량 값 $Z_0 = \dfrac{\hat{p} - p_o}{\sqrt{p_o(1-p_o)/n}}$

대립가설의 형태에 따른 기각역(유의수준 α)

$H_1 : p > p_o$인 경우 $z_0 > z_\alpha$

$H_1 : p < p_o$인 경우 $z_0 < -z_\alpha$

$H_1 : p \neq p_o$인 경우 $|z_0| > z_{\alpha/2}$

예제 10.7 신경불안치료를 위한 기존의 약은 60%의 효력이 있는 것으로 알려져 있다. 어떤 제약회사에서는 새로운 약을 개발하여 신경불안으로 고생하는 사람들 중에서 100명을 랜덤하게 추출한 다음, 이들에게 이 약을 투여하였더니 70명이 치료되었다. 이 결과로 새로운 약이 기존의 약보다 치료효과가 우수하다고 할 수 있는지를 제약회사의 입장에서 유의수준 $\alpha = 0.05$로 검정하라.

해설 ① H_0 : $p = 0.6$

H_1 : $p > 0.6$

② 표본비율 $\hat{p} = \dfrac{70}{100} = 0.7$

검정통계량 : $Z_0 = \dfrac{0.7 - 0.6}{\sqrt{\dfrac{0.6 \times 0.4}{100}}} = 2.041$

③ $\alpha = 0.05$이므로, $z_{0.05} = 1.645$이다.

④ $Z_0 = 2.041 > z_{0.05} = 1.645$이므로 H_0을 기각한다. 따라서 새로운 약이 기존의 약보다 치료효과가 우수하다고 할 수 있다.

예제 10.8 어느 대학에서는 졸업생의 취업률이 80% 라고 주장하고 있다. 이 주장을 확인하기 위하여 50명의 졸업생을 임의로 추출하여 조사한 결과 45명이 취업자였다. 이 대학의 주장에 신뢰성이 있는지 유의수준 5%에서 검정하라.

해설 ① H_0 : $p = 0.8$ H_1 : $p \neq 0.8$

② 표본비율 $\hat{p} = \dfrac{45}{50} = 0.9$

검정통계량 : $Z_0 = \dfrac{0.9 - 0.8}{\sqrt{\dfrac{0.8(0.2)}{50}}} = 1.768$

③ $\alpha = 0.05$이므로, $z_{0.025} = 1.96$이다.

④ $Z_0 = 1.768 < z_{0.025} = 1.96$이므로 H_0을 기각할 수 없다.

10.4 모분산의 검정

모평균 μ와 모분산 σ^2이 미지인 정규모집단 $N(\mu, \sigma^2)$으로부터 크기가 n인 표본을 $X_1, X_2, \ldots, X_n$이라 하고 검정할 귀무가설이

$$H_0 \ : \ \sigma^2 = \sigma_0^2$$

라고 하자. 이 경우에

$$\chi^2 = \frac{(n-1)S^2}{\sigma_0^2}$$

을 검정통계량으로 사용하며, 이는 자유도 $n-1$인 χ^2분포를 따른다. 따라서 검정통계량과 기각역을 다음과 같이 요약할 수 있다.

• 모분산 σ^2의 가설검정

귀무가설 $H_0 : \sigma^2 = \sigma_o^2$

검정통계량 값 $\chi_0^2 = \dfrac{(n-1)s^2}{\sigma_0^2}$

대립가설의 형태에 따른 기각역(유의수준 α)

$H_1 : \sigma^2 > \sigma_o^2$인 경우 $\chi_0^2 > \chi_\alpha^2(n-1)$

$H_1 : \sigma^2 < \sigma_o^2$인 경우 $\chi_0^2 < \chi_{(1-\alpha)}^2(n-1)$

$H_1 : \sigma^2 \neq \sigma_o^2$인 경우 $\chi_0^2 > \chi_{\alpha/2}^2(n-1)$ 또는 $\chi_0^2 < \chi_{(1-\alpha/2)}^2(n-1)$

예제 10.9 [예제 9.7]에서 보험회사 신입사원들의 월 급여에 대한 자료를 이용하여 귀무가설과 대립가설이 각각 다음과 같을 때 이 가설의 성립여부를 유의수준 5%에서 검정하라.

$H_0 : \sigma^2 = 1.5^2 \qquad H_1 : \sigma^2 \neq 1.5^2$

해설 $s^2 = 5.156$

$\chi^2_{1-\alpha/2}(n-1) = \chi^2_{0.975}(9) = 2.7$

$\chi^2_{\alpha/2}(n-1) = \chi^2_{0.025}(9) = 19.02$

검정통계량 $\chi^2_0 = \dfrac{(n-1)s^2}{\sigma^2_0} = \dfrac{(10-1)5.156}{2.25} = 20.624$

$\chi^2_0 = 20.624 > 19.02$ 이므로 H_0 을 기각한다.

엑셀연습 이 예제를 다음과 같이 엑셀로 풀 수 있다.

	A	B	C	D	E
1	월급여		분산 검정		
2	226		자료의 수	10	
3	228		σ^2	2.25	
4	226		α	0.05	
5	225		표본분산	5.15556	
6	232		검정통계량	20.6222	
7	228		$\chi^2_{\alpha/2}$	19.0228	
8	227		$\chi^2_{1-\alpha/2}$	2.70039	
9	229				
10	225		양측유의확률	0.02888	
11	230		우측유의확률	0.01444	
12			좌측유의확률	0.98556	

step 1 자료 입력

A2에서 A11까지 자료를 입력한다.

step 2 함수의 입력

D2에서 D12까지 각 셀에 들어갈 내용은 다음과 같다.

D2셀 = COUNT(A2:A11)

D3셀 = 2.25

```
D4셀    = 0.05
D5셀    =VAR(A2:A11)
D6셀    =(D2-1)*D5/D3
D7셀    =CHIINV(0.025,D2- 1)
D8셀    =CHIINV(0.975,D2-1)
D10셀   =CHIDIST(D6,D2-1)*2
D11셀   =CHIDIST(D6,D2-1)
D12셀   =1-CHIDIST(D6,D2-1)
```

D10에서 D12 셀에 있는 유의확률 $p-$값을 이용하면

$H_1 : \sigma^2 \neq 1.5^2$인 경우에는 $p-$값 $= 0.0288 <$ 유의수준 이므로 H_0을 기각

$H_1 : \sigma^2 < 1.5^2$인 경우에는 $p-$값 $= 0.9856 >$ 유의수준 이므로 H_0을 채택

$H_1 : \sigma^2 > 1.5^2$인 경우에는 $p-$값 $= 0.0144 <$ 유의수준 이므로 H_0을 기각

이상의 결과적로부터 신입사원들의 월 급여에 대한 모분산은 유의수준 0.05에서 2.25보다 크다고 말 할 수 있다.

> ※ 엑셀에서 χ^2분포의 꼬리 부분 확률 값을 계산하는 CHIDIST함수는 2개의 인수를 지정하는 CHIDIST(x, degrees_freedom)의 형태이다. x는 분포의 확률 값을 계산하려는 변수의 값이고 degrees_freedom에는 자유도를 입력한다.

예제 10.10 자동화 공장의 생산라인에서 생산되는 실린더의 지름은 약간의 기술적인 오차는 허용하지만, 지름의 표준편차가 1.2mm를 상회하면 생산공정에 이상이 있는 것으로 판정된다. 어느 날 생산라인에서 생산된 16개의 실린더를 임의로 추출하여 분석한 자료가 다음과 같다.

31, 33, 31, 33, 35, 32, 31, 35, 35, 32, 35, 32, 32, 31, 35, 33

이 생산공정에 이상이 있는지 여부를 유의수준 $\alpha = 0.05$에서 검정하라.

해설 $H_0 : \sigma^2 = 1.44 \quad H_1 : \sigma^2 > 1.44$

우측검정이므로, 기각역은 $\chi_0^2 \geq \chi_{0.05}(15) = 25$로 주어진다.

$s^2 = 2.65$

$$\chi_0^2 = \frac{(n-1)s^2}{\sigma_0^2} = \frac{15(2.65)}{1.44} = 27.6 > \chi_{0.05}^2(15) = 25$$

이므로, 귀무가설 H_0을 기각한다. 즉 실린더 생산공정에 이상이 있다고 할 수 있다.

연습문제

【10.1】 어느 상품의 표지에 내용물의 무게가 200g이라고 표시되어 있다. 이를 확인하기 위하여 임의로 49개의 상품을 추출하여 그 내용물의 무게를 측정해 본 결과 평균 무게는 195g이었다. 이 상품의 표지에 적혀 있는 내용물의 무게가 정확한 것인지를 유의수준 5%에서 검정하여라. 이 때, 그 상품의 내용물의 무게의 분산은 $\sigma^2 = 9\,\mathrm{g}$으로 알려져 있다.

【10.2】 어느 컴퓨터 회사에서 생산한 부품의 평균 소비자 가격이 100,000원 미만이라는 주장을 확인하고자 한다. 이를 위하여 이 컴퓨터 부품을 구입한 100명의 고객들을 대상으로 구입한 부품 가격을 조사하여 다음과 같은 결과를 얻었다. 이 회사의 주장을 믿을 수 있는지 유의수준 5%에서 검정하라.

$\bar{x} = 103{,}000,\ s = 2{,}000$

【10.3】 어떤 회사에서는 연구 개발을 통해 통조림에 함유되어 있는 부패방지용 첨가물의 용량을 획기적으로 감소시켰다고 발표하였다. 과거 통조림에 함유되어 있는 부패방지용 용량의 평균은 21.50이었다. 이 회사에서 생산되는 통조림 중에서 임의로 9개를 추출하여 부패방지용 함유량을 조사한 자료는 다음과 같다. 과연 신기술에 따라 부패방지용의 첨가물이 감소하였는지 유의수준 $\alpha = 0.05$에서 검정하라.

21.45, 20.99, 20.87, 21.01, 20.98, 21.34, 21.76, 20.99, 21.12

【10.4】 어느 제조회사의 제품 공정관리에서는 제품의 재료가 되는 합성섬유의 장력강도에 대한 분산을 5이내로 하고 있다. 이번에 납품된 재료 중에서 무작위로 25개를 추출하여 조사한 결과, 장력강도의 분산이 7이었다.

섬유의 장력강도가 근사적으로 정규분포를 따른다고 가정할 때, 납품된 재료는 이상이 있는지를 유의수준 $\alpha = 0.05$ 에서 검정하라.

【10.5】 모표준편차가 2인 정규모집단에 대하여 $H_0 : \mu = 80$, $H_1 : \mu > 80$ 의 가설을 검정하려고 $n = 16$ 인 임의의 표본을 추출하여 평균을 구한 결 과 81.25 이었다. 모평균이 80보다 크다고 할 수 있는지를 유의수준 0.05에서 검정하라.

【10.6】 어느 회사 제품 전구의 표본 100개로부터 평균수명 $\overline{x} = 1,570$ 시간, 표준편차 $s = 120$ 시간을 얻었다. 전구의 수명이 1,600 시간이라고 하는 이 회사의 주장을 유의수준 5%와 1%에서 각각 검정하여라.

【10.7】 어느 회사는 오전 8시 30분을 출근시간으로 정해 놓고 있다. 이 회사의 직원들이 8시 30분 이후에 출근하게 되면 지각으로 체크되며, 평소의 지각율은 6%이다. 그런데 어느 날 출근시간 대에 눈이 내리기 시작하여 100명의 직원들 중에서 9명이 지각을 하였다. 눈으로 인해 지각율이 평소의 지각율보다 높아졌다고 할 수 있는지를 유의수준 5%에서 검정하라.

【10.8】 종전의 공정에서 생산된 제품의 불량률은 0.05이었다. 새로운 공정을 도입하여 생산된 제품 중에서 100개의 제품을 임의로 추출하여 불량품을 조사한 결과 3개의 불량품이 발견되었다. 새로운 공정에 의해 불량률이 개선되었다고 할 수 있는지를 유의수준 5%에서 검정하라.

【10.9】 지난해 어느 금융학과 학생회에서 신입생들을 대상으로 전공에 대한 만족도를 조사한 결과 80%의 학생들이 전공에 만족하고 있는 것으로 조사되었다. 올해 입학한 신입생 100명을 대상으로 전공에 대한 만족도를 조사한 결과 85명이 만족하고 있는 것으로 나타났다. 올해 입학한 학생들의 전공에 대한 만족도가 지난해보다 높다고 할 수 있는지 유의수준 5%에서 검정하라.

제 11 장

두 모집단의 추론과 엑셀활용

11.1 모평균 차에 대한 구간추정과 검정

지금까지는 하나의 모집단에 대한 모평균 μ의 추정과 검정 방법을 다루었는데 두 모집단의 모평균 차이 $\mu_1-\mu_2$가 관심의 대상이 되는 경우도 많이 있다. 예를 들면 두 회사의 평균 매출액에 대한 차를 비교한다든지, 두 대학의 평균 토익성적 차이가 있는지를 알아본다거나 사원들의 업무 향상을 위해 성과급 전과 후의 업무 효과를 비교 하는 일 등이 이에 해당되는 경우이다.

두 정규모집단 $N(\mu_1,\sigma_1^2)$, $N(\mu_2,\sigma_2^2)$에서 두 모평균 차 $\mu_1-\mu_2$의 추론을 위해 먼저 표본, 표본평균, 표본분산 등을 다음과 같이 나타내자.

• $\mu_1-\mu_2$의 추론을 위한 독립인 두 확률표본과 필요한 통계량

① $X_1, X_2, \cdots, X_{n_1} \sim N(\mu_1, \sigma_1^2)$에서 추출한 n_1개의 표본

$$\Rightarrow \overline{X}=\frac{1}{n_1}\sum_{i=1}^{n_1}X_i \ , \ S_1^2=\frac{1}{n_1-1}\sum_{i=1}^{n_1}(X_i-\overline{X})^2$$

② $Y_1, Y_2, \cdots, Y_{n_2} \sim N(\mu_2, \sigma_2^2)$에서 추출한 n_2개의 표본

$$\Rightarrow \overline{Y}=\frac{1}{n_2}\sum_{i=1}^{n_2}Y_i \ , \ S_2^2=\frac{1}{n_2-1}\sum_{i=1}^{n_2}(Y_i-\overline{Y})^2$$

③ 두 표본 $X_1, X_2, \cdots, X_{n_1}$과 $Y_1, Y_2, \cdots, Y_{n_2}$는 독립이다.

만일 두 표본 $X_1, X_2, \cdots, X_{n_1}$과 $Y_1, Y_2, \cdots, Y_{n_2}$가 독립이 아니면 11.2절에서 다루게 되는 쌍체비교 방법으로 모평균 차 $\mu_1-\mu_2$의 추론을 한다.

11.1.1 대표본인 경우

모평균의 차 $\mu_1-\mu_2$의 추론은 정규분포와 t분포를 이용하여 진행한다.

정규분포를 이용하는 경우는 다음과 같다.

① 두 모집단의 정규분포에서 모분산 σ_1^2, σ_2^2값이 알려진 경우
② 두 모집단의 정규분포에서 모분산 σ_1^2, σ_2^2값을 모르나 대표본인 경우
③ 모집단의 분포가 정규분포가 아닌 임의의 분포라도 대표본인 경우

두 정규모집단 $N(\mu_1, \sigma_1^2), N(\mu_2, \sigma_2^2)$으로부터 크기가 n_1, n_2인 서로 독립인 확률표본을 추출할 때 각각의 표본평균을 $\overline{X}$, $\overline{Y}$라 하면, $\mu_1 - \mu_2$의 추정량 $\overline{X} - \overline{Y}$의 기대값과 분산은 다음과 같다.

$$E(\overline{X} - \overline{Y}) = E(\overline{X}) - E(\overline{Y}) = \mu_1 - \mu_2$$
$$Var(\overline{X} - \overline{Y}) = Var(\overline{X}) + Var(\overline{Y}) = \frac{\sigma_1^2}{n_1} + \frac{\sigma_2^2}{n_2}$$

따라서 $\overline{X} - \overline{Y}$는 $N\left(\mu_1 - \mu_2, \frac{\sigma_1^2}{n_1} + \frac{\sigma_2^2}{n_2}\right)$을 따르게 되며 $\overline{X} - \overline{Y}$를 표준화한 Z-통계량

$$Z = \frac{(\overline{X} - \overline{Y}) - (\mu_1 - \mu_2)}{\sqrt{\frac{\sigma_1^2}{n_1} + \frac{\sigma_2^2}{n_2}}} \tag{11.1}$$

은 표준정규분포 $N(0,1)$을 따른다. 따라서 임의의 양수 $\alpha\,(0 < \alpha < 1)$에 대하여

$$P\left(-Z_{\alpha/2} < \frac{(\overline{X} - \overline{Y}) - (\mu_1 - \mu_2)}{\sqrt{\frac{\sigma_1^2}{n_1} + \frac{\sigma_2^2}{n_2}}} < Z_{\alpha/2}\right) = 1 - \alpha$$

가 성립한다. 위의 식에서 좌변 항의 괄호 속의 부등식을 μ에 관해 풀어서 정리하면 다음과 같이 쓸 수 있다.

$$P\left((\overline{X}-\overline{Y})-z_{\alpha/2}\sqrt{\frac{\sigma_1^2}{n_1}+\frac{\sigma_2^2}{n_2}}<\mu_1-\mu_2<(\overline{X}-\overline{Y})+z_{\alpha/2}\sqrt{\frac{\sigma_1^2}{n_1}+\frac{\sigma_2^2}{n_2}}\right)=1-\alpha$$

이로부터 두 모평균 차 $\mu_1-\mu_2$에 대한 $100(1-\alpha)\%$ 신뢰구간은 다음과 같다.

$$\left((\overline{x}-\overline{y})-z_{\alpha/2}\sqrt{\frac{\sigma_1^2}{n_1}+\frac{\sigma_2^2}{n_2}},\quad(\overline{x}-\overline{y})+z_{\alpha/2}\sqrt{\frac{\sigma_1^2}{n_1}+\frac{\sigma_2^2}{n_2}}\right) \tag{11.2}$$

만일 두 모분산 σ_1^2과 σ_2^2값을 모르나 n_1, n_2가 대표본인 경우에는 식(11.1)의 Z-통계량에서 표본분산 S_1^2, S_2^2을 대입한 Z-통계량

$$Z=\frac{(\overline{X}-\overline{Y})-(\mu_1-\mu_2)}{\sqrt{\frac{S_1^2}{n_1}+\frac{S_2^2}{n_2}}} \tag{11.3}$$

도 중심극한정리에 의해 표준정규분포 $N(0,1)$을 따른다. 따라서 이 경우에 $\mu_1-\mu_2$에 대한 $100(1-\alpha)\%$ 신뢰구간은 다음과 같다.

$$\left((\overline{x}-\overline{y})-z_{\alpha/2}\sqrt{\frac{s_1^2}{n_1}+\frac{s_2^2}{n_2}},\quad(\overline{x}-\overline{y})+z_{\alpha/2}\sqrt{\frac{s_1^2}{n_1}+\frac{s_2^2}{n_2}}\right) \tag{11.4}$$

또한 모집단의 분포가 정규분포가 아더라도 n_1, n_2가 대표본인 경우에는 식(11.1)과 (11.3)은 중심극한정리에 의해 표준정규분포 $N(0,1)$을 따르므로 $\mu_1-\mu_2$에 대한 $100(1-\alpha)\%$ 신뢰구간은 식(11.2), (11.4)와 같다.

• 대표본에서 모평균 차 $\mu_1 - \mu_2$의 $100(1-\alpha)\%$ 신뢰구간

$$\left((\bar{x}-\bar{y}) - z_{\alpha/2}\sqrt{\frac{\sigma_1^2}{n_1}+\frac{\sigma_2^2}{n_2}},\quad (\bar{x}-\bar{y}) + z_{\alpha/2}\sqrt{\frac{\sigma_1^2}{n_1}+\frac{\sigma_2^2}{n_2}} \right)$$

$$\left((\bar{x}-\bar{y}) - z_{\alpha/2}\sqrt{\frac{s_1^2}{n_1}+\frac{s_2^2}{n_2}},\quad (\bar{x}-\bar{y}) + z_{\alpha/2}\sqrt{\frac{s_1^2}{n_1}+\frac{s_2^2}{n_2}} \right)$$

이제 두 모평균 차 $\mu_1 - \mu_2$의 검정 절차를 살펴보자. $\mu_1 - \mu_2$에 대해 검정할 귀무가설이

$$H_0 \ : \ \mu_1 - \mu_2 = 0$$

라고 하자. 이 경우에 검정통계량으로 모평균 차 $\mu_1 - \mu_2$의 추정량 $\overline{X} - \overline{Y}$를 생각할 수 있는데 $\overline{X} - \overline{Y}$는 정규분포 $N\left(\mu_1 - \mu_2\,,\ \frac{\sigma_1^2}{n_1}+\frac{\sigma_2^2}{n_2}\right)$을 따르므로 H_0이 참일 때 이를 표준화한 Z-통계량

$$Z_0 = \frac{(\overline{X}-\overline{Y})}{\sqrt{\frac{\sigma_1^2}{n_1}+\frac{\sigma_2^2}{n_2}}} \sim N(0,1) \qquad (11.5)$$

을 검정통계량으로 사용하며 기각역은 정규분포의 α점을 사용한다. 모평균 차 $\mu_1 - \mu_2$의 신뢰구간에서와 마찬가지로 두 모분산 σ_1^2과 σ_2^2값을 모르나 n_1, n_2가 대표본인 경우에는 식(11.5)의 Z-통계량에서 표본분산 S_1^2, S_2^2을 대입하여 검정통계량으로 사용한다.

$$Z_0 = \frac{(\overline{X}-\overline{Y})}{\sqrt{\frac{S_1^2}{n_1}+\frac{S_2^2}{n_2}}} \sim N(0,1) \qquad (11.6)$$

또한 모집단의 분포가 정규분포가 아더라도 n_1, n_2가 대표본인 경우에는 식(11.5)와 (11.6)은 중심극한정리에 의해 표준정규분포 $N(0,1)$을 따르므로 익 식들을 검정통계량으로 사용한다. 이상을 다음과 같이 요약할 수 있다.

• 대표본에서 모평균 차 $\mu_1 - \mu_2$의 가설검정

귀무가설 $H_0 : \mu_1 = \mu_2$ 또는 $H_0 : \mu_1 - \mu_2 = 0$

검정통계량 값 $z_0 = \dfrac{\overline{x} - \overline{y}}{\sqrt{\dfrac{\sigma_1^2}{n_1} + \dfrac{\sigma_2^2}{n_2}}}$ 또는 $z_0 = \dfrac{\overline{x} - \overline{y}}{\sqrt{\dfrac{s_1^2}{n_1} + \dfrac{s_2^2}{n_2}}}$

대립가설의 형태에 따른 기각역(유의수준 α)

$H_1 : \mu_1 - \mu_2 \neq 0$인 경우 $|z_0| > z_{\alpha/2}$

$H_1 : \mu_1 - \mu_2 > 0$인 경우 $z_0 > z_\alpha$

$H_1 : \mu_1 - \mu_2 < 0$인 경우 $z_0 < -z_\alpha$

예제 11.1 어느 대학 인문계열과 이공계열의 학생 각각 50명, 40명을 뽑아 감성지수를 측정하여 평균을 구한 결과 인문계열은 85점, 이공계열은 83점 이었다. 두 계열의 감성지수 차이에 대한 95% 신뢰구간을 구하라. 단, 감성지수의 표준편차는 두 학과가 모두 $\sigma = 5$로 알려져 있다.

해설 인문계열 : $n_1 = 50,\ \overline{x} = 85,\ \sigma_1^2 = 25$

이공계열 : $n_2 = 40,\ \overline{y} = 83,\ \sigma_2^2 = 25$

$$z_{0.025}\sqrt{\frac{\sigma_1^2}{n_1} + \frac{\sigma_2^2}{n_2}} = 1.96\sqrt{\frac{5^2}{50} + \frac{5^2}{40}} = 2.08$$

$$\Rightarrow (85 - 83) - 2.08 \le \mu_1 - \mu_2 \le (85 - 83) + 2.08$$

$$\therefore\ -0.08 \le \mu_1 - \mu_2 \le 4.08$$

예제 11.2 [예제 11.1]에서 인문계열과 이공계열 학생들의 감성지수의 차이가 있는지를 유의수준 $\alpha = 0.05$에서 검정하라.

해설 ① $H_0 \ : \ \mu_1 = \mu_2$

$H_1 \ : \ \mu_1 \neq \mu_2$

② 검정통계량 :

$$z_0 = \frac{85-83}{\sqrt{\frac{5^2}{50}+\frac{5^2}{40}}} = 1.89$$

③ $\alpha = 0.05$ 이므로 $z_{0.025} = 1.96$

④ $z_0 = 1.89 < z_{0.025} = 1.96$ 이므로 H_0를 채택한다. 따라서 두 학과 학생들의 감성지수는 차이가 없다고 할 수 있다.

예제 11.3 어떤 두 기업 사원들의 평균임금을 비교하기 위하여 각각 100명씩을 임의추출하여 임금을 조사한 결과 다음과 같은 자료를 얻었다.

A 기업 : $\bar{x} = 2{,}000, \ s_1 = 30$

B 기업 : $\bar{y} = 1{,}900, \ s_2 = 25$

① 두 기업 사원들의 평균임금 차 $\mu_1 - \mu_2$의 추정값을 구하라.

② $\overline{X} - \overline{Y}$에 대한 표준오차의 추정값을 구하라.

③ $\mu_1 - \mu_2$에 대한 95% 신뢰구간을 구하라.

해설 ① $\mu_1 - \mu_2$의 추정값 : $\bar{x} - \bar{y} = 2000 - 1900 = 100$

② 일반적으로 추정량의 표준편차를 표준오차(standard error)라고 한다. 여기서는

$Var(\overline{X} - \overline{Y}) = \frac{\sigma_1^2}{n_1} + \frac{\sigma_2^2}{n_2}$ 이므로 표준오차의 추정값은

$$\sqrt{\frac{30^2}{100} + \frac{25^2}{100}} = 3.905$$

③ $\mu_1 - \mu_2$에 대한 95% 신뢰구간 :

$$(2000 - 1900) \pm 1.96 \times 3.905$$

$$\Rightarrow 100 - 6.248 < \mu_1 - \mu_2 < 100 + 6.248$$

$$\Rightarrow 93.752 < \mu_1 - \mu_2 < 106.248$$

11.1.2 소표본인 경우

두 정규모집단 $N(\mu_1, \sigma_1^2)$, $N(\mu_2, \sigma_2^2)$으로부터 크기가 n_1, n_2인 서로 독립인 표본을 추출할 때 표본의 크기 n_1, n_2가 소표본($n_1 < 30$, $n_2 < 30$)일 경우 두 모평균의 차 $\mu_1 - \mu_2$에 대한 추론을 살펴보자. 이때 두 모분산은 $\sigma_1^2 = \sigma_2^2 = \sigma^2$ 으로 같다는 가정을 추가한다.

이 경우에 $\overline{X} - \overline{Y}$의 분포는 $N\left(\mu_1 - \mu_2, \sigma(\frac{1}{n_1} + \frac{1}{n_2})\right)$이 되며 이를 표준화한 통계량

$$Z = \frac{(\overline{X} - \overline{Y}) - (\mu_1 - \mu_2)}{\sigma\sqrt{\frac{1}{n_1} + \frac{1}{n_2}}} \qquad (11.7)$$

는 표준정규분포 $N(0, 1)$을 따르게 된다. 이때 공통분산 $\sigma_1^2 = \sigma_2^2 = \sigma^2$을 모르므로 $\sigma_1^2 = \sigma_2^2 = \sigma^2$의 합동 추정량으로 다음의 표본 합동분산(pooled variance)을 사용한다.

$$S_p^2 = \frac{\sum_{i=1}^{n_1}(X_i - \overline{X})^2 + \sum_{i=1}^{n_2}(Y_i - \overline{Y})^2}{(n_1 - 1) + (n_2 - 1)} = \frac{(n_1 - 1)S_1^2 + (n_2 - 1)S_2^2}{n_1 + n_2 - 2} \qquad (11.8)$$

따라서 합동분산 S_p^2을 이용하여 $\overline{X} - \overline{Y}$를 표준화시킨 T-통계량은

$$T = \frac{(\overline{X} - \overline{Y}) - (\mu_1 - \mu_2)}{S_p \sqrt{\frac{1}{n_1} + \frac{1}{n_2}}} \tag{11.9}$$

이며, 자유도 $n_1 + n_2 - 2$인 t분포를 따른다. 임의의 양수 $\alpha\,(0 < \alpha < 1)$에 대하여

$$P\left(-t_{\alpha/2}(n_1 + n_2 - 2) < \frac{(\overline{X} - \overline{Y}) - (\mu_1 - \mu_2)}{S_p \sqrt{\frac{1}{n_1} + \frac{1}{n_2}}} < t_{\alpha/2}(n_1 + n_2 - 2)\right) = 1 - \alpha$$

가 성립한다. 이 식의 좌변 항의 괄호 속의 부등식을 $\mu_1 - \mu_2$에 관해 풀어서 정리함으로써 두 모평균 차 $\mu_1 - \mu_2$에 대한 $100(1-\alpha)\%$ 신뢰구간은 다음과 같이 구할 수 있다.

• 소표본에서 모평균 차 $\mu_1 - \mu_2$의 $100(1-\alpha)\%$ 신뢰구간

$$(\overline{x} - \overline{y}) \pm t_{\alpha/2}(n_1 + n_2 - 2)\, s_p \sqrt{\frac{1}{n_1} + \frac{1}{n_2}}$$

한편 두 모평균 차 $\mu_1 - \mu_2$ 대해 검정할 귀무가설이

$$H_0 \ : \ \mu_1 - \mu_2 = 0$$

이면 귀무가설 $H_0 : \mu_1 = \mu_2$가 참이라는 가설 하에서 검정통계량은

$$T = \frac{(\overline{X} - \overline{Y})}{S_p \sqrt{\frac{1}{n_1} + \frac{1}{n_2}}} \tag{11.10}$$

이며 자유도 n_1+n_2-2인 t분포를 따른다. 이를 이용하여 두 모평균 차 $\mu_1-\mu_2$에 대한 검정은 다음과 같이 정리할 수 있다.

• 소표본에서 모평균 차 $\mu_1-\mu_2$의 가설검정

귀무가설 $H_0:\mu_1=\mu_2$ 또는 $H_0:\mu_1-\mu_2=0$

검정통계량 값 $t_0=\dfrac{(\overline{x}-\overline{y})}{s_p\sqrt{\dfrac{1}{n_1}+\dfrac{1}{n_2}}}$

대립가설의 형태에 따른 기각역(유의수준 α)

$H_1:\mu_1-\mu_2\neq 0$인 경우 $|T|>t_{\alpha/2}(n_1+n_2-2)$

$H_1:\mu_1-\mu_2>0$인 경우 $T>t_{\alpha}(n_1+n_2-2)$

$H_1:\mu_1-\mu_2<0$인 경우 $T<-t_{\alpha}(n_1+n_2-2)$

예제 11.4 어느 금융분석가는 A, B 은행 사원들의 연봉에 차이가 있는지 파악하려고 한다. 이를 위해 각각 6명, 5명을 조사하여 얻은 자료가 다음과 같다.

A은행	50	41	53	39	40	47
B은행	40	49	38	48	40	

① 두 은행 사원들의 연봉 차이 $\mu_1-\mu_2$에 대한 95% 신뢰구간을 구하라.

② 두 은행 사원들의 연봉에 차이가 있다고 볼 수 있는지를 유의수준 $\alpha=0.05$에서 검정하라.

단, 모집단은 정규분포를 따르며 동일한 분산을 갖는다고 한다.

해설 $n_1=6,\ n_2=5,\ \overline{x}=270/6=45,\ \overline{y}=215/5=43$

$\sum(x_i - \overline{x})^2 = 170,\ \sum(y_i - \overline{y})^2 = 104,\ \ s_1^2 = 34\ ,\ s_2^2 = 26$

합동분산 : $s_p^2 = \dfrac{(6-1)34 + (5-1)26}{6+5-2} = 30.44$

$\alpha = 0.05$ 이므로, $t_{0.025}(9) = 2.262$

① $(\overline{x} - \overline{y}) \pm t_{\alpha/2}(n_1 + n_2 - 2)\, s_p \sqrt{\dfrac{1}{n_1} + \dfrac{1}{n_2}}$

$= (45 - 43) \pm 2.262\sqrt{30.44}\sqrt{\dfrac{1}{6} + \dfrac{1}{5}}$

$= 2 \pm 7.557 = (-5.557\ ,\ 9.557)$

즉, $-5.557 \le \mu_1 - \mu_2 \le 9.557$

② $H_0\ :\ \mu_1 = \mu_2 \quad H_1\ :\ \mu_1 \neq \mu_2$

검정통계량 : $t_0 = \dfrac{(45-43)}{\sqrt{30.44}\sqrt{\dfrac{1}{6} + \dfrac{1}{5}}} = 0.599$

$t_0 = 0.599 < t_{0.025}(9) = 2.262$이므로 H_0을 채택한다.

따라서 유의수준 $\alpha = 0.05$에서 두 은행의 연봉은 차이가 있다고 할 수 없다.

엑셀연습 이 예제를 다음과 같이 엑셀로 풀어 보자.

step 1 자료 입력

A1에서 A7, B1에서 B6까지 자료를 입력한다.

	A	B	C
1	A	B	
2	50	40	
3	41	49	
4	53	38	
5	39	48	
6	40	40	
7	47		
8			

step 2 [데이터] ⇨ [데이터 분석] 선택

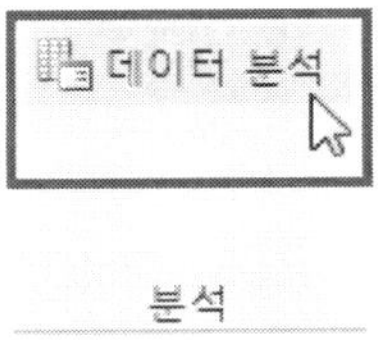

step 3 [통계 데이터 분석] 대화상자

[t−검정 : 등분산 가정 두집단]을 선택한다.

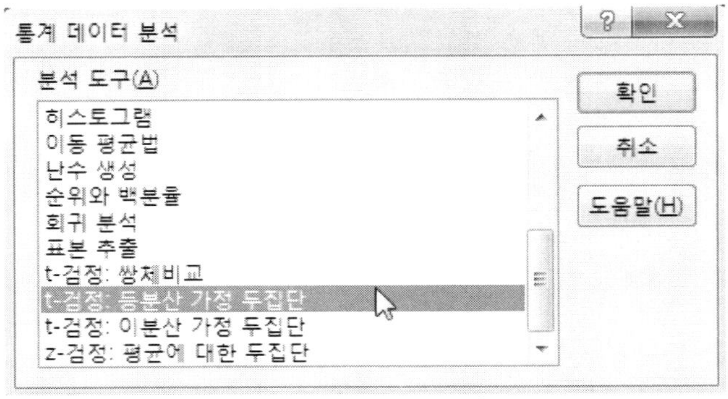

step 4 [t−검정 : 등분산 가정 두집단] 대화상자 입력

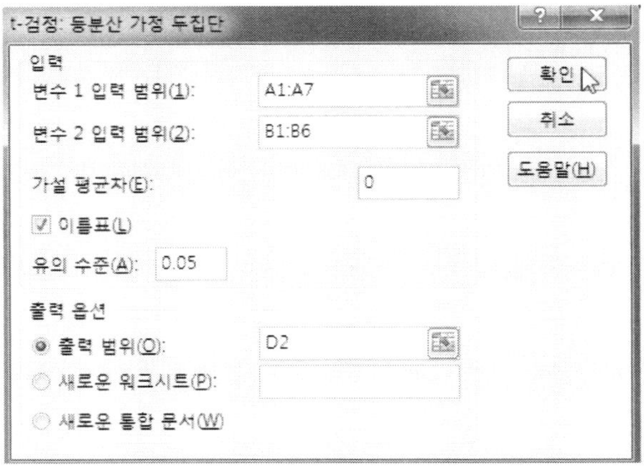

변수 1 입력 범위 → A1:A7
변수 2 입력 범위 → B1:B6
가설 평균차 → 0
첫째 행 이름표 사용 → 선택
출력 범위 → D2
입력이 완료되면 [확인] 단추를 누른다.

다음과 같은 출력이 나타난다.

	A	B	C	D	E	F	G
1	A	B					
2	50	40		t-검정: 등분산 가정 두 집단			
3	41	49					
4	53	38			A	B	
5	39	48		평균	45	43	
6	40	40		분산	34	26	
7	47			관측수	6	5	
8				공동(Pooled) 분산	30.44		
9				가설 평균차	0		
10				자유도	9		
11				t 통계량	0.599		
12				P(T<=t) 단측 검정	0.282		
13				t 기각치 단측 검정	1.833		
14				P(T<=t) 양측 검정	0.564		
15				t 기각치 양측 검정	2.262		

$p-$값 $= 0.564 >$ 유의수준 0.05이므로 H_0을 채택한다.
또한 검정통계량 $t_0 = 0.599 < t_{0.025}(9) = 2.262$이므로 H_0을 채택한다.

step 5 신뢰구간을 구하기 위한 함수 입력

모평균 차 $\mu_1 - \mu_2$의 신뢰구간은 출력 되지 않으므로 이를 구하기 위하여 I3에서 I13까지 각 셀에 다음과 같이 입력한다.

I3셀 = COUNT(A2:A7)

I4셀 = COUNT(B2:B6)
I5셀 = AVERAGE(A2:A7)
I6셀 = AVERAGE(B2:B6)
I7셀 = VAR(A2:A7)
I8셀 = VAR(B2:B6)
I9셀 = ((I3−1)*I7+(I4−1)*I8)/(I3+I4−2)
I10셀 0.05
I11셀 = TINV(I10,I3+I4−2)
I12셀 = (I5−I6)−I11*SQRT(I9)*SQRT(1/I3+1/I4)
I13셀 = (I5−I6)+I11*SQRT(I9)*SQRT(1/I3+1/I4)

	A	B	C	D	E	F	G	H	I
1	A	B							
2	50	40		t-검정: 등분산 가정 두 집단				모평균차 신뢰구간	
3	41	49						A자료의 수	6
4	53	38			A	B		B자료의 수	5
5	39	48		평균	45	43		A평균	45
6	40	40		분산	34	26		B평균	43
7	47			관측수	6	5		A표본분산	34
8				공동(Pooled) 분산	30.44			B표본분산	26
9				가설 평균차	0			합동분산	30.44444
10				자유도	9			α	0.05
11				t 통계량	0.599			$t_{\alpha/2}$	2.262157
12				P(T<=t) 단측 검정	0.282			신뢰하한	-5.5581
13				t 기각치 단측 검정	1.833			신뢰상한	9.558098
14				P(T<=t) 양측 검정	0.564				
15				t 기각치 양측 검정	2.262				

예제 11.5 어는 회사에서는 직업훈련을 받은 사람들(A)과 받지 않은 사람들(B)들을 대상으로 제품 생산량의 차이가 있는지를 조사하여 다음의 결과를 얻었다. 이 결과로서 직업훈련의 효과가 있다고 볼 수 있는지를 유의수준 $\alpha = 0.05$에서 검정하라.

A : 55, 52, 48, 50, 58, 51, 62, 50
B : 49, 50, 47, 45, 55, 49, 55, 51

해설 ① $H_0 \ : \ \mu_1 = \mu_2 \qquad H_1 \ : \ \mu_1 \geq \mu_2$

②

$n_1 = 8 \ , \ n_2 = 8 \ , \ \overline{x} \ = \ 53.25 \ , \ \overline{y} \ = \ 50.125 \ , \ s_1^2 \ = \ 22.5 \ , \ s_2^2 \ = \ 12.41$

$$s_p = \sqrt{\frac{(8-1)22.5 + (8-1)12.41}{8+8-2}} = 4.178$$

검정통계량 :

$$t_0 = \frac{53.25 - 50.125}{4.178\sqrt{\frac{1}{8}+\frac{1}{8}}} = 1.496$$

③ $\alpha = 0.05$ 이므로, $t_{0.05}(14) = 1.761$

④ $t_0 = 1.496 \ < \ t_{0.05}(14) = 1.761$이므로 H_0을 채택한다. 따라서 직업훈련의 효과가 있다고 할 수 없다.

참고로 두 모분산 σ_1^2, σ_2^2이 알려지지 않고 등분산도 가정할 수 없는 경우($\sigma_1^2 \neq \sigma_2^2$), 표본의 크기가 작으면 다음과 같은 방법으로 $\mu_1 - \mu_2$에 대한 신뢰구간을 구한다. 통계량

$$T = \frac{(\overline{X} - \overline{Y}) - (\mu_1 - \mu_2)}{\sqrt{\frac{S_1^2}{n_1} + \frac{S_2^2}{n_2}}}$$

가 근사적으로 t분포를 따르고, 자유도 df는 다음을 만족하는 정수이며 이를 Satterthwaite의 자유도라고 한다.

$$df = \frac{\left(\frac{s_1^2}{n_1} + \frac{s_2^2}{n_2}\right)^2}{\frac{(s_1^2/n_1)^2}{n_1 - 1} + \frac{(s_2^2/n_2)^2}{n_2 - 1}}$$

따라서 두 모평균 차 $\mu_1 - \mu_2$에 대한 $100(1-\alpha)\%$ 신뢰구간은 다음과

같다.

$$(\bar{x} - \bar{y}) \pm t_{\alpha/2}(df)\sqrt{\frac{s_1^2}{n_1} + \frac{s_2^2}{n_2}}$$

예제 11.6 두 가지 담배 A와 B의 니코틴 함량을 비교하기 위하여 담배를 임의로 추출하여 조사한 결과가 다음과 같다(단위 mg).

종 류	표본크기	표본평균	표본분산
A	$n_1 = 10$	$\bar{x} = 4.2$	$s_1^2 = 0.8$
B	$n_2 = 8$	$\bar{y} = 3.6$	$s_2^2 = 0.5$

이 때, 임의표본은 정규모집단으로부터 추출되었으며, 두 담배의 니코틴 함량에 대한 모분산은 모르지만, 분산이 다른 서로 다른 정규분포를 따른다고 가정한다. 두 담배 A와 B의 니코틴 함량의 차에 대한 95% 신뢰구간을 구하라.

해설 자유도는

$$df = \frac{\left(\frac{0.8}{10} + \frac{0.5}{8}\right)^2}{\frac{(0.8/10)^2}{10-1} + \frac{(0.5/8)^2}{8-1}} = 16$$

이고, $t_{16}(0.025) = 2.120$ 이므로 $\mu_1 - \mu_2$에 대한 95% 신뢰구간은 다음과 같다.

$$(4.2 - 3.6) \pm 2.120\sqrt{\frac{0.8}{10} + \frac{0.5}{8}}$$

$$\Rightarrow -0.1965 < \mu_1 - \mu_2 < 1.3965$$

11.2 쌍체비교

앞에서는 서로 다른 두 개의 모집단에서 독립적으로 추출한 표본에 근거하여 두 모평균 차 $\mu_1 - \mu_2$에 대한 신뢰구간을 추정하는 방법을 살펴보았다. 이와는 달리 하나의 모집단으로부터 표본을 추출한 후 그 표본으로부터 쌍으로 된 측정값들을 얻어 $\mu_1 - \mu_2$를 추정해야 할 경우가 있다.

예를 들면 어떤 의사가 비만증에 효과적인 치료법을 고안하였다고 하자. 이를 입증하기 위하여 그 의사가 비만증 환자 n명을 뽑아 i번째 환자에 대해 치료하기 전의 체중을 X_i라 하고 치료 후의 체중을 Y_i라 한다면 $(X_1, Y_1), (X_2, Y_2), \cdots, (X_n, Y_n)$은 서로 독립인 n쌍의 표본이 될 것이다.

이러한 n쌍의 표본을 쌍체표본(paired sample)이라 하고 쌍체표본을 이용하여 두 모집단의 특성을 비교하는 방법을 쌍체비교(paired comparison) 또는 대응비교, 짝비교 라고 한다.

쌍체표본에서 $X_1, X_2, \ldots, X_n$과 $Y_1, Y_2, \ldots, Y_n$은 독립이라 할 수 없으나 $D_1 = X_1 - Y_1$, $D_2 = X_2 - Y_2$, $D_n = X_n - Y_n$은 서로 독립이라 할 수 있다. 쌍체비교는 이러한 $D_1, D_2, \ldots, D_n$으로 비교하는 것이다.
쌍체표본에서 자료의 구조는 다음과 같다.

쌍	X(처리 1)	Y(처리 2)	차($D = X - Y$)
1	X_1	Y_1	$D_1 = X_1 - Y_1$
2	X_2	Y_2	$D_2 = X_2 - Y_2$
⋮	⋮	⋮	⋮
n	X_n	Y_n	$D_n = X_n - Y_n$

쌍체표본 $(X_1, Y_1), (X_2, Y_2), \cdots, (X_n, Y_n)$에서 X_i와 Y_i가 각각 정규분포를 따르고 (X_i, Y_i)들이 서로 독립이라 가정하면 쌍체표본 차 D_i

$$D_i = X_i - Y_i \ , \quad i = 1, 2, \cdots n$$

는 모평균, 모분산이 다음과 같은 모집단에서 추출한 표본으로 간주할 수 있다.

$$E(D_i)=E(X_i-Y_i)=E(X_i)-E(Y_i)=\mu_1-\mu_2=\mu_D$$
$$Var(D_i)=V(X_i-Y_i)=\sigma_D^2$$

추론을 위해 쌍체표본의 차 $D_1, D_2, \ldots, D_n$을 정규모집단 $N(\mu_D, \sigma_D^2)$으로 부터 추출된 표본이라고 하자. 그러면 $\overline{D}=\frac{1}{n}\sum_{i=1}^{n}D_i$는 $N\left(\mu_1-\mu_2, \frac{\sigma_D^2}{n}\right)$을 따르고 이를 표준화한 Z-통계량

$$Z=\frac{\overline{D}-(\mu_1-\mu_2)}{\sigma_D/\sqrt{n}} \tag{11.11}$$

는 표준정규분포 $N(0,1)$을 따른다. 따라서

$$1-\alpha=P\left(-z_{\alpha/2}<\frac{\overline{D}-(\mu_1-\mu_2)}{\sigma_D/\sqrt{n}}<z_{\alpha/2}\right)$$
$$=P\left(\overline{D}-z_{\alpha/2}\frac{\sigma_D}{\sqrt{n}}<\mu<\overline{D}+z_{\alpha/2}\frac{\sigma_D}{\sqrt{n}}\right)$$

이 성립한다. 이로부터 σ_D^2가 알려져 있으면 두 모평균 차 $\mu_1-\mu_2$에 대한 $100(1-\alpha)\%$ 신뢰구간은 다음과 같다.

$$\left(\overline{d}-z_{\alpha/2}\frac{\sigma_d}{\sqrt{n}}\ ,\ \overline{d}+z_{\alpha/2}\frac{\sigma_d}{\sqrt{n}}\right)$$

또한, σ_d^2은 모르지만 표본의 크기 n이 크면 σ_d^2 대신에 표본분산 s_d^2을 대입하여 사용한다. 즉,

$$\left(\bar{d} - z_{\alpha/2}\frac{s_d}{\sqrt{n}}\ ,\ \bar{d} + z_{\alpha/2}\frac{s_d}{\sqrt{n}}\right),\quad s_d^2 = \frac{1}{n-1}\sum_{i=1}^{n}(d_i - \bar{d}\,)^2$$

한편, σ_D^2을 모르고 n이 소표본인 경우에는 t분포의 정의에 의해

$$T = \frac{\overline{D} - (\mu_1 - \mu_2)}{S_D/\sqrt{n}} \tag{11.12}$$

는 자유도 $n-1$인 t분포를 따른다. 따라서 이 경우에는 $\mu_1 - \mu_2$에 대한 $100(1-\alpha)\%$ 신뢰구간은 다음과 같다.

$$\left(\bar{d} - t_{\alpha/2}(n-1)\frac{S_d}{\sqrt{n}},\ \bar{d} + t_{\alpha/2}(n-1)\frac{s_d}{\sqrt{n}}\right)$$

• 쌍체표본에서 모평균 차 $\mu_1 - \mu_2$의 $100(1-\alpha)\%$ 신뢰구간

$$\left(\bar{d} - z_{\alpha/2}\frac{\sigma_d}{\sqrt{n}}\ ,\ \bar{d} + z_{\alpha/2}\frac{\sigma_d}{\sqrt{n}}\right) \Rightarrow \text{대표본인 경우}$$

$$\left(\bar{d} - t_{\alpha/2}(n-1)\frac{S_d}{\sqrt{n}},\ \bar{d} + t_{\alpha/2}(n-1)\frac{s_d}{\sqrt{n}}\right) \Rightarrow \text{소표본인 경우}$$

쌍체비교에서 검정할 귀무가설이

$$H_0\ :\ \mu_1 = \mu_2$$

일 때 검정통계량과 기각역은 식(11.11)과 (11.12)를 이용하여 다음과 같이 요약할 수 있다.

- **쌍체표본에서 모평균 차 $\mu_1 - \mu_2$의 가설검정(대표본의 경우)**

귀무가설 $H_0 : \mu_1 = \mu_2$

검정통계량 값 $z_0 = \dfrac{\overline{d}}{\sigma_d / \sqrt{n}}$ 또는 $z_0 = \dfrac{\overline{d}}{S_d / \sqrt{n}}$

대립가설의 형태에 따른 기각역(유의수준 α)

$H_1 : \mu_1 - \mu_2 \neq 0$인 경우 $|z_0| > z_{\alpha/2}$

$H_1 : \mu_1 - \mu_2 > 0$인 경우 $z_0 > z_\alpha$

$H_1 : \mu_1 - \mu_2 < 0$인 경우 $z_0 < -z_\alpha$

- **쌍체표본에서 모평균 차 $\mu_1 - \mu_2$의 가설검정(소표본의 경우)**

귀무가설 $H_0 : \mu_d = \mu_1 - \mu_2 = 0$

검정통계량 값 $t_0 = \dfrac{\overline{D}}{S_D / \sqrt{n}}$

대립가설의 형태에 따른 기각역(유의수준 α)

$H_1 : \mu_1 - \mu_2 \neq 0$인 경우 $|T| > t_{\alpha/2}(n-1)$

$H_1 : \mu_1 - \mu_2 > 0$인 경우 $T > t_\alpha(n-1)$

$H_1 : \mu_1 - \mu_2 < 0$인 경우 $T < -t_\alpha(n-1)$

예제 11.7 어떤 기업의 사장은 성과급제도가 업무를 향상시킨다고 주장한다. 이를 알아보기 위해 7명 사원을 뽑아 성과급제도 전(x)과 후의 업무점수(y) 자료를 다음과 같이 얻었다.

사 원	1	2	3	4
성과급 전(x)	60	74	84	84
성과급 후(y)	68	82	80	88

(1) 이 기업 사원들의 성과급제도 전과 후의 업무점수에 대한 95% 신뢰구간을 구하라.

(2) 이 기업 사장의 주장이 맞는지를 유의수준 5%에서 검정하라.

해설

x	y	$d=x-y$	$d^2=(x-y)^2$
60	68	-8	64
74	82	-8	64
84	80	4	16
84	88	-4	16
합		-16	160

$$\bar{d}=\frac{-16}{4}=-4,\quad s_d^2=\frac{1}{n-1}[\sum d_i^2-n\bar{d}^2]=\frac{1}{3}[160-4(-4)^2]=32$$

$t_{0.05}(3)=2.353,\ t_{0.025}(3)=3.182$

(1) 95% 신뢰구간

$$\bar{d}\pm t_{0.025}(3)\cdot\frac{s_d}{\sqrt{n}}=-4\pm3.182\cdot\frac{\sqrt{32}}{\sqrt{4}}$$

$$=-4\pm9=(-13.00,\ 5.00)$$

즉, $-13.00<\mu_1-\mu_2<5.00$

(2) 검정

① $H_0\ :\ \mu_1=\mu_2\quad H_1\ :\ \mu_1<\mu_2$

② 검정통계량 $t_0=\dfrac{-4}{\sqrt{32}/\sqrt{4}}=-1.414$

③ $t_0=-1.414>-2.353$ 이므로 H_0을 기각하지 못한다.

즉, 유의수준 5%에서 이 기업 사장의 주장은 맞는다고 볼 수 없다.

엑셀연습 이 예제를 다음과 같이 엑셀로 풀어 보자.

step 1 자료 입력

	A	B
1	사원	성과급 전
2	1	60
3	2	74
4	3	84
5	4	84

step 2 신뢰구간을 구하기 위한 함수 입력

	A	B	C	D	E	F	G
1	사원	성과급 전	성과급 후	d(차이)			
2	1	60	68	-8		α	0.05
3	2	74	82	-8		n	4
4	3	84	80	4		평균(d)	-4
5	4	84	88	-4		표준편차	5.656854
6						$t_{\alpha/2}$	3.182446
7						신뢰하한	-13.0013
8						신뢰상한	5.001317

신뢰구간을 구하기 위하여 D2~D5, G2~G8까지 각 셀에 다음과 같이 입력한다.

D2셀 =B2−C2

D3셀 =B3−C3

D4셀 =B4−C4

D5셀 =B5−C5

G2셀 0.05

G3셀 =COUNT(D2:D5)

G4셀 =AVERAGE(D2:D5)

G5셀 =STDEV(D2:D5)

G6셀 =TINV(G2,G3−1)

G7셀 =G4−G5*G6/SQRT(G3)

G8셀 =G4+G5*G6/SQRT(G3)

step 3 검정을 하기 위해 [데이터] ⇨ [데이터 분석] 선택

step 4 [통계 데이터 분석] 대화상자

[t-검정 : 쌍체비교]를 선택하고 확인 단추를 누른다.

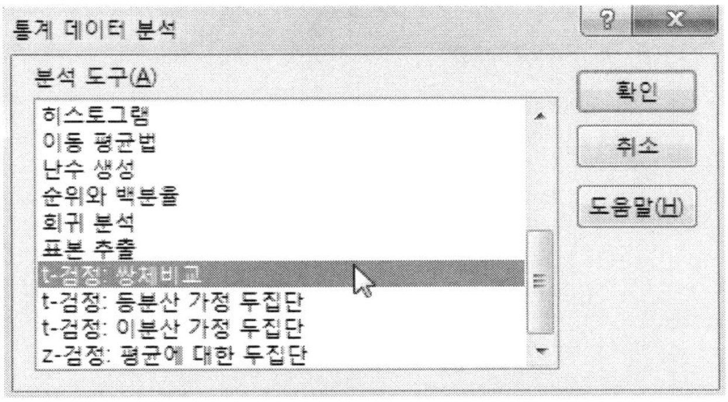

step 5 [t-검정 : 쌍체비교] 대화상자 입력

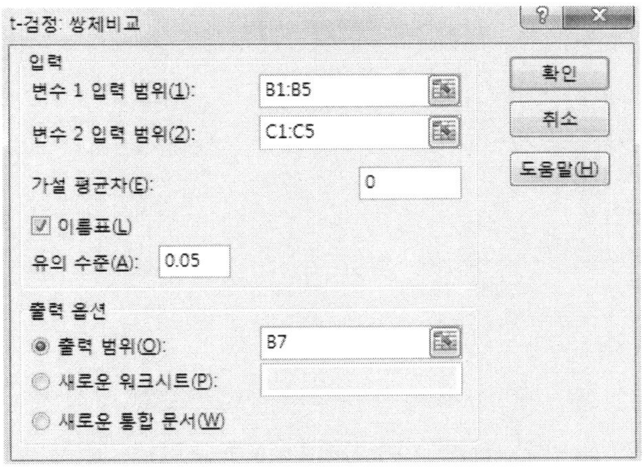

변수 1 입력 범위	→ A1:A5
변수 2 입력 범위	→ B1:B5
가설평균차	→ 0
이름표	→ 선택
유의 수준	→ 0.05
출력 범위	→ B7

입력이 완료되면 [확인] 단추를 누른다.

다음과 같은 출력이 나타난다.

	A	B	C	D	E	F	G
1	사원	성과급 전	성과급 후	d(차이)			
2	1	60	68	-8		α	0.05
3	2	74	82	-8		n	4
4	3	84	80	4		평균(d)	-4
5	4	84	88	-4		표준편차	5.656854
6						$t_{\alpha/2}$	3.182446
7		t-검정: 쌍체 비교				신뢰하한	-13.0013
8						신뢰상한	5.001317
9			성과급 전	성과급 후			
10		평균	75.5	79.5			
11		분산	129	70.3333333			
12		관측수	4	4			
13		피어슨 상관 계수	0.878369				
14		가설 평균차	0				
15		자유도	3				
16		t 통계량	-1.4142136				
17		P(T<=t) 단측 검정	0.1261077				
18		t 기각치 단측 검정	2.3533634				
19		P(T<=t) 양측 검정	0.2522155				
20		t 기각치 양측 검정	3.1824463				

예제 11.8 어느 기업체에서 사원들에게 실시한 컴퓨터 자체 교육이 작업능률을 향상시키는지를 알아보기 위하여 10명을 추출하여 교육 이전과 교육 이후의 작업능률을 100점 만점으로 점수화하여 얻은 자료는 다음과 같다. 교육 이전과 교육 이후의 작업능률의 차의 95% 신뢰구간을 구하여라.

번 호	1	2	3	4	5	6	7	8	9	10
교육이전(x)	70	75	65	80	90	88	77	60	95	85
교육이후(y)	75	80	60	85	90	90	80	75	90	88

해설

번호	1	2	3	4	5	6	7	8	9	10
$d_i = x_i - y_i$	-5	-5	5	-5	0	-2	-3	-15	5	-3

$$\bar{d} = \frac{1}{10}(-5-5+\cdots-3) = -2.8$$

$$s_d^2 = \frac{1}{10-1}\{(-5-2.8)^2 + \cdots + (-3-2.8)^2\} = 32.17$$

$t_{0.025}(9) = 2.262$ 이므로 $\mu_1 - \mu_2$에 대한 95% 신뢰구간은 다음과 같다.

$$-2.8 - 2.262\frac{5.672}{\sqrt{10}} < \mu_1 - \mu_2 < -2.8 + 2.262\frac{5.672}{\sqrt{10}}$$

$$\Rightarrow -2.8 - 4.057 < \mu_1 - \mu_2 < -2.8 + 4.057$$

$$\Rightarrow -6.857 < \mu_1 - \mu_2 < 1.257$$

11.3 모비율 차에 대한 구간추정과 검정

두 개의 이항모집단 $b(n_1, p_1)$, $b(n_2, p_2)$로부터 크기가 n_1, n_2인 서로 독립인 표본을 추출할 때 X와 Y를 각각 나타난 성공의 횟수라고 하자. 즉

X~모비율이 p_1인 모집단1에서 크기 n_1인 표본에서 나타나는 성공의 횟수
Y~모비율이 p_2인 모집단2에서 크기 n_2인 표본에서 나타나는 성공의 횟수

각각의 표본비율을 $\hat{p_1} = \frac{X}{n_1}$, $\hat{p_2} = \frac{Y}{n_2}$라 하면, 통계량 $\hat{p_1} - \hat{p_2}$의 기대값과 분산은 다음과 같다.

$$E(\hat{p_1} - \hat{p_2}) = p_1 - p_2 \qquad Var(\hat{p_1} - \hat{p_2}) = \frac{p_1(1-p_1)}{n_1} + \frac{p_2(1-p_2)}{n_2}$$

또한 표본의 크기 n_1과 n_2가 크면 $\widehat{p_1} - \widehat{p_2}$는 정규분포에 근사하므로 이를 표준화한 다음의 Z-통계량은 근사적으로 표준정규분포 $N(0,1)$을 따르게 된다.

$$Z = \frac{(\widehat{p_1} - \widehat{p_2}) - (p_1 - p_2)}{\sqrt{\dfrac{p_1(1-p_1)}{n_1} + \dfrac{p_2(1-p_2)}{n_2}}} \tag{11.13}$$

그러므로 임의의 양수 $\alpha\ (0 < \alpha < 1)$에 대하여

$$P\left(-z_{\alpha/2} < \frac{(\widehat{p_1} - \widehat{p_2}) - (p_1 - p_2)}{\sqrt{\dfrac{p_1(1-p_1)}{n_1} + \dfrac{p_2(1-p_2)}{n_2}}} < z_{\alpha/2} \right) = 1 - \alpha$$

가 성립한다. 좌변 항의 괄호 속의 부등식을 $p_1 - p_2$에 관해 풀어서 정리하면 다음과 같은 구간을 구할 수 있다.

$$Z = (\widehat{p_1} - \widehat{p_2}) \pm z_{\alpha/2}\sqrt{\frac{p_1(1-p_1)}{n_1} + \frac{p_2-(1-p_2)}{n_2}}$$

모집단이 하나인 경우에서 모비율의 신뢰구간에서와 같이 p_1과 p_2의 추정량인 표본비율 $\widehat{p_1}$, $\widehat{p_2}$를 위 식에 대입함으로써 $p_1 - p_2$의 $100(1-\alpha)\%$ 신뢰구간은 다음과 같이 구할 수 있다.

• 모평균 차 $p_1 - p_2$의 $100(1-\alpha)\%$ 신뢰구간

$$(\widehat{p_1} - \widehat{p_2}) \pm z_{\alpha/2}\sqrt{\frac{\widehat{p_1}(1-\widehat{p_1})}{n_1} + \frac{\widehat{p_2}-(1-\widehat{p_2})}{n_2}}$$

한편 검정할 귀무가설이 $H_0 : p_1 = p_2$ 일 때 p_1과 p_2가 같게 되는 값 즉 $p_1 = p_2 = p$ 라고 하면 귀무가설 $H_0 : p_1 = p_2 = p$ 가 참이라는 가설 하에서 식(11.13)에 이 값을 대입한 아래의 Z-통계량

$$Z = \frac{(\widehat{p_1} - \widehat{p_2})}{\sqrt{p(1-p)(\frac{1}{n_1} + \frac{1}{n_2})}} \sim N(0,1)$$

도 역시 표준정규분포를 따른다. 여기서 공통의 모비율 p는 모르는 값이므로 이 것의 합동추정량

$$\hat{p} = \frac{X+Y}{n_1+n_2}$$

을 위 식에 대입하여 검정통계량으로 사용한다. 이로부터 두 모비율의 차 $p_1 - p_2$에 대한 검정을 다음과 같이 요약할 수 있다.

• 모평균 차 $p_1 - p_2$의 가설검정

귀무가설 $H_o : p_1 = p_2$ 또는 $H_0 : p_1 - p_2 = 0$

검정통계량 값 $z_0 = \frac{(\widehat{p_1} - \widehat{p_2})}{\sqrt{\hat{p}(1-\hat{p})(\frac{1}{n_1} + \frac{1}{n_2})}}$, $\hat{p} = \frac{X+Y}{n_1+n_2}$

대립가설의 형태에 따른 기각역(유의수준 α)

$H_1 : p_1 \neq p_2$인 경우 $|Z| > z_{\alpha/2}$

$H_1 : p_1 > p_2$인 경우 $Z > z_\alpha$

$H_1 : p_1 < p_2$인 경우 $Z < -z_\alpha$

예제 11.9 어느 보험회사에서는 5년 경력의 남여 운전자 자동차 사고율이 동일한지를 알아보려고 한다. 남여 운전자 각각 50명을 조사한 결과 남자는 9명, 여자는 5명이 사고경험이 있었다고 한다.

① 남여 운전자 자동차 사고율 차의 95% 신뢰구간을 구하라.

② 남여 운전자 자동차 사고율이 동일한지를 유의수준 $\alpha = 0.05$ 에서 검정하라.

해설 $\widehat{p_1} = 9/50 = 0.18, \quad \widehat{p_2} = 5/50 = 0.1$

① $(\widehat{p_1} - \widehat{p_2}) \pm z_{\alpha/2}\sqrt{\frac{\widehat{p_1}\widehat{q_1}}{n_1} + \frac{\widehat{p_2}\widehat{q_2}}{n_2}}$

$= (0.18 - 0.10) \pm 1.96\sqrt{\frac{0.18(0.82)}{50} + \frac{0.1(0.9)}{50}}$

$= 0.08 \pm 0.135 = (-0.055,\ 0.215)$

② $H_o : p_1 = p_2 \quad H_1 : p_1 \neq p_2$

합동추정량 $\hat{p} = \frac{x+y}{n_1+n_2} = \frac{9+5}{50+50} = 14/100 = 0.14$

$$Z = \frac{(\widehat{p_1} - \widehat{p_2})}{\sqrt{\hat{p}\,\hat{q}\,(\frac{1}{n_1} + \frac{1}{n_2})}} = \frac{(0.18 - 0.10)}{\sqrt{0.14(0.86)(\frac{1}{50} + \frac{1}{50})}}$$

$= 0.08/0.0694 = 1.153 < 1.96$이므로 H_0채택.

즉 유의수준 0.05에서 남여 운전자 자동차 사고율은 같다고 볼 수 있다.

엑셀연습 이 예제를 다음과 같이 엑셀로 풀어 보자.

step 1 자료 입력

A1에서 B4까지 자료를 입력한다.

	A	B	C
1	n1	50	
2	n2	50	
3	x	9	
4	y	5	

step 2 필요한 함수의 입력

	A	B	C	D	E	F
1	n1	50				
2	n2	50		$\widehat{p_1}$	0.18	
3	x	9		$\widehat{p_2}$	0.1	
4	y	5		α	0.05	
5				$z_{\alpha/2}$	1.96	
6				신뢰하한	-0.055	
7				신뢰상한	0.215	
8				합동추정량 $\hat{p}$	0.14	
9				검정통계량	1.153	

E2에서 E9까지 각 셀에 들어갈 내용은 다음과 같다.

E2셀 =B3/B1

E3셀 =B4/B2

E4셀 0.05

E5셀 =-NORMSINV(E4/2)

E6셀 =(E2-E3)-E5*SQRT(E2*(1-E2)/B1+E3*(1-E3)/B2)

E7셀 =(E2-E3)+E5*SQRT(E2*(1-E2)/B1+E3*(1-E3)/B2)

E8셀 =(B3+B4)/(B1+B2)

E9셀 =(E2-E3)/SQRT(E8*(1-E8)*(1/B1+1/B2))

예제 11.10 어느 신제품에 대한 A, B 두 지역의 만족도를 조사한 결과는 다음과 같다. 이 신제품에 대한 두 지역의 만족도 차의 95% 신뢰구간을 구하여라.

구분 \ 지역	서울	경기
조사자 수	200	100
만족한 사람의 수	130	55

해설 $\hat{p_1} = \frac{130}{200} = 0.65$, $\hat{p_2} = \frac{55}{100} = 0.55$

$$(0.65 - 0.55) \pm 1.96\sqrt{\frac{0.65(0.35)}{200} + \frac{0.55(0.45)}{100}}$$

$$\Rightarrow 0.1 - 0.1178 < p_1 - p_2 < 0.1 + 0.1178$$

$$\Rightarrow -0.018 < p_1 - p_2 < 0.2178$$

예제 11.11 자동차 협회에서는 도시와 농촌 간에 자동차 소유상황을 파악하기 위하여 각각 400가구를 랜덤하게 추출하여 조사하였다. 그 결과 도시는 220가구가 농촌은 196가구가 자동차를 소유한 것으로 나타났다. 이 결과로 도시와 농촌 간에 자동차 소유율에 차이가 있는지를 유의수준 $\alpha = 0.05$로 검정하라.

해설 ① $H_0 \ : \ p_1 = p_2$

$H_1 \ : \ p_1 \neq p_2$

② $\hat{p_1} = \frac{220}{400} = 0.55$, $\hat{p_2} = \frac{196}{400} = 0.49$

$$\hat{p} = \frac{220 + 196}{400 + 400} = 0.52$$

검정통계량 :

$$|z_0| = \frac{0.55 - 0.49}{\sqrt{0.52\,(1 - 0.52\,)\left(\frac{1}{400} + \frac{1}{400}\right)}} = 1.698$$

③ $\alpha = 0.05$ 이므로, $z_{\alpha/2} = z_{0.025} = 1.96$

④ $|z_0| = 1.698 < z_{0.025} = 1.96$ 이므로 H_0 을 채택한다.

따라서 도시와 농촌간의 자동차 소유율은 차이가 없다고 할 수 있다.

11.4 모분산 비에 대한 구간추정과 검정

두 정규모집단 $N(\mu_1, \sigma_1^2)$, $N(\mu_2, \sigma_2^2)$으로부터 크기가 각각 n_1, n_2인 표

본을 독립적으로 추출하였을 때 표본평균과 표본분산을 각각 $\overline{X_1}, S_1^2$ 그리고 $\overline{X_2}, S_2^2$이라고 한다면, [정리 8.10]으로부터 확률변수

$$F = \frac{S_1^2/\sigma_1^2}{S_2^2/\sigma_2^2} = \frac{\sigma_2^2 S_1^2}{\sigma_1^2 S_2^2}$$

는 자유도가 $(n_1 - 1, n_2 - 1)$인 F분포를 따른다. 이를 이용하여 두 모분산비 $\dfrac{\sigma_1^2}{\sigma_2^2}$에 대한 $100(1-\alpha)\%$ 신뢰구간을 다음과 같이 구할 수 있다.

$$P\left(F_{1-\alpha/2}(n_1-1, n_2-1) \le \frac{\sigma_2^2 S_1^2}{\sigma_1^2 S_2^2} \le F_{\alpha/2}(n_1-1, n_2-1)\right) = 1-\alpha$$

위 식의 괄호 안에 있는 부등식에서 각 항에 역수를 취한 다음, 각 항에 $\dfrac{S_1^2}{S_2^2}$를 곱하면 다음과 같은 식을 얻게 된다.

$$P\left(\frac{S_1^2}{S_2^2}\frac{1}{F_{\alpha/2}(n_1-1, n_2-1)} \le \frac{\sigma_1^2}{\sigma_2^2} \le \frac{S_1^2}{S_2^2}\frac{1}{F_{1-\alpha/2}(n_1-1, n_2-1)}\right) = 1-\alpha$$

따라서 모분산 비 $\dfrac{\sigma_1^2}{\sigma_2^2}$에 대한 $100(1-\alpha)\%$ 신뢰구간은 다음과 같다.

• 모분산 비 σ_1^2/σ_2^2의 $100(1-\alpha)\%$ 신뢰구간

$$\left(\frac{s_1^2}{s_2^2}\frac{1}{F_{\alpha/2}(n_1-1, n_2-1)},\ \frac{s_1^2}{s_2^2}\frac{1}{F_{1-\alpha/2}(n_1-1, n_2-1)}\right)$$

두 모분산의 동일성 검정에 대한 귀무가설은 다음과 같다.

$$H_0 : \sigma_1^2 = \sigma_2^2 \text{ 또는 } H_0 : \sigma_1^2/\sigma_2^2 = 1$$

이 가설에 대한 검정통계량은 두 모분산의 비 σ_1^2/σ_2^2에 대응하는 두 표본분산의 비 S_1^2/S_2^2을 이용한다. 만일 $H_0 : \sigma_1^2 = \sigma_2^2$가 참이면 다음의 검정통계량은 자유도가 $(n_1 - 1, n_2 - 1)$인 F분포를 따르게 된다.

$$F_0 = \frac{S_1^2/\sigma_1^2}{S_2^2/\sigma_2^2} = \frac{S_1^2}{S_2^2} \sim F(n_1 - 1\ ,\ n_2 - 1)$$

따라서 두 모분산의 동일성 검정에 대한 검정은 다음과 같이 요약할 수 있다.

• 모분산 비 σ_1^2/σ_2^2의 가설검정

귀무가설 $H_0 : \sigma_1^2 = \sigma_2^2$ 또는 $H_0 : \dfrac{\sigma_1^2}{\sigma_2^2} = 1$

검정통계량 값 $F_0 = \dfrac{s_1^2}{s_2^2}$

대립가설의 형태에 따른 기각역(유의수준 α)

$H_1 : \sigma_1^2/\sigma_2^2 \neq 1$일때 $F > F_{\alpha/2}(n_1 - 1, n_2 - 1)$ 또는 $F < F_{1-\alpha/2}(n_1 - 1, n_2 - 1)$

$H_1 : \sigma_1^2/\sigma_2^2 > 1$일때 $F > F_{\alpha}(n_1 - 1, n_2 - 1)$

$H_1 : \sigma_1^2/\sigma_2^2 < 1$일때 $F < F_{1-\alpha}(n_1 - 1, n_2 - 1)$

예제 11.12 다음은 [예제 11.4]에 있는 A, B 은행 사원 각각 6명, 5명을 조사하여 얻은 연봉자료 이다.

예제 11.12

A은행	50	41	53	39	40	47
B은행	40	49	38	48	40	

① 두 은행 사원들의 연봉에 대한 모분산 비 σ_1^2/σ_2^2 의 95% 신뢰구간을 구하라.

② 아래의 가설을 유의수준 $\alpha = 0.05$에서 각각 검정하라.

- $H_0 : \sigma_1^2/\sigma_2^2 = 1, \quad H_1 : \sigma_1^2/\sigma_2^2 \neq 1$
- $H_0 : \sigma_1^2/\sigma_2^2 = 1, \quad H_1 : \sigma_1^2/\sigma_2^2 > 1$

해설 [예제 11.4]로부터 $n_1 = 6,\ n_2 = 5,\ s_1^2 = 34,\ s_2^2 = 26$

부록의 F분포표에서 $F_{0.025}(5,4) = 9.36,\ F_{0.05}(5,4) = 6.26$

$$F_{0.975}(5,4) = \frac{1}{F_{0.025}(4,5)} = \frac{1}{7.39} = 0.1353$$

① σ_1^2/σ_2^2 의 95% 신뢰구간은 다음과 같다.

$$\left(\frac{34}{26}\frac{1}{9.36},\ \frac{34}{26}7.39\right) = (0.1397,\ 9.6638)$$

② 검정통계량 $F_0 = \dfrac{s_1^2}{s_2^2} = \dfrac{34}{26} = 1.3077$

- $H_0 : \sigma_1^2/\sigma_2^2 = 1, \quad H_1 : \sigma_1^2/\sigma_2^2 \neq 1$

$F_0 = 1.3077$은 9.36보다 크지 않고 0.1353보다 작지 않으므로 H_0을 기각할 수 없다.

- $H_0 : \sigma_1^2/\sigma_2^2 = 1, \quad H_1 : \sigma_1^2/\sigma_2^2 > 1$

$F_0 = 1.3077 < 6.26$이므로 H_0을 기각할 수 없다.

엑셀연습 이 예제를 다음과 같이 엑셀로 풀어 보자.

step 1 자료 입력

step 1 자료 입력

	A	B	C
1	A	B	
2	50	40	
3	41	49	
4	53	38	
5	39	48	
6	40	40	
7	47		
8			

step 2 [데이터] ⇨ [데이터 분석] 선택

step 3 [통계 데이터 분석] 대화상자

[F-검정 : 분산에 대한 두집단]을 선택한다.

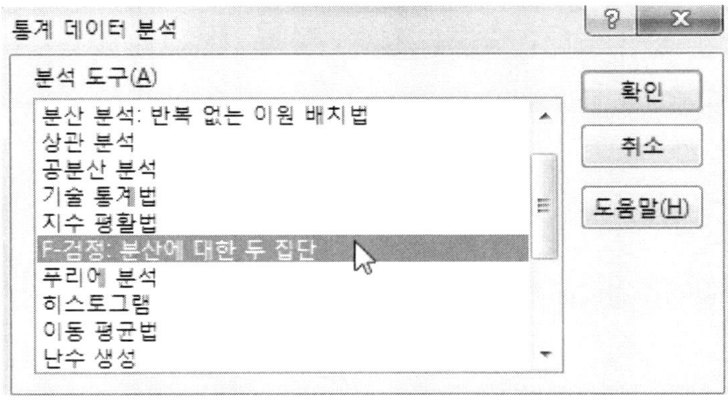

step 4 [F-검정 : 분산에 대한 두집단] 대화상자 입력

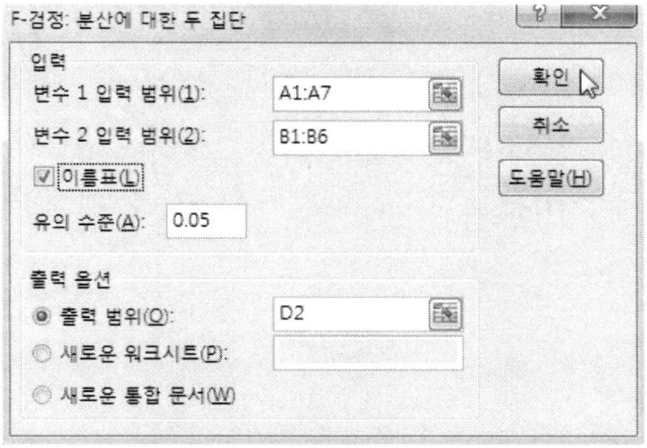

변수 1 입력 범위 → A1:A7
변수 2 입력 범위 → B1:B6
이름표 → 선택
유의 수준 → 0.05
출력 범위 → D2
입력이 완료되면 [확인] 단추를 누른다.

다음과 같은 출력이 나타난다.

	A	B	C	D	E	F
1	A	B				
2	50	40		F-검정: 분산에 대한 두 집단		
3	41	49				
4	53	38			A	B
5	39	48		평균	45	43
6	40	40		분산	34	26
7	47			관측수	6	5
8				자유도	5	4
9				F 비	1.3077	
10				P(F<=f) 단측 검정	0.4091	
11				F 기각치: 단측 검정	6.2561	

출력된 화면으로부터

$F_0 = 1.3077 < 6.2561$이므로 단측가설 $H_0 : \sigma_1^2/\sigma_2^2 = 1,\ H_1 : \sigma_1^2/\sigma_2^2 > 1$에서 H_0을 기각할 수 없다. 또한 $p-$값 $= 0.4091 >$ 유의수준 0.05이므로 H_0을 채택한다. 만일 양측가설 $H_0 : \sigma_1^2/\sigma_2^2 = 1,\ H_1 : \sigma_1^2/\sigma_2^2 \neq 1$인 경우 $p-$값 $= 2 \times 0.4091 = 0.8182$이 되며, 유의수준 0.05보다 크므로 역시 H_0을 채택한다.

step 5 신뢰구간을 구하기 위한 함수 입력

	A	B	C	D	E	F	G	H	I
1	A	B						모분산비 신뢰구간	
2	50	40		F-검정: 분산에 대한 두 집단				A자료의 수	6
3	41	49						B자료의 수	5
4	53	38			A	B		A표본분산	34
5	39	48		평균	45	43		B표본분산	26
6	40	40		분산	34	26		α	0.05
7	47			관측수	6	5		$F_{\alpha/2}$	9.364471
8				자유도	5	4		$F_{1-\alpha/2}$	0.135357
9				F 비	1.3077			신뢰하한	0.139644
10				P(F<=f) 단측 검정	0.4091			신뢰상한	9.661081
11				F 기각치: 단측 검정	6.2561				

모분산 비 σ_1^2/σ_2^2의 신뢰구간은 출력 되지 않으므로 이를 구하기 위하여 I2에서 I10까지 각 셀에 다음과 같이 입력한다.

```
I2셀   = COUNT(A2:A7)
I3셀   = COUNT(B2:B6)
I4셀   = VAR(A2:A7)
I5셀   = VAR(B2:B6)
I6셀   0.05
I7셀   =FINV(I6/2,I2-1,I3-1)
I8셀   =FINV(1-I6/2,I2-1,I3-1)
```

I9셀　=I4/(I5*I7)

I10셀　=I4/(I5*I8)

예제 11.13 두 공정관리 A와 B에 의해서 생산되는 나사못의 고르기를 비교하기 위해 실험을 실시한 결과 다음과 같았다.

	A	B
표본크기	13	16
표본분산	19.2	3.5

이 결과로 두 공정관리 A와 B에 의해서 생산되는 나사못의 고르기가 차이가 있는지를 유의수준 $\alpha = 0.05$로 검정하여라.

해설

① $H_0 : \sigma_1^2 = \sigma_2^2 \qquad H_1 : \sigma_1^2/\sigma_2^2 \neq 1$

② 검정통계량의 값

$n_1 = 13$, $n_2 = 16$, $s_1^2 = 19.2$, $s_2^2 = 3.5$, $\alpha = 0.05$

$$F_0 = \frac{s_1^2}{s_2^2} = \frac{19.2}{3.5} = 5.49$$

③ $F_{\alpha/2}(n_1 - 1 , n_2 - 1) = F_{0.025}(12 , 15) = 2.96$

$$F_{1-\alpha/2}(n_1 - 1, n_2 - 1) = F_{0.975}(12 , 15)$$
$$= \frac{1}{F_{0.025}(15, 12)} = \frac{1}{3.18} = 0.314$$

④ $F = 5.49 > 2.96$이므로 유의수준 $\alpha = 0.05$에서 귀무가설은 기각된다. 따라서 두 공정관리에 의한 나사못의 고르기는 차이가 있다고 할 수 있다.

연 습 문 제

【11.1】 A회사에서 만든 컴퓨터 부품 30개를 임의추출하여 평균수명을 구한 결과 $\bar{x} = 600$(시간)이었고, B회사에서 만든 컴퓨터 부품 40개를 임의추출하여 평균수명을 구한 결과는 $\bar{y} = 550$(시간)이었다. 모표준편차는 각각 $\sigma_1 = 10,\ \sigma_2 = 15$로 알려져 있을 때, 두 회사의 컴퓨터 부품의 평균수명 차 $\mu_1 - \mu_2$에 대한 95% 신뢰구간을 구하라.

【11.2】 두 종류의 휘발유 첨가제 A, B가 자동차 주행거리를 증가시키는지를 조사하려고 한다. 10대의 자동차를 임의로 두 그룹으로 나누어서 실험을 실시하여 1리터 당 주행거리를 조사한 결과 다음과 같았다. 두 종류의 휘발유 첨가제에 따른 자동차 주행거리 차 $\mu_1 - \mu_2$에 대한 95% 신뢰구간을 구하여라. 단, 모집단은 정규분포를 따르며 동일한 분산을 갖는다고 한다.

A	13	14	9	11	13
B	9	10	12	11	8

【11.3】 어떤 식이요법이 체중 감소에 효과가 있는지 알아보기 위하여 50명을 추출하여 식이요법 전의 체중과 후의 체중을 각각 측정하였다. 그 결과 체중의 차에 대한 표본평균과 표본표준편차가 다음과 같이 얻어졌다. 체중 차에 대한 95% 신뢰구간을 구하라.

$\bar{d} = 2.0,\ s_d = 0.3$

【11.4】 어느 공장에서 두 대의 기계 A, B가 동일한 제품을 생산한다. 두 기계에 의한 생산품의 불량률이 동일한지를 알아보기 위해 각각의 기계로부터 생산된 제품 중에서 50개씩을 표본으로 추출하여 조사한 결과 A로부터는 9개, B로부터는 5개의 불량품이 관측되었다. 두 기계의 불량률 차에

대한 95% 신뢰구간을 구하라.

【11.5】 어떤 두 대기업 직원들의 연간 평균결석일 수를 비교하기 위하여 다음과 같은 표본조사 결과를 얻었다. 이 자료로부터 두 기업 직원들의 연간 평균결석일 수가 동일하다고 할 수 있는지를 유의수준 5%에서 검정하라.

$n_1 = 40,\ \overline{x} = 8.0,\ s_1 = 4.2$

$n_2 = 50,\ \overline{y} = 7.9,\ s_2 = 3.0$

【11.6】 A회사의 휘발유 첨가제를 사용하면 자동차 주행거리가 증가된다는 주장이 있다. 이를 확인하기 위하여 임의로 추출된 100대의 승용차를 상대로 첨가제의 사용전 주행거리(x)와 사용후 주행거리(y)를 측정하였다. 그 결과 $\overline{d} = 3.5\,(\mathrm{km/l})$, $s_d^2 = 9$를 얻었는데 이 때, $\overline{d}$는 x와 y의 차에 대한 평균이다. A회사의 휘발유 첨가제가 자동차의 주행거리를 증가시키는지를 유의수준 5%에서 검정하라.

【11.7】 어떤 다이어트 식품을 사용하면 체중이 감소하는지를 알아보기 위하여 10명의 여성을 상대로 다이어트 식품 복용 전, 후의 체중을 측정한 결과 다음과 같은 자료를 얻었다. 이 자료로부터 다이어트 식품이 체중을 감소시킨다고 할 수 있는지를 유의수준 5%에서 검정하라.

번 호	1	2	3	4	5	6	7	8	9	10
복용 전(X)	50	45	55	60	63	48	50	70	56	44
복용 후(Y)	48	45	50	60	60	50	49	60	55	48

【11.8】 어느 대학의 총학생회에서는 현재 진행중인 복지사업 대한 지지율이 남녀별로 차이가 있는지를 알아보고자 한다. 임의로 추출된 300명의 남학생 중 200명이, 250명의 여학생 중 150명이 현 총학생회의 복지사업에 지지를 하는 것으로 조사되었다. 남녀별로 지지율에 차이가 있는지를 유의

수준 5%에서 검정하라.

【11.9】 어느 입시학원에서는 재수생의 수능성적의 편차가 재학생 보다 더 클 것이라는 판단 하에 실제로 각각의 대상 학생들을 선발하여 시험을 보고, 두 집단의 성적분포는 정규분포를 나타내고 있음을 알았다. 재학생 중에서 7명을 선발하고, 재수생 중에서 9명을 선발해 각각의 성적에 대한 분산을 조사하여본 결과 재학생과 재수생의 분산이 다음과 같았다. 두 모집단의 분산은 같다고 볼 수 있는지 유의수준 $\alpha = 0.05$에서 검정하라.

재수생 : $s_1^2 = 19.8,\ n_1 = 9$

재학생 : $s_2^2 = 9.0,\ n_2 = 7$

【11.10】 중소기업에 근무하고 있는 종업원들의 월급을 A, B 두 지역으로 구분하여 조사한 결과 다음과 같다. 각 지역의 월급이 정규분포를 따른다고 할 때 σ_1^2/σ_2^2에 대한 90% 신뢰구간을 구하라.

A 지역 : $n_1 = 8,\quad s_1^2 = 82.3$

B 지역 : $n_2 = 10,\quad s_2^2 = 68.7$

【11.11】 어느 보험회사에서는 새로이 개발한 두 종류의 생명보험 상품 A와 B에 대하여 설명회를 실시하였다. 설명회에 참석한 각기 다른 고객들을 대상으로 설명회를 통해 보험에 가입한 사람들을 조사한 결과가 다음과 같았다. 생명보험 상품 A와 B에 대하여 고객들의 가입률이 서로 다르다고 할 수 있는지를 유의수준 10%에서 검정하라.

생명보험상품	대상고객 수	가입자 수
A	1,000	150
B	2,000	400

제 12 장 분산분석과 엑셀활용

12.1 분산분석의 개념

세 개 이상의 모평균의 균등성을 검정하는 방법을 분산분석이라 한다. 분산분석에서 사용되는 검정통계량은 분산 추정량의 형태인 F통계량으로 나타나게 되며 F분포를 이용하므로 검정통계량의 이름을 빌어 분산분석이라고 부른다.

모집단의 개수가 두 개일 경우의 두 모평균의 균등성에 대한 검정을 p $(p \geq 3)$개의 모집단에서 모평균의 균등성에 대한 가설

$$H_0 : \mu_1 = \mu_2 = \cdots = \mu_p$$
$$H_1 : \mu_i (i = 1,\ 2,\ \cdots,\ p)\text{들이 모두 같지는 않다.}$$

로 확장하여 검정하는 경우에 문제를 생각하여 보자. 이와 같이 모집단의 개수가 세 개 이상일 경우 모평균의 균등성을 정규분포나 t분포 검정으로 하는 것은 여러 문제가 있다.

예를 들어 15개 모집단에 대한 모평균의 균등성을 검정하려할 때 정규분포나 t분포 검정을 실시한다면 모평균을 2개씩 짝을 지어 총 $\binom{15}{2} = 105$번의 검정을 행하여야 한다. 또 각각의 검정에 있어서 귀무가설을 채택할 확률이 $1-\alpha = 0.95$이고 독립이라고 하여도 105번의 검정에 있어서 귀무가설을 채택할 확률이 $0.95^{105} = 0.0045$가 되어 제1종 오류의 확률이 실제적으로 증가하게 된다. 이러한 경우 15개의 모평균의 균등성을 한 번에 검정하는 방법을 생각할 수 있다.

분산분석(analysis of variance : ANOVA)은 비교하고자 하는 모집단이 세 개 이상일 경우, 모집단 사이의 평균을 비교하는 통계적 방법으로 영국의 통계학자 R.A.Fisher에 의해 고안되었다.

분산분석은 자료집단에 존재하는 변동의 총 제곱합을 실험과 관련된 인자(factor)마다의 제곱합으로 분해하여 오차의 제곱합에 비해 특히 큰 영향을 주는 인자를 찾아내는 방법으로, 분산분석은 실험에 영향을 미치

는 인자(또는 요인)의 수에 따라 구분된다. 실험과 관련된 인자가 하나인 경우의 분산분석을 일원분산분석(one-way ANOVA)이라 하고, 인자가 두 개인 경우에는 이원분산분석(two-way ANOVA)이라 한다.

분산분석에서 사용되는 중요한 용어로 인자(factor)와 수준(level)이 있다. 어떤 실험에 있어서 그 실험에 영향을 미치는 요인을 인자라 하고, 인자를 분류하는데 사용되는 여러 조건을 인자의 수준(level) 또는 처리(treatment)라고 한다. 이는 인자가 취하는 값들로서 양적인 단계를 나타낼 수도 있고, 질적인 종류를 나타내기도 한다. 예를 들어, 세 가지 종류의 농약 A, B, C에 따라 쌀 생산량이 차이가 있는지를 조사하기 위한 실험에서 농약은 인자가 되며 농약의 종류 A, B, C는 인자 수준이 된다.

12.2 일원분산분석

(1) 분산분석모형

[표 12.1] 일원분산분석의 자료구조

	인자의 수준				
	A_1	A_2	$\cdots$	A_p	
실험의 반복 (측정값)	y_{11}	y_{21}	$\cdots$	y_{p1}	
	y_{12}	y_{22}	$\cdots$	y_{p2}	
	$\vdots$	$\vdots$	$\vdots$	$\vdots$	
	y_{1n_1}	y_{2n_2}	$\cdots$	y_{pn_p}	
합	$y_{1\cdot}$	$y_{2\cdot}$	$\cdots$	$y_{p\cdot}$	총평균
평균	$\overline{y}_{1\cdot}$	$\overline{y}_{2\cdot}$	$\cdots$	$\overline{y}_{p\cdot}$	$\overline{y}_{\cdot\cdot}$

분산분석에서 인자가 하나(A)이면서 p개의 수준을 갖고 있을 때 이 p개의 수준들 사이에 차이가 있는지를 조사하는 방법을 일원분산분석이라 한다. 일원분산분석에서 수준의 개수가 p개이고 각 수준에서 반복 측정

된 측정값이 $n_1, n_2, \cdots, n_p$개 있는 경우의 자료구조는 [표 12.1]과 같다.

여기서,

n_i : i번째 수준의 자료 수

$N = \sum_{i=1}^{p} n_i$: 총 자료의 수

$\bar{y}_{i.} = \frac{1}{n_i} \sum_{j=1}^{n_i} y_{ij}$: i번째 수준의 표본평균

$\bar{y}_{..} = \frac{1}{N} \sum_{i=1}^{p} \sum_{j=1}^{n_i} y_{ij}$: 총평균

인자가 하나인 일원분산분석모형은 다음과 같은 형태를 가진다.

$$y_{ij} = \mu_i + \epsilon_{ij} \qquad i = 1, 2, \cdots, p\,,\ j = 1, 2, \cdots, n_i$$
$$N = n_1 + n_2 + \cdots + n_p$$

여기서, y_{ij}는 i번째 수준에서 j번째 측정된 값을 나타내는 반응변수이며, μ_i는 i번째 수준에서의 모평균을 나타낸다. 그리고 ϵ_{ij}는 y_{ij}를 측정할 때 관심 있는 요인 이외의 각종 요인들에 의하여 발생하는 오차를 나타내는 항으로서, 오차는 서로 독립적이며, 평균이 0, 분산이 σ^2인 정규분포를 따른다고 가정한다.

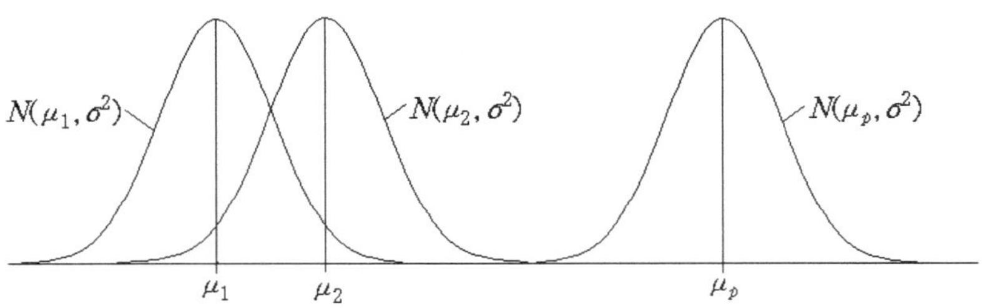

[그림 12.1] 분산분석모형

이러한 가정은 y_{ij}는 서로 독립이며, $N(\mu_i, \sigma^2)$을 따른다고 가정하는 것과 동일하다. 따라서 [표 12.1]의 일원분산분석의 자료구조는 모평균이 각각 $\mu_1, \mu_2, \cdots, \mu_p$이고 모분산이 σ^2인 p개의 정규모집단에서 각각 독립적으로 크기가 $n_1, n_2, \cdots, n_p$인 표본을 추출하여 얻은 측정값을 표로 요약하여 나타낸 것이다.

(2) 분산분석표

p개의 수준 사이에는 차이가 있는 지를 검정하기 위한 귀무가설 H_0과 대립가설 H_1은 다음과 같다.

H_0 : $\mu_1 = \mu_2 = \cdots = \mu_p$
H_1 : $\mu_i (i = 1,\ 2,\ \cdots,\ p)$들이 모두 같지는 않다.

이 가설을 검정하기 위한 검정통계량을 구하기 위해서 총 변동을 인자수준 간에 발생하는 변동과 오차에 의해서 발생하는 변동으로 분해하면

$$y_{ij} - \overline{y}_{..} = (\overline{y}_{i.} - \overline{y}_{..}) + (y_{ij} - \overline{y}_{i.})$$

이 된다. 위 식의 양변을 제곱하여 모든 i와 j에 대하여 합하여 정리하면

$$\sum_{i=1}^{p}\sum_{j=1}^{n_i}(y_{ij} - \overline{y}_{..})^2 = \sum_{i=1}^{p} n_i (\overline{y}_{i.} - \overline{y}_{..})^2 + \sum_{i=1}^{p}\sum_{j=1}^{n_i}(y_{ij} - \overline{y}_{i.})^2$$

$$SST \qquad = \qquad SSt \qquad + \qquad SSE$$

과 같은 제곱합을 얻을 수 있다.

분산분석의 기본원리는 측정된 자료값들의 전체 변동량을 비교하고자 하는 인자 수준간의 차이에 의해서 발생하는 변동량과 그 밖의 요인에 의해서 발생하는 변동량으로 나누어서 자료를 분석하는 데 있다.

위 식에서 좌변은 표본 전체의 평균과 각 측정값간의 차를 제곱하여 모든 더한 값으로서 전체 변동량을 나타내며 총제곱합(total sum of squares : SST)이라 한다.

식 우변의 첫 번째 항은 표본 전체의 평균과 각 수준 평균간의 차를 제곱하여 모두 더한 값으로서 비교하고자 하는 인자 수준간의 차이에 의해서 발생하는 변동량을 나타내며 처리제곱합(treatment sum of squares : SSt) 또는 급간변동(between sum of squares)이라 한다. 이 때 측정값들의 수준 평균들이 모두 같다면 $SSt = 0$ 이 되며, 수준 평균들 사이의 차이가 클수록 SSt 는 커지게 된다.

식 우변의 두 번째 항은 각 인자 수준 내에서의 측정값과 해당 수준 평균간의 차를 제곱하여 모두 더한 값으로서 총제곱합 중에서 인자수준으로 설명이 되지 않는 변동량을 나타내며 오차제곱합(error sum of squares : SSE) 또는 급내변동(within sum of squares)이라 부른다. 따라서 각 수준 내에서의 모든 측정값들이 같으면 $SSE = 0$ 이 되며, 각 수준 내에서 측정값들의 변동이 작을수록 SSE 는 작아진다.

분산분석은 실험에서 측정된 변동량을 분산개념을 이용하여 분석하기 때문에 제곱합이 직접 사용되지 않고, 분산을 계산할 때와 동일한 방법으로 제곱합을 자유도로 나누어서 얻어지는 평균제곱이 사용된다.

분산분석에서 처리제곱합 SSt 를 자신의 자유도인 $p-1$ 로 나눈 값을 처리평균제곱(treatment mean square : MSt), 오차제곱합 SSE 를 자신의 자유도인 $N-p$ 로 나눈 값을 오차평균제곱(error mean square : MSE) 이라 한다.

$$MSt = \frac{SSt}{p-1}, \quad MSE = \frac{SSE}{N-p}$$

분산분석에서 인자 수준들 간의 차의 존재유무에 대한 결정은 처리평균제곱 MSt 와 오차평균제곱 MSE 의 상대적인 크기를 비교하여 하게 된다.

분산분석에서 필요한 모든 정보 즉, 제곱합과 자유도, 그리고 평균제곱 등을 요인별로 분류하여 정리한 표를 분산분석표라 하며 [표 12.2]와 같이 작성할 수 있다.

[표 12.2] 일원분산분석표

요인	제곱합	자유도	평균제곱	F_0
처리	SSt	$p-1$	MSt	$MSt\,/\,MSE$
오차	SSE	$N-p$	MSE	
합	SST	$N-1$		

(3) 가설검정

일반적으로 일원분산분석은 p 개 수준들의 평균값들이 같은지를 검정하는 것으로부터 시작되며, 검정을 위한 귀무가설 및 대립가설은 각각 다음과 같이 설정된다.

H_0 : $\mu_1 = \mu_2 = \cdots = \mu_p$

H_1 : 모든 $\mu_i\ (i = 1, \cdots, p)$는 같지 않다.

가설을 검정하기 위한 통계량으로 처리평균제곱 MSt 와 오차평균제곱 MSE 의 비를 나타내는

$$F_0 = \frac{MSt}{MSE}$$

가 사용된다. 이 때 귀무가설 H_0 가 참일 경우, 검정통계량 F_0 는 자유도

$(p-1, N-p)$ 인 F-분포를 따르게 된다. 따라서 유의수준 α 인 가설검정에서 $F_0 \geq F_\alpha(p-1, N-1)$이면 MSt 가 MSE 보다 충분히 크다고 판정하여 귀무가설 H_0 를 기각하게 된다. 즉, 인자수준들 사이의 평균은 모두 같지 않다고 결정하게 된다. 이러한 검정법을 F-검정이라 한다.

여기서 검정통계량 F_0 의 값이 충분히 크다는 것 즉, MSt 가 MSE 보다 훨씬 크다는 것은 인자 수준들 간의 차이가 존재한다는 것을 나타내므로 대립가설 H_1 을 채택하며, F_0 의 값이 1에 가까울 경우에는 MSt 와 MSE 가 비슷하게 되어 인자 수준들간의 차이가 없다는 것을 나타내므로 귀무가설 H_0 을 채택한다. 이를 요약하면 다음과 같다.

• 일원분산분석에서의 인자효과에 대한 검정

귀무가설 H_0 : $\mu_1 = \mu_2 = \cdots = \mu_p$

대립가설 H_1 : 모든 μ_i $(i = 1, \cdots, p)$는 같지 않다.

의사결정기준 : 유의수준 α 에서 검정통계량 $F_0 = \dfrac{MSt}{MSE}$ 가

$F_0 \geq F_\alpha(p-1, N-1)$이면, H_0 를 기각

$F_0 < F_\alpha(p-1, N-1)$이면, H_0 를 채택

i 번째 수준의 모평균 μ_i와 전체 모평균 μ 와의 차이를 $\alpha_i = \mu_i - \mu$ 라 할 때 일원분산분석 모형은 $y_{ij} = \mu + \alpha_i + \epsilon_{ij}$ 로 표현할 수 있다. 여기서 α_i 는 수준 i 에서의 모평균 μ_i 가 전체의 모평균 μ 로부터 어느 정도 떨어져 있는지를 나타내는 값으로서 인자의 i 번째 수준효과(level effect)라고 부르며, $\sum \alpha_i = 0$ 이 된다. 분산분석모형이 인자의 수준효과 α_i 를 포함할 경우, 귀무가설 및 대립가설은 각각 다음과 같이 설정된다.

$$H_0 : \alpha_1 = \alpha_2 = \cdots = \alpha_p = 0 , \qquad H_1 : \text{모든 } \alpha_i \text{는 } 0\text{이 아니다.}$$

이 경우에도 검정방법은 동일하다.

예제 12.1 3개 증권사 A, B, C의 매출액이 같은지 알아보려고 각각 4, 4, 3개 지점을 조사하여 다음과 같은 자료를 얻었다. 증권사별로 매출액에 차이가 있다고 할 수 있는지를 유의수준 5%에서 검정하라.

증권사	A	B	C
반복 (매출액)	25 20 25 26	21 20 16 15	22 20 21

해설

① 가설 $H_0 : \mu_1 = \mu_2 = \mu_3$

$H_1 : \mu_i (i = 1,\ 2,\ 3,)$들이 모두 같지는 않다.

먼저 계산에 필요한 값들은 다음과 같다.

크기 : $n_1 = 4$, $n_2 = 4$, $n_3 = 3$

평균 : $\overline{y}_{1.} = 24$, $\overline{y}_{2.} = 18$, $\overline{y}_{3.} = 21$

전체평균 : $\overline{y}_{..} = 21$

이를 표로 작성하면 다음과 같다.

증권사	A	B	C	.
반복 (매출액)	25 20 25 26	21 20 16 15	22 20 21	
$y_{i.}$ $\overline{y}_{i.}$	96 24	72 18	63 21	$y_{..} = 231$ $\overline{y}_{..} = 21$

주어진 자료로부터 다음과 같이 제곱합을 구하고 분산분석표를 작성한다.

$$SST = \sum_{i=1}^{3} \sum_{j=1}^{n_i} (y_{ij} - \overline{y})^2$$

$$= (25-21)^2 + (20-21)^2 + \cdots + (21-21)^2 = 122$$

$$SSt = \sum_{i=1}^{3} n_i (\overline{y_i} - \overline{y})^2$$
$$= 4(24-21)^2 + 4(18-21)^2 + 3(21-21)^2 = 72$$

<분산분석표>

요인	제곱합	자유도	평균제곱	F_0
처리	72	2	36	5.76
잔차	50	8	6.25	
합	122	10		

② 유의수준 $\alpha = 0.05$

③ 검정통계량 $F_0 = 5.76$

④ 기각역 $F_0 \geq F_{0.05}(2,8) = 4.46$

⑤ $F_0 = 5.76 > 4.46$이므로 귀무가설 H_0를 기각한다. 따라서 증권사별로 매출액의 차이가 있다고 말할 수 있다.

엑셀연습 이 예제를 다음과 같이 엑셀로 풀어보자.

step 1 자료 입력

	A	B	C	D
1	A	B	C	
2	25	21	22	
3	20	20	20	
4	25	16	21	
5	26	15		

step 2 [데이터] ⇨ [데이터 분석] 선택

step 3 [통계 데이터 분석] 대화상자

[분산분석: 일원배치법]을 선택한다.

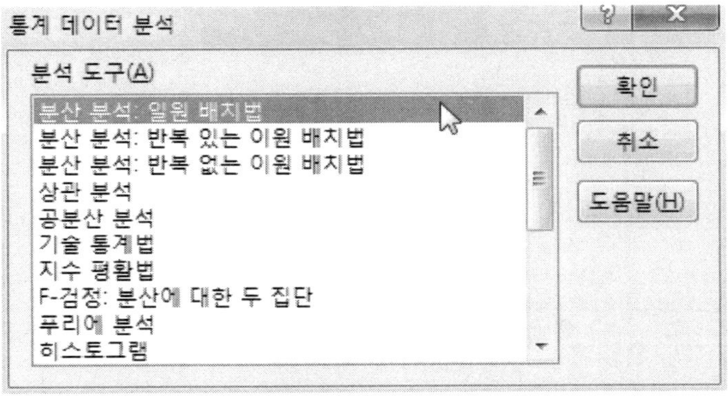

step 4 [일원배치법] 대화상자 입력

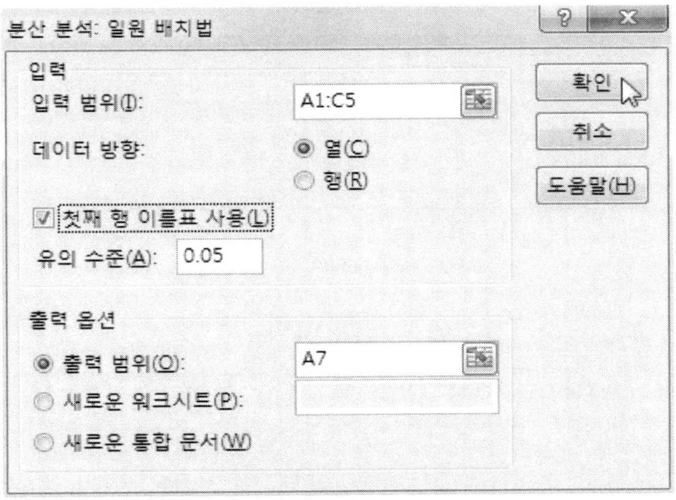

입력 범위	→	A1:C5
데이터 방향	→	열
첫째 행 이름표 사용	→	선택
유의 수준	→	0.05
출력 범위	→	A7

다음과 같은 요약표 및 분산분석표가 출력된다.

	A	B	C	D	E	F	G	H
1	A	B	C					
2	25	21	22					
3	20	20	20					
4	25	16	21					
5	26	15						
6								
7	분산 분석: 일원 배치법							
8								
9	요약표							
10	인자의 수준	관측수	합	평균	분산			
11	A	4	96	24	7.333333			
12	B	4	72	18	8.666667			
13	C	3	63	21	1			
14								
15								
16	분산 분석							
17	변동의 요인	제곱합	자유도	제곱 평균	F 비	P-값	F 기각치	
18	처리	72	2	36	5.76	0.028212	4.45897	
19	잔차	50	8	6.25				
20								
21	계	122	10					
22								

$p-$값 $= 0.028212 <$ 유의수준 0.05이므로 H_0을 기각한다.

검정통계량 $F_0 = 5.76 > F_{0.05}(2,8) = 4.45897$이므로 역시 H_0을 기각한다.

분산분석에서 F검정 결과 귀무가설 H_0을 채택할 경우 즉, 인자 수준들의 평균 μ_i가 모두 같다고 할 경우 더 이상의 분석은 필요로 하지 않는다. 반면에, 앞의 예제와 같이 분산분석 결과 $H_0 : \mu_1 = \mu_2 = \cdots = \mu_p$이 기각되었을 때 어느 평균들이 다른가를 구체적으로 알 수가 없다. 따라서 분산분석을 한 후 귀무가설 H_0이 기각되면 모든 가능한 모평균들의 쌍에 대하여 검정하여 그 중 어느 것이 기각되었는지를 알아보는 방법을 다중비교 검정(multiple comparison test)이라고 한다.

다중비교에 대한 검정방법으로는 Tukey가 제안한 HSD검정법, $Scheffe'$의 검정방법, Bonferroni의 검정방법, 최소유의차에 의한 방법(LSD법), 그리고 Duncan의 검정방법 등 여러 가지가 있다. 이러한 다중비교 검정 방법은 이 책의 수준을 넘으므로 분산분석 관련 전문서적을 참조하기 바란다.

예제 12.2 어떤 대학 간호학과에서는 학생들을 대상으로 학년별 사회봉사시간에 차이가 있는지를 알아보려고 한다. 이를 위해 각 학년별로 3명의 학생을 대상으로 봉사시간을 관찰한 결과가 다음과 같다. 다음의 가설을 엑셀을 이용하여 검정하라(유의수준 0.05).

귀무가설: $H_0 : \mu_{1\text{학년}} = \mu_{2\text{학년}} = \mu_{3\text{학년}} = \mu_{4\text{학년}}$

대립가설: H_1 : H_0가 아니다.

(즉, 학년별로 평균이 다른 것이 있다.)

	1학년	2학년	3학년	4학년
봉사시간	13 8 9	15 11 13	8 12 7	11 15 10

해설 앞에서와 같은 방법으로 엑셀 분산분석: 일원배치법 분석도구를 사용하면 다음과 같은 결과를 얻을 수 있다.

	A	B	C	D	E	F	G	H
1	1학년	2학년	3학년	4학년				
2	13	15	8	11				
3	8	11	12	15				
4	9	13	7	10				
5								
6								
7	분산 분석: 일원 배치법							
8								
9	요약표							
10	인자의 수준	관측수	합	평균	분산			
11	1학년	3	30	10	7			
12	2학년	3	39	13	4			
13	3학년	3	27	9	7			
14	4학년	3	36	12	7			
15								
16								
17	분산 분석							
18	변동의 요인	제곱합	자유도	제곱 평균	F 비	P-값	F 기각치	
19	처리	30	3	10	1.6	0.264239	4.066181	
20	잔차	50	8	6.25				
21								
22	계	80	11					
23								

출력결과의 분산분석표로부터 $F-$값 $=1.6$, 이에 대응하는 $p-$값 $=0.2642$로서 0.05보다 크므로 귀무가설을 기각할 수 없다. 따라서 각 학년별로 사회봉사시간에는 차이가 없다고 말 할 수 있다.

12.3 이원분산분석

이원분산분석은 실험에 영향을 미치는 인자가 두 개인 경우의 분산분석이다. 일원분산분석에서는 인자 수준이 하나의 처리가 되지만 이원분산분석에서는 각 인자 수준의 조합이 처리가 된다.

예를 들어 직물을 연구하는 사람이 한 직물의 세탁에 대한 내구성을 연구하려고 한다. 내구성은 물의 온도와 세제의 종류에 영향을 받기 때문에, 이 두 요인이 내구성에 미치는 영향을 조사하기로 하였다. 인자 A는 물의 온도이고, 그 수준은 섭씨 60도, 40도, 20도로 했다. 인자 B는 세제이고 갑, 을, 병, 세 종류의 세제를 그 수준으로 정했다. 이 경우에 인자 A와 B 수준의 조합인 9개의 처리가 가능하며, 이 9개의 처리를 실험함으로써 직물의 내구력에 온도가 미치는 영향(인자 A의 효과), 세제가 미치는 영향(인자 B의 효과)과 온도와 세제의 조합이 미치는 영향(인자 A와 B의 교호작용 효과)에 관한 정보를 얻을 수 있다.

교호작용(interaction)이란 두 개 이상의 인자수준의 조합에서 일어나는 효과를 말한다. 인자 A의 효과가 인자 B의 수준변화에 따라 변화는 경우 "A와 B인자 간에 교호작용 AB가 존재한다."라고 말한다. 그래프를 이용하여 두 인자 사이에 교호작용이 존재하는 지를 대략적으로 판단할 수 있다. 예를 들어 인자 A의 수준이 A_1, A_2이고 인자 B의 수준이 B_1, B_2이라고 할 때 교호작용 효과가 존재하는 경우와 존재하지 않는 경우의 그래프는 아래와 같다.

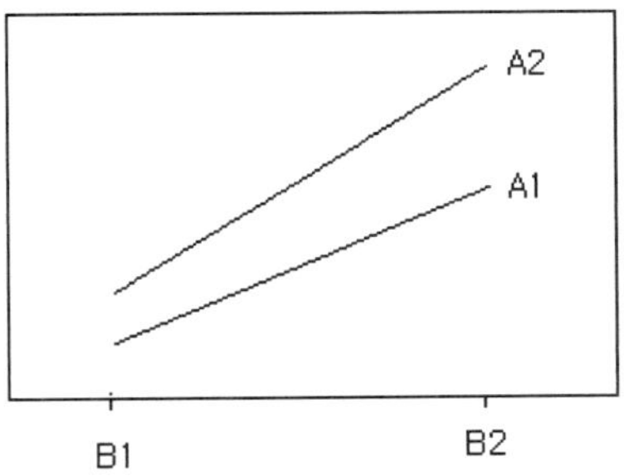

교호작용이 존재하지 않는 경우

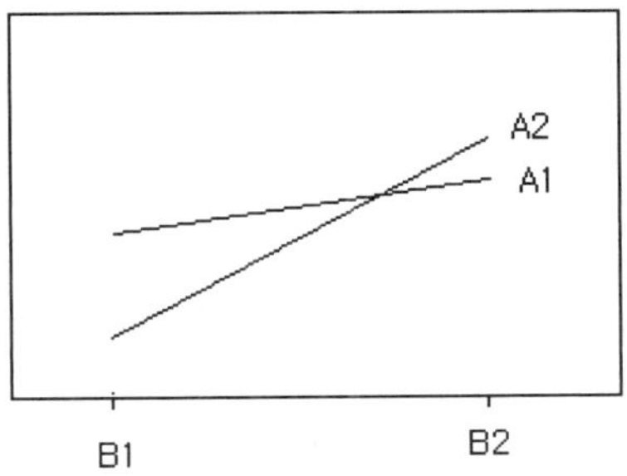

교호작용이 존재하는 경우

이원분산분석에서 두 인자의 교호작용 효과를 검정하기 위해서는 각 수준의 조합에서 2회 이상 반복 실험을 해야 한다. 일반적으로 실험 결과에 대한 신뢰도를 높이기 위해서는 가능하다면 주어진 조건 아래에서 2회 이상 실험을 반복하는 것이 바람직하다. 그러나 때로는 반복이 불가능할 경우도 있을 수 있다. 따라서 이원분산분석은 반복 실험을 하는 경우와 그렇지 않은 경우로 나누어 고려할 수 있다. 따라서 두 인자 수준이 교차하는 각 조합에서 반복 실험이 없는 하나의 측정값을 얻었을 경우와 실험을 반복하여 n개의 측정값을 얻었을 경우로 구분하여 알아본다.

12.3.1 반복이 없는 이원분산분석

(1) 분산분석모형

두 개의 인자 A와 B가 각각 a개와 b개의 수준을 가지며 반복 실험을 하지 않아 각 수준의 조합에 측정값이 하나인 자료 구조는 [표 12.3]과 같다.

[표 12.3] 반복이 없는 이원분산분석의 자료 구조

A 요인 \ B 요인	B_1	$\cdots$	B_j	$\cdots$	B_b	평균
A_1	y_{11}	$\cdots$	y_{1j}	$\cdots$	y_{1b}	$\overline{y}_{1\cdot}$
$\vdots$	$\vdots$		$\vdots$		$\vdots$	$\vdots$
A_i	y_{i1}	$\cdots$	y_{ij}	$\cdots$	y_{ib}	$\overline{y}_{i\cdot}$
$\vdots$	$\vdots$		$\vdots$		$\vdots$	$\vdots$
A_a	y_{a1}	$\cdots$	y_{aj}	$\cdots$	y_{ab}	$\overline{y}_{a\cdot}$
평균	$\overline{y}_{\cdot 1}$	$\cdots$	$\overline{y}_{\cdot j}$	$\cdots$	$\overline{y}_{\cdot b}$	$\overline{y}$

여기서, $i=1,2,\cdots,a$; $j=1,2,\cdots,b$에 대하여

$\overline{y}_{i.} = \dfrac{1}{b}\sum_{j=1}^{b} y_{ij}$: 인자 A의 각 수준에 대한 평균

$\overline{y}_{.j} = \dfrac{1}{a}\sum_{i=1}^{a} y_{ij}$: 인자 B의 각 수준에 대한 평

$\overline{y}_{..} = \dfrac{1}{ab}\sum_{i=1}^{b}\sum_{j=1}^{a} y_{ij}$: 총평균

반복이 없는 이원분산분석에서 관측값을 나타내는 통계적 모형은 다음과 같다.

$$y_{ij} = \mu + \alpha_i + \beta_j + \epsilon_{ij}, \quad i = 1,2,\cdots,a \ ; \ j = 1,2,\cdots,b$$

여기서 μ는 모평균, α_i는 인자 A의 i번째 수준효과, β_j는 인자 B의 j번째 수준효과이며, ϵ_{ij}는 오차항으로 서로 독립이며 정규분포 $N(0,\sigma^2)$을 따른다고 가정한다.

변동의 제곱합을 구하기 위해서 총변동을 인자 A, 인자 B, 그리고 오차에 의한 변동으로 분해하면

$$(y_{ij} - \overline{y}_{..}) = (\overline{y}_{i.} - \overline{y}_{..}) + (\overline{y}_{.j} - \overline{y}_{..}) + (y_{ij} - \overline{y}_{i.} - \overline{y}_{.j} + \overline{y}_{..})$$

가 된다. 여기서 $\overline{y}_{..}$는 전체평균, $\overline{y}_{i.}$는 인자 A의 각 수준에 대한 평균, 그리고 $\overline{y}_{.j}$는 인자 B의 각 수준에 대한 평균이다. 일원분산분석에서와 마찬가지로 분해된 변동의 양변을 제곱한 후 모든 i와 j에 대하여 합하면 다음과 같은 변동의 제곱합들을 얻을 수 있다.

$$\sum_{i=1}^{a}\sum_{j=1}^{b}(y_{ij} - \overline{y}_{..})^2 = \sum_{i=1}^{a} b\,(\overline{y}_{i.} - \overline{y}_{..})^2 + \sum_{j=1}^{b} a\,(\overline{y}_{.j} - \overline{y}_{..})^2 + \sum_{i}\sum_{j}(y_{ij} - \overline{y}_{i.} - \overline{y}_{.j} + \overline{y}_{..})^2$$

$$SST \quad = \quad SSA \quad + \quad SSB \quad + \quad SSE$$

제곱합 및 자유도 계산공식		
$SST = \sum_i\sum_j (y_{ij} - \overline{y}_{..})^2$	총제곱합	자유도: $ab-1$
$SSE = \sum_i\sum_j (y_{ij} - \overline{y}_{i.} - \overline{y}_{.j} + \overline{y}_{..})^2$	오차 제곱합	자유도 : $(a-1)(b-1)$
$SSA = \sum_i\sum_j (\overline{y}_{i.} - \overline{y}_{..})^2$	인자A의 제곱합	자유도 : $a-1$
$SSB = \sum_i\sum_j (\overline{y}_{.j} - \overline{y}_{..})^2$	인자B의 제곱합	자유도 : $b-1$

(2) 분산분석표

처리내에 측정값이 한 개뿐인 경우 전체 변동량을 나타내는 총제곱합 SST는 인자 A의 수준(처리)평균들 사이의 변동량 SSA와 인자 B의 수준(처리)평균들 사이의 변동량 SSB, 그리고 기타 요인에 의해서 발생되는 변동량 SSE로 분할되어진다.

여기서 SSA와 SSB를 각각 인자 A와 인자 B의 처리제곱합, SSE를 오차제곱합이라 부른다. 분산분석에 필요한 제곱합은 다음 공식에 의하여 계산할 수 있으며 이들 각각의 자유도는 아래와 같다. 그리고 이들 제곱합 사이에는 $SST = SSE + SSA + SSB$의 관계가 성립한다.

[표 12.4] 분산분석표(반복실험이 아닌 경우)

요인	제곱합	자유도	평균제곱	F_0
인자 A	SSA	$a-1$	MSA	MSA/MSE
인자 B	SSB	$b-1$	MSB	MSB/MSE
오차	SSE	$(a-1)(b-1)$	MSE	
총계	SST	$ab-1$		

(3) 가설검정

각 처리내의 측정값이 한 개뿐인 이원분산분석에서는 인자 A의 효과를 검정하기 위한 가설

H_0 : $\alpha_1 = \cdots = \alpha_a = 0$

H_1 : 모든 $\alpha_i\,(i = 1, \cdots, a)$는 0이 아니다.

와 인자 B의 효과를 검정하기 위한 가설

H_0 : $\beta_1 = \cdots = \beta_b = 0$
H_1 : 모든 $\beta_j \, (j = 1, \cdots, b)$는 0이 아니다.

로 구분하여 검정이 이루어진다.

인자 A의 효과에 대한 가설 검정은 통계량

$$F_0 = \frac{MSA}{MSE}$$

가 귀무가설 H_0가 참일 때 자유도 $[(a-1),(a-1)(b-1)]$인 F분포를 따른다는 사실을 이용한다. 따라서 유의수준 α에서 검정통계량 값이

$$F_0 \geq F_\alpha[(a-1),(a-1)(b-1)]$$

이면 귀무가설 H_0를 기각하여 인자 A의 효과차이가 존재한다고 결론을 내린다.

인자 B의 효과에 대한 검정은 인자 A의 효과에 대한 검정과 유사하다. 즉, 검정정통계량

$$F_0 = \frac{MSB}{MSE}$$

는 귀무가설 H_0가 참일 때 자유도 $[(b-1),(a-1)(b-1)]$인 F-분포를 따른다는 사실을 이용한다. 따라서 유의수준 α에서 검정통계량 값이

$$F_0 \geq F_\alpha[(b-1),(a-1)(b-1)]$$

이면 귀무가설 H_0를 기각하여 인자 B의 효과차이가 존재한다고 결론을

내린다. 이상의 내용을 다음과 같이 정리할 수 있다.

이원분산분석에서의 인자효과에 대한 검정(반복실험이 아닌 경우)
<인자 A의 효과>
가설 : H_0 : $\alpha_1 = \cdots = \alpha_a = 0$ H_1 : 모든 $\alpha_i\,(i = 1, \cdots, a)$는 0이 아니다. 판정방법 : 유의수준 α에서 검정통계량 $F_0 = \dfrac{MSA}{MSE}$가 $F_0 \ge F_\alpha[(a-1),(a-1)(b-1)]$이면, 귀무가설 H_0를 기각
<인자 B의 효과>
가설 : H_0 : $\beta_1 = \cdots = \beta_b = 0$ H_1 : 모든 $\beta_j\,(j = 1, \cdots, b)$는 0이 아니다. 판정방법 : 유의수준 α에서 검정통계량 $F_0 = \dfrac{MSB}{MSE}$가 $F_0 \ge F_\alpha[(b-1),(a-1)(b-1)]$이면, 귀무가설 H_0를 기각

예제 12.3 어느 보험사에서 직무와 직급에 따라 보험 판매량이 차이가 나는지 알아보기 위하여 다음과 같은 자료를 얻었다. 분산분석표를 작성하고 직무의 종류에 따라 판매량이 다른지, 직급에 따라 판매량의 차이가 나는지를 유의수준 5%에서 검정하여라.

직급 / 직무	신입사원	대리	과장	팀장	평균
영업직	16.6	17.7	16.0	16.3	16.7
창구직	16.0	15.5	15.6	15.9	15.8
VIP룸	16.4	16.3	15.9	16.2	16.2
평균	16.3	16.5	15.8	16.1	16.2

해설 직무 종류를 인자 A, 그리고 직급을 인자 B로 하여 제곱합을 구하면 다음과 같다.

$SST = (16.6-16.2)^2 + (17.7-16.2)^2 + \cdots + (16.2-16.2)^2 = 3.58$

$SSA = 4[(16.7-16.2)^2 + (15.8-16.2)^2 + (16.2-16.2)^2] = 1.62$

$$SSB = 3[(16.3-16.2)^2 + (16.5-16.2)^2 + (15.8-16.2)^2 + (16.1-16.2)^2] = 0.74$$

$SSE = SST - SSA - SSB = 1.22$

따라서 반복이 없는 이원분산분석표는 아래와 같다.

<분산분석표>

요인	제곱합	자유도	평균제곱	F_0
인자 A	1.62	2	0.81	4.05
인자 B	0.74	3	0.25	1.25
오차	1.22	6	0.20	
총계	3.58	11		

1) 인자 A의 효과 검정

① 귀무가설 $H_0 : \alpha_1 = \alpha_2 = \alpha_3 = 0$

② 유의수준 $\alpha = 0.05$

③ 검정통계량 $F_0 = \dfrac{MSA}{MSE} = \dfrac{0.81}{0.20} = 4.05$

④ 기각역 $F_0 \geq F_{0.05}(2, 6) = 5.14$

⑤ $F_0 = 4.05 < F_{0.05}(2, 6) = 5.14$ 이므로 귀무가설 H_0를 기각하지 못한다. 따라서, 직무의 종류에 따라 판매량이 다르다고 할 수 없다.

2) 인자 B의 효과 검정

① 귀무가설 $H_0 : \beta_1 = \beta_2 = \beta_3 = \beta_4 = 0$

② 유의수준 $\alpha = 0.05$

③ 검정통계량 $F_0 = \dfrac{MSB}{MSE} = \dfrac{0.25}{0.20} = 1.25$

④ 기각역 $F_0 \geq F_{(3, 6, 0.05)} = 4.76$

⑤ $F_0 = 1.25 < F_{0.05}(3, 6) = 4.76$ 이므로 귀무가설 H_0를 기각하지 못한다. 따라서 직급에 따라 판매량의 차이가 있다고 할 수 없다.

엑셀연습 이 예제를 다음과 같이 엑셀로 풀어보자.

	A	B	C	D	E	F	G	H
1		신입	대리	과장	팀장			
2	영업직	16.6	17.7	16.0	16.3			
3	창구직	16.0	15.5	15.6	15.9			
4	VIP룸	16.4	16.3	15.9	16.2			
5								
6								
7	분산 분석: 반복 없는 이원 배치법							
8								
9	요약표	관측수	합	평균	분산			
10	영업직	4	66.6	16.65	0.55			
11	창구직	4	63	15.75	0.056667			
12	VIP룸	4	64.8	16.2	0.046667			
13								
14	신입	3	49	16.33333	0.093333			
15	대리	3	49.5	16.5	1.24			
16	과장	3	47.5	15.83333	0.043333			
17	팀장	3	48.4	16.13333	0.043333			
18								
19								
20	분산 분석							
21	변동의 요인	제곱합	자유도	제곱 평균	F 비	P-값	F 기각치	
22	인자 A(행)	1.62	2	0.81	3.983607	0.079273	5.143253	
23	인자 B(열)	0.74	3	0.246667	1.213115	0.382885	4.757063	
24	잔차	1.22	6	0.203333				
25								
26	계	3.58	11					
27								

검정통계량 F_0를 나타내는 F비 값이 반올림으로 인해 앞의 예제와 근소한 차이가 있으나, $p-$값과 F기각치에 의해 검정 결과는 앞의 예제와 같음을 알 수 있다.

이 결과는 다음과 같은 과정을 통해 얻을 수 있다.

step 1 자료 입력

	A	B	C	D	E	F
1		신입	대리	과장	팀장	
2	영업직	16.6	17.7	16.0	16.3	
3	창구직	16.0	15.5	15.6	15.9	
4	VIP룸	16.4	16.3	15.9	16.2	

step 2 [데이터] ⇨ [데이터 분석] 선택

step 3 [통계 데이터 분석] 대화상자

[분산분석: 반복이 없는 이원배치법]을 선택한다.

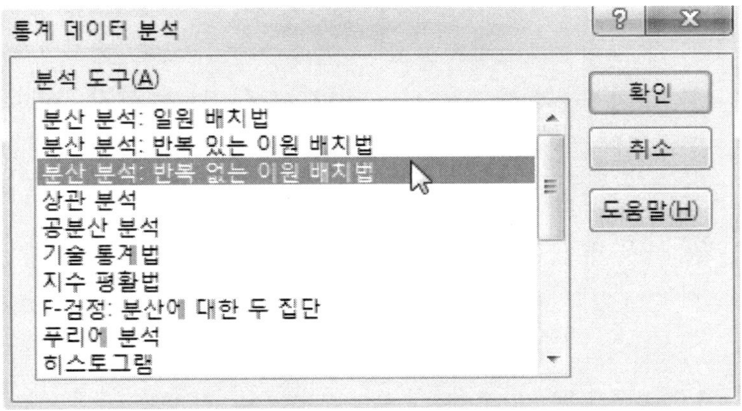

step 4 [반복이 없는 이원배치법] 대화상자 입력

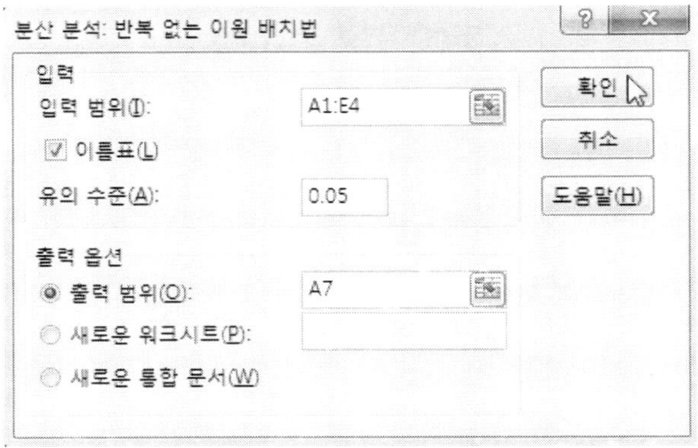

입력 범위 → A1:E4
이름표 → 선택
유의 수준 → 0.05
출력 범위 → A8
입력이 완료되었으면 [확인] 단추를 누른다.

12.3.2 반복이 있는 이원분산분석

(1) 분산분석모형

반복이 없는 이원분산분석과 같이 두 개의 인자 A와 B가 각각 a개와 b개의 수준을 갖고 반복 실험을 하여 각 수준의 $a \times b$개의 조합에 측정값이 r개씩 있다고 하자. 반복 실험을 함으로서 인자 A와 B에 대한 교호작용을 검정 할 수 있다. 반복이 있는 이원분산분석에서 관측값을 나타내는 모형은 다음과 같다.

$$y_{ijk} = \mu + \alpha_i + \beta_j + (\alpha\beta)_{ij} + \epsilon_{ijk}$$

$$i = 1, 2, \cdots, a,\ j = 1, 2, \cdots, b,\ k = 1, 2, \cdots, r$$

여기서 y_{ijk}는 인자 A의 i번째 수준과 인자 B의 j번째 수준에서 k번째 관측값이고, μ는 모평균, α_i는 인자 A의 i번째 주효과(main effect), β_j는 인자 B의 j번째 주효과, $(\alpha\beta)_{ij}$는 인자 A의 i번째 수준과 인자 B의 j번째 수준 간에 교호작용효과(interaction effect), 그리고 ϵ_{ijk}는 오차항으로 서로 독립이며 평균이 0이고 분산이 σ^2인 정규분포를 따른다고 가정한다. 교호작용효과는 한 인자의 효과가 다른 인자의 수준에 따라 변하는 경우에 발생하는 효과를 의미한다.

일원분산분석에서 총 변동을 분해한 것과 마찬가지로 이원분산분석에서 총 변동을 인자 A에 의한 변동, 인자 B에 의한 변동, 인자 A와 B의 교호작용에 의한 변동, 그리고 오차에 의한 변동으로 분해하면 다음과 같다.

$$
\begin{aligned}
(y_{ijk} - \overline{y}_{...}) &= (\overline{y}_{i..} - \overline{y}_{...}) + (\overline{y}_{.j.} - \overline{y}_{...}) \\
&\quad + (\overline{y}_{ij.} - \overline{y}_{i..} - \overline{y}_{.j.} + \overline{y}_{...}) + (y_{ijk} - \overline{y}_{ij.})
\end{aligned}
$$

여기서$\overline{y}_{...}$은 총평균, $\overline{y}_{i..}$는 인자 A의 각 수준에 대한 평균, $\overline{y}_{.j.}$는 인자 B의 각 수준에 대한 평균, 그리고$\overline{y}_{ij.}$는 인자 A의 i번째 수준과 인자 B의 j번째 수준에서 r번 반복에 대한 평균이다. 분해된 변동의 양변을 제곱하고 모든 i, j, k에 대하여 합하여 제곱합을 구하면 다음과 같다.

$$
\begin{aligned}
\sum_{i=1}^{a}\sum_{j=1}^{b}\sum_{k=1}^{r}(y_{ijk} - \overline{y}_{...})^2 &= \sum_{i=1}^{a} br\,(\overline{y}_{i..} - \overline{y}_{...})^2 \\
&\quad + \sum_{j=1}^{b} ar\,(\overline{y}_{.j.} - \overline{y}_{...})^2 \\
&\quad + \sum_{i=1}^{a}\sum_{j=1}^{b} r\,(\overline{y}_{ij.} - \overline{y}_{i..} - \overline{y}_{.j.} - \overline{y}_{...})^2 \\
&\quad + \sum_{i=1}^{a}\sum_{j=1}^{b}\sum_{k=1}^{r}(y_{ijk} - \overline{y}_{ij.})^2
\end{aligned}
$$

위 식을 순서대로

$$SST = SSA + SSB + SSAB + SSE$$

로 나타내면 SST는 총 변동의 제곱합, SSA는 인자 A의 변동의 제곱합, SSB는 인자 B의 변동의 제곱합, $SSAB$는 교호작용의 변동의 제곱합, 그리고 SSE는 오차의 변동의 제곱합이 된다. 따라서 제곱합을 이용하여 분산분석표를 작성하면 [표 12.5]와 같다.

[표 12.5] 반복이 있는 이원분산분석표

요인	제곱합	자유도	평균제곱	F_0
인자 A	SSA	$a-1$	$MSA = \frac{SSA}{(a-1)}$	$\frac{MSA}{MSE}$
인자 B	SSB	$b-1$	$MSB = \frac{SSB}{(b-1)}$	$\frac{MSB}{MSE}$
교호작용 AB	$SSAB$	$(a-1)(b-1)$	$MSAB = \frac{SSAB}{(a-1)(b-1)}$	$\frac{MSAB}{MSE}$
오차	SSE	$ab(r-1)$	$MSE = \frac{SSE}{(a-1)(b-1)}$	
총계	SST	$abr-1$		

각 처리내의 측정값이 r개인 이원분산분석에서 처리평균 μ_{ij}, 인자효과 α_i와 β_j, 그리고 교호작용효과$(\alpha\beta)_{ij}$ 항을 모두 포함할 경우의 모형은 다음과 같다.

$$y_{ijk} = \mu + \alpha_i + \beta_j + (\alpha\beta)_{ij} + \epsilon_{ijk}$$

여기서, μ는 전체에 대한 모평균,

$\sum_i \alpha_i = 0,\ \sum_j \beta_j = 0,$

$$\sum_i (\alpha\beta)_{ij} = 0,\ \ \sum_j (\alpha\beta)_{ij} = 0$$

이원분산분석모형에서 인자 A와 인자 B의 교호작용효과를 나타내는 항 $(\alpha\beta)_{ij}$가 모든(i,j)에 대하여 0이 되면 이원분산분석모형은 가법모형(additive model)

$$y_{ijk} = \mu + \alpha_i + \beta_j + \epsilon_{ijk}$$

이 되어 모형에 대한 해석은 쉬워진다. 즉, 측정값을 인자 A의 주효과와 인자 B의 주효과로만 분할할 수 있기 때문에 각각의 효과에 대하여 분리하여 추정 및 검정을 할 수 있다.

그러나 교호작용이 존재할 경우에는 인자들의 주효과 이외에 교흐작용효과가 포함되어 있기 때문에 일반적으로 모형의 해석이 명백하지 않게 된다. 이러한 경우에는 측정값 y_{ijk}를 적절히 변환시켜(예를 들어, $\sqrt{y_{ijk}}$, y_{ijk}^2, 또는 $\log y_{ijk}$ 등) 교호작용을 제거하여 분석을 하는 것이 바람직하다.

각 처리내의 측정값이 r개인 반복실험이 있는 이원분산분석에서 인자효과에 대한 분석은 다음과 같은 단계를 통하여 이루어진다.

(1) 교호작용효과에 대한 검정을 한다.
(2) 교호작용효과가 존재하지 않을 경우 주효과에 대한 분석을 한다.
(3) 교호작용효과가 존재할 경우 교호작용의 중요성 여부를 조사한다.
(4) 교호작용이 중요하지 않을 경우 주효과에 대한 분석을 한다.
(5) 교호작용이 중요할 경우 반응변수를 변환시켜 교호작용을 제거한 주효과에 대한 분석을 한다.

(2) 교호작용효과의 검정

교호작용효과의 존재 여부를 검정하기 위한 귀무가설 및 대립가설은

각각

H_0 : $(\alpha\beta)_{ij} = 0$

H_1 : 모든 $(\alpha\beta)_{ij}\,(i = 1, \cdots, a\ ;\ j = 1, \cdots, b)$는 0이 아니다.

이며, 검정통계량으로 $F_0 = MSAB/MSE$가 사용된다. 검정통계량 F_0는 귀무가설 H_0가 참일 때 자유도 $[(a-1)(b-1), ab(r-1)]$인 F분포를 따른다. 따라서 유의수준 α일 때 $F_0 \geq F_\alpha[(a-1)(b-1), ab(r-1)]$이면 귀무가설 H_0를 기각하고, 그렇지 않으면 귀무가설 H_0를 채택한다.

(3) 인자효과의 검정

교호작용이 존재하지 않는다고 판단될 경우에는 인자 A와 인자 B의 효과에 대한 검정을 실시하게 된다. 이 때 인자 A와 B의 효과에 대한 검정은 반복실험이 아닌 경우와 유사하다.
즉, 인자 A가 존재하는지를 검정하기 위한 가설은

H_0 : $\alpha_1 = \cdots = \alpha_a = 0$

H_1 : 모든 $\alpha_i\,(i = 1, \cdots, a)$는 0이 아니다.

이며, 검정통계량으로 $F_0 = MSA/MSE$가 사용된다. 이 때 검정통계량 F_0는 귀무가설 H_0가 참일 때 자유도$[(a-1), ab(r-1)]$인 F분포를 따르므로 유의수준 α일 때 $F_0 \geq F_\alpha[(a-1), ab(r-1)]$이면 H_0를 기각한다.
인자 B가 존재하는지를 검정하기 위한 가설은

H_0 : $\beta_1 = \cdots = \beta_b = 0$

H_1 : 모든 $\beta_j\,(j = 1, \cdots, b)$는 0이 아니다.

이며, 검정통계량으로 $F_0 = MSB/MSE$가 사용된다. 이 때 검정통계량 F_0

는 귀무가설 H_0가 참일 때 자유도$[(b-1), ab(r-1)]$인 F분포를 따르므로 유의수준 α일 때 $F_0 \geq F_\alpha[(b-1), ab(r-1)]$이면 H_0을 기각한다. 이상의 내용을 다음과 같이 요약할 수 있다.

이원분산분석에서의 인자효과에 대한 검정(반복실험이 아닌 경우)
<교호작용 효과>
가설 : H_0 : $(\alpha\beta)_{ij} = 0$ H_1 : 모든 $(\alpha\beta)_{ij}$는 0이 아니다 판정방법 : 유의수준 α에서 검정통계량 $F_0 = \frac{MSAB}{MSE}$가 $F_0 \geq F_\alpha[(a-1)(b-1), ab(r-1)]$이면, 귀무가설 H_0를 기각
<인자 A의 효과>
가설 : H_0 : $\alpha_1 = \cdots = \alpha_a = 0$ H_1 : 모든 α_i는 0이 아니다 판정방법 : 유의수준 α에서 검정통계량 $F_0 = \frac{MSA}{MSE}$가 $F_0 \geq F_\alpha[(a-1), ab(r-1)]$이면, 귀무가설 H_0를 기각
<인자 B의 효과>
가설 : H_0 : $\beta_1 = \cdots = \beta_b = 0$ H_1 : 모든 β_j는 0이 아니다 판정방법 : 유의수준 α에서 검정통계량 $F_0 = \frac{MSB}{MSE}$가 $F_0 \geq F_\alpha[(b-1), ab(r-1)]$이면, 귀무가설 H_0를 기각

예제 12.4 다음은 두 종류의 자동차(A, B)를 세 명의 운전사(1, 2, 3)가 동일한 거리를 운전한 후에 얻은 연비 자료이다. 이 자료를 이용해 차종과 운전사의 교호작용 존재유무와 차종 간 그리고 운전사에 따른 연비의 차이가 있는가를 유의수준 5%에서 검정하라.

자동차 \ 운전사	1	2	3
A	51 80 64	125 99 127	41 54 55
B	60 92 90	121 101 93	38 52 51

해설 인자 A를 자동차, 인자 B를 운전사로 하고, 관측치 y_{ijk}를 인자 A의 i번째 수준과 인자 B의 j번째 수준에서 k번째 관측값이라고 하면 각 수준조합별로 평균과 제곱합은 다음과 같다.

자동차 \ 운전사	1	2	3	평균
A	$\overline{y}_{11.}=65$	$\overline{y}_{12.}=117$	$\overline{y}_{13.}=50$	$\overline{y}_{1..}=77.33$
B	$\overline{y}_{21.}=80.66$	$\overline{y}_{22.}=105$	$\overline{y}_{23.}=47$	$\overline{y}_{2..}=77.56$
평균	$\overline{y}_{.1.}=72.83$	$\overline{y}_{.2.}=111$	$\overline{y}_{.3.}=48.5$	$\overline{y}_{...}=78.89$

$$SST=\sum_{i=1}^{2}\sum_{j=1}^{3}\sum_{k=1}^{3}(y_{ijk}-\overline{y}_{...})^2=14,720.44$$

$$SSA=\sum_{i=1}^{2}3\times 3\times(\overline{y}_{i..}-\overline{y}_{...})^2=0.22$$

$$SSB=\sum_{j=1}^{3}2\times 3\times(\overline{y}_{.j.}-\overline{y}_{...})^2=11,910.11$$

$$SSAB=\sum_{i=1}^{2}\sum_{j=1}^{3}3\times(\overline{y}_{ij.}-\overline{y}_{i..}-\overline{y}_{.j.}+\overline{y}_{...})^2=597.44$$

$$SSE=SST-SSA-SSB-SSAB=2,212.67$$

이로부터 다음과 같은 이원분산분석표를 얻을 수 있다.

<반복이 있는 이원분산분석표>

요인	제곱합	자유도	평균제곱	F_0
인자 A	0.22	1	0.22	0.0012
인자 B	11,910.11	2	5,955.06	32.29
교호작용 AB	597.44	2	298.72	1.62
오차	2,212.67	12	184.39	
총계	14,720.44	17		

1) 교호작용 효과 검정

H_0 : 모든 $(\alpha\beta)_{ij} = 0$ 즉 교호작용이 없다.

H_1 : $(\alpha\beta)_{ij}$중 적어도 하나는 0이 아니다.

분산분석표에서 인자효과에 대한 검정보다 교호작용효과를 먼저 검정해야 한다. 유의수준 $\alpha = 0.05$ 로 교호작용효과를 검정해코면

$$F_0 = 1.62 < F_{0.05}(2, 12) = 3.89$$

이므로 "교호작용 효과가 없다."는 귀무가설을 기각하지 못한다. 따라서 차종과 운전사 간에는 유의한 교호작용효과가 있다고 할 수 없다. 교호작용효과가 유의하지 않으므로 주효과에 대한 검정을 한다.

2) 인자 A의 효과 검정

인자 A인 자동차 간의 연비 차이를 보기 위한 가설은

H_0 : $\alpha_A = \alpha_B = 0$

H_1 : 적어도 하나는 0이 아니다.

$$F_0 = 0.0012 < F_{0.05}(1, 12) = 4.75$$

이므로 "자동차의 효과가 모두 같다."는 귀무가설을 기각하지 못한다. 따라서 두 종류의 자동차가 간에는 연비 차이가 없다고 말할 수 있다.

3) 인자 B의 효과 검정

H_0 : $\beta_1 = \beta_2 = \beta_3 = 0$

H_1 : 적어도 하나는 0이 아니다.

인자 B인 운전사에 대한 검정을 하면

$F_0 = 32.29 > F_{0.05}(2, 12) = 3.89$

가 되므로 "운전사의 효과가 모두 같다."는 귀무가설을 기각한다. 따라서 세 명의 운전사에 따라 연비에 차이가 있다고 볼 수 있다.

엑셀연습 이 예제를 다음과 같이 엑셀로 풀어보자.

step 1 자료 입력

	A	B	C	D	E
1		1	2	3	
2		51	125	41	
3	A	80	99	54	
4		64	127	55	
5		60	121	38	
6	B	92	101	52	
7		90	93	51	
8					

step 2 [데이터] ⇨ [데이터 분석] 선택

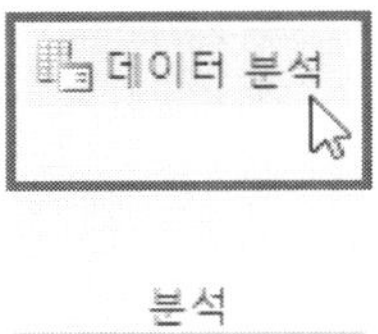

step 3 [통계 데이터 분석] 대화상자

[분산분석: 반복 있는 이원배치법]을 선택한다.

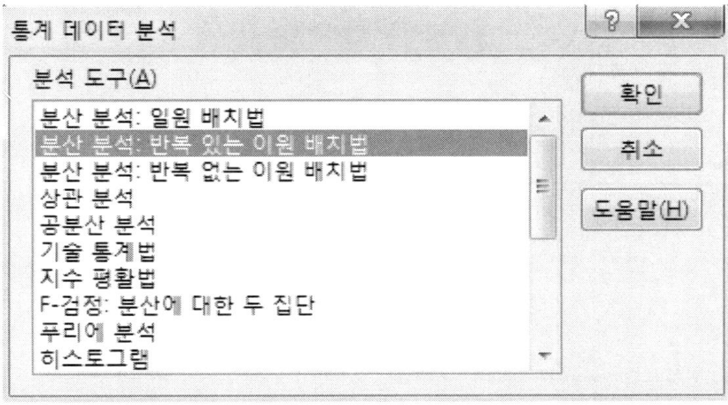

step 4 [반복 있는 이원배치법] 대화상자 입력

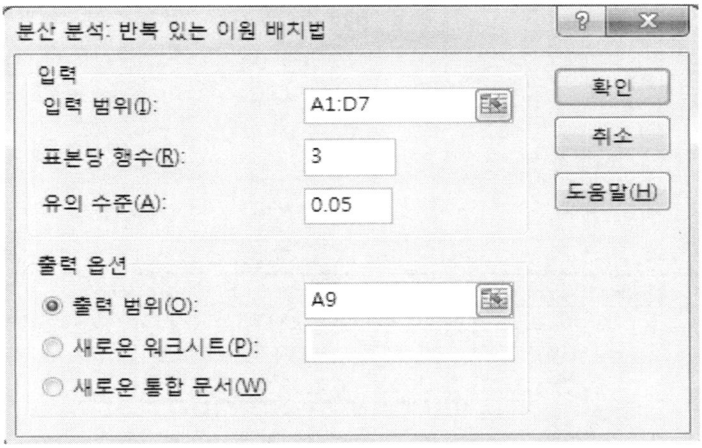

입력 범위 → A1:D7
표본당 행수 → 3
유의 수준 → 0.05
출력 범위 → A9
입력이 완료되었으면 [확인] 단추를 누른다.

다음과 같이 많은 양의 요약표 및 분산분석표가 출력된다.

	A	B	C	D	E	F	G	H
9	분산 분석: 반복 있는 이원 배치법							
10								
11	요약표	1	2	3	계			
12								
13	관측수	3	3	3	9			
14	합	195	351	150	696			
15	평균	65	117	50	77.33333			
16	분산	211	244	61	1056.25			
17								
18								
19	관측수	3	3	3	9			
20	합	242	315	141	698			
21	평균	80.66667	105	47	77.55556			
22	분산	321.3333	208	61	783.7778			
23								
24	계							
25	관측수	6	6	6				
26	합	437	666	291				
27	평균	72.83333	111	48.5				
28	분산	286.5667	224	51.5				
29								
30								
31	분산 분석							
32	변동의 요인	제곱합	자유도	제곱 평균	F 비	P-값	F 기각치	
33	인자 A(행)	0.222222	1	0.222222	0.001205	0.972877	4.747225	
34	인자 B(열)	11910.11	2	5955.056	32.29617	1.48E-05	3.885294	
35	교호작용	597.4444	2	298.7222	1.620066	0.238317	3.885294	
36	잔차	2212.667	12	184.3889				
37								
38	계	14720.44	17					

화면에 나타나 있는 검정통계량을 의미하는 F비, 유의확률 $p-$값, F 기각치를 통해 검정 결과는 앞의 예제와 같은 결과를 얻을 수 있음을 알 수 있다. $p-$값에 있는 $1.48E-05$는 1.48×10^{-5}을 의미한다.

연 습 문 제

【12.1】 4가지 사료에 각각 6마리, 5마리, 4마리, 5마리씩 실험동물을 랜덤하게 배치하고 일정 기간 사육을 한 다음 혈당량(mg/100ml)을 측정한 결과는 다음과 같다. 사료 종류별로 혈당량에 차이가 있다고 할 수 있는가? 분산분석표를 작성하고 유의수준 5%에서 검정하라.

사료1	사료2	사료3	사료4
225	225	185	265
265	230	220	265
225	215	250	285
240	210	200	235
245	220		250
240			

【12.2】 다음은 자동차 결점 수의 자료이다.

자동차 결점의 수

A	B	C
4	5	8
7	1	6
6	3	8
6	5	9
	3	5
	4	
23	21	36

어느 소비자협회에서는 고가의 자동차들을 저가의 자동차들에 비해 더욱 주의하여 조립하는 것은 아닌가 하는 의심을 가지고 있다. 이 느낌에 대한 근거가 있는지 조사하기 위해, 대형 고급차 A와 중형 세단 B와 소형 자동

차 C에 대하여 그들이 판매점에 도착했을 때 결점을 비교하였다. 모든 차들은 같은 회사에 의하여 제조되었다. 위의 자료는 세 모델에 대하여 조사된 결점의 수가 기록된 자료이다. 분산분석표를 작성하고, 평균 결점수가 세 모델에 대하여 같다는 가설을 유의수준 0.05에서 검정하라.

【12.3】 담배제조회사에서는 동일한 가격의 담배종류에 따라 흡연자의 선호도에 차이가 있는지 알아보고자 6개 지역에 대하여 판매량을 조사한 결과 다음과 같다. 담배종류에 따라 흡연자의 선호도에는 차이가 있는 것인지 유의수준 0.05에서 검정하라.

종류 / 지역	A	B	C
1	23	36	32
2	35	28	30
3	26	38	29
4	32	29	33
5	24	40	28
6	34	27	34
평균	$\overline{x_1}=29$	$\overline{x_2}=33$	$\overline{x_3}=31$

【12.4】 다음은 세 종류의 질병(A, B, C)에 따라 각기 다른 4 종류의 진통제(1, 2, 3, 4)를 투여해 얻은 진통제의 약효 지속시간이다. 분산분석표를 작성하여 진통제의 작용시간과 질병에 따라 약효 지속시간의 차이가 있는지를 유의수준 5%로 검정하라.

진통제 / 질병	1	2	3	4
A	6	4	3	7
B	10	5	4	9
C	8	3	2	5

【12.5】 어떤 제빵회사에서는 새로운 조리법에 의하여 만든 빵을 그 지역에 있는 대리점에 공급하고 있다. 이 빵이 진열대에 놓이는 위치(아래, 중간, 위)와 차지하는 공간의 넓이(보통, 넓음)에 따라 판매량에 차이가 있는지를 조사하기 위하여 환경(대리점의 크기 인구의 밀집도 등)이 비슷한 12개의 대리점을 랜덤으로 추출하여 각 처리에 2개씩 할당한 후 판매량을 조사한 결과 다음과 같은 자료를 얻었다. 진열대에 놓이는 위치(인자 A)와 공간의 넓이(인자 B)에 따라 빵의 판매량에 차이가 있는지를 유의수준 5%에서 검정하여라.

인자 A \ 인자 B		진열대 공간의 넓이	
		보통	넓음
진열대위치	아래칸	47, 43	45, 51
	중간칸	62, 68	67, 71
	위칸	41, 39	42, 46

제 13 장

범주형 자료 분석과 엑셀활용

13.1 적합도 검정

13.2 독립성 검정

13.3 동일성 검정

13.1 적합도 검정

조사나 실험을 통하여 얻은 측정값들을 성별(남, 여), 학별(초졸, 중졸, 고졸, 대졸) 또는 소득수준(상, 중, 하) 등으로 분류하는 경우가 많이 있다. 이와 같이 자료를 어떤 속성에 따라 몇 가지 범주로 분류시켜 도수로 나타낸 자료를 범주형 자료(categorical data)라 하며, 이러한 자료를 통계적으로 추론하는 방법을 범주형 자료분석이라고 한다.

범주형 자료분석에서 데이터는 보통 분할표(contigency table)로 정리되므로 분할표 분석이라고도 χ^2분포를 이용하여 분석을 수행하게 된다.

적합도 검정(goodness of fit test)은 표본의 분포가 모집단의 분포와 어느 정도 일치하는가를 판단하는 검정이다. 이를 위하여 크기가 n인 표본을 k개의 범주로 나누어 각 범주에 속하는 도수 $n_1, n_2, \ldots, n_k$를 얻었을 때 표본자료가 각 범주에 특정한 비율을 주는 모집단으로부터 왔는가를 검정한다. 즉, 크기가 n인 표본을 k개의 범주로 나누어 각 범주의 도수를 $n_1, n_2, \cdots, n_k$라 하면, 각 범주에 속하는 관측도수는 다음과 같이 표현할 수 있다.

[표 13.1] 각 범주별 관측도수

범주	관측도수
1	n_1
2	n_2
⋮	⋮
k	n_k
합	n

각 범주에 대응되는 모집단 비율을 $p_1, p_2, \cdots, p_k$라 하면, 귀무가설은 "H_0 : 표본이 해당 모집단 분포를 따른다" 이므로 각 p_i들에 특정한 수치 p_{i0}을 대응시키는 다음과 같은 형태를 지닌다.

$$H_0 \ : \ p_1 = p_{10}, p_2 = p_{20}, \cdots, p_k = p_{k0}$$
$$H_1 \ : \ H_0 \text{가 사실이 아니다.}$$

여기서, $\sum_{i=1}^{k} p_{i0} = 1$ 이며, 대립가설 H_1은 "적어도 하나의 p_i는 가정된 값 p_{i0}와 다르다"고도 표현할 수 있다. 각 범주의 실제 관측값을 관측도수(observed frequency)라 하고 귀무가설이 사실인 경우에 기대되는 값을 기대도수(expected frequency)라 한다.

[표 13.2] 각 범주별 관측도수와 기대도수

범주	1	2	…	k	합
관측 도수(O_i)	n_1	n_2	…	n_k	n
기대 도수(E_i)	np_{10}	np_{20}	…	np_{k0}	n

귀무가설 하에서 표본의 크기가 n일 때, 범주 i의 기대도수는 np_{i0}가 되며, 실제 관측도수 n_i가 기대도수로부터 얼마나 차이가 나느냐에 따라 가설을 기각하거나 채택하게 된다. 즉, 차이가 많이 나면 날수록 귀무가설을 기각하게 되며, 차이가 충분히 많이 나지 않는다면 귀무가설이 틀렸다고 주장하기는 어렵게 된다.

관측도수와 기대도수의 일치정도를 알기 위해서는 관측도수와 기대도수의 차이가 유의한지를 판단하기 위한 기준이 필요하며, 이 때 다음과 같은 χ^2-통계량을 검정통계량으로 이용하게 된다.

$$\chi^2 = \sum_{i=1}^{k} \frac{(n_i - np_{i0})^2}{np_{i0}} = \sum_{i=1}^{k} \frac{(O_i - E_i)^2}{E_i} \sim \chi^2(k-1)$$

위의 χ^2-통계량은 귀무가설 H_0가 참일 때 표본의 크기가 충분히 크면 근사적으로 자유도가 $k-1$인 χ^2분포를 따르는 것으로 알려져 있다. 따라서 χ^2-통계량의 값이 기각역에 속하게 되면 귀무가설을 기각하고, 아니면 채택하게 된다.
표본의 크기 n이 충분히 큰 경우에 위의 검정통계량을 이용한 적합도 검정 방법을 요약하면 다음과 같다.

• 적합도 검정

귀무가설 $H_0: p_1 = p_{10}, p_2 = p_{20}, \cdots, p_k = p_{k0}$

검정통계량 $$\chi^2 = \sum_{i=1}^{k} \frac{(n_i - np_{i0})^2}{np_{i0}} = \sum_{i=1}^{k} \frac{(O_i - E_i)^2}{E_i}$$

기각역 $\chi^2 \geq \chi^2_{(k-1,\alpha)}$이면, H_0을 기각한다.

여기서 n이 큰 경우란 각 범주마다 도수가 5이상이면 충분하며, 도수가 5미만인 범주는 인접한 다른 범주와 합하여 5이상이 되도록 조정한 후 검정을 하는 것이 바람직하다.

예제 13.1 어느 회사의 자동차가 네 종류의 색으로 팔리고 있는 데, 이 회사 연구소에서는 자동차를 구입하는 고객들이 어느 색을 좋아하는지에 대한 자동차 색의 인기도를 조사하려고 한다.
최근에 판매된 자동차 중에서 임의로 선택된 200대의 자동차 색에 따른 자료가 다음과 같이 주어져 있다. 4가지 색의 자동차가 모두 똑같은 인기가 있는지를 유의수준 5%에서 검정하라.

자동차 색	차 대수
흰색	70
검정색	30
은색	40
금색	60
합	200

해설 ① H_0 : $p_1 = p_2 = p_3 = p_4 = \frac{1}{4}$

H_1 : H_0가 사실이 아니다.

② 귀무가설 H_0가 참일 때의 기대도수 :

$$E_i = 200 \times \frac{1}{4} = 50 \quad (i = 1, 2, 3, 4)$$

검정통계량 :

$$\chi^2 = \frac{(70-50)^2}{50} + \frac{(30-50)^2}{50} + \frac{(40-50)^2}{50} + \frac{(60-50)^2}{50} = 20$$

③ $\alpha = 0.05$이므로 $\chi_{0.05}(3) = 7.815$이다.

④ $\chi^2 = 20 > \chi_{0.05}(3) = 7.815$이므로 H_0을 기각한다. 따라서 자동차의 색에 따라 인기도에 차이가 있다고 할 수 있다.

엑셀연습 이 예제를 다음과 같이 엑셀로 풀어 보자.

step 1 자료 입력

A1에서 E3까지 자료를 입력한다.

	A	B	C	D	E
1		흰색	검정색	은색	금색
2	실제값	70	30	40	60
3	기대값	50	50	50	50
4					

step 2 필요한 함수의 입력

	A	B	C	D	E
1		흰색	검정색	은색	금색
2	실제값	70	30	40	60
3	기대값	50	50	50	50
4					
5					
6	유의확률	0.00017			
7	검정통계량	20			
8	$\chi^2_{0.05}(3)$	7.814728			

B6, B7, B8 셀에 들어갈 내용은 다음과 같다.

```
F2셀   =SUM(B2:E2)
B6셀   =CHITEST(B2:E2,B3:E3)
B7셀   =SUMPRODUCT((B2:E3 -B3:E3)^2/B3:E3)
B8셀   =CHIINV(0.05, 3)
```

$p-$값 $= 0.00017 <$ 유의수준 0.05이므로 H_0을 기각한다.

검정통계량 $\chi^2 = 20 > \chi_{0.05}(3) = 7.815$ 이므로 역시 H_0을 기각한다.

※ 엑셀에서 적합도 검정, 독립성 검정, 동일성 검정을 위한 χ^2통계량의 단측검정 확률을 구하는 CHITEST함수는 CHITEST(actual_range, expected_range)의 형태이다. 2개의 인수 중 actual_range에는 검정할 실제 데이터(관측도수)가 들어 있는 자료 범위를 지정하고 expected_range에는 기대도수가 들어 있는 자료 범위를 입력한다.

예제 13.2 어느 주사위를 60회 던져서 아래 표와 같은 결과를 얻었다. 이 주사위는 공정하다고 생각하는가? 유의수준 5%에서 검정하라.

주사위 눈의 수	1	2	3	4	5	6	합
관찰도수	13	8	10	15	7	7	60

해설

① $H_0 \;:\; p_1 = p_2 = p_3 = p_4 = p_5 = p_6 = \frac{1}{6}$

$H_1 \;:\; H_0$가 사실이 아니다.

② 귀무가설 H_0가 참일 때의 기대도수 :

$$E_i = 60 \times \frac{1}{6} = 10 \quad (i = 1, 2, 3, 4, 5, 6)$$

검정통계량 :

눈의 수(i)	관찰도수(O_i)	기대도수(E_i)	$\frac{(O_i - E_i)^2}{E_i}$
1	13	10	0.9
2	8	10	0.4
3	10	10	0.0
4	15	10	2.5
5	7	10	0.9
6	7	10	0.9
합	60	60	5.6

③ $\alpha = 0.05$이므로 $\chi^2_{0.05}(5) = 11.07$이다.

④ $\chi^2 = 5.6 < \chi^2_{0.05}(5) = 11.07$이므로 H_0을 기각하지 못한다. 따라서 이 주사위는 공정하다고 말할 수 있다.

13.2 독립성 검정

하나의 모집단으로부터 임의 추출된 표본이 두 가지 속성에 의하여 분류된 경우에 두 속성 간에 어떤 연관이 있는지를 검정할 수 있다. 독립성 검정(test of independence)은 두 특성 사이에 연관성이 있는지 여부 즉, 서로 독립인지 아닌지를 판단하는 검정이다.

[표 13.3] 독립성 검정에서 $k \times l$ 분할표의 관측도수

A \ B	B_1	B_2	$\cdots$	B_l	합
A_1	n_{11}	n_{12}	$\cdots$	n_{1l}	$n_{1\cdot}$
A_2	n_{21}	n_{22}	$\cdots$	n_{2l}	$n_{2\cdot}$
$\vdots$	$\vdots$	$\vdots$	$\cdots$	$\vdots$	$\vdots$
A_k	n_{k1}	n_{k2}	$\cdots$	n_{kl}	$n_{k\cdot}$
합	$n_{\cdot 1}$	$n_{\cdot 2}$	$\cdots$	$n_{\cdot l}$	n

여기서, $n_{i\cdot} = \sum_{j=1}^{l} n_{ij}$ 이고, $n_{\cdot j} = \sum_{i=1}^{k} n_{ij}$ 이다.

독립성 검정을 위하여 n개의 표본을 추출하였을 때 자료구조는 [표 13.3]과 같이 $k \times l$ 분할표(contingency table)로 나타낸다. $k \times l$ 분할표는 속성변수 A의 범주를 $A_1, A_2, \ldots, A_k$과 같이 k개로, 속성변수 B의 범주를 $B_1, B_2, \ldots, B_l$와 같이 l개로 분류하여 여기에 속하는 자료를 정리한 것이다. 또한 각 범주에 대응되는 모비율 p_{ij} $(i=1,2,\cdots,k,\ j=1,2,\cdots,l)$는 다음과 같이 $k \times l$ 분할표로 주어진다.

[표 13.4] 독립성 검정에서 $k \times l$ 분할표의 모비율 p_{ij}

A \ B	B_1	B_2	$\cdots$	B_l	합
A_1	p_{11}	p_{12}	$\cdots$	p_{1l}	$p_{1\cdot}$
A_2	p_{21}	p_{22}	$\cdots$	p_{2l}	$p_{2\cdot}$
$\vdots$	$\vdots$	$\vdots$	$\cdots$	$\vdots$	$\vdots$
A_k	p_{k1}	p_{k2}	$\cdots$	p_{kl}	$p_{k\cdot}$
합	$p_{\cdot 1}$	$p_{\cdot 2}$	$\cdots$	$p_{\cdot l}$	1

여기서, $p_{i\cdot} = \sum_{j=1}^{l} p_{ij}$ 이고, $p_{\cdot j} = \sum_{i=1}^{k} p_{ij}$ 이다.

독립성 검정에서 두 속성 A, B가 서로 독립이라는 귀무가설과 대립가설은 다음과 같이 설정할 수 있다.

$$H_0 \ :\ p_{ij} = p_{i\cdot}\, p_{\cdot j} \quad (i=1,2,\cdots,k,\ j=1,2,\cdots,l)$$

$$H_1 \ :\ H_0 \text{가 아니다.}$$

한편, 귀무가설 H_0가 참일 때, p_{ij}의 표본비율 $\hat{p}_{ij}$는 다음과 같다.

$$\widehat{p_{ij}} = \widehat{p_{i.}}\,\widehat{p_{.j}}$$
$$= \left(\frac{n_{i.}}{n}\right)\left(\frac{n_{.j}}{n}\right) \quad (i=1,2,\cdots,k,\ \ j=1,2,\cdots,l)$$

표본비율 $\widehat{p_{ij}}$ 로부터 귀무가설 H_0가 참일 때 기대도수는 다음과 같다.

$$E_{ij} = n\widehat{p_{ij}} = \frac{n_{i.}\,n_{.j}}{n}$$

적합도 검정과 마찬가지로 독립성 검정에서 사용되는 검정통계량은

$$\chi^2 = \sum_{i=1}^{k}\sum_{j=1}^{l}\frac{(n_{ij}-E_{ij})^2}{E_{ij}}$$

으로 주어지며, 귀무가설 $H_0\ :\ p_{ij} = p_{i.}\,p_{.j}$가 참일 때 표본의 크기가 충분히 크면 근사적으로 자유도가 $(k-1)(l-1)$인 χ^2-분포를 따른다. 여기서 자유도는 다음과 같이 계산하여 산출된 것이다.

자유도=$(kl-1)$−(추정되는 모수의 개수)
$= (kl-1)-(k-1+l-1) = (k-1)(l-1)$

• 독립성 검정

귀무가설	$H_0\ :\ p_{ij} = p_{i.}\,p_{.j}$
검정통계량	$\chi^2 = \sum_{i=1}^{k}\sum_{j=1}^{l}\frac{(n_{ij}-E_{ij})^2}{E_{ij}}$
기각역	$\chi^2 \ge \chi^2_{\alpha}[(k-1)(l-1)]$이면, H_0을 기각한다.

예제 13.3 어떤 금융기관에서 660명을 추출하여 연령과 선호하는 은행 성향에 따라 분류한 결과 다음과 같은 표를 얻었다. 연령과 선호하는 은행 성향은 독립이라는 가설을 유의수준 0.05에서 검정하라.

연령 \ 은행	A	B	C	합
30대	40	75	65	180
40대	30	45	75	150
50대	40	100	190	330
합	110	220	330	660

해설

도수 (n_{ij})	기대도수(E_{ij})		$n_{ij}-E_{ij}$	$(n_{ij}-E_{ij})^2$	$\frac{(n_{ij}-E_{ij})^2}{E_{ij}}$
40	30	180(110)/660	10	100	3.333
75	60	180(220)/660	15	225	3.750
65	90	180(330)/660	-25	625	6.944
30	25	150(110)/660	5	25	1.000
45	50	150(220)/660	-5	25	0.500
75	75	150(330)/660	0	0	0.000
40	55	330(110)/660	-15	225	4.091
100	110	330(220)/660	-10	100	0.909
190	165	330(330)/660	25	625	3.788
합					24.315

계산된 표로부터 검정통계량 :

$\chi^2 = 24.315$

$\alpha = 0.05$ 이므로 $\chi_{0.05}(4) = 9.488$ 이다.

$\chi^2 = 24.315 > \chi_{0.05}(4) = 9.488$ 이므로 H_0 을 기각한다. 따라서 이 자료는 연령과 선호하는 은행 성향과는 관계가 있음을 입증해 준다고 볼 수 있다.

엑셀연습 이 예제를 다음과 같이 엑셀로 풀어 보자.

step 1 자료 입력

A1에서 D4까지 다음과 같이 자료를 입력한다.

	A	B	C	D	E
1		A	B	C	
2	30대(실제)	40	75	65	
3	40대(실제)	30	45	75	
4	50대(실제)	40	100	190	
5					

step 2 기대도수를 산출하기 위한 행과 열의 합 계산

	A	B	C	D	E
1		A	B	C	합
2	30대(실제)	40	75	65	180
3	40대(실제)	30	45	75	150
4	50대(실제)	40	100	190	330
5	합	110	220	330	660

기대도수를 산출하기 위한 행과 열의 합을 계산하기 위해 E2~E4, B5~E5까지 SUM함수를 다음과 같이 이용한다.

① 행의 합 : E2셀에 =SUM(B2:D2)를 입력하면 180이 출력된다. 이제 마우스를 E2셀에서 E4셀까지 드래그 한다.

② 열의 합 : B5셀에 =SUM(B2:B4)를 입력하면 110이 출력된다. 이제 마우스를 B2셀에서 E5셀까지 드래그 한다.

워크시트에 실제 관측도수의 합이 앞에서와 같이 출력된다.

step 3 기대도수를 산출하기 위한 수식의 입력

B6에서 D8까지 각 셀에 아래와 같이 수식을 입력한다.

B6셀 =E2*B5/E5

B7셀 =E3*B5/E5

B8셀　　=E4*B5/E5

C6셀　　=E2*C5/E5

C7셀　　=E3*C5/E5

C8셀　　=E4*C5/E5

D6셀　　=E2*D5/E5

D7셀　　=E3*D5/E5

D8셀　　=E4*D5/E5

기대도수가 다음과 같이 출력된다.

	A	B	C	D	E
1		A	B	C	합
2	30대(실제)	40	75	65	180
3	40대(실제)	30	45	75	150
4	50대(실제)	40	100	190	330
5	합	110	220	330	660
6	30대(기대)	30	60	90	
7	40대(기대)	25	50	75	
8	50대(기대)	55	110	165	

step 4 필요한 통계량 산출을 위한 함수의 입력

	A	B	C	D	E
1		A	B	C	합
2	30대(실제)	40	75	65	180
3	40대(실제)	30	45	75	150
4	50대(실제)	40	100	190	330
5	합	110	220	330	660
6	30대(기대)	30	60	90	
7	40대(기대)	25	50	75	
8	50대(기대)	55	110	165	
9					
10	유의확률	6.9E-05			
11	검정통계량	24.31566			
12	$\chi^2_{0.05}(4)$	9.487729			

B10~B12까지 각 셀에 들어갈 내용은 다음과 같다.

```
B10셀    =CHITEST(B2:D4,B6:D8)
B11셀    =SUMPRODUCT((B2:D4-B6:D8)^2/B6:D8)
B12셀    =CHIINV(0.05, 4)
```

출력된 화면으로부터

$p-$값 $=6.9\times10^{-5}<$ 유의수준 0.05이므로 H_0을 기각한다.

검정통계량 $\chi^2=24.316>\chi_{0.05}(4)=9.488$ 이므로 역시 H_0을 기각하며 [예제 13.3]의 결과와 같음을 알 수 있다.

예제 13.4 어느 시민단체에서 교육수준이 결혼생활에 영향을 미치는지 알아보기 위하여 360명을 임의로 추출하여 조사한 결과 다음과 같은 자료를 얻었다.

교육수준 \ 결혼생활	불만족	만족	매우 만족	합
중 학 교	10	40	10	60
고등학교	80	85	45	210
대 학 교	30	25	35	90
합	120	150	90	360

이 자료로부터 교육수준이 결혼생활에 영향을 미친다고 할 수 있는지 유의수준 5%에서 검정하라.

해설 ① H_0 : 교육수준은 결혼생활에 영향을 미치지 않는다.

H_1 : H_0이 사실이 아니다.

② 귀무가설 H_0가 참일 때의 기대도수는 다음과 같이 계산할 수 있다.

교육수준 \ 결혼생활	불만족	만족	매우 만족	합
중 학 교	20	25	15	60
고등학교	70	87.5	52.5	210
대 학 교	30	37.5	22.5	90
합	120	150	90	360

검정통계량 :

$$\chi^2 = \frac{(10-20)^2}{20} + \frac{(40-25)^2}{25} + \cdots + \frac{(35-22.5)^2}{22.5} = 29.35$$

③ $\alpha = 0.05$ 이므로 $\chi^2_{0.05}(4) = 9.488$

④ $\chi^2 = 29.35 > \chi^2_{0.05}(4) = 9.488$ 이므로 H_0 을 기각한다.

따라서 이 자료로부터 교육수준은 결혼생활에 영향을 미친다고 할 수 있다.

13.3 동일성 검정

직업과 연령이라는 두 분류 기준의 상관 유무에 대한 검정은 독립성 검정이다. 그러나 연령에 따라 좋아하는 직업의 분포(또는 비율)가 동일한지를 검정할 필요가 있다. 이와 같이 분포의 동일성을 검정하는 것을 동일성 검정(homogeneity test)이라고 한다.

여러 개의 모집단들로부터 추출된 각 표본들이 하나의 특성 B에 대하여 몇 개의 범주로 분류되어 있는 자료가 주어져 있다고 하자. 동일성 검정은 이러한 자료를 이용하여 여러 모집단들이 주어진 특성 A에 대하여 서로 다른 분포를 하고 있는지를 검정하는 것이라고 할 수 있다.

동일성 검정은 가설만 독립성 검정과 다를 뿐이지 검정통계량과 기각역은 같은 방법으로 검정을 수행한다.

즉, k개의 모집단 $A_1, A_2, \ldots, A_k$로부터 크기가 각각 $n_{1\bullet}, n_{2\bullet}, \cdots, n_{k\bullet}$인 표본을 추출하여 l개의 속성 $B_1, B_2, \ldots, B_l$로 구분한 특성 B로 분류하

였다고 하자. 그러면 각 표본 $n_{1\cdot}, n_{2\cdot}, \cdots, n_{k\cdot}$는 각 속성 $B_1, B_2, \ldots, B_l$에 따라서 나누어지고 이를 $n_{\cdot j}$라 하면 $n_{\cdot j} = \sum_{i=1}^{k} n_{ij}$이며 다음과 같은 $k \times l$ 분할표를 얻을 수 있다.

[표 13.5] 동일성 검정에서 $k \times l$ 분할표의 관측도수

A \ B	B_1	B_2	$\cdots$	B_l	합
A_1	n_{11}	n_{12}	$\cdots$	n_{1l}	$n_{1\cdot}$
A_2	n_{21}	n_{22}	$\cdots$	n_{2l}	$n_{2\cdot}$
$\vdots$	$\vdots$	$\vdots$	$\cdots$	$\vdots$	$\vdots$
A_k	n_{k1}	n_{k2}	$\cdots$	n_{kl}	$n_{k\cdot}$
합	$n_{\cdot 1}$	$n_{\cdot 2}$	$\cdots$	$n_{\cdot l}$	n

A_i의 모집단 중에서 각 속성 B_j에 속하는 확률을 p_{ij}라 하면, 이 확률은 A_i가 정해진 후에 B_j에 속하는 조건부 확률로 다음과 같이 표현된다.

$$p_{ij} = P(B_j \mid A_i)$$

이 확률을 이용하여 p_{ij}에 대한 $k \times l$ 분할표를 작성해 보면 다음과 같다.

[표 13.6] $k \times l$ 분할표의 $p_{ij} = P(B_j \mid A_i)$

A \ B	B_1	B_2	$\cdots$	B_l	합
A_1	p_{11}	p_{12}	$\cdots$	p_{1l}	$p_{1\cdot}$
A_2	p_{21}	p_{22}	$\cdots$	p_{2l}	$p_{2\cdot}$
$\vdots$	$\vdots$	$\vdots$	$\cdots$	$\vdots$	$\vdots$
A_k	p_{k1}	p_{k2}	$\cdots$	p_{kl}	$p_{k\cdot}$
합	$p_{\cdot 1}$	$p_{\cdot 2}$	$\cdots$	$p_{\cdot l}$	1

검정하려는 귀무가설은 모든 모집단이 특성 B에 대하여 동일한 분포를 갖는다는 것으로 다음과 같이 표현할 수 있다(만일 $k=2$, $l=2$이면 이는 11.3절의 두 모비율 차에 대한 검정과 같다).

$$H_0 \ : \ p_{1j} = p_{2j} = \cdots = p_{kj} \ \ (j=1,2,\cdots,l)$$

$$H_1 \ : \ H_0 \text{가 아니다.}$$

한편, 귀무가설 H_0가 참일 때, 각 속성 B_j가 가지게 되는 동일확률의 추정치 $\widehat{p_{ij}}$는 전체 표본의 크기 n에서 B_j에 속하게 되는 $n_{.j}$가 차지하는 비율로 다음과 같다.

$$\widehat{p_{1j}} = \widehat{p_{2j}} = \cdots = \widehat{p_{kj}} = \frac{n_{.j}}{n} \ \ (j=1,2,\cdots,l)$$

또한, 귀무가설 H_0가 참일 때 기대도수는 다음과 같다.

$$E_{ij} = (n_{i.})(\widehat{p_{ij}}) = \frac{(n_{i.})(n_{.j})}{n}$$

독립성 검정과 마찬가지로 동일성 검정에서 사용되는 검정통계량은

$$\chi^2 = \sum_{i=1}^{k}\sum_{j=1}^{l}\frac{(n_{ij}-E_{ij})^2}{E_{ij}}$$

으로 주어지며, 귀무가설 H_0가 참일 때 표본의 크기가 충분히 크면 근사적으로 자유도가 $(k-1)(l-1)$인 χ^2분포를 따른다.
따라서 이로부터 앞의 검정통계량을 이용한 동일성 검정을 다음과 같이 요약할 수 있다.

• 동일성 검정

귀무가설 $H_0 : p_{1j} = p_{2j} = \cdots = p_{kj} \ (j = 1,2,\cdots,l)$

검정통계량 $\chi^2 = \sum_{i=1}^{k}\sum_{j=1}^{l} \frac{(n_{ij} - E_{ij})^2}{E_{ij}}$

기각역 $\chi^2 \ge \chi^2_\alpha[(k-1)(l-1)]$이면, H_0을 기각한다.

예제 13.5 어느 담배 제조회사에서 30세 이상의 성인 남자를 대상으로 흡연율을 조사한 결과 다음과 같은 결과를 얻었다. 유의수준 $\alpha = 0.05$에서 각 연령층별로 흡연율에 차이가 있는지를 검정하라.

연령 \ 흡연여부	흡연자	비흡연자	합
30대	140	60	200
40대	160	40	200
50대	150	150	300
60대 이후	100	200	300
합	550	450	1,000

해설 다음과 같이 동일성 검정을 실시한다.

①

$$H_0 : p_{11} = p_{21} = p_{31} = p_{41}$$

$$p_{12} = p_{22} = p_{32} = p_{42}$$

H_1 : H_0가 사실이 아니다.

② 귀무가설 H_0가 참일 때의 기대도수 :

$$E_{11} = \frac{200 \times 550}{1,000} = 110, \ E_{12} = \frac{200 \times 450}{1,000} = 90$$

$$E_{21} = \frac{200 \times 550}{1,000} = 110, \ E_{22} = \frac{200 \times 450}{1,000} = 90$$

$$E_{31} = \frac{300 \times 550}{1,000} = 165,\ E_{32} = \frac{300 \times 450}{1,000} = 135,$$

$$E_{41} = \frac{300 \times 550}{1,000} = 165,\ E_{42} = \frac{300 \times 450}{1,000} = 135$$

검정통계량:

$$\chi^2 = \frac{(140-110)^2}{110} + \frac{(60-90)^2}{90} + \cdots + \frac{(200-135)^2}{135} = 128.62$$

③ $\alpha = 0.05$ 이므로 $\chi^2_{0.05}(3) = 7.815$

④ $\chi^2 = 128.62 > \chi_{0.05}(3) = 7.815$ 이므로 H_0을 기각한다. 따라서 연령층별로 흡연율에 차이가 있음을 알 수 있다.

엑셀연습 이 예제를 다음과 같이 엑셀로 풀 수 있다.

step 1 자료 입력

A1에서 C5까지 자료를 입력한다.

	A	B	C	D
1		흡연자	비흡연자	
2	30대(실제)	140	60	
3	40대(실제)	160	40	
4	50대(실제)	150	150	
5	60대 이후(실제)	100	200	
6				

step 2 기대도수를 산출하기 위한 행과 열의 합 계산

	A	B	C	D
1		흡연자	비흡연자	합
2	30대(실제)	140	60	200
3	40대(실제)	160	40	200
4	50대(실제)	150	150	300
5	60대 이후(실제)	100	200	300
6	합	550	450	1000
7				

앞의 기대도수를 산출을 위한 행과 열의 합을 구하기 위해 D2~D5, B6~D6까지 SUM함수를 다음과 같이 이용한다.

① 행의 합 : D2셀에 =SUM(B2:C2)를 입력하면 200이 출력된다. 이제 마우스를 D2셀에서 D5셀까지 드래그 한다.

② 열의 합 : B6셀에 =SUM(B2:B5)를 입력하면 550이 출력된다. 이제 마우스를 B6셀에서 D6셀까지 드래그 한다.

step 3 기대도수를 산출하기 위한 수식의 입력

	A	B	C	D	E
1		흡연자	비흡연자	합	
2	30대(실제)	140	60	200	
3	40대(실제)	160	40	200	
4	50대(실제)	150	150	300	
5	60대 이후(실제)	100	200	300	
6	합	550	450	1000	
7	30대(기대)	110	90		
8	40대(기대)	110	90		
9	50대(기대)	165	135		
10	60대 이후(기대)	165	135		

B7에서 C10까지 각 셀에 들어갈 내용은 다음과 같다.

B7셀	=D2*B6/D6
B8셀	=D3*B6/D6
B9셀	=D4*B6/D6
B10셀	=D5*B6/D6
C7셀	=D2*C6/D6
C8셀	=D3*C6/D6
C9셀	=D4*C6/D6
C10셀	=D5*C6/D6

step 4 필요한 통계량 산출을 위한 함수의 입력

B10~B12까지 각 셀에 들어갈 내용은 다음과 같다.

B11셀 =CHITEST(B2:C5,B7:C10)

B12셀 =SUMPRODUCT((B2:C5−B7:C10)^2/B7:B10)

B13셀 =CHIINV(0.05, 3)

워크시트에 다음과 같이 출력된다.

	A	B	C	D	E
1		흡연자	비흡연자	합	
2	30대(실제)	140	60	200	
3	40대(실제)	160	40	200	
4	50대(실제)	150	150	300	
5	60대 이후(실제)	100	200	300	
6	합	550	450	1000	
7	30대(기대)	110	90		
8	40대(기대)	110	90		
9	50대(기대)	165	135		
10	60대 이후(기대)	165	135		
11	유의확률	1.07289E-27			
12	검정통계량	128.6195286			
13	$\chi^2_{0.05}(3)$	7.814727903			

출력된 화면으로부터

$p-$값 $= 1.073\times 10^{-27} <$ 유의수준 0.05이므로 H_0을 기각한다.

검정통계량 $\chi^2 = 128.62 > \chi_{0.05}(3) = 7.815$이므로 역시 H_0을 기각한다.

예제 13.6 어느 TV방송국의 세 프로그램(A, B, C)에 대하여 시청자가 연령별로 다른지 알아보기 위해 청년, 중년, 노년층의 모집단에서 각각 표본을 200, 100, 100명씩 추출한 결과 다음을 얻었다. 각 연령층별로 TV프로그램 선호가 다른지 유의수준 $\alpha = 0.05$에서 검정하라.

연령별 \ 프로그램	A	B	C	합
청년	120	30	50	200
중년	10	75	15	100
노년	10	30	100	100
합	140	135	125	400

해설 ① H_0 : 세 연령층별 TV 프로그램 선호도는 동일하다.

H_1 : H_0 가 사실이 아니다.

② 귀무가설 H_0 가 참일 때의 기대도수 :

$$E_{11} = \frac{200 \times 140}{400} = 70,\ E_{12} = \frac{200 \times 135}{400} = 67.5,$$

…

$$E_{33} = \frac{100 \times 125}{400} = 31.25$$

검정통계량:

$$\chi^2 = \frac{(120-70)^2}{70} + \frac{(30-67.5)^2}{67.5} + \cdots + \frac{(60-31.25)^2}{31.25} = 180.495$$

③ $\alpha = 0.05$ 이므로 $\chi^2_{0.05}(4) = 9.488$

④ $\chi^2 = 180.495 > \chi_{0.05}(4) = 9.488$ 이므로 H_0 을 기각한다. 따라서 연령층별로 TV 프로그램 선호도는 차이가 있음을 알 수 있다.

연 습 문 제

【13.1】 어느 도시에서 A형, B형, O형, AB형의 피를 가진 사람의 비율이 각각 0.4, 0.2, 0.3, 0.1인 것으로 알려져 있다. 400명을 조사한 결과 각각의 혈액을 가진 사람이 148, 96, 106, 50명이었다. 유의수준 0.05에서 현재 사람들이 믿고 있는 것이 옳은지를 검정하라.

【13.2】 다음은 어떤 기업에서 직원들의 교통수단을 조사한 결과이다. 교통수단의 비율이 모두 같다고 말할 수 있는지 유의수준 0.05에서 검정하라.

교통수단	버스	승용차	전철	도보	합
도수	53	47	52	48	200

【13.3】 어떤 스포츠 신문사에서 400명을 대상으로 성별에 따른 선호하는 스포츠 간의 관련성을 알아보기 위하여 조사한 결과가 다음과 같다. 성별과 선호하는 스포츠 간에 연관성이 있는지를 유의수준 0.05에서 검정하라.

성별 \ 종목	축구	농구	야구	배구	합
남 자	95	40	80	25	240
여 자	65	50	40	5	160
합	160	90	120	30	400

【13.4】 어떤 회사가 세 종류의 신상품 A, B, C를 개발하여 소비자들이 어떤 종류의 신상품을 더 좋아하는가의 선호도가 남녀간에 상관관계 가 있는지를 알아보기 위하여 200명을 임의로 추출하여 다음의 자료를 얻었다. 이 자료로부터 신상품에 대한 선호도와 성별은 서로 독립이라고 할 수 있

는지 유의수준 5%에서 검정하라.

신상품 / 성별	A	B	C	합
남	10	50	20	80
여	20	40	60	120
합	30	90	80	200

【13.5】 다음은 노동직과 사무직에 종사하는 사람들의 흡연율에 차이가 있는지를 알아보기 위하여 조사한 자료다. 흡연율에 차이가 있는지 유의수준 0.05에서 검정하라.

상태 / 직종	흡연자	비흡연자	합 계
노동직	84	16	100
사무직	132	18	150
합	216	34	250

【13.6】 경제 형편에 따른 쇼핑장소에 차이가 있는지를 살펴보기 위해 설문조사를 한 결과 다음과 같은 자료를 얻었다. 경제 사정과 쇼핑장소의 선택이 서로 독립인지를 유의수준 0.05에서 검정하라.

경제형편 / 쇼핑장소	상	중	하	합
백화점	30	20	10	60
대형할인매장	20	40	40	100
재래시장	10	10	20	40
합	60	70	70	200

【13.7】 다음은 개의 제조공장을 가지고 있는 컴퓨터 회사에서는 공장에 따라 불량률이 다른지를 알아보기 위하여 각 공장별로 200개의 제품을 임의

로 추출하여 제품의 불량여부를 조사하여 다음과 같은 자료를 얻었다. 공장에 따라 제품의 불량률이 다른지를 유의수준 0.05에서 검정하여라.

공장＼불량여부	양품	불량품	합
공장 1	190	10	200
공장 2	195	5	200
공장 3	192	8	200
공장 4	199	1	200
공장 5	194	6	200
합	970	30	1,000

제 14 장

회귀분석과 엑셀활용

14.1 상관분석

14.1.1 상관계수

상관분석(correlation analysis)이란 변수들 사이에 존재하는 선형관계의 강도를 분석하는 통계적 기법으로 이를 통하여 두 변수 사이에 선형적(직선적)인 관계가 없는지 있는지, 또 있으면 직선적인 관계가 얼마나 강한지 등을 알 수 있다.

다음 절에서 다루게 되는 회귀분석에서는 변수들을 종속변수와 독립변수로 구분하여 종속변수는 확률변수로, 독립변수는 고정된 값으로 취급하지만 상관분석에서는 이러한 구분 없이 두 변수를 모두 확률변수로 취급하여 두 변수들 간의 선형성의 정도를 추론한다. 앞으로 변수를 나타내는데 편의상 알파벳의 소문자로 표시하기로 하겠다.

두 변수 간의 관계를 알아보기 위해서는 먼저 두 변수 x, y의 n개 관측값 $(x_1, y_1), (x_2, y_2), \cdots, (x_n, y_n)$을 직교좌표의 평면위에 점으로 그려보는 것이다. 이러한 그림을 산점도(scatter diagram)라고 하며 작성한 산점도로부터 두 변수간의 관계를 대략적으로 짐작할 수 있다.

어떤 은행에서는 직원들의 월간 초과근무시간(x : 시간)과 그에 따른 초과수당(y : 십만원) 간의 상관관계를 알아보기 위해 임의로 6명을 뽑아 다음의 자료를 얻었다.

[표 14.1] 초과근무시간과 초과수당

직원	초과근무시간(x)	초과수당(y)
1	12	18
2	10	17
3	14	23
4	11	19
5	12	20
6	9	15

이 자료에 대한 산점도를 그려 보면 다음과 같다.

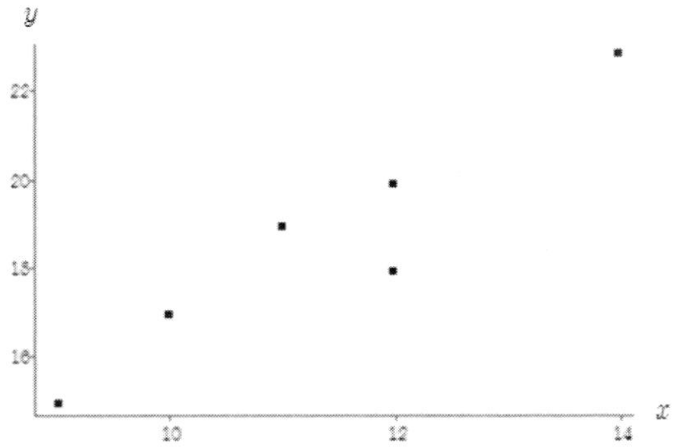

[그림 14.1] 초과근무시간과 초과수당의 산점도

[그림 14.1]의 산점도로부터 x가 증가하면 y도 증가한다는 것을 알 수 있으며 그 증가의 형태가 대략 직선적인 것도 짐작할 수 있다. [그림 14.1]의 산점도에 가상의 직선을 그어보면 다음과 같다.

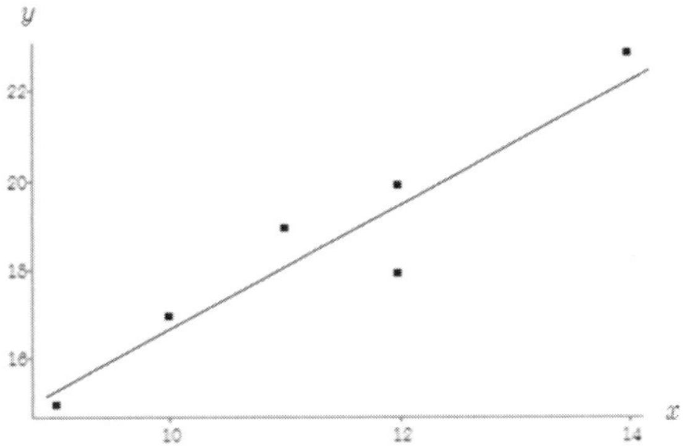

[그림 14.2] 초과근무시간과 초과수당의 산점도 및 직선

[그림 14.1], [그림 14.2]로부터 다음과 같은 문제에 관심을 가질 수 있다.

① 초과근무시간(x)과 그에 따른 초과수당(y) 간에 선형적인 관계가 어느 정도 있는가? ⇒ 상관분석(상관계수)

② 두 변수 x와 y간의 선형관계를 함수식으로 나타낼 수 있는가? ⇒ 회귀분석(회귀식)

상관분석에서는 두 변수 사이에 선형관계가 있는지 없는지, 그 관계가 얼마나 강한지 등을 알 수 있으며 상관계수를 구하고, 선형관계의 유무를 검정하는 것이 주요 관건이다. 회귀분석에서는 두 변수 간의 선형관계를 함수식으로 구하여 한 변수의 값으로부터 다른 변수의 값을 예측하는 것이 주요 목적이라고 할 수 있다.

두 확률변수 x와 y의 모상관계수(population correlation coefficient)는 5.4절에서 다룬 바와 같이 다음과 같이 정의한다.

$$\rho = \frac{Cov(x,y)}{\sqrt{Var(x)}\sqrt{Var(y)}} = \frac{\sigma_{xy}}{\sigma_x \sigma_y} \tag{14.1}$$

식(14.1)에서 $Cov(x,y)$는 x와 y의 공분산, $Var(x), Var(y)$는 각각 x와 y의 분산이다. 그러나 일반적으로 이러한 모수 값들은 알 수 없으므로 표본으로부터 추정해야 한다.

x와 y의 n쌍의 표본 $(x_1, y_1), (x_2, y_2), \cdots, (x_n, y_n)$이 주어졌을 때 모상관계수 ρ의 추정값으로 표본상관계수(sample correlation coefficient) r은 다음과 같이 정의한다.

• 표본상관계수

$$r = \frac{S_{xy}}{S_x S_y} = \frac{\sum(x_i - \overline{x})(y_i - \overline{y})}{\sqrt{\sum(x_i - \overline{x})^2}\sqrt{\sum(y_i - \overline{y})^2}} \tag{14.2}$$

$S_{xy} = \frac{1}{n-1}\sum(x_i - \overline{x})(y_i - \overline{y})$: x와 y의 표본공분산

$S_x^2 = \frac{1}{n-1}\sum(x_i - \overline{x})^2$: x의 표본분산

$S_y^2 = \frac{1}{n-1}\sum(y_i - \overline{y})^2$: y의 표본분산

위의 식에서 S_x^2, S_y^2, S_{xy}의 간편 계산식은 다음과 같다.

$$S_x^2 = \frac{1}{n-1}\sum(x_i - \overline{x})^2 = \frac{1}{n-1}\left[\sum x_i^2 - (\sum x_i)^2/n\right]$$

$$= \frac{1}{n-1}\left[\sum x_i^2 - n\overline{x}^2\right]$$

$$S_y^2 = \frac{1}{n-1}\sum(y_i - \overline{y})^2 = \frac{1}{n-1}\left[\sum y_i^2 - (\sum y_i)^2/n\right]$$

$$= \frac{1}{n-1}\left[\sum y_i^2 - n\overline{y}^2\right]$$

$$S_{xy} = \frac{1}{n-1}\sum(x_i - \overline{x})(y_i - \overline{y})$$

$$= \frac{1}{n-1}\left[\sum x_i y_i - (\sum x_i)(\sum y_i)/n\right]$$

$$= \frac{1}{n-1}\left[\sum x_i y_i - n\overline{x}\,\overline{y}\right]$$

표본상관계수 r을 흔히 Pearson의 상관계수라고 부르며 r은 다음의 성질을 갖는다.

① $-1 \le r \le 1$

② $0 < r \le 1$ 경우에는 양의 상관관계가 있다고 하며 이때는 x가 증가(또는 감소)하면 y도 같이 증가(또는 감소)한다.
$r = 1$이면 완전 양의 상관.

③ $-1 \le r < 0$ 경우에는 음의 상관관계가 있다고 하며 이때는 x가 증가(또는 감소)하면 y는 감소(또는 증가)한다.
$r = -1$이면 완전 음의 상관.

④ r 값이 1에 가까우면 강한 양의 상관, -1에 가까우면 강한 음(역)의 상관이 있다고 말한다.

⑤ r 값이 0에 가까우면 상관이 약한 경우이며 $r=0$이면 무상관이라고 한다.

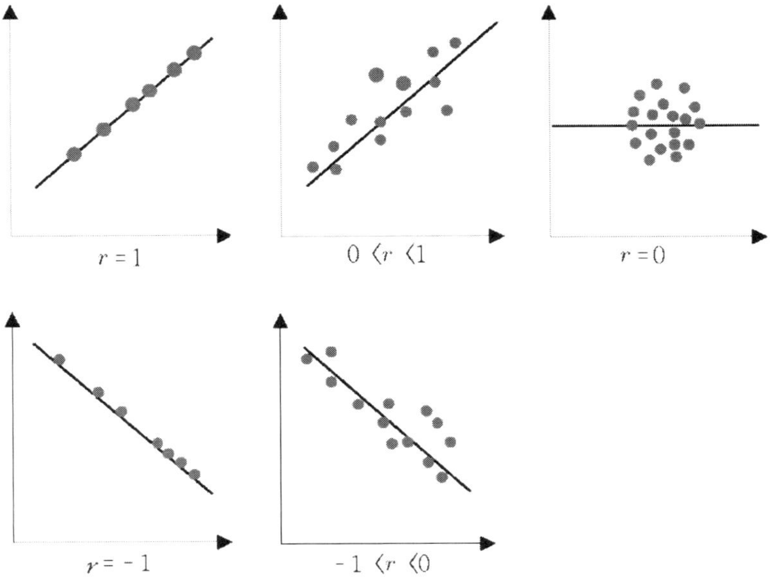

[그림 14.3] 산점도 및 상관계수

예제 14.1 [표 14.1]의 초과근무시간(x)과 그에 따른 초과수당(y) 자료에 대하여 엑셀을 이용하여 산점도를 그려 보아라.

step 1 자료 입력과 자료영역 지정

자료를 A1에서 B7까지 입력하고 마우스를 드래그하여 영역을 지정한다.

	A	B	C	D
1	x	y		
2	12	18		
3	10	17		
4	14	23		
5	11	19		
6	12	20		
7	9	15		
8				

step 2 차트 선택

자료가 들어있는 셀 A1:B7를 범위로 지정한 후

[삽입] ⇨ **[차트]** ⇨ **[분산형]**을 선택한다.

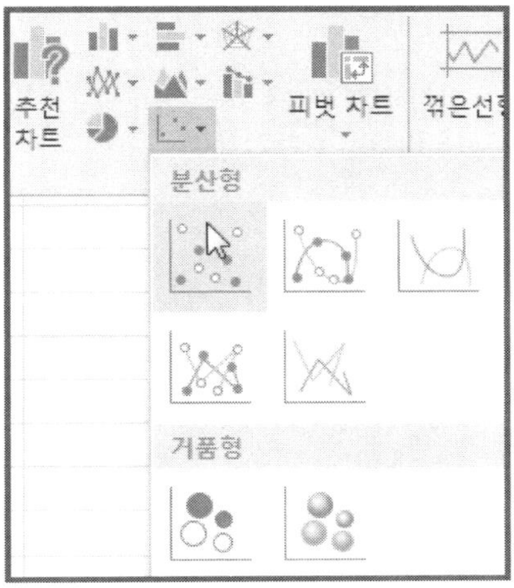

다음과 같이 출력된다.

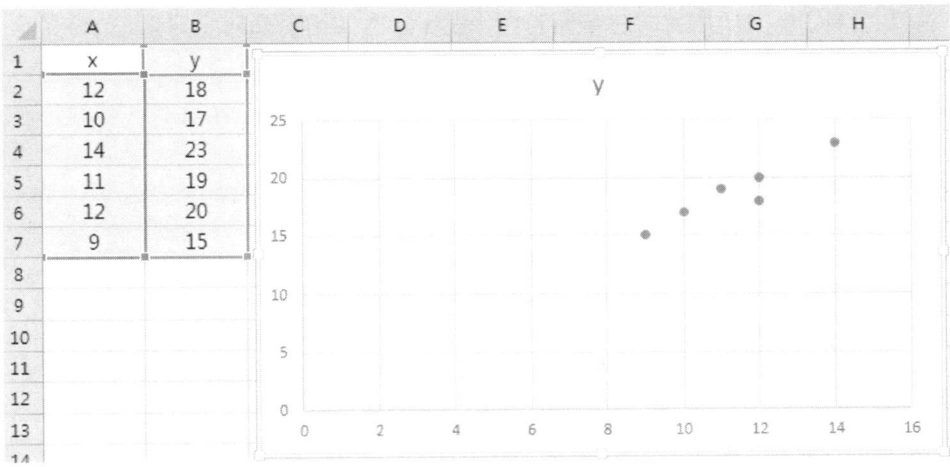

예제 14.2 [표 14.1]의 초과근무시간(x)과 그에 따른 초과수당(y) 자료에 대하여 표본공분산과 상관계수를 구하라.

해설

$$\sum x_i = 68,\ \sum x_i^2 = 786,\ \bar{x} = 11.3333$$

$$S_x^2 = \frac{1}{n-1}\left[\sum x_i^2 - n\bar{x}^2\right] = \frac{1}{5}\left[786 - 6(11.3333)^2\right] = 3.0667$$

$$\sum y_i = 112,\ \sum y_i^2 = 2128,\ \bar{y} = 18.6667$$

$$S_y^2 = \frac{1}{n-1}\left[\sum y_i^2 - n\bar{y}^2\right] = \frac{1}{5}\left[2128 - 6(18.6667)^2\right] = 7.4667$$

$$\sum x_i y_i = 1292$$

$$S_{xy} = \frac{1}{n-1}\left[\sum x_i y_i - n\bar{x}\,\bar{y}\right]$$

$$= \frac{1}{5}\left[1292 - 6(11.3333)(18.6667)\right] = 4.5333$$

$$r = \frac{4.5333}{\sqrt{3.0667}\ \sqrt{7.4667}} = 0.9474$$

초과근무시간과 초과수당 사이에 94.74%의 선형관계가 있다고 볼 수 있다.(초과근무시간이 증가함에 따라 초과수당이 선형적으로 증가하는 관계가 94.74%)

엑셀연습 이 예제를 다음과 같이 엑셀로 풀어 보자.

step 1 자료 입력

A1에서 B7까지 자료를 입력한다.

	A	B	C
1	x	y	
2	12	18	
3	10	17	
4	14	23	
5	11	19	
6	12	20	
7	9	15	

step 2 [데이터] ⇨ [데이터 분석] 선택

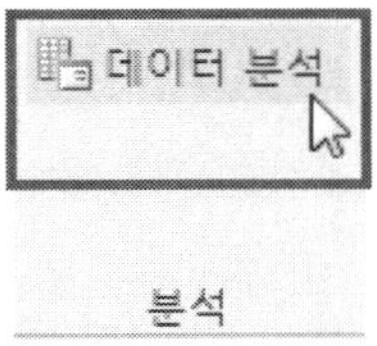

step 3 [통계 데이터 분석] 대화상자

[상관분석]을 선택한다.

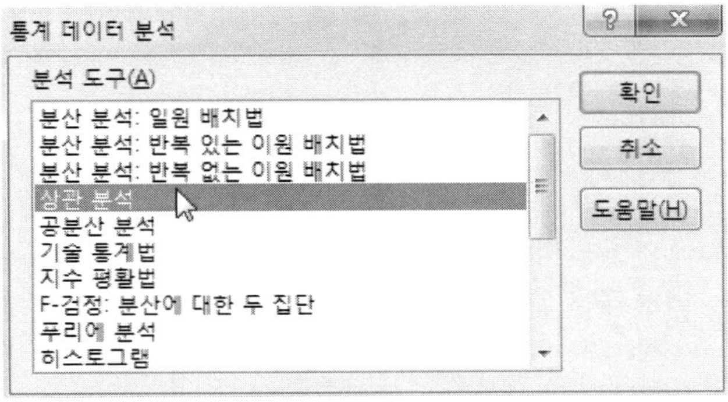

step 4 [상관분석] 대화상자 입력

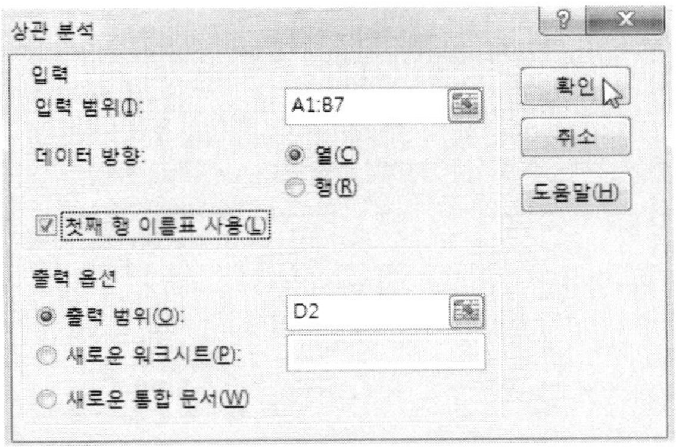

변수 입력 범위	→ A1:B7
데이터 방향	→ 열 선택
첫째 행 이름표 사용	→ 선택

출력 옵션 → D2

입력이 완료되면 [확인] 단추를 누른다.

다음과 같이 출력된다.

	A	B	C	D	E	F
1	x	y				
2	12	18			x	y
3	10	17		x	1	
4	14	23		y	0.947373	1
5	11	19				
6	12	20				
7	9	15				
8						

예제 14.3 다음은 어떤 고등학교 10명 학생들의 국어(x_1), 수학(x_2), 영어(x_3), 과학(x_4) 성적이다. 엑셀을 이용하여 각 교과목들 간의 상관계수를 구하라.

번호	국어	수학	영어	과학
1	85	80	94	96
2	78	65	91	84
3	84	67	95	88
4	85	61	97	82
5	88	72	94	90
6	79	73	88	90
7	75	63	86	78
8	88	58	96	74
9	76	57	87	75
10	78	73	90	83

step 1 자료 입력

A1에서 E11까지 자료를 입력한다.

	A	B	C	D	E
1	번호	국어	수학	영어	과학
2	1	85	80	94	96
3	2	78	65	91	84
4	3	84	67	95	88
5	4	85	61	97	82
6	5	88	72	94	90
7	6	79	73	88	90
8	7	75	63	86	78
9	8	88	58	96	74
10	9	76	57	87	75
11	10	78	73	90	83

step 2 [데이터] ⇨ [데이터 분석] 선택

step 3 [통계 데이터 분석] 대화상자

[상관분석]을 선택한다.

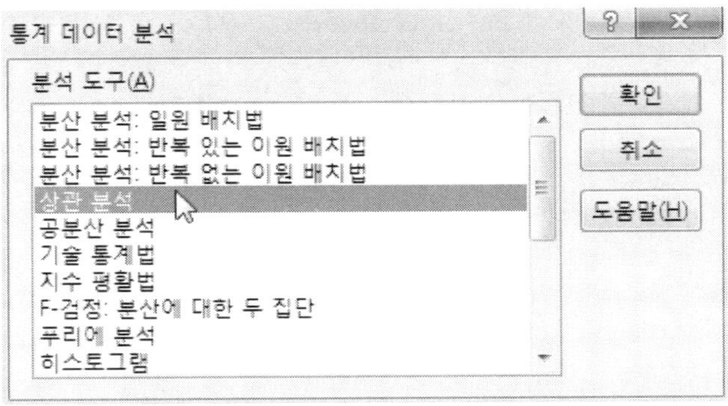

step 4 [상관분석] 대화상자 입력

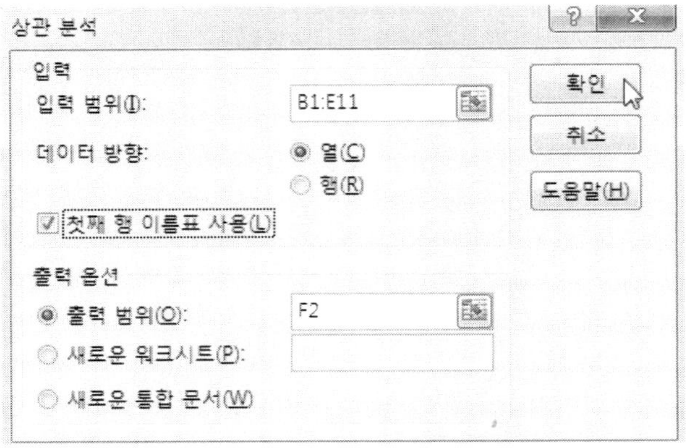

변수 입력 범위 → B1:E11
데이터 방향 → 열 선택
첫째 행 이름표 사용 → 선택
출력 옵션 → F2
입력이 완료되면 [확인] 단추를 누른다.

다음과 같이 출력된다.

	A	B	C	D	E
1	번호	국어	수학	영어	과학
2	1	85	80	94	96
3	2	78	65	91	84
4	3	84	67	95	88
5	4	85	61	97	82
6	5	88	72	94	90
7	6	79	73	88	90
8	7	75	63	86	78
9	8	88	58	96	74
10	9	76	57	87	75
11	10	78	73	90	83

F	G	H	I	J
	국어	수학	영어	과학
국어	1			
수학	0.15268	1		
영어	0.90602	0.03699	1	
과학	0.30487	0.9041	0.22641	1

국어와 수학의 상관계수=0.15268 국어와 영어의 상관계수=0.90602
국어와 과학의 상관계수=0.30487 수학과 영어의 상관계수=0.03699
수학과 과학의 상관계수=0.90410 영어와 과학의 상관계수=0.22641

국어와 영어, 수학과 과학의 상관계수가 높고 기타 교과목들 간의 상관계수는 낮게 나왔다. 이로부터 국어와 영어, 수학과 과학 교과목 간에는 상관이 높고 기타 교과목들 간에는 별로 상관이 없다고 볼 수 있다.

14.1.2 상관계수의 검정

표본상관계수 r은 모상관계수 ρ의 추론에 사용된다. ρ의 검정에서 관심 사항은 두 변수 사이의 선형 상관관계의 존재 여부이다. 두 확률변수 x와 y가 이변량 정규분포를 따른다는 전제하에서 검정하려고 하는 모상관계수 ρ의 가설은 다음과 같다.

$$H_0 : \rho = 0(\text{선형 상관관계가 없다})$$
$$H_1 : \rho \neq 0(\text{선형 상관관계가 있다})$$

귀무가설 H_0하에서 검정통계량은

$$T = r\sqrt{\frac{n-2}{1-r^2}}$$

이며, 자유도가 $(n-2)$인 t 분포를 따른다. 따라서 유의수준이 α일 때 $|T| > t_{\alpha/2}(n-2)$이면 H_0을 기각한다. [표 14.2]는 모상관계수 ρ의 대립가설의 형태에 따른 기각역을 나타낸 것이다.

[표 14.2] 모상관계수 ρ의 검정

귀무가설	검정통계량	대립가설	기각역(유의수준 α)
$H_0 : \rho = 0$	$T = r\sqrt{\frac{n-2}{1-r^2}}$	$H_1 : \rho \neq 0$	$\|T\| > t_{\alpha/2}(n-2)$
		$H_1 : \rho > 0$	$T > t_{\alpha}(n-2)$
		$H_1 : \rho < 0$	$T < -t_{\alpha}(n-2)$

예제 14.4 [다음은 어느 대학 7명 학생의 연간 결석일 수(x)와 기말고사 성적(y) 자료다.

x (결석일수)	2	8	5	8	4	6	2
y (기말성적)	23	12	16	18	21	15	21

① 산점도를 그려라

② 상관계수를 구하라

③ 유의수준 5%에서 $H_0 : \rho = 0$, $H_1 : \rho \neq 0$을 검정하라.

해설 ① 산점도로부터 음의 상관관계가 있음을 알 수 있다. 즉 x가 증가할 때 y는 감소한다.

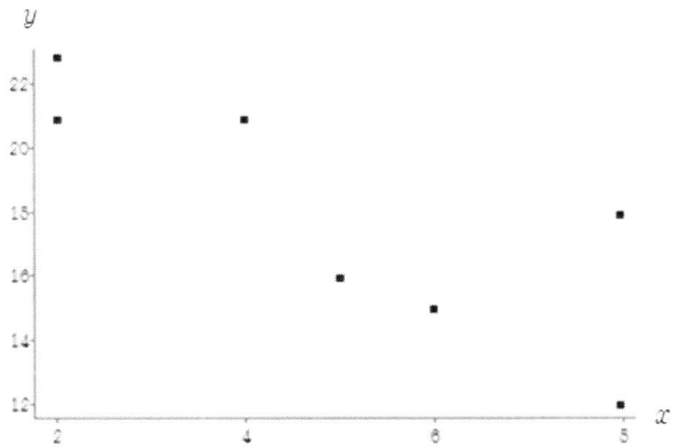

② $\sum x_i = 35$, $\sum x_i^2 = 213$, $\bar{x} = 5$

$$S_x^2 = \frac{1}{n-1}\left[\sum x_i^2 - n\bar{x}^2\right] = 6.3333$$

$\sum y_i = 126$, $\sum y_i^2 = 2360$, $\bar{y} = 18$

$$S_y^2 = \frac{1}{n-1}\left[\sum y_i^2 - n\bar{y}^2\right] = 15.3333$$

$\sum x_i y_i = 582$

공분산 $S_{xy} = \frac{1}{n-1}\left[\sum x_i y_i - n\bar{x}\,\bar{y}\right] = \frac{1}{6}[582 - 7(5)(18)] = -8$

$$상관계수\ r = \frac{-8}{\sqrt{6.3333}\ \sqrt{15.3333}} = -0.8118$$

$$③\ T = r\sqrt{\frac{n-2}{1-r^2}} = -0.8118\sqrt{\frac{7-2}{1-(-0.8118)^2}} = -3.1086$$

$|T| > t_{0.025}(5) = 2.571$이므로 귀무가설 H_0을 기각한다.

14.2 회귀분석의 개념

상관분석에서는 상관계수를 구하여 두 변수간의 선형관계의 유무 및 그 강도를 파악하는 것이 주요 관건이었으나 변수간의 관계를 구체적인 함수식으로 나타낼 수는 없었다. 즉 상관계수는 두 변수간의 선형관계가 어느 정도인지를 알아보는 척도이지 함수관계를 알아보는 척도는 아니다. 회귀분석에서는 두 변수 간의 관계를 $y = b_0 + bx$와 같은 함수식으로 구하여 한 변수의 값으로부터 다른 변수의 값을 예측하는 것이 주요 목적이라고 할 수 있다.

사회현상, 경제현상, 자연현상과 같은 일상생활에서 통계를 다루다 보면 둘 또는 그 이상의 변수들 간에 존재하는 관계를 규명하고 분석해야 할 경우가 많다. 예를 들면 자동차의 무게와 연료 소비량 간의 관계, 아파트의 평수와 가격간의 관계를 분석한다든가 또는 백화점의 판매액이 광고비 및 직원들의 근무시간량과 어떤 관계를 갖고 있는지를 분석하는 등의 문제들을 자주 접할 수 있다.

회귀분석(regression analysis)은 변수들 간의 관계를 규명하고 모형화하기 위한 통계적 기법이다. 서로 관계를 갖고 있는 변수들 사이에는 영향을 주는 변수도 있고 다른 변수에 의해 영향을 받는 변수도 있다. 이때 영향을 주는 변수를 독립변수(independent variable) 또는 설명변수(explanatory variable)라 하고 x로 나타내며, 독립변수에 의해 영향을 받는 변수를 종속변수(dependent variable) 또는 반응변수(response variable)라 하고 y로 표현한다.

자동차의 무게와 연료 소비량간의 관계에서 자동차의 무게가 연료 소비량에 영향을 미치므로 자동차의 무게는 독립변수이고 연료 소비량은 종속변수가 된다. 마찬가지로 백화점의 경우에서는 광고비와 직원들의 작업시간량은 독립변수, 판매액은 종속변수가 된다.

이와 같이 두 개 이상의 변수들이 서로 관계를 갖고 있을 때 회귀분석에서 우리의 관심사는 변수들 간의 관계를 함수를 이용하여 어떤 형태의 모형으로 나타냄으로써 종속변수가 독립변수들에 의하여 어떻게 반응 또는 예측되는지를 분석하는 것 등이다. 즉, 회귀분석은 독립변수와 종속변수간의 관련성을 함수식을 이용하여 모형화시키고 변수들의 관측값으로부터 이 모형을 추정하고 분석하는 것이 주요 내용으로 예측이 주 목적이나 그 외에도 다음의 목적을 갖는다.

첫째, 자료의 기술적인(data description) 목적을 갖는다. 자동차의 무게 x와 연료 소비량 y에 대한 데이터들이 얻어졌을 때 이 자료들의 관계를 표나 그래프보다 더 간략하게 $y = b_0 + b_1 x$와 같은 모형 등으로 요약하고 설명할 수 있다.

둘째, 통제(control) 또는 관리의 목적을 갖는다. 예를 들면 자동차의 무게와 연료 소비량 사이의 관계를 앞에서와 같이 모형화 시켜서 이 모형에 자동차의 무게를 다양하게 대입함으로써 연료 소비량을 적절하게 조절할 수 있다. 또한 비용과 생산량 간의 관계 혹은 결근율과 생산량 간의 관계를 모형화 하여 생산 및 운영관리의 효율적인 통제에 회귀분석을 이용할 수 있다.

셋째, 예측(prediction)의 목적을 갖는다. 변수들 간의 관계를 모형으로 나타내어 독립변수의 특정한 값에 대응하는 종속변수의 값을 예측할 수 있다. 즉, 자동차의 특정한 무게에 대응되는 연료 소비량을 예측할 수 있으며, 백화점에서 광고 지출비와 직원의 작업시간량에 따른 판매액을 예측할 수 있는 것이다.

회귀분석에는 독립변수와 종속변수의 관계를 직선으로 모형화 하는 선형회귀분석(linear regression analysis)과 곡선 관계를 모형화 하는 다항회귀분석(polynomial regression analysis)이 있다. 그리고 선형회귀분석은 독립변수의 수가 하나인 단순선형회귀분석(simple linear regression analysis)과 독립변수의 수가 두 개 이상인 다중선형회귀분석(multiple linear regression analysis)으로 구분된다. 다항회귀분석이나 다중선형회귀분석은 단순선형회귀분석 보다 분석이 다소 복잡하지만 근본은 단순선형회귀분석의 경우와 동일하다. 여기서는 단순선형회귀분석을 다루기로 한다.

14.3 회귀모형의 설정

회귀분석에서 가장 간단한 형태는 종속변수 y에 영향을 미치는 독립변수 x가 한 개인 단순선형회귀분석이다. 두 변수 간의 관계를 알아보는 첫 번째 단계는 두 변수 x, y의 n개 관측값 (x_i, y_i) , $i = 1,2,\cdots,n$을 산점도로 그려보는 것이다. 작성한 산점도로부터 두 변수간의 관계를 대략적으로 짐작할 수 있다.

[표 14.3]은 어떤 백화점에서 광고비(x:백만 원)가 판매액(y:천만 원)에 미치는 영향을 알아보기 위해 5개의 지점을 표본으로 추출하여 연간 광고비와 판매액을 조사하여 정리한 자료이다.

[표 14.3] 백화점의 광고비와 판매액

지점번호	광고비	판매액
1	3	2
2	5	4
3	1	1
4	4	2
5	2	1

우선 엑셀을 이용하여 이 자료에 대한 회귀분석을 수행하면 다음과 같은 출력결과를 얻을 수 있다.

요약 출력

회귀분석 통계량	
다중 상관계수	0.903696
결정계수	0.816667
조정된 결정계수	0.755556
표준 오차	0.60553
관측수	5

분산 분석

	자유도	제곱합	제곱 평균	F 비	유의한 F
회귀	1	4.9	4.9	13.36364	0.035353
잔차	3	1.1	0.36667		
계	4	6			

	계수	표준 오차	t 통계량	P-값	하위 95%	상위 95%
Y 절편	-0.1	0.635085	-0.1575	0.884884	-2.12112	1.921125
x	0.7	0.191485	3.65563	0.035353	0.090608	1.309392

잔차 출력

관측수	예측치 y	잔차	표준 잔차
1	2	0	0
2	3.4	0.6	1.14416
3	0.6	0.4	0.76277
4	2.7	-0.7	-1.3348
5	1.3	-0.3	-0.5721

문제는 이 출력결과에서 각종 통계수치는 회귀분석에서 매우 중요한 내용으로 이 통계수치들이 어떠한 이론과 방법에 의해 산출되었고 그 의미는 무엇인지 해석할 줄 아는 것이 관건이다. 이러한 문제를 해결할 수 있게끔 과정을 순서대로 진행하여 보자.

[표14.3]의 광고비를 독립변수 x로, 판매액을 종속변수 y로 하여 산점도를 그려보면 [그림 14.4]와 같다. 이 그림으로부터 x가 증가하면 y도 증가한다는 것을 알 수 있으며 그 증가의 형태가 대략 직선적(linear)인 것도

짐작할 수 있다.

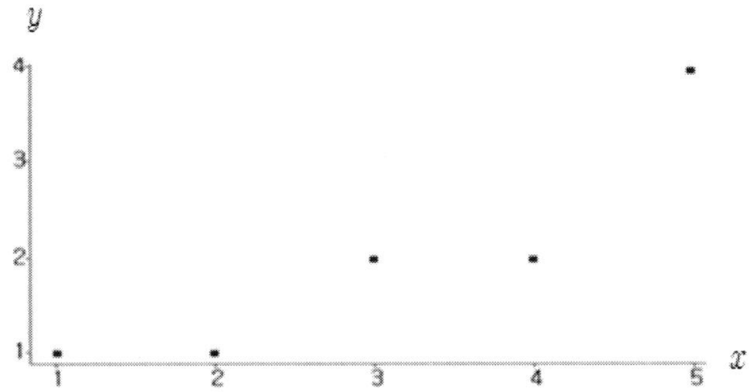

[그림 14.4] 광고비와 판매액의 산점도

[그림 14.4]는 직선적인 경향이 짙다고 가정하여 산점도 위에 가상의 직선식

$$y = \beta_0 + \beta_1 x \tag{14.3}$$

을 <그림 14.5>와 같이 적합시켜 보자.

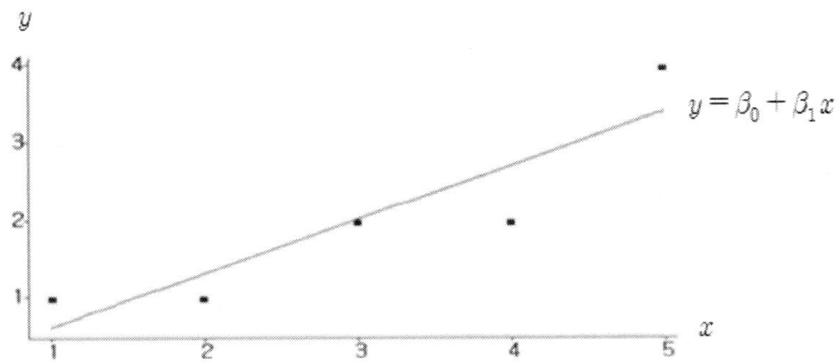

[그림 14.5] 광고비와 판매액의 산점도 및 모집단 회귀식

식(14.3)은 x와 y의 미지의(unknown) 직선관계를 나타내므로 이를 모집단 회귀식이라 부른다. 그리고 β_0, β_1은 각각 모집단 회귀식의 절편(intercept)과 기울기(slope)를 나타내는 것으로 β_0, β_1을 회귀계수(regression coefficients)라고 한다.

[그림 14.5]를 살펴보면 관측값들은 식(14.3)의 직선 위에 정확하게 위치하지 않는다. 이것은 i번째 독립변수 x_i에 대응하는 종속변수의 실제 관측값 y_i와, 함수로 주어진 모집단 회귀식 (14.3)에 x_i를 대입하여 얻은 종속변수의 값 $\beta_0+\beta_1 x_i$ 간에 차이가 있기 때문이다. 이 차이를 오차(error)라고 하며 다음과 같이 ε_i로 나타낸다.

$$\varepsilon_i = y_i - (\beta_0 + \beta_1 x_i) \tag{14.4}$$

오차 ε_i는 통계적인 오차로 광고비 지출 이외의 직원의 수나 직원의 작업시간량과 같은 다른 변수들의 영향 또는 측정오차 등에 의해서 발생될 수 있다. 따라서 판매액 y를 설명할 수 있는 모형은 식(14.3)보다는 식(14.5)와 같이 오차항을 포함한 모형이 적절할 것이다.

$$y = \beta_0 + \beta_1 x + \varepsilon \tag{14.5}$$

식(14.5)를 단순선형회귀모형(simple linear regression model) 또는 간단하게 단순회귀모형이라고 부른다. 여기서 '단순'은 독립변수가 1개임을 의미하며 '선형'은 모형식이 회귀계수로 볼 때도 선형이고, 독립변수로 볼 때도 선형임을 의미한다. 식(14.5)를 분석하기 위하여 회귀분석에서는 다음과 같은 가정을 한다.

• 회귀분석에서 기본 가정

(1) 오차 ε은 정규분포를 따른다(오차의 정규성).
(2) 오차 ε의 평균 $E(\varepsilon)=0$ 이다.
(3) 오차 ε_i들은 서로 독립이다(오차의 독립성).
(4) 오차 ε_i들은 동일한 분산 σ^2을 갖는다(오차의 등분산성).
(5) 독립변수 x는 오차없이 측정할 수 있는 이미 알려진 고정된 값으로 확률변수가 아니다.
(그러나 종속변수 y는 확률변수임을 유의하라.)

이와 같은 가정 하에서 n개 관측값에 대한 단순회귀모형을 다음과 같이 설정할 수 있다.

• 단순회귀모형

$$y_i = \beta_0 + \beta_1 x_i + \varepsilon_i \,,\ i = 1, 2, \cdots, n \tag{14.6}$$

- y_i는 i번째 측정된 y의 값.
- x_i는 i번째 주어진 고정된 x의 값.
- 모집단 회귀계수 β_0, β_1은 각각 절편과 기울기로서 추정해야 할 모수임.
- ε_i는 i번째 측정된 y_i의 오차항으로 정규분포 $N(0, \sigma^2)$을 따르며 서로 독립이다.

식(14.6)의 단순회귀모형에서 y_i는 상수항 $\beta_0 + \beta_1 x_i$와 확률변수항 ε_i의 합으로 구성되므로 y_i도 확률변수가 되며 $x = x_i$에서 y_i의 평균과 분산은 다음과 같다.

$$\begin{aligned} E(y_i) &= E(\beta_0 + \beta_1 x_i + \varepsilon_i) \\ &= \beta_0 + \beta_1 x_i + E(\varepsilon_i) \\ &= \beta_0 + \beta x_i \\ &= \mu_{y,x} \end{aligned} \tag{14.7}$$

$$\begin{aligned} Var(y_i) &= E(\beta_0 + \beta_1 x_i + \varepsilon_i) \\ &= Var(\varepsilon_i) \\ &= \sigma^2 \end{aligned} \tag{14.8}$$

위 식으로부터 오차 ε_i가 정규분포 $N(0, \sigma^2)$을 따르면 종속변수 y_i도 다음과 같은 정규분포를 따르게 된다.

$$y_i \sim N(\beta_0 + \beta_1 x_i,\ \sigma^2) \tag{14.9}$$

또 오차 ε_i의 평균이 0이라는 가정에 의하여 식(14.3)의 모집단 회귀식은

$$E(y_i) = \beta_0 + \beta x_i \tag{14.10}$$

와 같이 표현됨을 알 수 있다.

회귀계수 β_0와 β_1을 추정하기 전에 식(14.10)의 모집단 회귀식 $E(y) = \beta_0 + \beta_1 x$의 의미를 먼저 살펴보면 다음과 같다. 기울기 β_1의 의미는 독립변수 x가 한 단위 증가함에 따른 종속변수 y의 평균 변화량을 의미한다. 즉, $\beta_1 > 0$이면 종속변수 y의 평균 증가량, $\beta_1 < 0$이면 평균 감소량을 의미한다. 절편 β_0은 $x = 0$에서 y의 평균으로 특별한 해석적 의미를 갖지 않는다.

14.4 회귀선의 추정

표본자료로부터 회귀계수 β_0, β_1을 추정하는 방법 중 가장 많이 사용되는 최소제곱법(least squares method)에 대하여 살펴보기로 하자.

이 방법은 관측값 y_i와 모집단 회귀식 $E(y_i) = \beta_0 + \beta_1 x_i$ 간의 차이인 오차 $\varepsilon_i = y_i - (\beta_0 + \beta_1 x_i)$의 제곱합

$$Q = \sum \varepsilon_i^2 = \sum [y_i - (\beta_0 + \beta_1 x_i)]^2 \tag{14.11}$$

을 최소로 하는 β_0과 β_1의 값을 추정치로 택하는 방법이다. 오차제곱합 Q를 최소로 하는 β_0과 β_1의 값을 구하기 위해 Q를 β_0과 β_1에 대하여

각각 편미분하면 다음과 같다.

$$\frac{\partial Q}{\partial \beta_0} = -2\sum(y_i - \beta_0 - \beta_1 x_i)$$

$$\frac{\partial Q}{\partial \beta_1} = -2\sum X_i(y_i - \beta_0 - \beta_1 x_i) \tag{14.12}$$

편미분한 식(14.12)를 0으로 만드는 β_0과 β_1의 값을 각각 b_0, b_1이라 하고 이 값을 식(14.12)에 대입하여 정리하면 다음과 같은 식을 얻는다.

$$nb_0 + b_1\sum x_i = \sum y_i$$

$$b_0\sum x_i + b_1\sum x_i^2 = \sum x_i y_i \tag{14.13}$$

식(14.13)을 정규방정식(normal equation)이라 하고 이 식을 b_0, b_1에 대하여 풀면 모집단 회귀계수 β_0과 β_1의 최소제곱추정량(least squares estimator) b_0, b_1을 얻는다.

• 회귀계수 β_0과 β_1의 최소제곱추정량 : b_0, b_1

$$b_1 = \frac{\sum(x_i - \overline{x})(y_i - \overline{y})}{\sum(x_i - \overline{x})^2} = \frac{S_{xy}}{S_{xx}} \tag{14.14}$$

$$b_0 = \overline{y} - b_1\overline{x} \tag{14.15}$$

위의 식에서 S_{xx} , S_{xy}의 간편 계산식은 다음과 같다.

$$S_{xx} = \sum(x_i - \bar{x})^2 = \sum x_i^2 - n\bar{x}^2 \quad (14.16)$$

$$S_{xy} = \sum(x_i - \bar{x})(y_i - \bar{y}) = \sum x_i y_i - n\bar{x}\bar{y} \quad (14.17)$$

최소제곱추정량 b_0, b_1은 β_0과 β_1의 최량선형불편추정량(best linear unbiased estimator: BLUE)이 되는데 이는 b_0, b_1이 관측값 y_i들의 선형함수로 주어지는 불편추정량이고, 최소분산을 갖는 가장 바람직한 추정량임을 의미한다.

식(14.14), (14.15)로부터 모집단 회귀선 $E(y_i) = \beta_0 + \beta_1 x_i$의 추정된 회귀선(estimated regression line) $\hat{y}_i$는

$$\hat{y}_i = b_0 + b_1 x_i \quad (14.18)$$

이 되며, 이 식을 표본 회귀식 또는 적합된 회귀직선(fitted regression line)이라고도 한다.

예제 14.5 [표 14.3]에 있는 백화점의 광고비(x:백만 원)와 판매액(y:천만 원) 자료를 이용하여 적합된 회귀직선 $\hat{y} = b_0 + b_1 x$을 구하고 기울기 b_1의 의미를 설명하라.

해설 $\sum x_i = 15$, $\sum y_i = 10$, $\sum x_i^2 = 55$, $\sum x_i y_i = 37$

$\bar{x} = 15/5 = 3$, $\bar{y} = 10/5 = 2$

$S_{xx} = \sum x_i^2 - n\bar{x}^2 = 55 - 5(9) = 10$

$S_{xy} = \sum x_i y_i - n\bar{x}\bar{y} = 37 - 5(3)(2) = 7$

$$b_1 = \frac{S_{xy}}{S_{xx}} = \frac{7}{10} = 0.7$$

$$b_0 = \bar{y} - b_1 \bar{x} = 2 - 0.7(3) = -0.1$$

따라서 적합된 회귀직선은 다음과 같다.

$$\hat{y} = -0.1 + 0.7x$$

여기서 기울기 0.7은 광고비 지출이 한 단위(백만 원) 증가하면 판매액은 평균적으로 0.7천만원(즉, 700만원) 증가함을 의미한다. 그리고 광고비 지출이 4.5인 경우에는 위의 추정된 회귀선에 의하여

$$\hat{y} = -0.1 + 0.7(4.5) = 3.05$$

를 얻는다. 이 3,050만원의 의미는 두 가지로 해석할 수 있다.

첫째, $x = x_0 = 4.5$ 일 때 모집단 회귀선(종속변수의 평균)

$$E(y_0) = \beta_0 + \beta_1 x_0$$

의 추정값은 $\hat{y}_0 = b_0 + b_1 x_0 = 3.05$ 이다. 따라서 광고비로 450만원을 지출하게 되면 평균 판매액은 3,050만원으로 추정된다.

둘째, $x = x_0 = 4.5$ 일 때 (하나의) 종속변수의 값은

$$y_0 = \beta_0 + \beta_1 x_0 + \varepsilon_0$$

이므로 이것의 예측값은 $\hat{y}_0 = b_0 + b_1 x_0 = 3.05$ 가 된다. 따라서 광고비로 450만원을 지출할 때 판매액은 3,050만으로 예측할 수 있다.

14.5 잔차와 오차

회귀계수의 추정치 b_0, b_1 을 이용하여 회귀모형의 추정식 $\hat{y}_i = b_0 + b_1 x_i$을 얻은 다음에는 그 추정식이 얼마나 타당한지를 검토해야 한다. 추정된 회귀직선의 정도를 측정하는 방법에는 오차항의 분산

σ^2에 대한 추정값의 표준오차(standard error of estimate)와 결정계수(coefficient of determination), 분산분석에 의한 회귀모형의 유의성 검정 등이 있다.

추정된 회귀직선 $\hat{y_i}$와 실제 관측값 y_i들이 얼마나 차이가 있는지에 대해 살펴보기로 하자. 다음 그림은 [예제 14.5]에서 추정된 회귀직선 $\hat{y}_i = -0.1 + 0.7x_i$를 산점도 위에 나타낸 것으로 $x = x_i$에서 y의 실제 관측값 y_i들과 추정된 회귀직선 $\hat{y}_i = -0.1 + 0.7x_i$에 의해 계산된 예측값 $\hat{y}_i$들이 정확하게 일치하지 않음을 알 수 있다.

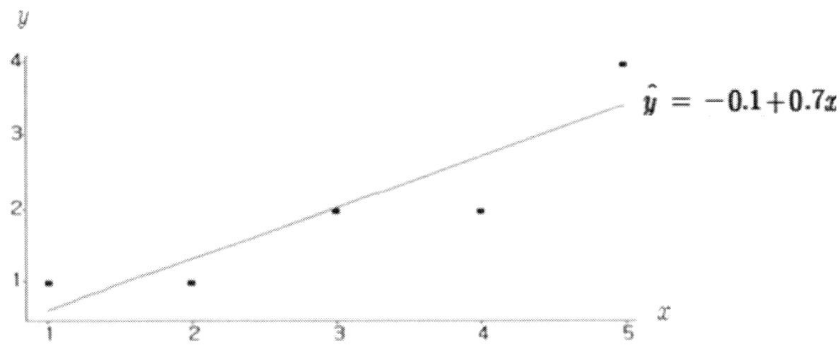

[그림 14.6] 광고비와 판매액의 추정된 회귀선

즉 $x = x_i$에서 y의 실제 관측값 y_i들과 추정된 회귀선에 의해 계산된 값 $\hat{y_i} = (b_0 + b_1x_i)$은 항상 차이가 난다. 이 차이를 잔차라고 한다.

• 잔차(residual)와 오차(error)

잔차 $e_i = y_i - \hat{y}_i = y_i - (b_0 + b_1x_i)$

오차 $\varepsilon_i = y_i - E(y_i) = y_i - (\beta_0 + \beta_1x_i)$

잔차 e_i는 오차 ε_i에 대한 일종의 추정량으로 실제 관측값 y_i가 추정된 회귀선에 얼마나 잘 적합 되는지를 분석할 때 매우 중요한 역할을 한다.

단순회귀모형 $y=\beta_0+\beta_1 x+\varepsilon$을 설정할 때 오차항 ε은 서로 독립이며 평균이 0, 분산 σ^2인 정규분포가 성립한다고 가정하였다. 또한 단순회귀모형에서 오차 ε의 분산 σ^2은 y_i의 분산이 된다는 것을 식(14.8)에서 다루었다. 따라서 관측값 y_i들이 추정된 회귀선 주위에 밀집하여 있으면 σ^2의 추정값이 작을 것이고, 이와 반대로 y_i들이 회귀선으로부터 멀리 떨어져 있으면 σ^2의 추정값이 크다는 것을 짐작할 수 있다.

이를 바탕으로 회귀계수 β_0과 β_1의 신뢰구간 추정, 가설검정, 회귀모형의 적합성 등에 오차 ε의 분산 σ^2은 중요한 역할을 하지만 알려져 있지 않은 값이므로 σ^2을 추정해야 한다.

오차 ε_i는 관측할 수 없는 값이므로 대신 비슷한 역할을 하는 잔차 $e_i=y_i-\hat{y}_i=y_i-(b_0+b_1x_i)$의 값을 이용하여 오차의 분산 σ^2을 추정한다. 식(14.19)의 SSE를 잔차제곱합(residual sum of squares) 또는 오차제곱합(error sum of squares)이라고 한다.

$$SSE=\sum(y_i-\hat{y}_i)^2=\sum(y_i-b_0-b_1x_i)^2 \tag{14.19}$$

SSE의 자유도는 $n-2$가 된다. 왜냐하면 식(14.19)에서 b_0, b_1을 추정하므로 자유도가 각각 하나씩 줄어들기 때문이다. 따라서 잔차의 분산을 MSE로 표시하여 다음과 같이 정의한다.

$$\widehat{\sigma^2}=MSE=\frac{SSE}{n-2} \tag{14.20}$$

식(14.20)의 MSE를 잔차평균제곱(residual mean squares) 혹은 오차평균제곱(error mean squares)이라 한다. MSE는 오차의 분산 σ^2의 불편추정량이 된다. 또한 $\sqrt{MSE}$를 추정의 표준오차(standard error of estimate)라고 부르는데 이 값이 클수록 회귀모형이 자료를 잘 적합하지 못하는 경우이고 예측의 신뢰성은 떨어지게 된다. SSE를 다음 식으로 계산하면 간편하다.

• SSE의 간편 계산식

$$SSE = \sum(y_i - \hat{y}_i)^2 \qquad (14.21)$$
$$= S_{yy} - b_1 S_{xy}$$
$$= S_{yy} - b_1^2 S_{xx} \qquad \text{단, } S_{yy} = \sum(y_i - \bar{y})^2$$

예제 14.6 [표 14.3]에 있는 백화점의 광고비(x:백만 원)와 판매액(y:천만 원) 자료를 이용하여 SSE와 MSE를 구하라.

해설 [예제 14.5]로부터

$$\sum x_i = 15, \ \sum x_i^2 = 55 \Rightarrow S_{xx} = \sum(x_i - \bar{x})^2 = 10$$

$$\sum y_i = 10, \ \sum y_i^2 = 26 \Rightarrow S_{yy} = \sum(y_i - \bar{y})^2 = 6$$

$$SSE = S_{yy} - b_1^2 S_{xx}$$
$$= 6 - 0.7^2(10) = 1.1 \quad \therefore MSE = 0.3667$$

14.6 결정계수

회귀계수의 추정치 b_0, b_1을 이용하여 추정된 회귀선 $\hat{y}_i = b_0 + b_1 x_i$을 얻은 다음에는 추정된 회귀선이 얼마나 적합한지를 검토할 필요가 있다. 추정된 회귀선의 적합성을 측정하는 방법에는 오차항의 분산 σ^2에 대한 추정치, 결정계수, 분산분석에 의한 회귀모형의 유의성 검정 등이 있다.

단순회귀모형에서 오차 ε_i의 분산 σ^2은 y_i의 분산이 된다는 것을 식 (14.8)에서 다루었다. 따라서 관측값 y_i들이 추정된 회귀선 주위에 밀집하여 있으면 σ^2의 추정치 MSE가 작을 것이고, 이와 반대로 y_i들이 회귀선으로부터 멀리 떨어져 있으면 σ^2의 추정값 MSE가 크다는 것을 짐작할 수 있다.

추정된 회귀선의 적합성을 측정하는 방법 중 하나인 결정계수의 산출 과정에 대하여 알아보기로 하자.

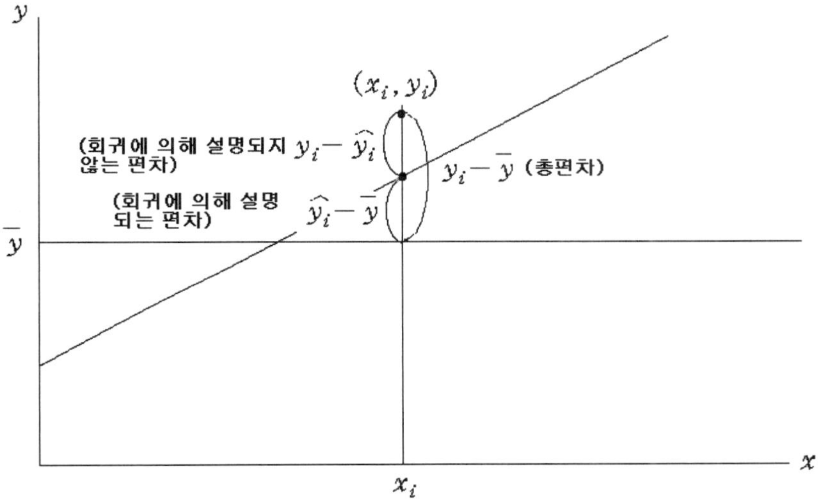

[그림 14.7] 총편차의 분해

[그림 14.7]에서 보듯이 한 개의 관측값 y_i와 y_i들의 평균 $\bar{y}$ 와의 차이를 총편차(total deviation)라 하며 이는 다음과 같이 두 개의 편차 합으로 나타낼 수 있다.

$$\underset{\text{총편차}}{y_i - \bar{y}} = \underset{\substack{\text{회귀선에 의하여} \\ \text{설명되지 않는 편차}}}{(y_i - \hat{y_i})} + \underset{\substack{\text{회귀선에 의하여} \\ \text{설명되는 편차}}}{(\hat{y_i} - \bar{y})} \tag{14.22}$$

식(14.22)에서 $(y_i - \hat{y_i})$는 잔차 e_i로 추정된 회귀선에 의해 설명되지 않는

편차이며, $(\hat{y}_i - \bar{y})$는 추정된 회귀선에 의해 설명되는 편차이다. 식(14.22)를 제곱하여 모든 i에 대하여 합하면 다음의 결과를 얻을 수 있다.

$$\sum_{i=1}^{n}(y_i - \bar{y})^2 = \sum_{i=1}^{n}(y_i - \hat{y}_i)^2 + \sum_{i=1}^{n}(\hat{y}_i - \bar{y})^2 \qquad (14.23)$$

$$SST \quad = \quad SSE \quad + \quad SSR$$

식(14.23)에서 $\sum_{i=1}^{n}(y_i - \bar{y})^2$은 종속변수 y의 값들이 갖는 총변동으로, 총제곱합(total sum of squares)이라 하며 SST로 나타낸다. SST의 자유도는 $(n-1)$이다.

$\sum_{i=1}^{n}(y_i - \hat{y}_i)^2$은 총변동 중 추정된 회귀선에 의해 설명되지 않는 변동이며 SSE로 표시하고 이를 잔차제곱합(residual sum of squares) 또는 오차제곱합(error sum of squares)이라고 한다. SSE의 자유도는 $(n-2)$가 됨을 식(14.19)에서 설명하였다.

$\sum_{i=1}^{n}(\hat{y}_i - \bar{y})^2$은 추정된 회귀선에 의해 설명되는 변동으로 SSR로 표시하며 회귀제곱합(regression sum of squares)이라 한다. 위의 세 가지 제곱합과 자유도들 간에는 다음과 같은 관계가 성립함을 알 수 있다.

• 제곱합과 자유도의 분할

제곱합 :	SST	=	SSE	+	SSR
자유도 :	$(n-1)$	=	$(n-2)$	+	1

총제곱합 SST에 비해서 잔차제곱합 SSE가 작으면(회귀제곱합 SSR이 크면) 추정된 회귀선이 자료들을 잘 설명해 주고 있다고 할 수 있다. 결정계수(coefficient of determination)는 y의 총변동 중에서 추정된 회귀선

에 의해 설명되는 변동의 비율로 다음과 같이 정의한다.

$$R^2 = \frac{SSR}{SST} = 1 - \frac{SSE}{SST} \tag{14.24}$$

결정계수 R^2은 0과 1사이의 값을 갖으며 R^2의 값이 1에 가까울수록 SSR이 차지하는 부분이 크므로(상대적으로 SSE가 차지하는 부분이 작아짐) 추정된 회귀선이 관측값들을 잘 설명하고 있다는 것을 뜻하며, 추정된 회귀선이 적합한 것으로 판단한다.

SSE의 간편 계산식은 식(14.21)에 있으며 SST와 SSR의 간편 계산식은 다음과 같다.

$$SST = \sum(y_i - \bar{y})^2 = \sum y_i^2 - n\bar{y}^2 \tag{14.25}$$

$$\begin{aligned} SSR &= \sum(\hat{y}_i - \bar{y})^2 \\ &= \sum[(b_0 + b_1 x_i) - \bar{y}]^2 \\ &= \sum[(\bar{y} - b_1\bar{x}) + b_1 x_i - \bar{y}]^2 \\ &= b_1^2 \sum(x_i - \bar{x})^2 \end{aligned} \tag{14.26}$$

단순회귀분석에서는 상관계수 r과 결정계수 R^2 사이에 다음 관계가 성립한다.

$$r = \pm\sqrt{R^2} \tag{14.27}$$

식(14.27)에 의하여 상관계수 r을 구할 때는 결정계수 R^2의 값이 반드시 단순회귀분석에서 얻어지는 결정계수인가를 확인해야 한다. 단순회귀분석에서 구한 결정계수가 다중회귀나 다항회귀에서 얻어지는 결정계수로부터는 식(14.27)에 의하여 상관계수 r을 구할 수 없기 때문이다.

예제 14.7 [표 14.3]에 있는 백화점의 광고비(x:백만 원)와 판매액(y:천만 원) 자료를 이용하여 결정계수를 구하라.

해설 [예제 14.6]을 이용하면

$$\sum x_i = 15,\ \sum x_i^2 = 55 \Rightarrow \sum (x_i - \overline{x})^2 = 10$$

$$\sum y_i = 10,\ \sum y_i^2 = 26 \Rightarrow \sum (y_i - \overline{y})^2 = 6$$

$$b_1 = 0.7$$

$$SSR = b_1^2 \sum (x_i - \overline{x})^2$$

$$= 0.7^2(10) = 4.9$$

$$\therefore\ R^2 = \frac{SSR}{SST}$$

$$= \frac{4.9}{6} = 0.8167$$

14.7 회귀모형의 유의성 검정

앞에서와 같이 y의 총변동 SST는 추정된 회귀선에 의해 설명되는 변동 SSR과 설명되지 않는 변동 SSE로 분할 할 수 있다. 총변동을 각각의 변동으로 분할하여 분석하는 방법이 분산분석이며 다음과 같은 단순회귀분석의 분산분석표(analysis of variance table)를 얻을 수 있다.

[표 14.4] 분산분석표

요인	자유도	제곱합	평균제곱	F_0
회귀	1	SSR	$MSR = SSR/1$	$F_0 = MSR/MSE$
잔차	$n-2$	SSE	$MSE = SSE/(n-2)$	
합	$n-1$	SST		

분산분석표에서 제곱합을 자유도로 나눈 값을 평균제곱이라 하는데 [표 14.4]에서는 회귀평균제곱(regression mean square:MSR)과 오차평균제곱(error mean square:MSE)이 각각 정의되어 있다. 오차평균제곱을 잔차평균제곱이라고도 한다. [표 14.4]의 분산분석표는 다음의 가설을 검정하는데 이용된다.

$$H_0 : \beta_1 = 0 \text{ (선형회귀 관계가 없다)}$$
$$H_1 : \beta_1 \neq 0 \text{ (선형회귀 관계가 있다)}$$

만일 $\beta_1 = 0$이면 두 변수 x, y사이에 선형관계는 존재하지 않고 모집단 회귀선은 $E(y) = \beta_0$가 되어 별 의미가 없다. 즉, 회귀선은 유의하지 않다고 말한다. [표 14.4]의 마지막 열의 F_0는 회귀평균제곱 MSR과 오차평균제곱 MSE와의 비율이며 위 가설의 검정통계량으로 사용한다. 이 비율이 크면 회귀제곱합이 오차제곱합보다 상대적으로 많이 커서 추정된 회귀선이 두 변수 x, y간의 관계를 설명하는데 유의하다는 의미가 된다. F_0는 자유도가 $(1, n-2)$인 F 분포를 따르게 되며 유의수준 α 에서

$$F_0 > F_\alpha(1, n-2)$$

이면 귀무가설 $H_0 : \beta_1 = 0$을 기각하고 회귀선이 유의하다고 말한다.

예제 14.8 [예제 14.7]의 문제에서

① 분산분석표를 작성하라.

② $H_0 : \beta_1 = 0 \quad H_1 : \beta_1 \neq 0$을 유의수준 $\alpha = 0.05$ 에서 검정하라.

해설 [예제 14.7]을 이용하면

$$SSE = \sum(y_i - \hat{y}_i)^2 = 1.1 \qquad SSR = \sum(\hat{y}_i - \overline{y})^2 = 4.9$$

$$SST = \sum(y_i - \overline{y})^2 = 6.0$$

① 분산분석표

요인	자유도	제곱합	평균제곱	F_0
회귀	1	4.9	4.9	$F_0 = 13.36$
잔차	3	1.1	0.3667	
합	4	6.0		

② 부록의 F분포표로부터 $F_{0.05}(1,3) = 10.13$

따라서 $F_0 = 13.36 > 10.13$이므로 귀무가설을 기각한다.

14.8 회귀계수의 추론

(1) 기울기 β_1에 대한 추론

단순회귀분석에서 β_1에 대한 검정과 신뢰구간 추정은 다음의 자유도가 $n-2$인 t분포를 따르는 $t-$통계량에 의해서 실시할 수 있다.

$$t = \frac{b_1 - \beta_1}{\sqrt{S^2(b_1)}} = \frac{b_1 - \beta_1}{\sqrt{MSE/\sum(x_i - \overline{x})^2}} \sim t(n-2)$$

여기서, $S^2(b_1) = MSE/\sum(x_i - \overline{x})^2$은 $Var(b_1) = \sigma^2/\sum(x_i - \overline{x})^2$의 추정치로서 $S(b_1) = \sqrt{S^2(b_1)}$을 b_1의 표준오차라고 한다.

이 통계량을 이용하여 β_1에 대한 신뢰구간을 구하거나 검정을 할 수 있다. 먼저 β_1에 대한 $100(1-\alpha)\%$ 신뢰구간은 다음과 같이 구할 수 있다.

$$1-\alpha = P\left(t_{\alpha/2}(n-2) < \frac{b_1 - \beta_1}{\sqrt{MSE/\sum(x_i - \overline{x})^2}} < t_{\alpha/2}(n-2)\right)$$

• β_1의 100(1−α)% 신뢰구간

$$b_1 \pm t_{\alpha/2}(n-2)\sqrt{MSE/\sum(x_i-\overline{x})^2}$$

귀무가설 $H_0 : \beta_1 = 0$에 대한 검정통계량, 대립가설, 유의수준 α인 기각역을 [표 14.5]와 같이 요약할 수 있다.

〔표 14.5〕 $H_0 : \beta_1 = 0$의 검정

귀무가설	검정통계량	대립가설	기각역(유의수준 α)
$H_0 : \beta_1 = 0$	$t = \dfrac{b_1}{\sqrt{MSE/\sum(x_i-\overline{x})^2}}$	$H_1 : \beta_1 \neq 0$ $H_1 : \beta_1 > 0$ $H_1 : \beta_1 < 0$	$\lvert t \rvert > t_{\alpha/2}(n-2)$ $t > t_\alpha(n-2)$ $t < -t_\alpha(n-2)$

[표 14.5]에서 양측검정($H_1 : \beta_1 \neq 0$)의 경우 $t-$분포를 이용한 검정의 결과는 [표 14.4]의 분산분석을 이용한 검정결과는 결과와 동일하게 된다. 왜냐하면

$$t^2 = \frac{b_1^2\sum(x_i-\overline{x})^2}{MSE} = \frac{MSR}{MSE} = F_0 \tag{14.28}$$

이 성립하고, 8.6절의 t 분포와 F분포의 관계로부터

$$[t_{\alpha/2}(n-2)]^2 = F_\alpha(1, n-2) \tag{14.29}$$

이 성립하기 때문이다.

예제 14.9 [표 14.3]에 있는 백화점의 광고비(x)와 판매액(y) 자료를 이용하여 다음을 구하라.

① β_1의 추정량 b_1의 표준오차

② β_1의 95% 신뢰구간

③ 유의수준 $\alpha = 0.05$ 에서 $H_0 : \beta_1 = 0 \quad H_1 : \beta_1 \neq 0$을 검정하라.

그리고 그 결과를 [예제 14.8]의 분산분석표를 이용한 경우와 비교하여라.

해설 $\sum(x_i - \bar{x})^2 = 10$

$b_1 = 0.7, \quad MSE = 0.3667$

부록의 t 분포표로부터 $t_{\alpha/2}(n-2) = t_{0.025}(3) = 3.182$

① $S(b_1) = \sqrt{\dfrac{MSE}{\sum(x_i - \bar{x})^2}} = 0.1915$

② β_1의 95% 신뢰구간

$$b_1 \pm t_{\alpha/2}(n-2)\sqrt{MSE/\sum(x_i - \bar{x})^2} = 0.7 \pm 3.182(0.1915)$$
$$= (0.0906,\ 1.3094)$$

③ 검정통계량

$t = \dfrac{b_1}{\sqrt{MSE/\sum(x_i - \bar{x})^2}} = 3.66 > t_{0.025}(3) = 3.182$이므로 귀무가설을 기각한다.

한편 $t^2 = (3.66)^2 = 13.3956$으로 [예제 14.8]의 분산분석표에 있는 $F_0 = MSR/MSE = 13.36$과 같다(두 값의 근소한 차이는 계산 오차에 의한 것이다).

또한 $[t_{0.025}(3)]^2 = 3.182^2 = 10.13$은 $F_{0.05}(1,3) = 10.13$과 같다. 따라서 양측검정($H_1 : \beta_1 \neq 0$)의 경우 $t-$분포를 이용한 결과는 분산분석표를 이용한 결과와 동일함을 알 수 있다.

(2) 절편 β_0에 관한 추론

절편 β_0에 대한 추론도 앞의 기울기 β_1에 대한 절차와 비슷하다. β_0에 대한 검정과 신뢰구간 추정은 다음의 자유도가 $n-2$인 t분포를 따르는 $t-$통계량에 의해서 실시할 수 있다.

$$t = \frac{b_0 - \beta_0}{\sqrt{S^2(b_0)}} = \frac{b_0 - \beta_0}{\sqrt{MSE\left(\frac{1}{n} + \frac{\overline{x}^2}{\sum (x_i - \overline{x})^2}\right)}} \sim t(n-2)$$

여기서,

$S^2(b_0) = MSE\left(\frac{1}{n} + \frac{\overline{x}^2}{\sum (x_i - \overline{x})^2}\right)$은 $Var(b_0) = \sigma^2\left(\frac{1}{n} + \frac{\overline{x}^2}{\sum (x_i - \overline{x})^2}\right)$의 추정치로서 $S(b_0) = \sqrt{S^2(b_0)}$을 b_0의 표준오차라고 한다.

이 통계량을 이용하여 β_0에 대한 신뢰구간을 구하거나 검정을 할 수 있으며 먼저 β_0에 대한 $100(1-\alpha)\%$ 신뢰구간은 다음과 같이 구할 수 있다.

$$1-\alpha = P\left(t_{\alpha/2}(n-2) < \frac{b_0 - \beta_0}{S(b_0)} < t_{\alpha/2}(n-2)\right)$$

- β_0의 $100(1-\alpha)\%$ 신뢰구간

$$b_0 \pm t_{\alpha/2}(n-2)\sqrt{MSE\left(\frac{1}{n} + \frac{\overline{x}^2}{\sum (x_i - \overline{x})^2}\right)}$$

귀무가설 $H_0 : \beta_0 = 0$에 대한 검정통계량, 대립가설, 유의수준 α인 기

각역을 [표 14.6]과 같이 요약할 수 있다.

〔표 14.6〕 $H_0 : \beta_0 = c$의 검정

귀무가설	검정통계량	대립가설	기각역(유의수준 α)
$H_0 : \beta_0 = 0$	$t = \dfrac{b_0 - c}{\sqrt{MSE\left(\dfrac{1}{n} + \dfrac{\bar{x}^2}{\sum (x_i - \bar{x})^2}\right)}}$	$H_1 : \beta_0 \neq c$ $H_1 : \beta_0 > c$ $H_1 : \beta_0 < c$	$\lvert t \rvert > t_{\alpha/2}(n-2)$ $t > t_{\alpha}(n-2)$ $t < -t_{\alpha}(n-2)$

예제 14.10 [표 14.3]에 있는 백화점의 광고비(x)와 판매액(y) 자료를 이용하여 다음을 구하라.

① β_0의 추정량 b_0의 표준오차.

② β_0의 95% 신뢰구간.

③ 유의수준 $\alpha = 0.05$ 에서 $H_0 : \beta_0 = 0$ $H_1 : \beta_0 \neq 0$을 검정하라.

해설 [예제 14.6]과 [예제 14.7]을 이용하면

$\bar{x} = 3 \qquad \sum(x_i - \bar{x})^2 = 10$

$b_0 = -0.1, \quad MSE = 0.3667$

부록의 t 분포표로부터 $t_{\alpha/2}(n-2) = t_{0.025}(3) = 3.182$

① $S(b_0) = \sqrt{MSE\left(\dfrac{1}{n} + \dfrac{\bar{x}^2}{\sum (x_i - \bar{x})^2}\right)} = 0.6351$

② β_0의 95% 신뢰구간

$$b_0 \pm t_{\alpha/2}(n-2)\sqrt{MSE\left(\frac{1}{n} + \frac{\bar{x}^2}{\sum (x_i - \bar{x})^2}\right)}$$

$$= -0.1 \pm 3.182(0.6351) = (-2.1211,\ 1.9211)$$

③ 검정통계량

$$t = \frac{b_0}{\sqrt{MSE\left(\frac{1}{n} + \frac{\overline{x}^2}{\sum(x_i - \overline{x})^2}\right)}} = -0.16$$

따라서 $H_0 : \beta_0 = 0$을 기각할 수 없다.

엑셀연습

회귀분석에서 지금까지 [표 14.3]에 있는 백화점의 광고비(x)와 판매액(y) 자료를 이용하여 구한 각종 내용들을 다음과 같이 엑셀로 풀어보자.

step 1 자료 입력

	A	B	C
1	x	y	
2	3	2	
3	5	4	
4	1	1	
5	4	2	
6	2	1	
7			

step 2 [데이터] ⇨ [데이터 분석] 선택

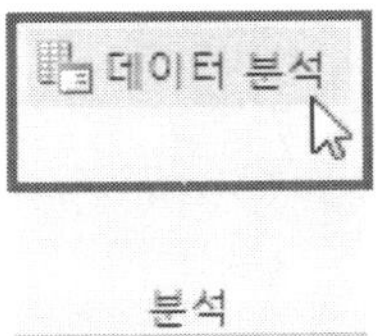

step 3 [통계 데이터 분석] 대화상자

[회귀분석]을 선택한다.

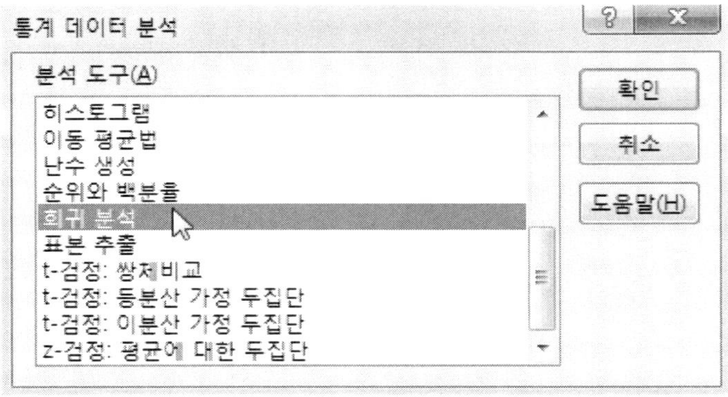

step 4 [회귀분석] 대화상자 입력

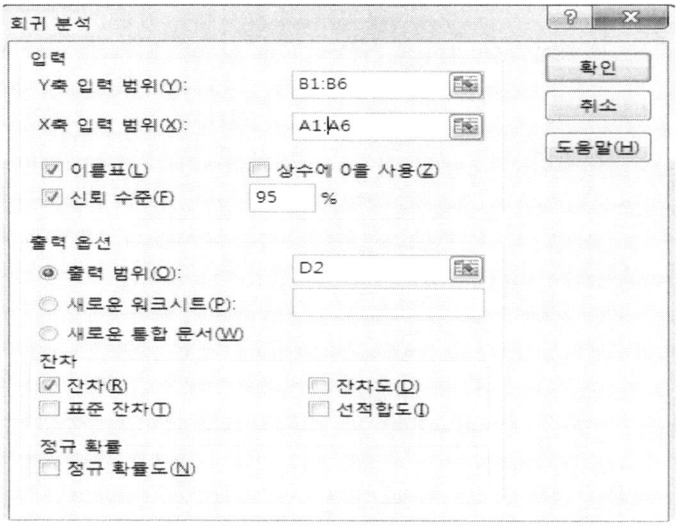

Y축 입력 범위	→ B1:B6 (종속변수)
X축 입력 범위	→ A1:A6 (독립변수)
이름표	→ 선택
신뢰수준	→ 95% 선택
출력범위	→ D2
잔차	→ 선택

[확인] 단추를 누르면 다음과 같은 출력이 나타난다.

요약 출력

회귀분석 통계량		
다중 상관계수	0.903696	(1)
결정계수	0.816667	(2)
조정된 결정계수	0.755556	
표준 오차	0.60553	(3)
관측수	5	

분산 분석

	자유도	제곱합	제곱 평균	F 비 (4)	유의한 F (5)
회귀	1	4.9	4.9	13.36364	0.035353
잔차	3	1.1	0.366667		
계	4	6			

	계수	표준 오차	t 통계량	P-값	하위 95%	상위 95%
Y 절편	-0.1	0.635085	-0.15746	0.884884	-2.12112	1.921125
x	0.7	0.191485	3.655631	0.035353	0.090608	1.309392
	(6)			(7)	(8)	

잔차 출력

관측수	예측치 y (9)	잔차 (10)
1	2	0
2	3.4	0.6
3	0.6	0.4
4	2.7	-0.7
5	1.3	-0.3

출력결과를 순서대로 살펴보면 다음과 같다.

(1) 광고비(x)와 판매액(y)의 상관계수

(2) 결정계수~ [예제 14.7] 참조

(3) 표준오차~ $\sqrt{MSE}$ [예제 14.7 참조]

(4) 분산분석~ [예제 14.8]의 ① 분산분석표 참조

(5) [예제 14.8]의 ② $H_0 : \beta_1 = 0 \quad H_1 : \beta_1 \neq 0$에 대한 검정의 유의확률 값이며 유의수준 0.05보다 작으므로 귀무가설 기각

(6), (7), (8)

Y 절편

계수~ $\hat{y}_i = b_0 + b_1 x_i$에서 $b_0 = -0.1$ [예제 14.5] 참조

표준오차~ [예제 14.10]의 ① $S(b_0)$ 참조

P-값~ $H_0 : \beta_0 = 0 \quad H_1 : \beta_0 \neq 0$에 대한 검정의 유의확률 값이며 유의수준 0.05보다 크므로 귀무가설 채택([예제 14.10]의 ③ 참조)

t 통계량~ [예제 14.10]의 ③ 검정통계량 참조

하위 95%, 상위 95%~ β_0의 95% 신뢰구간([예제 14.10]의 ③ 참조)

X 절편

계수~ $\hat{y}_i = b_0 + b_1 x_i$에서 $b_1 = 0.7$ [예제 14.5] 참조

표준오차~ [예제 14.9]의 ① $S(b_1)$ 참조

P-값~ $H_0 : \beta_0 = 0 \quad H_1 : \beta_0 \neq 0$에 대한 검정의 유의확률 값이며 유의수준 0.05보다 크므로 귀무가설 기각([예제 14.9]의 ③ 참조)

t 통계량~ [예제 14.9]의 ③ 검정통계량 참조

하위 95%, 상위 95%~ β_1의 95% 신뢰구간([예제 14.9]의 ③ 참조)

(9) 예측치 2, 3.4, 0.6, 2.7, 1.3 ~

$\hat{y} = -0.1 + 0.7x$에 $x = 3, 5, 1, 4, 2$를 대입한 예측값

(10) 잔차

실제 y의 값 $y = 2, 4, 1, 2, 1$에서 예측치를 뺀 값

즉, $e_i = y_i - \hat{y}_i = y_i - (-0.1 + 0.7x_i)$

지금까지 회귀분석에서 다룬 내용을 다음 예제를 통해 총정리 하여 보자. 그리고 엑셀로도 떠 한번 확인하여 보기로 한다.

예제 14.11 다음은 어느 은행에서 펀드상품의 계약 체결건수(x)가 펀드상품 판매액(y:천만 원)에 미치는 영향을 알아보기 위하여 10명의 직원을 조사하여 얻은 자료이다.

직원	계약 체결건수(x)	펀드상품 판매액(y)
1	30	73
2	20	50
3	60	128
4	80	170
5	40	87
6	50	108
7	60	135
8	30	69
9	70	148
10	60	132

① 단순회귀모형을 가정하고, 회귀선을 추정하라.

② σ^2의 추정치 MSE와 $\sqrt{MSE}$를 구하라.

③ 결정계수를 구하라.

④ 분산분석표를 작성하여 $H_0 : \beta_1 = 0 \;\; H_1 : \beta_1 \neq 0$을 유의수준 0.05에서 검정하라.

⑤ β_1의 추정량 b_1의 표준오차를 구하라.

⑥ β_1의 95% 신뢰구간을 구하라.

⑦ 유의수준 0.05에서 $H_0 : \beta_1 = 0 \;\; H_1 : \beta_1 \neq 0$을 검정하라. 그리고 그 결과를 ④의 분산분석표를 이용한 경우와 비교하라.

⑧ β_0의 추정량 b_0의 표준오차를 구하라.

⑨ β_0의 95% 신뢰구간을 구하라.

⑩ 유의수준 0.05에서 $H_0 : \beta_0 = 0 \;\; H_1 : \beta_0 \neq 0$을 검정하라.

해설 $\sum x_i = 500,\ \sum x_i^2 = 28400,\quad \bar{x} = 50$

$\sum y_i = 1110,\ \sum y_i^2 = 134660,\quad \bar{y} = 110$

$\sum x_i y_i = 61800,\ \sum (y_i - \bar{y})^2 = 13660$

$$S_{xx} = \sum x_i^2 - n\bar{x}^2 = 28400 - 10(50)^2 = 3400$$

$$S_{yy} = \sum y_i^2 - n\bar{y}^2 = 134660 - 10(110)^2 = 13660$$

$$S_{xy} = \sum x_i y_i - n\bar{x}\,\bar{y} = 61800 - 10(50)(110) = 6800$$

① $b_1 = \dfrac{S_{xy}}{S_{xx}} = \dfrac{6800}{3400} = 2,\quad b_0 = \bar{y} - b_1\bar{x} = 110 - 2(50) = 10$

∴ 적합된 회귀직선은 $\hat{y} = 10 + 2x$

② $SSE = S_{yy} - b_1 S_{xy} = 13660 - 2(6800) = 60$

$MSE = \dfrac{60}{10-2} = 7.5,\ \sqrt{MSE} = \sqrt{7.5} = 2.7836$

③ $R^2 = 1 - \dfrac{SSE}{SST}$

$= 1 - \dfrac{60}{13660} = 0.9956$

④ $SSE = 60,\ SST = 13660,\ SSR = 13660 - 60 = 13600$이므로

<분산분석표>

요인	자유도	제곱합	평균제곱	F_0
회귀	1	13600	13600	$F_0 = 1813.33$
잔차	8	60	7.5	
합	9	13660		

부록의 F분포표로부터 $F_{0.05}(1,8) = 5.32$이므로 귀무가설을 기각한다. 따라서 $\beta_1 \neq 0$이 되고 ①에서 구한 추정된 회귀선 $\hat{y} = 10 + 2x$는 유의함을 알 수 있다.

⑤ $\sum(x_i-\bar{x})^2=3400$, $MSE=7.5$이므로

$$S(b_1)=\sqrt{\frac{MSE}{\sum(x_i-\bar{x})^2}}=0.047$$

⑥ 부록의 t 분포표로부터 $t_{\alpha/2}(n-2)=t_{0.025}(8)=2.306$

β_1의 95% 신뢰구간은

$$b_1 \pm t_{\alpha/2}(n-2)\sqrt{MSE/\sum(x_i-\bar{x})^2}=2\pm 2.306(0.047)$$

$$=(1.8917,\ 2.1083)$$

⑦ 검정통계량

$$t=\frac{b_1}{\sqrt{MSE/\sum(x_i-\bar{x})^2}}=42.58>t_{0.025}(8)=2.306$$이므로

귀무가설을 기각한다.

한편 $t^2=(42.58)^2=1813.06$으로 ④의 분산분석표에 있는 $F_0=MSR/MSE=1813.33$과 같다(두 값의 근소한 차이는 계산 오차에 의한 것이다).

또한 $[t_{0.025}(8)]^2=2.306^2=5.3176$은 $F_{0.05}(1,8)=5.32$과 같다.

따라서 양측검정(H_1 : $\beta_1\neq 0$)의 경우 $t-$분포를 이용한 결과는 분산분석표를 이용한 결과와 동일함을 알 수 있다.

⑧ $$S(b_0)=\sqrt{MSE\left(\frac{1}{n}+\frac{\bar{x}^2}{\sum(x_i-\bar{x})^2}\right)}=2.5029$$

⑨ β_0의 95% 신뢰구간

$$b_0\pm t_{\alpha/2}(n-2)\sqrt{MSE\left(\frac{1}{n}+\frac{\bar{x}^2}{\sum(x_i-\bar{x})^2}\right)}$$

$$=10\pm 2.306(2.5029)=(4.2282,\ 15.7718)$$

검정통계량

$$t=\frac{b_0}{\sqrt{MSE\left(\frac{1}{n}+\frac{\bar{x}^2}{\sum(x_i-\bar{x})^2}\right)}}=4.0$$이므로 H_0 : $\beta_0=0$을 기각한다.

⑩ 검정통계량

$$t = \frac{b_0}{\sqrt{MSE\left(\frac{1}{n} + \frac{\bar{x}^2}{\sum (x_i - \bar{x})^2}\right)}} = 4.0$$

따라서 $H_0 : \beta_0 = 0$ 을 기각한다.

엑셀연습 [예제 14.11]의 엑셀 분석

step 1 자료 입력

	A	B	C
1	직원	계약 체결 건수	펀드상품 판매액
2	1	30	73
3	2	20	50
4	3	60	128
5	4	80	170
6	5	40	87
7	6	50	108
8	7	60	135
9	8	30	69
10	9	70	148
11	10	60	132

step 2 [데이터] ⇨ [데이터 분석] 선택

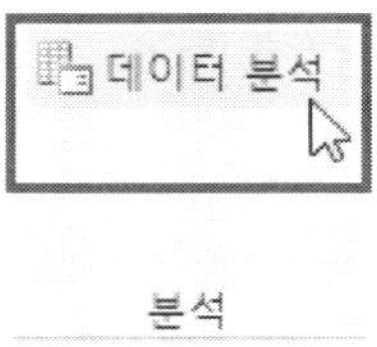

step 3 [통계 데이터 분석] 대화상자

[회귀분석]을 선택한다.

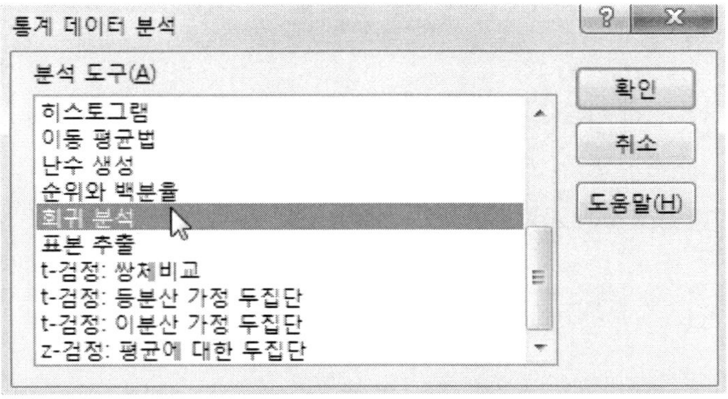

step 4 [회귀분석] 대화상자 입력

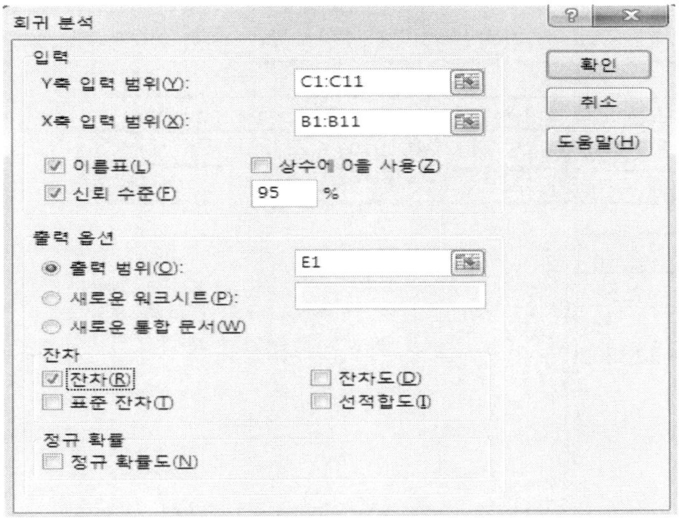

Y축 입력 범위	→ C1:C11 (종속변수)
X축 입력 범위	→ B1:B11 (독립변수)
이름표	→ 선택
신뢰수준	→ 95% 선택
출력범위	→ E1
잔차	→ 선택

[확인] 단추를 누르면 다음과 같은 출력이 나타난다.

요약 출력

회귀분석 통계량	
다중 상관계수	0.997801
결정계수	0.995608 ③
조정된 결정계수	0.995059
표준 오차	2.738613 ②
관측수	10

분산 분석 ④

	자유도	제곱합	제곱 평균	F 비	유의한 F
회귀	1	13600	13600	1813.333	1.02E-10
잔차	8	60	7.5		
계	9	13660			

	계수	표준 오차	t 통계량	P-값	하위 95%	상위 95%
Y 절편	①10	⑧2.50293	⑩3.99530	0.003976	4.228211	15.77179 ⑨
계약 체결건수	2	⑤0.04696	⑦42.5832	1.02E-10	1.891694	2.108306 ⑥

잔차 출력

	⑪	⑫
관측수	펀드상품	잔차
1	70	3
2	50	2.13E-14
3	130	-2
4	170	0
5	90	-3
6	110	-2
7	130	5
8	70	-1
9	150	-2
10	130	2

출력화면에서 각 번호 ①~⑩은 [예제 14.11]에 해당되는 내용이다. ⑪과 ⑫는 주어진 계약 체결건수(x)와 펀드상품 판매액(y)에 대한 예측값과 잔차를 나타낸 것이다.

연 습 문 제

【14.1】 어떤 생산업체에서 제품의 판매액과 광고비 간의 관계를 알아보기 위해 10개의 대리점을 조사하여 다음과 같은 자료를 얻었다. 광고비와 판매액에 대한 표본상관계수를 구하라.

광고비	13	10	9	15	11	14	12	7	8	6
판매액	30	23	23	35	29	31	27	18	19	19

【14.2】 어느 전자제품 판매회사는 100개의 대리점을 가지고 있다. 대리점의 크기(x)에 따른 판매 사원의 수(y)를 예측하기 위하여 10개의 대리점을 임의로 추출하여 다음과 같은 자료를 얻었다.

x	1	1	2	3	4	4	5	6	6	8
y	2	3	4	5	7	8	10	11	12	15

① 단순회귀모형을 가정할 때, 회귀직선을 추정하라.

② 오차항의 분산 σ^2을 추정하라.

③ 결정계수 R^2을 구하라.

④ 분산분석표를 작성하여 $H_0 : \beta_1 = 0 \quad H_1 : \beta_1 \neq 0$를 유의수준 0.05에서 검정하라.

⑤ 모회귀계수 β_0의 95% 신뢰구간을 구하라.

⑥ 모회귀계수 β_1의 95% 신뢰구간을 구하라.

⑦ 절편 β_0에 대하여 다음 가설을 유의수준 5%에서 검정하라.

$H_0 : \beta_0 = 0 \qquad H_1 : \beta_0 \neq 0$

⑧ 기울기 β_1에 대하여 다음 가설을 유의수준 5%에서 검정라.

$H_0 : \beta_1 = 0 \qquad H_1 : \beta_1 \neq 0$

【14.3】 어느 금융공학 교과목 담당교수는 과제 발표 횟수(x)와 그에 따른 상점(y) 간의 관계를 알아보기 위해 5명의 학생을 추출하여 다음 자료를 얻었다.

x	1	2	3	4	5
y	2	5	3	7	8

① 단순회귀모형을 가정하고, 회귀선을 추정하라.

② 오차항의 분산 σ^2을 추정하라.

③ 결정계수를 구하라.

④ 모회귀계수 β_0의 95% 신뢰구간을 구하라.

⑤ 모회귀계수 β_1의 95% 신뢰구간을 구하라.

⑥ β_0에 대하여 다음 가설을 유의수준 5%에서 검정하라.

$H_0: \ \beta_0 = 0 \qquad H_1: \ \beta_0 \neq 0$

⑦ β_1에 대하여 다음 가설을 유의수준 5%에서 검정하라.

$H_0: \ \beta_1 = 0 \qquad H_1: \ \beta_1 > 0$

【14.4】 두 변수 x와 y의 표본 자료에 대하여 다음과 같은 결과를 얻었다.

$$\sum_{i=1}^{n} x_i = 4, \ \sum_{i=1}^{n} x_i^2 = 14, \ \sum_{i=1}^{n} x_i y_i = 12, \ \sum_{i=1}^{n} y_i = 6, \ \sum_{i=1}^{n} y_i^2 = 18, n = 10$$

① 단순회귀모형을 가정하고 회귀선 $y = b_0 + b_1 x$을 구하라.

② 오차항의 분산 σ^2을 추정하라.

③ 결정계수를 구하라.

④ 모회귀계수 β_1의 95% 신뢰구간을 구하라.

⑤ 모회귀계수 β_1에 대하여 다음 가설을 유의수준 5%에서 검정하라.

$H_0: \ \beta_1 = 0 \qquad H_1: \ \beta_1 \neq 0$

【14.5】 x에 대한 y의 추정된 회귀식이 $y=2x+4$이다. 이 때, x의 표준편차가 3, y의 표준편차가 6이라면, x와 y의 상관계수는 얼마인가?

【14.6】 다음 자료를 이용하여 회귀직선 $\hat{y}=b_0+b_1x$의 b_1값을 구하라.

	평균	표준편차	상관계수
x	40	4	0.74
y	30	3	

【14.7】 다음 두 변수들 간에는 어떤(+ 또는 -) 상관관계가 존재하는가?

① 저축은행 예금금리 인하와 정기예금 저축

② 산의 높이와 기압

③ 흡연량과 폐암 발생률

연습문제 풀이

연습문제 풀이

(1.1) 모수~ 상수, 통계량~변수

(1.2) ① 모집단~ 3개 백화점 종업원 3,000명의 월급
② 표본~ 추출한 종업원 100명의 월급
③ 모수~ 3개의 백화점 종업원 3,000명의 월급으로부터 계산한 평균 월급
④ 통계량~ 200만원(추출한 종업원 100명의 평균월급)

(1.3) ① 명목자료 ② 비율자료 ③ 구간자료 ④ 순서자료

(2.1) ① 질적자료 ② 양적자료(이산형) ③ 양적자료(이산형)
④ 양적자료(연속형) ⑤ 양적자료(연속형) ⑥ 양적자료(이산형)
⑦ 질적자료

(2.2)

제조회사	도수	상대도수
삼성	8	0.40
애플	5	0.25
LG	4	0.20
기타	3	0.15
합	20	1.00

2.3

① 범위$= 86 - 50 = 36$

②

계급구간	계급값	도수	상대도수	누적도수	상대누적도수
50～60	55	4	0.20	4	0.20
60～70	65	5	0.25	9	0.45
70～80	75	7	0.35	16	0.80
80～90	85	4	0.20	20	1.00
합		20	1.00		

⑥

```
8 | 2226
7 | 0044888
6 | 22666
5 | 0448
```

2.4

계급	120~130	130~140	140~150	150~160	160~170	170~180	합
도수	5	5	12	12	14	2	50

2.5 상대도수$= \dfrac{26}{60} = 0.43$, 누적도수$= 4 + 12 + 26 = 42$

2.6

```
19 | 0 2 4 5 6 6 7
18 | 0 0 0 0 0 0 0 1 2 2 2 3 3 4 4 5 6 6 6 7 7 7 8 8
17 | 2 2 2 2 3 3 3 4 4 4 4 5 5 5 5 6 6 6 6 6 6 6 7 7 8 8 8 8 9 9 9 9
16 | 0 0 0 0 3 3 3 4 4 5 5 6 6 6 6 7 8 8 8 9
15 | 0 2 2 6 6 7 7 7 8 8 8
14 | 0 1 5
13 | 4 5
```


```
19 | 0 2 4 5 6 6 7
18 | 0 0 0 0 0 0 0 1 2 2 2 3 3 4 4 5 6 6 6 7 7 7 8 8
17 | 2 2 2 2 3 3 3 4 4 4 4 5 5 5 5 6 6 6 6 6 6 6 7 7 8 8 8 8 9 9 9 9
16 | 0 0 0 0 3 3 3 4 4 5 5 6 6 6 6 7 8 8 8 9
15 | 0 2 2 6 6 7 7 7 8 8 8
14 | 0 1 5
13 | 4 5
```


3.1

① $\sum x_i = 42,\ \sum x_i^2 = 304,\ \sum (x_i - \overline{x})^2 = 10,\ \overline{x} = 7$

$s^2 = 10/5 = 2,\ s = \sqrt{2}$

② $\mu = 7,\ \sigma^2 = 10/6,\ \sigma = \sqrt{10/6} = 1.29$

3.2

가중평균 $\overline{x} = 3(82) + 3(90) + \cdots + 2(55)/(3 + 3 + \cdots + 2)$

$= 1233/15 = 82.2$

평점평균 $\overline{x} = 3(3.0) + 3(4.0) + \cdots + 2(0)/(3 + 3 + \cdots + 2)$

$= 46.5/15 = 3.1$

3.3

$G = {}^{3}\sqrt{10(7)(4)} = 6.54\%$

3.4

$$G = \sqrt[6]{1.093(1.0622)(1.0482)(1.0624)(1.0449)(1.0496)} - 1$$
$$= \sqrt[6]{1.0534} - 1 = 0.0534$$

3.5

① $\bar{x} = 50$

② $Me = 50$

③ 50

④ $Q_1 = 25$, $Q_2 = Me = 50$, $Q_3 = 80$

⑤ $IQR = 80 - 25 = 55$

⑥ $s^2 = 836.36$, $s = \sqrt{836.36} = 28.92$

⑦ $V_c = 57.84(\%)$

3.6

① 7번째 값, $Q_3 = 132$

② $x = 128 + (132 - 128)(6.75 - 6) = 131$

3.7

①

초과근무시간	계급값	사원 수	누적 도수
0~10	5	4	4
10~20	15	3	7
20~30	25	10	17
30~40	35	2	19
40~50	45	1	20
합		20	

② $\bar{x} = 21.5$

③ $Me = 20 + \dfrac{\dfrac{20}{2} - 7}{10} \times 10 = 23$

④ $Q_1 = 10 + \dfrac{\dfrac{20}{4} - 4}{3} \times 10 = 13.33$

$Q_3 = 20 + \dfrac{\dfrac{3 \times 20}{4} - 7}{10} \times 10 = 28$

⑤ $Mo = 25$

⑥ $IQR = 28 - 13.33 = 14.67$

⑦ $s^2 = \dfrac{1}{20-1}\left[4 \times (5 - 21.5)^2 + \cdots + 1 \times (45 - 21.5)^2\right] = 118.68$

$s = \sqrt{118.68} = 10.89$

3.8

기술직의 변동계수 : $V_c = \dfrac{300}{4,000} \times 100 = 7.5\,(\%)$

연구직의 변동계수 : $V_c = \dfrac{250}{2,500} \times 100 = 10\,(\%)$

따라서 연구직의 연봉이 기술직보다 평균을 중심으로 더 흩어져 있다(연구직의 연봉이 기술직보다 고르게 분포되어 있지 않다).

3.9

최소값=60, 최대값=96, $Me = 80$, $Q_1 = 72$, $Q_3 = 88$, $IQR = 88 - 72 = 16$

$1.5IQR = 24$, $(Q_1 - 1.5IQR,\ Q_3 + 1.5IQR) = (48, 112)$

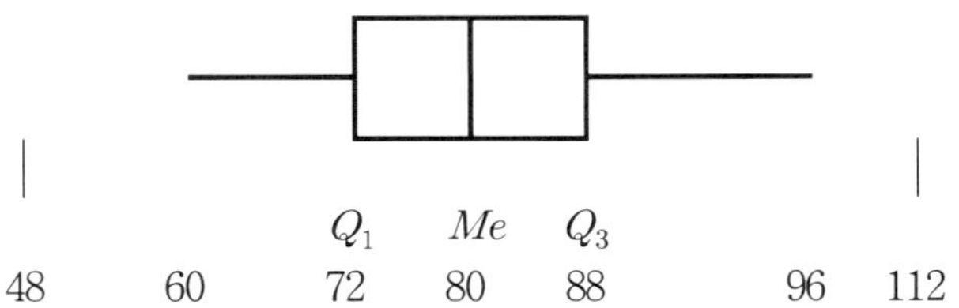

3.10 78점

3.11 52kg

3.12

영어에 대한 z 점수 : $z = 1.0$
컴퓨터 과목에 대한 z 점수 : $z = 0.67$
영어 성적이 더 좋게 나왔다고 할 수 있다.

3.13 기하평균

3.14 산포도

【3.15】 여러 다른 종류의 통계집단이나 동종의 집단일지라도 평균이 크게 다를 때 산포를 비교하기 위한 측도는?

3.15 변동계수

3.16

$$\frac{(31 \times 76) + (29 \times 82)}{60} = 78.9$$

4.1 $S = \{HH, HT, TH, TT\}$, $A = \{HH, HT, TH\}$, $B = \{HH, TT\}$

① $P(A \cup B) = 1$

② $P(A^c) = 1/4$

4.2

① $P(A^c) = P\{\text{TTT}\} = 1/8$

② $P(B \cap D) = P(\varnothing) = 0$

③ $P(A \cup C) = P(S) = 1$

④ $P(B \cup C)^c = 2/8$

[4.3] 두 사건 A, B가 서로 독립이고 $P(B) = 0.5$, $P(A^c \cap B) = 0.2$일 때, $P(A)$의 값은?

4.3 $P(A) = 0.6$

4.4 $P(A \cap B) = 3/10$

4.5 $3/10$

4.6 $1/3$

4.7 H : 코스피지수가 상승할 사상 $\Rightarrow P(H) = 0.6$

A : 다우지수가 연속해서 3일간 상승할 사상 $\Rightarrow P(A) = 0.3$

B : 다우지수가 연속해서 4일 이상 상승할 사상 $\Rightarrow P(B) = 0.2$

C : 다우지수가 연속해서 2일 이하 상승할 사상 $\Rightarrow P(C) = 0.5$

$P(H|A) = 0.8 \quad P(H|B) = 0.95$

구하려는 확률은 $P(H^c | C) = ?$

$$\begin{aligned} P(H) &= P(A \cap H) + P(B \cap H) + P(C \cap H) \\ &= P(A)P(H|A) + P(B)P(H|B) + P(C)P(H|C) \\ &= 0.3(0.8) + 0.2(0.95) + 0.5P(H|C) \equiv 0.6 \end{aligned}$$

$\Rightarrow 0.5P(H|C) = 0.17$

$$\Rightarrow P(H \mid C) = \frac{0.17}{0.5} = 0.34 \quad \therefore \quad P(H^c \mid C) = \frac{0.17}{0.5} = 0.66$$

4.8 베이즈 정리를 이용하면 8/37

4.9

① $6/36 = 1/6$

② $6/36 = 1/6$

4.10

$$\begin{aligned} P(A \cap B^c) &= P(A)P(B^c \mid A) \\ &= P(A)[1 - P(B \mid A)] \\ &= P(A)[1 - P(B)] \\ &= P(A)P(B^c) \end{aligned}$$

$$\begin{aligned} P(A^c \cap B) = P(B \cap A^c) &= P(B)P(A^c \mid B) \\ &= P(B)[1 - P(A \mid B)] \\ &= P(B)[1 - P(A)] \\ &= P(B)P(A^c) \end{aligned}$$

$$\begin{aligned} P(A^c \cap B^c) &= P(A \cup B)^c \\ &= 1 - P(A \cup B) \\ &= 1 - P(A) - P(B) + P(A \cap B) \\ &= 1 - P(A) - P(B) + P(A)P(B) \\ &= [1 - P(A)][1 - P(B)] \\ &= P(A^c)P(B^c) \end{aligned}$$

5.1

① $S = \{0, 1, 2, 3\}$

x	0	1	2	3
$f(x)$	$\frac{1}{8}$	$\frac{3}{8}$	$\frac{3}{8}$	$\frac{1}{8}$

②

$$F(x) = \begin{cases} 0, & x < 0 \\ \frac{1}{8}, & 0 \le x < 1 \\ \frac{4}{8}, & 1 \le x < 2 \\ \frac{7}{8}, & 2 \le x < 3 \\ 1, & 3 \le x \end{cases}$$

(5.2)

① $E(X) = 2.2$

② $E(X^2) = 1{,}054.5$

$Var(X) = 1{,}054.5 - (2.2)^2 = 1{,}049.66$

$\sigma = \sqrt{1{,}049.66} = 32.398$

(5.3)

①

x	100	200	300	400	500	600	합
$f(x)$	$\frac{1}{6}$	$\frac{1}{6}$	$\frac{1}{6}$	$\frac{1}{6}$	$\frac{1}{6}$	$\frac{1}{6}$	1

② $E(X) = 350$, $\sigma^2 = 29{,}167$, $\sigma = \sqrt{29{,}167} = 171$

(5.4)

x	100	50	10	1	0
$f(x)$	0.01	0.04	0.05	0.1	0.8

5.5 $E(X) = 1.94$

5.6

평균 $= 2 \times 24 + 10 = 58$

표준편차 $= 2 \times 3 = 6$

5.7

① $f(x_i, y_j) = \dfrac{\binom{3}{x}\binom{2}{y}\binom{3}{2-x-y}}{\binom{8}{2}}$

단, $(x = 0, 1, 2 \ ; \ y = 0, 1, 2 \ ; \ 0 \le x + y \le 2)$

② $P(X = 0,\ Y = 0) = \dfrac{\binom{3}{0}\binom{2}{0}\binom{3}{2}}{\binom{8}{2}} = \dfrac{3}{28}$

$P(X = 0,\ Y = 1) = \dfrac{\binom{3}{0}\binom{2}{1}\binom{3}{1}}{\binom{8}{2}} = \dfrac{6}{28}$

$P(X = 1,\ Y = 1) = \dfrac{\binom{3}{1}\binom{2}{1}\binom{3}{0}}{\binom{8}{2}} = \dfrac{6}{28}$

$\vdots$

따라서 결합확률분포는

x \ y	0	1	2	합
0	$\frac{3}{28}$	$\frac{6}{28}$	$\frac{1}{28}$	$\frac{10}{28}$
1	$\frac{9}{28}$	$\frac{6}{28}$	0	$\frac{15}{28}$
2	$\frac{3}{28}$	0	0	$\frac{3}{28}$
합	$\frac{15}{28}$	$\frac{12}{28}$	$\frac{1}{28}$	1

③ 9/14

④

x	0	1	2	합
$h(x)$	$\frac{10}{28}$	$\frac{15}{28}$	$\frac{3}{28}$	1

⑤

y	0	1	2	합
$g(y)$	$\frac{15}{28}$	$\frac{12}{28}$	$\frac{1}{28}$	1

(5.8)

①

x \ y	25	50	75	합
50	1/10	2/10	0	3/10
75	1/10	2/10	1/10	4/10
100	0	2/10	1/10	3/10
합	2/10	6/10	2/10	1.0

②

$$\rho = \frac{125}{\sqrt{375}\,\sqrt{250}} = 0.4082$$

5.9 17

5.10

$$\begin{aligned} Cov(X, Y) &= E[(X-\mu_X)(Y-\mu_Y)] \\ &= E[XY - X\mu_Y - \mu_X Y + \mu_X\mu_Y] \\ &= E(XY) - \mu_Y E(X) - \mu_X E(Y) + \mu_X\mu_Y \\ &= E(XY) - \mu_Y\mu_X - \mu_X\mu_Y + \mu_X\mu_Y \\ &= E(XY) - \mu_X\mu_Y \end{aligned}$$

5.11

①

$$f(x) = \frac{1}{30}, \quad 0 \le x \le 30$$

②

$P(10 < X < 15) + P(25 < X < 30)$

$$= \int_{10}^{15} \frac{1}{30}dx + \int_{25}^{30} \frac{1}{30}dx = \frac{1}{3}$$

③

$P(0 < X < 5) + P(15 < X < 20)$

$$= \int_{0}^{5} \frac{1}{30}dx + \int_{15}^{20} \frac{1}{30}dx = \frac{1}{3}$$

6.1

$$\begin{aligned} P(X \ge 16) &= \sum_{x=16}^{20} \binom{20}{x}\left(\frac{1}{5}\right)^x \left(\frac{4}{5}\right)^{20-x} \\ &= 1 - P(X \le 15) \\ &\approx 1 - 1 = 0 \end{aligned}$$

6.2 $P(X=0)+P(X=1) = 0.1353 + 0.2707 = 0.4060$

6.3

① $f(x) = \binom{10}{x}(0.9)^x(0.1)^{10-x}$, $x = 0, 1, \cdots, 10$

② $P(X=10) = \binom{10}{10}(0.9)^{10}(0.1)^0 = 0.349$

③ $P(X=7) = \binom{10}{7}(0.9)^7(0.1)^3 = 0.057$

④ $E(X) = 10 \times 0.9 = 9$

⑤ $Var(X) = 10 \times 0.9 \times 0.1 = 0.9$

6.4

① $P(X=2) = \binom{10}{2}(0.1)^2(0.9)^8 = 0.1937$

②

$$P(X \geq 3) = \sum_{x=3}^{10}\binom{10}{x}(0.1)^x(0.9)^{10-x}$$

$$= 1 - \sum_{x=0}^{2}\binom{10}{x}(0.1)^x(0.9)^{10-x}$$

$$= 1 - 0.93 = 0.07$$

③ $E(X) = 10 \times 0.1 = 1$

$Var(X) = 10 \times 0.1 \times 0.9 = 0.9$

6.5 $P(X \leq 2) = 0.3487 + 0.3874 + 0.1937 = 0.9298$

6.6

$P(X=5) = \binom{6}{5}(0.8)^5(0.2)^1 = 0.39$

6.7

$$f(x)=\frac{\binom{M}{x}\binom{N-M}{n-x}}{\binom{N}{n}},\qquad x=0,1,2,\cdots \min(M,n)$$

6.8

$$f(x)=\frac{\binom{2}{x}\binom{6}{2-x}}{\binom{8}{2}},\quad x=0,1,2$$

6.9

$$f(x)=\binom{x-1}{r-1}p^r q^{x-r},\quad x=r,\ r+1,\ \cdots$$

6.10

$$f(7)=\binom{6}{3}(0.52)^4(1-0.52)^3=0.1617$$

6.11

$$f(3)=\binom{10-1}{3-1}(0.1)^3(0.9)^{10-3}=0.0172$$

6.12

$$f(x)=p(1-p)^{x-1},\ x=1,2,3\cdots$$

6.13

$$f(5)=(0.6)(1-0.6)^4=0.01536$$

6.14

$f(3) = 0.1(0.9)^2 = 0.081$

7.1 ① 0.7803 ② 0.9834 ③ 0.0456

7.2 ① 0.7745 ② 0.9938 ③ 0.2266

7.3 $x = 2.95 + 1.282 \times 0.5 = 3.591$

7.4

$$P(X \geq 75) = P\left(\frac{X-80}{6.928} \geq \frac{74.5-80}{6.928}\right)$$
$$= P(Z \geq -0.79) = 1 - P(Z < -0.79)$$
$$= 1 - 0.2148 = 0.7852$$

7.5

① $P(A) = 0.3085,\ P(B) = 0.3830,\ P(C) = 0.1498,\ P(D) = 0.1587$

② 38.55점 이상

7.6

① $P(X \geq 250) = 0.5$

② $P(220 \leq X \leq 290) = 0.9104$

③ $P(X \leq 200) + P(X \geq 300) = 0.0124$

7.7 $P(X \geq 600) = 0.1587$

7.8 $P(X \geq 60 = 0.1335$

7.9

① $P(X \geq 55) = 0.0668$

② $P(X \geq 50) = 0.1587$

7.10 $P(450 \leq X \leq 500 = 0.1359$

7.11

$X \sim b(720, 1/6)$ 이므로 근사적으로 $N(120, 10^2)$ 을 따른다.

7.12 X는 근사적으로 $N(32, 4^2)$ 인 정규분포를 하므로

$P(24 \leq X \leq 32) \approx P(23.5 \leq X \leq 32.5) = 0.5351$

7.13 X는 근사적으로 $N(300, 15^2)$ 인 정규분포를 따르므로

$P(285 \leq X \leq 315) \approx P(284.5 \leq X \leq 315.5) = 0.697$

8.1 $P(\overline{X} \geq 390) = 0.0228$

8.2 $P(\overline{x} < 780) = 0.0228$

8.3 $P(10 \leq \overline{x} \leq 12) = 0.7059$

8.4 $P(\overline{x} \geq 469 = 0.0401$

8.5 $P(168 \leq \overline{x} \leq 172) = 0.9544$

8.6 ① $\chi^2_{0.05}(10) = 18.31$ ② $\chi^2_{0.025}(10) = 20.48$

8.7 ① $t_{0.05}(10) = 1.812$ ② $t_{0.025}(10) = 2.228$

8.8

① $F_{0.05}(8, 10) = 3.07$

② $F_{0.9}(6, 7) = \dfrac{1}{F_{0.1}(7, 6)} = \dfrac{1}{3.01} = 0.332$

8.9

자유도가 $4(=5-1)$와 $3(=4-1)$인 F-분포를 따른다.

8.10

모분산이 같으면 $F = \dfrac{s_1^2}{s_2^2} \sim F(9-1, 16-1)$이므로

$$P\left(\frac{s_1^2}{s_2^2} > 4\right) = P(F > 4) = 0.01$$

9.1

① $\hat{\mu} = \overline{x} = 2.1$

② $\widehat{\sigma^2} = s^2 = 5.33$

③ $s = \sqrt{5.33} = 2.309$

④ $\dfrac{s}{\sqrt{n}} = \dfrac{2.309}{\sqrt{10}} = 0.730$

9.2

$$69.2 - 1.96\frac{15}{\sqrt{25}} < \mu < 69.2 + 1.96\frac{15}{\sqrt{25}}$$

$\Rightarrow 63.32 < \mu < 75.08$ (점)

9.3

$$58.29 - 1.96 \cdot \frac{4.26}{\sqrt{40}} \le \mu \le 58.29 + 1.96 \cdot \frac{4.26}{\sqrt{40}}$$

$\Rightarrow 56.97 \le \mu \le 59.61$(시간)

9.4

$\bar{x} = 2.159$

$$2.159 - 1.96\frac{0.25}{\sqrt{15}} < \mu < 2.159 + 1.96\frac{0.25}{\sqrt{15}}$$

$\Rightarrow 2.032 < \mu < 2.286$

9.5

$t_{0.025}(8) = 2.306$ 따라서

$$21.17 - 2.306\frac{0.29}{\sqrt{9}} \le \mu \le 21.17 + 2.306\frac{0.29}{\sqrt{9}}$$

$\Rightarrow 20.95 \le \mu \le 21.39$

9.6

$n = 8,\ s^2 = 20.50,\ \alpha = 0.10$

$\chi^2_{0.95}(7) = 2.167,\ \chi^2_{0.05}(7) = 14.07$

$$\frac{(n-1)s^2}{\chi^2_{1-\alpha/2}(n-1)} = \frac{(8-1)20.5}{2.167} = 66.13$$

$$\frac{(n-1)s^2}{\chi^2_{\alpha/2}(n-1)} = \frac{(8-1)20.5}{14.07} = 10.2$$

따라서 모분산의 90% 신뢰구간은 $10.2 \le \sigma^2 \le 66.13$

9.7

$$8.5 - 2.576\frac{0.7}{\sqrt{200}} < \mu < 8.5 + 2.576\frac{0.7}{\sqrt{200}}$$

$$\Rightarrow 8.373 < \mu < 8.627$$

9.8

$\bar{x} = 46$, $s^2 = 2$, $t_{(7-1, 0.025)} = 2.447$

$$46 - 2.447\frac{\sqrt{2}}{\sqrt{7}} < \mu < 46 + 2.447\frac{\sqrt{2}}{\sqrt{7}}$$

$$\Rightarrow 44.692 < \mu < 47.308$$

9.9

$$0.9 - 1.645\sqrt{\frac{0.9 \times 0.1}{200}} < p < 0.9 + 1.645\sqrt{\frac{0.9 \times 0.1}{200}}$$

$$\Rightarrow 0.865 < p < 0.935$$

9.10

$$n \geq \left(1.96 \times \frac{10}{3}\right)^2 = 42.68 \quad \therefore n = 43$$

9.11

$$n \geq \frac{1}{4}\left(\frac{z_{0.025}}{d}\right)^2 = \frac{1}{4}\left(\frac{1.96}{0.05}\right)^2 = 384.16 \quad \therefore n = 385$$

9.12

$$\hat{p} = \frac{30}{50} = 0.6$$

$$n \geq (0.6)(0.4)\left(\frac{1.645}{0.05}\right)^2 = 259.77$$

필요한 표본의 크기는 $n = 260$ 이므로, 추가로 210명의 학생을 더 추출하여야 한다.

9.13

$$\frac{(n-1)S^2}{\sigma^2} \sim \chi^2(n-1)\ , n=9\ , \ s^2 = 9.0,\ \alpha = 0.05$$

$\chi^2_{0.025}(8) = 17.5346,\ \chi^2_{0.975}(8) = 2.17973$

$\therefore\ (4.1062\ ,\ 33.0316)$

10.1

① $H_0\ :\ \mu = 200 \qquad H_1\ :\ \mu \neq 200$

② 검정통계량 : $|Z_0| = \left| \dfrac{195-200}{3/\sqrt{49}} \right| = 11.655$

③ $z_{0.025} = 1.96$

④ $|Z_0| = 11.655 > z_{0.025} = 1.96$ 이므로 H_0 을 기각한다. 따라서 이 상품의 표지에 적혀 있는 내용물의 무게가 정확히 200g이라고 할 수 없다.

10.2

① $H_0\ :\ \mu = 100{,}000 \qquad H_1\ :\ \mu < 100{,}000$

② 검정통계량 : $Z_0 = \dfrac{103{,}000 - 100{,}000}{2{,}000/\sqrt{100}} = 15$

③ $\alpha = 0.05$ 이므로 $-z_{0.05} = -1.645$

④ $Z_0 = 15 > -z_{0.05} = -1.645$ 이므로 H_0 을 기각하지 못한다.

따라서, 컴퓨터 부품의 소비자 가격이 100,000원 미만이라는 회사의 주장을 믿을 수 없다.

10.3

① $H_0\ :\ \mu = 21.50$

$H_1\ :\ \mu < 21.50$

② $\overline{x} = 21.17$, $s = 0.29$

검정통계량 : $t_0 = \dfrac{21.17 - 21.5}{0.29/\sqrt{9}} = -3.41$

③ $-t_{0.05}(8) = -1.86$

④ $t_0 = -3.41 < -t_{0.05}(8) = -1.86$ 이므로 H_0 을 기각한다. 따라서 신기술에 의해서 통조림에 함유되어 있는 부패방지용의 용량이 감소했다는 이 회사의 발표는 유의수준 5%에서 신뢰성이 있다고 볼 수 있다.

10.4

$H_0 : \sigma^2 = 5 \qquad H_1 : \sigma^2 > 5$

기각역은 $\chi_0^2 \geq \chi_{0.05}(24) = 36.42$

$$\chi_0^2 = \frac{(n-1)s^2}{\sigma_0^2} = \frac{24(7)}{5} = 33.6 < \chi_{0.05}^2(24) = 36.42$$

이므로, 귀무가설 H_0를 기각할 수 없다. 즉 '장력강도의 분산은 5이내이다'라고 할 수 있다.

10.5

① $H_0 \ : \ \mu = 80 \qquad H_1 \ : \ \mu > 80$

② 검정통계량 : $Z_0 = \dfrac{81.25 - 80}{2/\sqrt{16}} = 2.5$

③ $z_{0.05} = 1.645$

④ $Z_0 = 2.5 > z_{0.05} = 1.645$ 이므로 H_0 를 기각한다.

따라서, 모평균이 80보다 크다고 할 수 있다.

10.6

① $H_0 \ : \ \mu = 1{,}600 \qquad H_1 \ : \ \mu \neq 1{,}600$

② 검정통계량 :

$$|Z_0| = \left| \frac{\overline{x}-\mu_0}{s/\sqrt{n}} rightvert = \right| \frac{1,570-1,600}{120/\sqrt{100}} \left| = 2.50\right.$$

③ $z_{0.025} = 1.96$ 이며 $|Z_0| > z_{0.025}$ 이므로 유의수준 5%에서 귀무가설은 기각된다. 그리고, $z_{0.005} = 2.576$ 이며 $|Z_0| < z_{0.005}$ 이므로 유의수준 1%에서 귀무가설은 채택된다.

④ 유의수준 5%에서는 이 회사제품의 평균수명에 변화가 있다고 판단되며 유의수준 1%에서는 평균수명에 변화가 없다고 판단된다.

10.7

① $H_0 \ : \ p = 0.06 \qquad H_1 \ : \ p > 0.06$

② $\hat{p} = 9/100 = 0.09$

검정통계량 : $Z_0 = \dfrac{0.09-0.06}{\sqrt{\dfrac{0.06\times 0.94}{100}}} = 1.263$

③ $z_{0.05} = 1.645$

④ $Z_0 = 1.263 < z_{0.05} = 1.645$ 이므로 H_0 를 기각하지 못한다.

따라서, 눈으로 인해 지각율이 평소의 지각율보다 높아졌다고 할 수 없다.

10.8

① $H_0 \ : \ p = 0.05 \qquad H_1 \ : \ p < 0.05$

② $\hat{p} = \dfrac{3}{100} = 0.03$

검정통계량 : $Z_0 = \dfrac{0.03-0.05}{\sqrt{\dfrac{0.05\times 0.95}{100}}} = -0.918$

③ $-z_\alpha = -z_{0.05} = -1.645$ 이다.

④ $Z_0 = -0.918 > -z_{0.05} = -1.645$ 이므로 H_0 를 기각하지 못한다. 따라서, 새로운 공정에 의해 불량률이 개선되었다고 할 수 없다.

10.9

① $H_0 \ : \ p = 0.8 \qquad H_1 \ : \ p > 0.8$

② $\hat{p} = \dfrac{85}{100} = 0.85$

검정통계량 : $Z_0 = \dfrac{0.85 - 0.8}{\sqrt{\dfrac{0.8 \times 0.2}{100}}} = 1.25$

③ $z_{0.05} = 1.645$

④ $Z_0 = 1.25 < z_{0.05} = 1.645$ 이므로 H_0 를 기각하지 못한다. 따라서, 올해 입학한 학생들의 전공에 대한 만족도가 지난해보다 높다고 할 수 없다.

11.1

$$(600 - 550) \pm 1.96 \sqrt{\frac{10^2}{30} + \frac{15^2}{40}}$$

$\Rightarrow 44.134 < \mu_1 - \mu_2 < 55.866$

11.2

$$s_p^2 = \frac{(5-1) \times 3.8 + (5-1) \times 2.5}{5+5-2} = 3.15$$

$s_p = 1.775, \ t_{0.025}(8) = 2.306$

$$(12 - 10) \pm (2.036)(1.775) \sqrt{\frac{1}{5} + \frac{1}{5}}$$

$\Rightarrow 7.411 < \mu_1 - \mu_2 < 12.589$

11.3

$$2.0 - 1.96 \frac{0.3}{\sqrt{50}} < \mu_1 - \mu_2 < 2.0 + 1.96 \frac{0.3}{\sqrt{50}}$$

$\Rightarrow 1.917 < \mu_1 - \mu_2 < 2.083$

11.4

$$(0.18-0.10)\pm 1.96\sqrt{\frac{0.18(0.82)}{50}+\frac{0.1(0.9)}{50}}$$

$\Rightarrow 0.08\pm 0.135=(-0.055,\ 0.215)$

11.5

① $H_0\ :\ \mu_1=\mu_2\quad H_1\ :\ \mu_1\neq\mu_2$

② $|z_0|=\left|\dfrac{8.0-7.9}{\sqrt{\dfrac{(4.2)^2}{40}+\dfrac{(3.0)^2}{50}}}\right|=0.127$

③ $z_{0.025}=1.96$

④ $|z_0|=0.127<z_{0.025}=1.96$ 이므로 H_0 을 기각할 수 없다.

따라서, 두 기업 직원들의 연간 평균결석일 수는 차이가 있다고 할 수 없다.

11.6

① $H_0\ :\ \mu_1=\mu_2\quad H_1\ :\ \mu_1<\mu_2$

② 검정통계량 :

$$Z_0=\frac{3.5}{9/\sqrt{100}}=3.89$$

③ $-z_{0.05}=-1.645$

④ $Z_0=3.89>-z_{0.05}=-1.645$ 이므로 H_0 을 기각하지 못한다. 따라서 **A** 회사의 휘발유 첨가제가 자동차의 주행거리를 증가시킨다고 할 수 없다.

11.7

① $H_0\ :\ \mu_1=\mu_2\quad H_1\ :\ \mu_1>\mu_2$

② $\bar{d}=1.6,\ s_d^2=14.93$

검정통계량 $t_0=\dfrac{1.6}{3.86/\sqrt{10}}=1.31$

③ $t_{0.05}(9) = 1.833$

④ $t_0 = 1.31 < t_{0.05}(9) = 1.833$ 이므로 H_0 을 기각하지 못한다.

따라서 다이어트 식품이 체중을 감소시킨다고 할 수 없다.

11.8

① $H_0 \ : \ p_1 = p_2 \quad H_1 \ : \ p_1 \neq p_2$

② $\widehat{p_1} = \frac{200}{300} = 0.667$, $\widehat{p_2} = \frac{150}{250} = 0.6$, $\hat{p} = \frac{200+150}{300+250} = 0.636$

검정통계량 :

$$|Z_0| = \left| \frac{0.667 - 0.6}{\sqrt{0.636\,(1-0.636)\left(\frac{1}{300} + \frac{1}{250}\right)}} \right| = 1.626$$

③ $z_{\alpha/2} = z_{0.025} = 1.96$

④ $|z_0| = 1.626 < z_{0.025} = 1.96$ 이므로 H_0 을 기각하지 못한다.

따라서, 현 총학생회의 복지사업에 대하여 남녀간에 지지율에 차이가 있다고 볼 수 없다.

11.9

① $H_0 : \sigma_1^2 = \sigma_2^2$, $H_1 : \sigma_1^2 > \sigma_2^2$

② $F \geq F_\alpha(n_1 - 1, n_2 - 1) = F_{0.05}(8, 6) = 4.15$

③ $F = \frac{s_1^2}{s_2^2} = \frac{19.8}{9.0} = 2.2$

④ $F = 2.2 < 4.15$ 이므로 유의수준 5%에서 귀무가설 채택.

따라서 재수생의 성적 편차가 재학생의 성적편차보다 크다고 할 수 없다.

11.10

$$\frac{1}{F_{\alpha/2}(n_1 - 1, n_2 - 1)} \frac{s_1^2}{s_2^2} = \frac{1}{F_{0.05}(7, 9)} \cdot \frac{82.3}{68.7} = 0.364$$

$$F_{\alpha/2}(n_2-1,\ n_1-1)\frac{{s_1}^2}{{s_2}^2} = F_{0.05}(9,7)\cdot(1.198) = 4.41$$

$$\therefore 0.364 \le \frac{{\sigma_2}^2}{{\sigma_1}^2} \le 4.41$$

11.11

① $H_0:\ p_1 = p_2 \qquad H_1:\ p_1 \neq p_2$

② $\hat{p_1} = \frac{150}{1,000} = 0.15,\ \hat{p_2} = \frac{400}{2,000} = 0.2,\ \hat{p} = \frac{150+400}{1,000+2,000} = 0.183$

검정통계량 :

$$|Z_0| = \left| \frac{0.15-0.2}{\sqrt{0.183(1-0.183)\left(\frac{1}{1,000}+\frac{1}{2,000}\right)}} \right| = 3.339$$

③ $z_{\alpha/2} = z_{0.05} = 1.645$ 이다.

④ $|Z_0| = 3.339 > z_{0.05} = 1.645$ 이므로 H_0를 기각한다.

따라서, 생명보험 상품 A와 B에 대하여 고객들의 가입률에 서로 차이가 있음을 알 수 있다.

12.1

① $H_0:\ \mu_1 = \mu_2 = \mu_3 = \mu_4$

$H_1:\ \mu_i(i=1,\ 2,\ 3,\ 4)$들이 모두 같지는 않다.

$n_1 = 6,\ n_2 = 5,\ n_3 = 4,\ n_4 = 5$

평균 : $\overline{y}_{1.} = 240,\ \overline{y}_{2.} = 220,\ \overline{y}_{3.} = 213.75,\ \overline{y}_{4.} = 260$

전체평균 : $\overline{y}_{..} = 234.75$

주어진 자료로부터 다음과 같이 제곱합을 구하고 분산분석표를 작성한다.

$$SST = \sum_{i=1}^{4}\sum_{j=1}^{n_i}(y_{ij} - \overline{y})^2$$

$$= (225 - 234.75)^2 + \cdots + (250 - 234.75)^2$$

$$= 11,323.75$$

$$SSt = \sum_{i=1}^{4} n_i (\overline{y_i} - \overline{y})^2$$

$$= 6(240 - 234.75)^2 + 5(220 - 234.75)^2$$

$$+ 4(213.75 - 234.75)^2 + 5(260 - 234.75)^2$$

$$= 6,205$$

$$SSE = SST - SSt = 11,323.75 - 6,205 = 5,118.75$$

<분산분석표>

요인	제곱합	자유도	평균제곱	F_0
처리	6,205	3	2,068.33	6.47
오차	5,118.75	16	319.92	
합	11,323.75	19		

② 유의수준 $\alpha = 0.05$

③ 검정통계량 $F_0 = 6.47$

④ 기각역 $F_0 \geq F_{0.05}(3,16) = 3.24$

⑤ $F_0 = 6.47 > 3.24$ 이므로 귀무가설 H_0를 기각한다. 따라서 사료 종류별로 혈당량의 차이가 있다고 말할 수 있다.

(12.2)

① H_0 : $\mu_1 = \mu_2 = \mu_3$.

H_1 : 평균들 중 적어도 두 개는 같지 않다.

② $\alpha = 0.05$.

③ 기각역 : $F > 3.89$.

④ 검정통계량 계산 :

$$SST = 4^2 + 7^2 + \ldots + 5^2 - \frac{80^2}{15} = 65.333,$$

$$SSA = \frac{23^2}{4} + \frac{21^2}{6} + \frac{36^2}{5} - \frac{80^2}{15} = 38.283,$$

$$SSE = 65.333 - 38.283 = 27.050.$$

<분산분석표>

변동요인	제곱합	자유도	평균제곱	계산된 F
열평균	38.283	2	19.142	8.49
오차	27.050	12	2.254	
합계	65.333	14		

H_0를 기각하고, 세 모델에 대한 평균 결점수는 같지 않다고 결론을 내릴 수 있다.

12.3

① H_0 : $\mu_1 = \mu_2 = \mu_3$

H_1 : μ_1, μ_2, μ_3는 서로 같지 않다.

② 유의수준 $\alpha = 0.05$

③ 자유도가 (2, 15)인 F-분포 임계치는 $F_{0.05} = 3.68$

④ 표에서 총평균 $\overline{\overline{x}} = 31$이고, $k = 3$, $n = 6$이며 그룹평균은 $\overline{x_1} = 29$, $\overline{x_2} = 33$, $\overline{x_3} = 31$이므로 SSA의 값과 SSE의 값을 구하면 아래와 같다.

$$SSA = \sum_j n_j (\overline{x_j} - \overline{\overline{x}})^2 = 6(29-31)^2 + 6(33-31)^2 + 6(31-31)^2$$

$$= 24 + 24 + 0 = 48$$

$$SSE = \sum_j \sum_i (\overline{x_{ij}} - \overline{x_j})^2 = (23-29)^2 + (35-29)^2 + \cdots + (23-29)^2$$

$$+ (36-33)^2 + (28-33)^2 + \cdots + (27-33)^2$$

$$+ (32-31)^2 + (30-31)^2 + \cdots + (34-31)^2 = 328$$

$$F=\frac{SSA/(k-1)}{SSE/k(n-1)}=\frac{48/2}{328/15}=\frac{24.0}{21.87}=1.10$$

따라서 검정통계량 $F=1.10$이고 임계치 $F_{0.05}=3.68$이므로 검정통계량 값이 임계치보다 작게 나타나기 때문에 귀무가설 H_0를 채택한다. 따라서 유의수준 5%에서 담배종류에 따라 흡연자의 선호도에 차이가 없다는 귀무가설 H_0을 기각할 만한 타당한 근거가 없다.

12.4

<분산분석표>

요인	제곱합	자유도	평균제곱	F_0
인자A(질병)	14	2	7	7
인자B(진통제)	51	3	17	17
오차	6	6	1	
총계	71	11		

인자 A(질병) 7>5.14 이므로 귀무가설 H_0 : $\alpha_A=\alpha_B=\alpha_C=0$ 기각

따라서 질병에 따른 약효의 지속시간에는 차이가 있다.

인자B(진통제) 17>4.75 이므로 귀무가설 H_0 : $\beta_1=\beta_2=\beta_3=\beta_4=0$ 기각

따라서 진통제에 따른 약효의 지속시간에도 차이가 있다.

12.5

<분산분석표>

요인	제곱합	자유도	평균제곱	F_0
인자 A	1,420.66	2	710.33	68.74
인자 B	40.33	1	40.33	3.90
교호작용 AB	0.67	2	0.33	0.03
오차	62.00	6	10.33	
총계	1,523.66	11		

(1) 교호작용효과에 대한 검정

① H_0 : 모든 $(\alpha\beta)_{ij} = 0\,(i = 1, 2, 3,\ j = 1, 2)$이다.

H_1 : H_0가 아니다.

② 유의수준 $\alpha = 0.05$

③ 검정통계량 $F_0 = \dfrac{0.33}{10.33} = 0.03$

④ 기각역 $F_0 \geq F_{(2, 6, 0.05)} = 5.14$

⑤ $F_0 = 0.03 < F_{(2, 6, 0.05)} = 5.14$ 이므로 귀무가설 H_0 를 기각하지 못한다. 따라서, 진열대에 놓이는 위치와 공간넓이의 교호작용에 대한 효과는 존재하지 않는다고 할 수 있다.

(2) 인자 A의 효과 검정

① H_0 : $\alpha_1 = \alpha_2 = \alpha_3 = 0$

H_1 : 모든 $\alpha_i\,(i = 1, 2, 3)$는 0이 아니다.

② 유의수준 $\alpha = 0.05$

③ 검정통계량 $F_0 = \dfrac{710.33}{10.33} = 68.74$

④ 기각역 $F_0 \geq F_{(2, 6, 0.05)} = 5.14$

⑤ $F_0 = 68.74 > F_{(2, 6, 0.05)} = 5.14$ 이므로 귀무가설 H_0 를 기각한다. 따라서, 빵의 판매량은 진열대에 놓이는 위치에 따라 차이가 난다고 할 수 있다.

(3) 인자 B의 효과 검정

① H_0 : $\beta_1 = \beta_2 = 0$

H_1 : 모든 $\beta_j\,(j = 1, 2)$는 0이 아니다.

② 유의수준 $\alpha = 0.05$

③ 검정통계량 $F_0 = \dfrac{40.33}{10.33} = 3.90$

④ 기각역 $F_0 \geq F_{(2, 6, 0.05)} = 5.99$

⑤ $F_0 = 3.90 < F_{(2, 6, 0.05)} = 5.99$이므로 귀무가설 H_0 를 기각하지 못한다. 따라서, 빵의 판매량은 진열대 공간의 넓이에 따라 차이가 난다고 할 수 없다.

13.1

$H_0 : p_A = 0.4,\ p_B = 0.2,\ p_o = 0.3,\ p_{AB} = 0.1$

H_1 : H_0가 사실이 아니다

검정통계량 $\chi^2 = 8.2333 > \chi^2_{0.05}(3) = 7.815$이므로 귀무가설 기각.

13.2

$H_0 : p_1 = p_2 = p_3 = p_4 = 0.25$

H_1 : H_0가 사실이 아니다

검정통계량이 $\chi^2 = 0.52 < \chi^2_{0.05}(3) = 7.815$이므로 귀무가설 기각할 수 없다. 직원들의 교통수단의 비율이 모두 같다고 말할 수 있다.

13.3

H_0 : 성별과 선호하는 스포츠 간에는 아무런 관계가 없다

(즉, 성별과 선호하는 스포츠는 독립이다)

검정통계량 $\chi^2 = 18.1279 > \chi^2_{0.05}(3) = 7.815$ 이므로 귀무가설을 기각한다. 즉, 성별과 선호하는 스포츠 간에는 관계가 있다.

13.4

H_0 : $p_{ij} = p_i .\ p ._j\ (i = 1,2,\ j = 1,2,3)$

H_1 : H_0 가 아니다.

귀무가설 H_0 가 참일 때의 기대도수 :

$$e_{11} = \frac{80 \times 30}{200} = 12,\quad e_{12} = \frac{80 \times 90}{200} = 36,$$

$$e_{13} = \frac{80 \times 80}{200} = 32,\quad e_{21} = \frac{120 \times 30}{200} = 18,$$

$$e_{22} = \frac{120 \times 90}{200} = 54,\ e_{23} = \frac{120 \times 80}{200} = 48$$

검정통계량 :

$$\chi^2 = \frac{(10-12)^2}{12} + \frac{(50-36)^2}{36} + \cdots + \frac{(60-48)^2}{48} = 17.12$$

$\alpha = 0.05$ 이므로 $\chi^2((2-1)(3-1), 0.05) = \chi^2_{(2, 0.05)} = 5.99$

$\chi^2 = 17.12 > \chi^2_{(2, 0.05)} = 5.99$ 이므로 H_0 를 기각한다.

따라서, 신상품에 대한 선호도와 성별은 서로 독립이라고 할 수 없다.

13.5

$H_o : p_1 = p_2, \; H_1 : p_1 \neq p_2$

검정통계량 값은$\chi^2 = 0.8170 < \chi^2_{0.05}(1) = 3.841$ 이므로 귀무가설을 기각할 수 없다. 즉, 두 직종 간에 흡연율의 차이는 없다고 결론지을 수 있다.

13.6

$H_0 : p_{ij} = p_{i}.\, p_{.j} \; (i,j = 1,2,3)$ $\qquad H_1 : H_0$ 가 아니다.

귀무가설 H_0 가 참일 때의 기대도수 :

$$e_{11} = \frac{60 \times 60}{200} = 18, \; e_{12} = \frac{60 \times 70}{200} = 21,$$

$$e_{13} = \frac{60 \times 70}{200} = 21, \; e_{21} = \frac{100 \times 60}{200} = 30,$$

$$e_{22} = \frac{100 \times 70}{200} = 35, \; e_{23} = \frac{100 \times 70}{200} = 35,$$

$$e_{31} = \frac{40 \times 60}{200} = 12, \quad e_{32} = \frac{40 \times 70}{200} = 14,$$

$$e_{33} = \frac{40 \times 70}{200} = 14$$

검정통계량 :

$$\chi^2 = \frac{(30-18)^2}{18} + \frac{(20-21)^2}{21} + \cdots + \frac{(20-14)^2}{14} = 22.619$$

$\alpha = 0.05$ 이므로 $\chi^2((3-1)(3-1), 0.05)^2 = \chi^2_{(4, 0.05)} = 9.49$

$\chi^2 = 22.619 > \chi^2_{(4, 0.05)} = 9.49$ 이므로 H_0 를 기각한다.

따라서, 경제 사정과 쇼핑장소의 선택이 서로 독립이 아니므로 경제 사정에 따라

쇼핑장소의 선택이 다름을 알 수 있다.

13.7

H_0 : $p_{11} = p_{21} = p_{31} = p_{41} = p_{51}$

$p_{12} = p_{22} = p_{32} = p_{42} = p_{52}$

H_1 : H_0 가 아니다.

귀무가설 H_0 가 참일 때의 기대도수 :

$$e_{11} = e_{21} = e_{31} = e_{41} = e_{51} = \frac{200 \times 970}{1,000} = 194,$$

$$e_{12} = e_{22} = e_{32} = e_{42} = e_{52} = \frac{200 \times 30}{1,000} = 6$$

검정통계량 :

$$\chi^2 = \frac{(190-194)^2}{194} + \frac{(10-6)^2}{6} + \cdots + \frac{(6-6)^2}{6} = 7.905$$

$\alpha = 0.05$ 이므로 $\chi^2((5-1)(2-1), 0.05)^2 = \chi^2_{(4, 0.05)} = 9.487$

$\chi^2 = 7.905 < \chi^2_{(4, 0.05)} = 9.487$ 이므로 H_0 를 기각하지 못한다.

따라서, 공장에 따라 제품의 불량률이 다르다고 볼 수 없다.

14.1

광고비를 x로 하고 판매액을 y로 하면

$\sum x_i = 105,\ \sum x_i^2 = 1185,\ \bar{x} = 10.5,$

$$s_{xx} = \sum_{i=1}^{n} x_i^2 - n\bar{x}^2 = 1185 - 10(10.5)^2 = 82.5$$

$\sum y_i = 254,\ \sum y_i^2 = 6760,\ \bar{y} = 25.4,$

$$s_{yy} = \sum_{i=1}^{n} y_i^2 - n\bar{y}^2 = 6760 - 10(25.4)^2 = 308.4$$

$\sum x_i y_i = 2821$

$$s_{xy} = \sum_{i=1}^{n} x_i y_i - n\overline{x}\,\overline{y} = 2821 - 10(10.5)(25.4) = 154$$

상관계수 $r = \dfrac{154}{\sqrt{82.5}\sqrt{308.4}} = 0.965$

14.2

$\overline{x} = 4$, $\overline{y} = 7.7$, $\sum_{i=1}^{10}(x_i - \overline{x})^2 = 48$, $\sum_{i=1}^{10}(y_i - \overline{y})^2 = 164.1$,

$\sum_{i=1}^{10}(x_i - \overline{x})(y_i - \overline{y}) = 88$

① $b_1 = \dfrac{88}{48} = 1.83$

$b_0 = 7.7 - 1.83(4) = 0.38$

$\hat{y} = 0.38 + 1.83x$

② $SSE = 164.1 - \dfrac{88^2}{48} = 2.77$

$\widehat{\sigma^2} = s^2 = \dfrac{2.77}{10-2} = 0.34625$

③ $R^2 = \dfrac{88^2}{48(164.1)} = 0.983$

④$SSR = SST - SSE = 164.1 - 2.77 = 161.33$

요 인	자유도	제곱합	평 균 제 곱	$F-$값
회 귀	1	161.33	161.33	$F_0 = 465.9$
잔 차	8	2.77	0.34625	
합	9	164.1		

$F_{0.05}(1, 8) = 5.32$

따라서 $F_0 = 465.9 > 5.32$이므로 귀무가설을 기각한다. 추정된 회귀선은 유의하다고 할 수 있다.

⑤ $t_{0.025}(8) = 2.306$

$$0.38 \pm 2.306\sqrt{0.34625\left(\frac{1}{10}+\frac{4^2}{48}\right)} \Rightarrow -0.513 < \beta_0 < 1.273$$

⑥ $1.83 \pm 2.306\sqrt{\frac{0.34625}{48}} \Rightarrow 1.634 < \beta_1 < 2.026$

⑦ 검정통계량 : $|t_0| = \left| \frac{0.38-0}{\sqrt{0.34625\left(\frac{1}{10}+\frac{4^2}{48}\right)}} \right| = 0.98$

따라서 $|t_0| = 0.98 < t_{0.025}(8) = 2.306$ 이므로 H_0 를 기각하지 못한다.

⑧ 검정통계량 : $|t_0| = \left| \frac{1.83-0}{\sqrt{\frac{0.34625}{48}}} \right| = 21.547$

$|t_0| = 21.547 > t_{0.025}(8) = 2.306$ 이므로 H_0 를 기각한다.

14.3

① $b = 14/10 = 1.4 \quad b_0 = 5 - 1.4 \times 3 = 0.8 \quad \Rightarrow \hat{y} = 0.8 + 1.4x$

② $SSE = 26 - \frac{14^2}{10} = 6.4$

$\hat{\sigma^2} = s^2 = \frac{6.4}{5-2} = 2.133$

③ $R^2 = \frac{14^2}{10 \times 26} = 0.754$

④ $t_{(5-2,0.025)} = t_{(3,0.025)} = 3.182$

$$0.8 - 3.182\sqrt{2.133\left(\frac{1}{5}+\frac{3^2}{10}\right)} < \beta_0 < 0.8 + 3.182\sqrt{2.133\left(\frac{1}{5}+\frac{3^2}{10}\right)}$$

$\Rightarrow -4.074 < \beta_0 < 5.674$

⑤ $1.4 - 3.182\sqrt{\frac{2.133}{10}} < \beta_1 < 1.4 + 3.182\sqrt{\frac{2.133}{10}}$

$\Rightarrow -0.07 < \beta_1 < 2.87$

⑥ 검정통계량 :

$$|t_0| = \left| \frac{0.8-0}{\sqrt{2.133\left(\frac{1}{5}+\frac{3^2}{10}\right)}} \right| = 0.522$$

$t_{(3,0.025)} = 3.182$

$|t_0| = 0.522 < t_{(3,0.025)} = 3.182$ 이므로 H_0 를 기각하지 못한다.

⑦ 검정통계량 :

$$t_0 = \frac{1.4-0}{\sqrt{\frac{2.133}{10}}} = 3.032$$

$t_{(3,0.05)} = 2.353$

$t_0 = 3.032 > t_{(3,0.05)} = 2.353$ 이므로 H_0 를 기각한다.

14.4

① $$b_1 = \frac{\sum_{i=1}^{n}(x_i-\overline{x})(y_i-\overline{y})}{\sum_{i=1}^{n}(x_i-\overline{x})^2} = \frac{9.6}{12.4} = 0.774$$

$b_0 = \overline{y} - b\overline{x} = 0.6 - 0.774 \times 0.4 = 0.2904$

$\Rightarrow \hat{y} = 0.2904 + 0.774x$

② $SSE = 14.4 - \dfrac{9.6^2}{12.4} = 6.97$

$\widehat{\sigma^2} = s^2 = \dfrac{6.97}{10-2} = 0.87$

③ $R^2 = \dfrac{9.6^2}{12.4 \times 14.4} = 0.516$

④ $t_{(8,0.025)} = 2.306$

$$0.774 - 2.306\sqrt{\frac{0.87}{12.4}} < \beta_1 < 0.774 + 2.306\sqrt{\frac{0.87}{12.4}}$$

$\Rightarrow 0.774 - 0.611 < \beta_1 < 0.774 + 0.611 \quad \Rightarrow 0.163 < \beta_1 < 1.385$

⑤ 검정통계량 :

$$|t_0| = \left| \frac{0.774-0}{\sqrt{\frac{0.87}{12.4}}} \right| = 2.922$$

$|t_0| = 2.922 > t_{(8,\,0.025)} = 2.306$ 이므로 H_0 을 기각한다.

(14.5)

$b_1 = r\dfrac{s_y}{s_x}$ 의 관계가 성립하므로, $2 = r\dfrac{6}{3}$ 로부터 $r = 1$

(14.6)

$$b_1 = r\frac{s_y}{s_x} = 0.74 \times \frac{3}{4} = 0.555$$

(14.7)

① 은행이자 하락으로 은행에 예금을 해도 별 이득이 되지 않으므로 음의 상관관계

② 산이 높으면 기압이 낮아지므로 음의 상관관계

③ 흡연량이 많아지면 폐암 발생률이 높아지므로 양의 상관관계

부록

부록 1. 엑셀 통계함수

부록 2. 확률분포표

- 누적 이항확률 분포표
- 누적 포아송이항확률 분포표
- 표준정규분포표
- $t-$분포표
- χ^2-분포표
- $F-$분포표

1 엑셀 통계 함수

- AVEDEV　데이터 요소 평균으로부터 절대 편차의 평균을 구한다.
- AVERAGE　인수의 산술 평균을 구한다.
- AVERAG　숫자, 문자열, 논리값 등을 포함하여 인수의 평균을 구한다.
- BETADIST　누적 베타 확률 밀도 함수 값을 구한다.
- BETAINV　누적 베타 확률 밀도 함수의 역함수의 값을 구한다.
- BINOMDIS　개별항 이항 분포의 확률 값을 구한다.
- CHIDIST　카이 제곱 분포의 단측 검정 확률을 구한다.
- CHIINV　카이 제곱 분포의 단측 검정 확률의 역을 구한다.
- CHITEST　적합도 검정, 독립성 검정을 시행한다.
- CONFIDENCE　모집단 평균의 신뢰 구간을 구한다.
- CORREL　두 데이터 집합 사이의 상관 계수를 구한다.
- COUNT　인수 목록에서 숫자의 개수를 구한다.
- COUNTA　인수 목록에서 자료의 개수를 구한다.
- COVAR　쌍으로 된 편차 곱의 평균(공분산)을 구한다.
- CRITBINOM　누적 이항 분포 확률 값이 조건 값보다 작거나 같은 변량의 최소값을 구한다.
- DEVSQ　편차의 제곱의 합을 구한다.
- EXPONDIST　지수 분포값를 구한다.
- FDIST　F-확률 분포 값을 구한다.
- FINV　F-확률 분포의 역함수 값을 구한다.
- FISHER　피셔 변환값을 구한다.
- FISHERINV　피셔 변환의 역함수값을 구한다.
- FORECAST　선형 추세의 값을 구한다.
- FREQUENCY　수직 배열의 도수 분포를 구한다.
- FTEST　F-검정 결과를 구한다.

- GAMMADIST 감마 분포값을 구한다.
- GAMMAINV 감마 누적 분포의 역함수 값을 구한다.
- GAMMALN 감마 함수 G(x)의 자연 로그를 구한다.
- GEOMEAN 기하 평균을 구한다.
- GROWTH 지수 추세선의 값을 구한다.
- HARMEAN 조화 평균을 구한다.
- HYPGEOMDIST 초기하 분포값을 구한다.
- INTERCEPT 선형 회귀선의 절편을 구한다.
- KURT 자료의 첨도를 구한다.
- LARGE 자료 집합에서 k 번째로 큰 값을 구한다.
- LINEST 선형 추세의 매개 변수를 구한다.
- LOGEST 지수 추세의 매개 변수를 구한다.
- LOGINV 로그 정규 누적 분포의 역을 구한다.
- LOGNORMDIST 로그 정규 누적 분포값을 구한다.
- MAX 인수 목록에서 최대값을 구한다.
- MAXA 숫자, 문자열, 논리값을 포함한 인수 목록에서 최대값을 구한다.
- MEDIAN 주어진 수들의 중앙값을 구한다.
- MIN 인수 목록에서 최소값을 구한다.
- MINA 숫자, 문자열, 논리값을 포함한 인수 목록에서 최소값을 구한다.
- MODE 데이터 집합에서 빈도수가 가장 높은 값을 구한다.
- NEGBINOMDIST 음의 이항 분포값을 구한다.
- NORMDIST 누적 정규 분포값을 구한다.
- NORMINV 정규 누적 분포의 역함수값을 구한다.
- NORMSDIST 표준 정규 누적 분포값을 구한다.
- NORMSINV 표준 정규 누적 분포의 역함수값을 구한다.
- PEARSON 피어슨의 곱 모멘트 상관 계수를 구한다.
- PERCENTILE 범위에서 k 번째 백분위수 값을 구한다.
- PERCENTRANK 자료 집합에서 값의 백분율 순위를 구한다.

- PERMUT 개체의 주어진 수로 만들 수 있는 순열 수를 구한다.
- POISSON 푸아송 분포값을 구한다.
- PROB 두 한계값 사이에 값이 들어갈 확률을 구한다.
- QUARTILE 자료 집합의 사분위수를 구한다.
- RANK 목록에서 수의 순위를 구한다.
- RSQ 피어슨의 곱 모멘트 상관 계수의 제곱을 구한다.
- SKEW 분포의 왜도를 구한다.
- SLOPE 선형 회귀선의 기울기를 구한다.
- SMALL 데이터 집합에서 k 번째로 작은 값을 구한다.
- STANDARDIZE 표준화 변수의 값을 구한다.
- STDEV 표본의 표준 편차를 구한다.
- STDEVA 숫자, 문자열, 논리값을 포함한 표본의 표준 편차를 구한다.
- STDEVP 모집단 전체의 표준 편차를 구한다.
- STDEVPA 숫자, 문자열, 논리값을 포함한 모집단 전체의 표준편차를 구한다.
- STEYX 회귀 분석시 각각의 x에 대하여 예측한 y 값의 표준오차를 구한다.
- TDIST 스튜던트 t-분포값을 구한다.
- TINV 스튜던트 t-분포의 역함수값을 구한다.
- TREND 선형 추세 위에 있는 값을 구한다.
- TRIMMEAN 데이터 집합의 내부 평균을 구한다.
- TTEST 스튜던트 t-검정과 관련된 확률값을 구한다.
- VAR 표본의 분산을 구한다.
- VARA 숫자, 문자열, 논리값을 포함한 표본의 분산을 구한다.
- VARP 모집단 전체의 분산을 구한다.
- VARPA 숫자, 문자열, 논리값을 포함한 모집단 전체의 분산을 구한다.
- WEIBULL 와이블 분포값을 구한다.
- ZTEST z-검정의 양측 P-값을 구한다.

A

AVEDEV

데이터 평균으로부터 절대 편차의 평균을 구한다. AVEDEV는 데이터 집합의 가변성의 척도이다.

| 구문 | AVEDEV(number1, number2, …, number30)

Number1, number2, … 절대 편차의 평균을 구할 인수로 30개까지 사용할 수 있다. 콤마로 구분된 인수 대신에 단일 배열이나 배열의 참조 영역을 사용할 수 있다.

- 인수는 숫자나 숫자가 들어 있는 이름, 배열, 참조 영역이어야 한다.
- 배열이나 참조 영역에 문자열, 논리값, 빈 셀 등이 있으면 이 값들은 무시된다. 그러나 0값을 가진 셀은 포함된다.
- 평균 편차의 수식은 다음과 같다.

$$\frac{1}{n}\sum_{i=1}^{n} | x_i - \overline{X} |$$

AVEDEV는 입력 데이터의 측정 단위에 따라 영향을 받는다.

| 예제 | AVEDEV(4, 5, 6, 7, 5, 4, 3)=1.020408

AVERAGE

인수의 산술 평균을 구한다.

| 구문 | AVERAGE(number1, number2, …, number30)

Number1, number2, … 산술 평균을 구할 수치 인수로 30개까지 사용할 수 있다.

- 인수는 숫자나 숫자가 들어 있는 이름, 배열, 참조 영역이어야 한다.
- 배열이나 참조 영역에 문자열, 논리값, 빈 셀 등이 있으면 이 값들은 무시된다. 그러나 0값을 가진 셀은 포함된다.
- 산술 평균의 수식은 다음과 같다.

$$\frac{1}{n}\sum_{i=1}^{n}x_i$$

[도구] 메뉴 [옵션] 명령의 [화면 표시] 탭에서 [0값] 확인란에 선택되어 있지 않으면, 셀의 평균을 구할 때 빈 셀과 0값이 들어 있는 셀은 다르게 인식된다. 즉 빈 셀은 계산되지 않지만 0값은 계산된다.

| 예제 |

A1 : A5의 이름이 Scores이고 10, 7, 9, 27, 2가 들어 있으면 다음과 같다.

AVERAGE(A1 : A5)=11

AVERAGE(Scores)=11

AVERAGE(A1 : A5, 5)=10

AVERAGE(A1 : A5)=SUM(A1 : A5)/COUNT(A1 : A5)=11

C1 : C3의 이름이 OtherScores이고 4, 18, 7이 들어 있으면 다음과 같다.

AVERAGE(Scores, OtherScores)=10.5

AVERAGEA

인수의 산술 평균을 구한다. 숫자와 함께 문자열, TRUE와 FALSE 같은 논리값도 계산에 포함된다.

| 구문 |

AVERAGEA(value1, value2, …, value30)

Value1, value2, … 산술 평균을 구할 수치 인수로 30개까지 사용할 수 있다.

- 인수는 숫자, 이름, 배열, 참조 영역 등이 될 수 있다.
- 문자열이 들어 있는 배열이나 참조 영역 인수는 0으로 인식된다.
- 빈 문자열("")은 0으로 인식된다.
- 인수에 문자열이 없으면 AVERAGE 함수를 사용한다.
- 인수가 TRUE면 1이 되고 FALSE면 0이 된다.

[도구] 메뉴 [옵션] 명령의 [화면 표시] 탭에서 [0값] 확인란에 선택되어 있지 않으면, 셀의 평균을 구할 때 빈 셀과 0값이 들어 있는 셀은 다르게 인식된다. 즉 빈 셀은 계산되지 않지만 0값은 계산된다.

| 예제 |

A1 : A5의 이름이 Scores이고 10, 7, 9, 2, "사용 불가"가 들어 있으면
AVERAGEA(A1 : A5) = 5.6이고
AVERAGEA(Scores) = 5.6이며
AVERAGEA(A1 : A5) = SUM(A1 : A5)/COUNTA(A1 : A5) = 5.6이다.
A1 : A4에 10, 7, 9, 2가 들어 있고 A5가 비어 있으면
AVERAGEA(A1 : A5) = 7이다.

B

BETADIST

누적 베타 확률 밀도 함수 값을 구한다. 누적 베타 확률 밀도 함수는 하루 중 음악을 듣는 시간을 백분율로 나타내는 것과 같이 표본의 백분율 분포를 알아볼 때 사용한다.

| 구문 |

BETADIST(x, alpha, beta, A, B)

X	함수값을 구하려는 A와 B 사이의 변량값
Alpha	분포 매개 변수
Beta	분포 매개 변수

A　　　변량 x의 하한값

B　　　변량 x의 상한값

- 인수가 숫자가 아니면 #VALUE! 오류
- alpha < 0 또는 beta < 0이면 #NUM! 오류
- x < A 이거나 x > B 또는 A=B이면 #NUM! 오류
- A, B를 생략하면 A=0, B=1인 표준 누적 베타 분포를 적용한다.

| 예제 |　BETADIST(2,8,10,1,3)=0.685470581

BETAINV

누적 베타 확률 밀도 함수의 역함수의 값을 구한다. 즉, probability=BETADIST(x, ...)이면 BETAINV(probability, ...)=x이다. 누적 베타 분포는 프로젝트 계획에서 예산 완료 시간과 분산이 주어지고 완료 시간을 예측하는 모델을 만들 때 사용한다.

| 구문 |　BETAINV(probability, alpha, beta, A, B)

Probability　베타 분포 변량의 확률

Alpha　분포의 매개 변수

Beta　분포의 매개 변수

A　변량 x의 하한값

B　변량 x의 상한값

- 인수가 숫자가 아니면 #VALUE! 오류
- alpha < 0 또는 beta < 0이면 #NUM! 오류
- probability < 0 또는 probability > 1이면 #NUM! 오류
- A와 B를 생략하면 A=0, B=1인 표준 누적 베타 분포를 사용한다.
- 확률 값이 주어지면 결과값이 $\pm 3\times10^{-7}$의 숫자 범위 내에 들어갈 때까지 반복 계산한다. 100번의 반복 계산 후에도 값이 수렴하지

않으면 #N/A 오류.

| 예제 | BETAINV(0.685470581,8,10,1,3)=2

BINOMDIST

이항 분포의 확률 값을 구한다. 이항분포는 각 시행의 결과가 오직 2개("성공"과 "실패", "합격"과 "불합격")일 뿐이고, 독립 시행이며, 성공 확률이 일정할 때 정해진 검정이나 시행 횟수에서 이 함수를 사용한다.
예를 들어, 동전을 5번 던져 그 중 앞면이 2번 나타날 확률을 계산할 때 이 함수를 사용한다.

| 구문 | BINOMDIST(number_s, trials, probability_s, cumulative)

Number_s 성공할 횟수

Trials 독립 시행 횟수

Probability_s 각 시행에서 성공할 확률

Cumulative 함수 형태를 결정하는 논리값으로 cumulative가 TRUE이면 누적 분포 함수의 값, FALSE이면 확률 밀도 함수의 값

- Number_s와 trials는 정수로 변환
- number_s, trials 또는 probability_s가 숫자가 아니면 #VALUE! 오류
- number_s < 0이거나 number_s > trials이면 #NUM! 오류
- probability_s < 0이거나 probability_s > 1이면 #NUM! 오류
- 이항 확률 밀도 함수식은 다음과 같다.

$$B(x,n,p) = \binom{n}{x} p^{x}(1-p)^{n-x}$$

- 이항 누적 분포 함수식은 다음과 같다.

$$B(x,n,p) = \sum_{y=0}^{n} b(y,n,p)$$

예제 동전 던지기의 결과는 앞면 또는 뒷면이다. 처음 던져서 앞면이 나올 확률이 0.5일 때 10번 던져서 6번 앞면이 나올 확률은 다음과 같다.
BINOMDIST(6, 10, 0.5, FALSE) = 0.205078

C

CHIDIST

카이 제곱(χ^2) 분포의 단측 검정 확률을 구한다. χ^2분포는 χ^2검정과 관련되어 있다. 관측값과 기대값을 비교하기 위하여 χ^2검정을 사용한다.

구문 CHIDIST(x, degrees_freedom)

X	분포 확률을 구하려는 변량 값
Degrees_freedom	자유도

- 인수가 숫자가 아니면 #VALUE! 오류
- x가 음수면 #NUM! 오류
- degrees_freedom이 정수가 아니면 정수로 변환
- degrees_freedom < 1이거나 degrees_freedom > 10^{10}이면 #NUM! 오류
- CHIDIST = $P(X > x)$와 같이 계산하며 이 때 X는 χ^2분포의 변량

예제 CHIDIST(18.307, 10) = 0.050001

CHIINV

카이 제곱(χ^2) 분포 단측 검정 확률의 역함수 값을 구한다.
즉, probability=CHIDIST(x, degrees_freedom)이면 CHIINV (probability, degrees_freedom)=x이다. 관측값과 기대값을 비교하여 원래의 가설이 유효한지 검정하려면 이 함수를 사용한다.

구문

CHIINV(probability, degrees_freedom)

Probability　카이 제곱 분포의 확률

Degrees_freedom　자유도

- 인수가 숫자가 아니면 #VALUE! 오류
- probability < 0이거나 probability > 1이면 #NUM! 오류
- degrees_freedom이 정수가 아니면 정수로 변환
- degrees_freedom < 1이거나 degrees_freedom > 10^{10}이면 #NUM! 오류
- 확률 값이 주어지면 결과 값이 $\pm3\times10^{-7}$의 숫자 범위 내에 들어갈 때까지 반복 계산한다. 100번의 반복 계산 후에도 값이 수렴하지 않으면 #N/A 오류

예제

CHIINV(0.05, 10)=18.30703

CHITEST

적합도 검정과 독립성 검정을 위한 χ^2 통계량의 단측검정확률을 구한다.

구문

CHITEST(actual_range, expected_range)

Actual_range　검정할 관측 데이터가 들어 있는 자료 범위

Expected_range　행 합계와 열 합계의 곱의 총합계에 대한 비율로 계산된 기대도수가 들어있는 자료 범위

- actual_range와 expected_range의 데이터 수가 다르면 #N/A 오류
- χ^2 검정은 먼저 기대값과 실제값과의 편차제곱합으로 χ^2 통계를 구하고 함수식 CHIDIST = p(X > χ^2)에 의하여 단측검정확률을 구한다.

$$\chi^2 = \sum_{i=1}^{r}\sum_{j=1}^{c}\frac{(A_{ij}-E_{ij})^2}{E_{ij}}$$

여기서

A_{ij} = i-번째 행, j-번째 열의 실제 빈도

E_{ij} = i-번째 행, j-번째 열의 기대 빈도

r = 숫자 또는 행

c = 숫자 또는 열

CHITEST 함수는 χ^2 확률과 자유도(df)를 구한다.

자유도 함수식은 $df = (r-1)(c-1)$이다.

CONFIDENCE

모집단 평균의 신뢰구간을 구한다. 신뢰 구간은 표본 평균이 가운데 있는 표준 정규곡선 양쪽의 일정 범위를 말한다.

예를 들어 우편으로 물품을 주문했을 때 물품이 도착할 최단 시간과 최장 시간을 특정 신뢰도 수준에서 결정할 수 있다.

‖구문‖ CONFIDENCE(alpha, standard_dev, size)

Alpha	신뢰도 계산에 사용하는 유의 수준으로 신뢰도는 100*(1−alpha)%로 alpha가 0.05이면 신뢰도는 95%가 된다.
Standard_dev	데이터 범위의 모집단 표준 편차로서 그 값을 알

고 있다고 가정한다.

Size 표본 크기

- 인수가 숫자가 아니면 #VALUE! 오류
- alpha < 0 또는 alpha > 1이면 #NUM! 오류
- standard_dev < 0이면 #NUM! 오류
- size가 정수가 아니면 정수로 변환
- size < 1이면 #NUM! 오류
- alpha를 0.05로 가정하면 표준 정규 곡선 아래의 면적이 (1−alpha) 또는 95%가 되는 구간을 계산해야 한다. 이 값은 ±1.96으로 신뢰 구간은 다음과 같다.

$$\bar{x} \pm 1.96\left(\frac{\sigma}{\sqrt{n}}\right)$$

예제 50명의 교외 통근자들을 대상으로 조사한 결과 평균 통근 시간은 30분, 표준 편차는 2.5라고 할 때 모집단 평균값이 다음 구간 내에 있는 것을 95%의 신뢰도로 예측할 수 있다.
또는 CONFIDENCE(0.05, 2.5, 50)=0.692951. 다시 말해, 95% 신뢰수준에서 평균 통근 시간 은 30±0.692951분 또는 29.3 내지 30.7분이다.

CORREL

array1과 array2 셀 범위 사이의 상관 계수를 구한다. 둘 사이의 관계를 알려면 상관 계수를 사용한다. 예를 들어 어떤 지역의 평균 기온과 보일러 가동율의 관계를 분석할 수 있다.

구문 CORREL(array1, array2)

Array1 값을 원소로 하는 셀 범위

Array2 값을 원소로 하는 이차 셀 범위

- 인수는 반드시 숫자이거나 숫자를 포함하는 이름, 배열, 참조 영역 등이어야 한다.
- 배열 또는 참조 영역 인수에서 문자열이나 논리값을 갖는 셀 또는 빈 셀은 모두 무시되지만 0값을 갖는 셀은 포함된다.
- array1과 array2의 데이터 요소 개수가 다르면 #N/A 오류
- array1 또는 array2가 비어 있거나 그 값의 S(표준 편차)가 0이면 #DIV/0! 오류
- 상관 계수식은 다음과 같다.

$$\rho_{xy} = \frac{Cov(X, Y)}{\sigma_x \cdot \sigma_y}$$

여기서

$$-1 \leqq \rho_{xy} \leqq 1$$

그리고

$$Cov(X, Y) = \frac{1}{n}\sum_{i=1}^{n}(x_i - \mu_x)(y_i - \mu_y)$$

| 예제 | CORREL({3, 2, 4, 5, 6}, {9, 7, 12, 15, 17})=0.997054

COUNT

인수 목록에서 숫자를 포함한 셀과 숫자의 개수를 구한다. COUNT를 사용하여 숫자 범위나 배열에서 숫자 필드의 항목 수를 구한다.

| 구문 | COUNT(value1, value2, …, value30)

Value1, value2, … 여러 데이터 종류를 포함하거나 참조하는 인수

로서, 30개까지 사용할 수 있으나 개수 계산에는 숫자만 포함된다.

- 숫자나 날짜, 또는 숫자를 나타내는 문자열 인수는 개수 계산에 포함된다.
- 오류값이나 숫자로 바꿀 수 없는 문자열은 무시된다.
- 인수가 배열이나 참조 영역이면 배열이나 참조 영역의 숫자만 개수 계산에 포함된다. 배열이나 참조 영역에 있는 빈 셀, 논리값, 문자열, 오류값은 무시된다. 필요하면 논리값, 문자열, 오류값은 COUNTA 함수를 사용하여 계산할 수 있다.

COUNTA

인수 목록에서 공백이 아닌 셀과 값의 개수를 계산한다. COUNTA를 사용하여 범위나 배열에서 데이터를 가진 셀의 개수를 계산한다.

| 구문 | COUNTA(value1, value2, …, value30)

Value1, value2, … 계산할 값을 나타내는 인수로 30개까지 사용할 수 있다. 이 경우에 값은 빈 문자열(" ")을 포함하여 모든 유형의 정보가 가능하나 빈 셀은 무시된다. 논리값, 문자열, 오류값의 개수가 필요하지 않은 경우는 COUNT 함수를 사용한다.

COVAR

각 데이터 요소 쌍에 대한 편차 곱의 평균(공분산)을 계산한다. 공분산을 사용하여 두 데이터 집합 사이의 관계를 알아본다.
예를 들어, 수입이 높을수록 교육 수준이 높은지를 알아볼 수 있다.

| 구문 | COVAR(array1, array2)

Array1	숫자로 이루어진 첫째 셀 범위
Array2	숫자로 이루어진 둘째 셀 범위

- 인수는 숫자이거나 숫자가 들어 있는 이름, 배열, 참조 영역이어야 한다.
- 배열이나 참조 영역 인수에 들어 있는 문자열, 논리값, 빈 셀은 무시된다. 그러나 0 값을 가진 셀은 포함된다.
- Array1과 Array2에 들어 있는 데이터 요소의 수가 다르면 #N/A 오류
- Array1과 Array2가 비어 있으면 #DIV/0! 오류
- 공분산 식은 다음과 같다.

$$Cov(X, Y) = \frac{1}{n}\sum_{i=1}^{n}(x_i - \mu_x)(y_i - \mu_y)$$

| 예제 | COVAR({3, 2, 4, 5, 6}, {9, 7, 12, 15, 17}) = 5.2

CRITBINOM

누적 이항 분포 확률값이 기준치 이상인 변량의 최소값을 구한다. 품질 보증이 필요한 분야에서 이 함수를 사용한다.
예를 들어 조립 라인을 가동 중에 발생할 결함 부품의 최대 허용 개수를 결정할 때 이 함수를 사용한다.

| 구문 | CRITBINOM(trials,probability_s,alpha)

Trials	베르누이 시행 횟수
Probability_s	각 시행에서 성공 확률
Alpha	기준치

- 인수가 숫자가 아니면 #VALUE! 오류
- trials가 정수가 아니면 정수로 변환
- trials < 0이면 #NUM! 오류
- probability_s < 0이거나 probability_s > 1이면 #NUM! 오류

- alpha < 0이거나 alpha 〉 1이면 #NUM! 오류

| 예제 | CRITBINOM(6,0.5,0.75)=4

D

DEVSQ

관측치와 표본 평균과의 편차 제곱의 합을 구한다.

| 구문 | DEVSQ(number1, number2, …, number30)

편차 제곱의 합을 구하는데 사용하는 인수로서 30개까지 가능하며 Number1, number2, … 처럼 인수를 일일이 쓰는 대신 배열이나 배열의 참조 영역을 사용할 수 있다.

- 인수는 반드시 숫자나 숫자를 포함하는 이름, 배열, 참조 영역이어야 한다.
- 배열 또는 참조 영역 인수에서 문자열이나 논리값을 갖는 셀 또는 빈 셀은 모두 무시되지만 0값을 갖는 셀은 포함된다.
- 편차 제곱의 합을 구하는 식은 다음과 같다.

$$DEVSQ = \sum_{i=1}^{n} (x_i - \overline{x})^2$$

| 예제 | DEVSQ(4,5,8,7,11,4,3)=48

E

EXPONDIST

지수 분포의 확률값을 구한다. 이 함수를 사용하여 현금 출납기가 현금을 내주는데 걸리는 시간과 같이 사건들 사이의 시간을 모델화할 수 있다. 예를 들어 그 과정이 1분 이내일 확률을 구할 수 있다.

| 구문 | EXPONDIST(x, lambda, cumulative)

X	함수의 변량이다.
Lambda	계수값이다.
Cumulative	지수 함수의 형식을 나타내는 논리 값으로서 cumulative가 TRUE면 누적 분포 함수값을 FALSE면 확률 밀도 함수값을 구한다.

- x 또는 lambda가 숫자가 아니면 #VALUE! 오류
- x < 0이면 #NUM! 오류
- lambda < 0이면 #NUM! 오류
- 확률 밀도 함수식은 다음과 같다.

$$f(x,\lambda) = \lambda e^{-\lambda x}$$

- 누적 분포 함수식은 다음과 같다.

$$F(x,\lambda) = 1 - e^{-\lambda x}$$

| 예제 | EXPONDIST(0.2, 10, TRUE)=0.864665

EXPONDIST(0.2, 10, FALSE)=1.353353

F

FDIST

F-확률 분포 값을 구한다. 이 함수를 사용하여 두 데이터 집합이 서로 다른 산포도를 갖는지를 알아볼 수 있다. 예를 들어 고등학교에 입학하는 남녀 학생의 성적을 조사하여 남녀 학생들의 산포도가 서로 다른지를 알아볼 수 있다.

| 구문 | FDIST(x, degrees_freedom1, degrees_freedom2)

X 함수를 평가하는 변량값

Degrees_freedom1 분자의 자유도

Degrees_freedom2 분모의 자유도

- 인수가 숫자가 아니면 #VALUE! 오류
- x가 음수면 #NUM! 오류
- degrees_freedom1 또는 degrees_freedom2가 정수가 아니면 정수로 변환
- degrees_freedom1 < 1이거나 degrees_freedom1 > 10^{10}이면 #NUM! 오류
- degrees_freedom2 < 1이거나 degrees_freedom2 > 10^{10}이면 #NUM! 오류
- FDIST=P(F > x)로써 계산되며, 여기서 F는 F 분포를 갖는 임의의 변량

| 예제 | FDIST(15.20675, 6, 4)=0.01

FINV

F-분포 확률값의 역함수 값을 구한다. p=FDIST(x, ...)이면 FINV(p, ...)=x이다. F-분포는 두 데이터 집합의 산포도를 비교하는 F-검정에 사용된다.
예를 들어 미국과 캐나다의 소득 분포를 분석하여 두 나라의 산포도가 비슷한지 알

아볼 수 있다.

‖구문‖ FINV(probability, degrees_freedom1, degrees_freedom2)

Probability F-분포의 오른쪽 꼬리 확률값

Degrees_freedom1 분자의 자유도

Degrees_freedom2 분모의 자유도

- 인수가 숫자가 아니면 #VALUE! 오류
- probability < 0이거나 probability > 1이면 #NUM! 오류
- degrees_freedom1 또는 degrees_freedom2가 정수가 아니면 정수로 변환
- degrees_freedom1 < 1이거나 degrees_freedom1 > 10^{10}이면 #NUM! 오류
- degrees_freedom2 < 1이거나 degrees_freedom2 > 10^{10}이면 #NUM! 오류

FINV 함수로 F-분포의 임계값을 구할 수 있다. 예를 들어 ANOVA의 계산 결과는 종종 0.05% 유의 수준에서 F-통계량, F-확률 및 F-임계값에 대한 데이터를 포함한다. F-임계값을 구하려면 유의 수준을 FINV 함수의 probability 인수로 사용한다.

FINV 함수는 반복 계산 기법을 사용한다. 확률값이 주어지면 결과값이 $\pm 3 \times 10^{-7}$의 오차 범위내에 들어올 때까지 계산을 반복한다. 100번 반복 계산한 후에도 값이 수렴하지 않으면 #N/A 오류.

|예제| FINV(0.01, 6, 4)=15.20675

FISHER

X에서의 피셔 변환값을 구한다. 이 변환은 한쪽으로 치우치지 않고 거의 고르게 분포된 함수를 만든다. 이 함수를 사용하여 상관 계수에 대한 가설을 검정할 수 있다.

구문 FISHER(x)

X 변화할 숫자값

- x가 숫자가 아니면 #VALUE! 오류
- x ≤−1이거나 x ≥1이면 #NUM! 오류
- 피셔 변환식은 다음과 같다.

$$z' = \frac{1}{2} ln\left(\frac{1+x}{1-x}\right)$$

예제 FISHER(0.75)=0.972955

FISHERINV

피셔 변환의 역함수 값을 구한다. 이 함수를 사용하여 데이터의 범위 또는 배열의 상관관계를 분석할 수 있다.
y=FISHER(x)이면 FISHERINV(y)=x이다.

구문 FISHERINV(y)

Y 변환의 역함수값을 구하려는 값

- y가 숫자가 아니면 #VALUE! 오류
- 피셔 변환의 역함수 식은 다음과 같다.

$$x = \frac{e^{2y}-1}{e^{2y}+1}$$

예제 FISHERINV(0.972955)=0.75

FORECAST

기존 값으로 장래의 값을 계산하거나 예측할 수 있다. 예측값은 주어진 x값에 대한

y값이다. 알려진 값은 기존의 x값과 y값이며 선형 회기를 사용하여 새로운 값을 예측할 수 있다. 이 함수를 사용하여 판매량, 재고 필요량, 소비자 추세 등을 예측할 수 있다.

구문 FORECAST(x, known_y's, known_x's)

X	값을 예측할 데이터 요소
Known_y's	데이터의 종속 배열 또는 범위
Known_x's	데이터의 독립 배열 또는 범위

- x 가 숫자가 아니면 #VALUE! 오류
- known_y's와 known_x's가 비었거나 데이터 요소의 개수가 서로 다르면 #N/A 오류
- known_x's 의 분산이 0이면 #DIV/0! 오류
- FORECAST 함수식은 a+bx이다.

$$a = \overline{y} - b\overline{x}$$

$$b = \frac{S_{xy}}{S_{xx}} = \frac{\sum_{i=1}^{n}(x_i - \overline{x})(y_i - \overline{y})}{\sum_{i=1}^{n}(x_i - \overline{x})^2}$$

예제 FORECAST(30, {6, 7, 9, 15, 21}, {20, 28, 31, 38, 40})= 10.60725

FREQUENCY

범위 내에서 해당되는 값의 빈도를 계산하여 수직 배열로 나타낸다. 예를 들어, FREQUENCY 함수를 사용하여 지정한 점수 범위에 들어가는 시험 성적의 개수를 구할 수 있다. FREQUENCY는 배열을 사용하므로 배열식으로 입력해야 한다.

| 구문 |

FREQUENCY(data_array, bins_array)

Bata_array	빈도 수를 계산하려는 데이터 집합의 배열이나 참조 영역으로서, data_array가 비어 있으면 FREQUECNY는 0으로 이루어진 배열을 나타낸다.
Bins_array	data_array에 있는 데이터들을 그룹으로 만들기 위한 구간의 배열이나 참조 영역으로서, bins_array가 비어있으면 FREQUECNY는 data_array의 원소 개수를 나타낸다.

- 분포도를 나타낼 인접 셀 범위를 선택 후, FREQUENCY를 배열식으로 입력한다.
- 구하는 배열의 원소 개수는 bins_array의 원소 개수보다 하나 더 많다.
- FREQUENCY 함수에서 빈 셀과 문자열은 무시된다.
- 배열을 구하는 식은 배열식으로 입력되어야 한다.

| 예제 |

워크시트에 시험 성적을 작성할 때 79, 85, 78, 85, 83, 81, 95, 88, 97점은 A1 : A9에 각각 입력된다. data_array에는 시험 성적의 열이 있고 bins_array에는 시험 성적을 그룹화한 구간의 열이 있다. 이 예제에서 bins_array는 C4 : C6이고 70, 79, 89점을 포함한다. FREQUENCY 함수를 배열로 입력하면, 0-70, 71-79, 80-89, 90-100 등의 범위에 해당하는 점수의 개수를 셀 수 있다. 이 예제에서 모든 시험 성적은 정수라고 전제한다. 데이터와 인접한 네 개의 수직 셀을 선택하여 다음의 배열식을 입력한다.

FREQUENCY(A1 : A9, C4 : C6) = {0 ; 2 ; 5 ; 2}

FTEST

F-검정의 결과를 나타낸다. F-검정은 array1과 array2의 분산이 매우 다른가를 알

아보는 단측 검정 확률을 구한다. 이 함수는 두 표본이 서로 다른 분산을 갖고 있는가를 알아볼 때 사용한다. 예를 들어, 공립과 사립 학교의 시험 성적 분포가 서로 다른지를 검정할 수 있다.

구문 FTEST(array1,array2)

Array1 첫째 배열이나 데이터 영역이다.

Array2 둘째 배열이나 데이터 영역이다.

- 인수는 숫자나 숫자를 포함한 이름, 배열, 참조 영역 등이어야 한다.
- 문자열, 논리값, 빈 셀 등을 포함하는 배열이나 참조 영역의 인수값은 무시되지만 0 값을 갖는 셀은 포함된다.
- array1 또는 array2의 데이터 요소 개수가 두 개 미만이면 #DIV/0! 오류

예제 FTEST({6, 7, 9, 15, 21}, {20, 28, 31, 38, 40})=0.648318

G

GAMMADIST

감마 확률 분포값을 구한다. 이 함수를 사용하여 한쪽으로 몰리는 확률 분포의 변량을 연구할 수 있다. 감마 분포는 대기 행렬 분석에 주로 사용한다.

구문 GAMMADIST(x,alpha,beta,cumulative)

X 확률 분포를 계산하려는 변량의 값이다.

Alpha 분포의 매개 변수

Beta 분포의 매개 변수로서 beta=1이면 표준 감마 분포의 확률이 구해진다.

Cumulative 함수 형태를 결정하는 논리값으로서 cumulative가 TRUE이면 누적 분포 함수값을, FALSE이면 확률

밀도 함수값을 구한다.

- x, alpha, beta 등이 숫자가 아니면 #VALUE! 오류
- x가 음수이면 #NUM! 오류
- alpha가 0 이하이거나 beta가 0 이하이면 #NUM! 오류
- 감마 분포식은 다음과 같다.

$$f(x;\alpha,\beta)=\frac{1}{\beta^{\alpha}\Gamma(\alpha)}x^{\alpha-1}e^{-x/\beta}$$

- 표준 감마 분포식은 다음과 같다.

$$f(x;\alpha)=\frac{x^{\alpha-1}e^{-x}}{\Gamma(\alpha)}$$

- alpha=1이면 $\lambda=\frac{1}{\beta}$ 인 경우의 지수 분포의 확률을 구한다.
- 양의 정수 n에 대하여 alpha=n/2, beta=2, cumulative=TRUE이면 자유도 n인 (1 − CHIDIST(x))를 구한다.
- alpha가 양의 정수이면 얼랭(Erlang) 분포의 확률이 구해진다.

| 예제 | GAMMADIST(10, 9, 2, FALSE)=0.032639
GAMMADIST(10, 9, 2, TRUE)=0.068094

GAMMAINV

감마 누적 분포 함수의 역함수 값을 구한다. p=GAMMADIST(x, …)이면 GAMMAINV(p, …)=x이다. 이 함수를 사용하여 한쪽으로 몰리는 확률 분포의 변량을 연구할 수 있다.

| 구문 | GAMMAINV(probability, alpha, beta)
Probability 감마 분포와 관련된 변량의 확률

Alpha	분포의 매개 변수
Beta	분포의 매개 변수로서 beta=1이면 표준 감마 분포의 확률이 구해진다.

- 인수가 숫자가 아니면 #VALUE! 오류
- probability가 음수거나 1보다 크면 #NUM! 오류
- alpha가 0이하이거나 beta가 0이하이면 #NUM! 오류
- GAMMAINV 함수는 반복 계산을 사용한다. 주어지면 결과가 ±3x10-7의 오차 범위에 들어올 때까지 반복 계산한다. 100번 반복 계산 후에도 값이 수렴하지 않으면 #N/A 오류

| 예제 | GAMMAINV(0.068094, 9, 2)=10

GAMMALN

감마 함수 G(x)의 자연 로그를 구한다.

| 구문 | GAMMALN(x)

X GAMMALN을 계산하려는 값이다.

- x가 숫자가 아니면 #VALUE! 오류
- x가 0 이하이면 #NUM! 오류
- i가 정수일 때 수 e의 GAMMALN(i) 멱은 (i - 1)!과 같다.
- GAMMALN 함수식은 다음과 같다.

$$f(x)=\ln(\Gamma(x))$$

여기서

$$\Gamma(x)=\int_0^\infty e^{-u}u^{x-1}du$$

| 예제 | GAMMALN(4) = 1.791759

EXP(GAMMALN(4)) = 6 또는 (4 - 1)!

GEOMEAN

양수 데이터 배열 또는 참조 영역에 대한 기하 평균을 구한다. 예를 들어, GEOMEAN 함수를 사용하여 주어진 변동 이율의 평균 증가를 계산할 수 있다.

| 구문 | GEOMEAN(number1, number2, …, number30)

Number1, number2, … 평균을 계산하기 위한 인수로서, 30개까지 가능하며 인수를 일일이 쓰는 대신 하나의 배열이나 배열 참조를 사용할 수 있다.

- 인수는 숫자나 숫자를 포함한 이름, 배열, 참조 영역 등이어야 한다.
- 문자열, 논리값, 빈 셀 등을 포함하는 배열이나 참조 영역의 인수값은 무시되지만 0 값을 갖는 셀은 포함된다.
- 데이터 요소가 0 이하이면 #NUM! 오류
- 기하 평균을 구하는 식은 다음과 같다.

$$\sqrt[n]{x_1 x_2 x_3 \cdots x_n}$$

| 예제 | GEOMEAN(4, 5, 8, 7, 11, 4, 3) = 5.476987

GROWTH

기존의 데이터로 예측되는 지수 성장을 구할 수 있으며, 기존의 x 값과 y 값을 사용하여 지정한 일련의 새로운 x 값에 대한 y 값을 구한다. GROWTH 워크시트를 사용하여 기존의 x 값과 y 값의 지수 곡선을 구할 수 있다.

‖구문‖ GROWTH(known_y's, known_x's, new_x's, const)

Known_y's y=b*mx의 관계식에서 이미 알려진 y값이다.

- 배열 known_y's가 한 열에 있으면 known_x's의 각 열은 개별 변수로서 해석된다.
- 배열 known_y's가 한 행에 있으면 known_x's의 각 행은 개별 변수로서 해석된다.
- known_y's의 수가 0이거나 음수이면 #NUM! 오류

Known_x's $y=b*m^x$의 식에서 이미 알 수 있는 x값의 집합으로 생략할 수 있는 인수이다.

- 배열 known_x's는 하나 이상의 변수 집합을 포함할 수 있다. 하나의 변수만 사용되고 known_y's와 known_x's가 같은 차원이면 어떤 모양의 영역도 될 수 있다. 하나 이상의 변수가 사용되는 경우 known_y's는 벡터(한 행의 높이 또는 한 열의 너비를 가진 영역)이어야 한다.
- known_x's가 생략되면 known_y's와 크기가 같은 배열{1,2,3, …}을 가정한다.

New_x's GROWTH 함수로 y값을 구하려는 새 x값이다.

- New_x's는 known_x's처럼 각 독립변수를 위한 열/행을 포함해야 한다.

known_y's가 하나의 열이면 known_x's와 new_x's는 서로 같은 수의 열을 가져야 한다. known_y's가 하나의 행이면 known_x's와 new_x's는 서로 같은 수의 행을 가져야 한다.

- new_x's 를 생략하면 known_x's와 같은 것으로 간주된다.
- known_x's와 new_x's를 생략하면 known_y's와 같은 크기의 배열 {1, 2, 3, …}으로 간주된다.

Const 상수 b가 1과 같아지도록 할 것인지를 정의하는 논리값이다.

- const가 TRUE이거나 생략되면 b는 값대로 계산한다.
- const가 FALSE이면 b는 1과 같아지고 m값은 $y=m^x$가 되도록

조정된다.

- 셀의 개수를 맞게 선택한 다음 배열을 구하는 식은 배열 공식으로 입력해야 한다.
- known_x's와 같은 인수에 대하여 배열 상수를 입력할 때 콤마를 사용하여 같은 행에 있는 값을 구분하고 세미콜론을 사용하여 행을 구분한다.

|예제| 이 예제에서는 LOGEST 예제와 같은 데이터를 사용한다. 11개월부터 16개월까지의 판매량은 각각 33,100, 47,300, 69,000, 102,000, 150,000, 220,000 개이다. 이 값들은 UnitsSold라는 6개의 셀에 입력된다.

배열식으로 입력되었을 때 다음 식은 앞의 6개월 간의 판매량을 기준으로 17개월째와 18개월째의 판매를 예측할 수 있다.

GROWTH(UnitsSold, {11 ; 12 ; 13 ; 14 ; 15 ; 16}, {17 ; 18})={320, 197 ; 468, 536}

이러한 추세가 계속된다면 17개월째와 18개월째의 판매량은 각각 320197, 468536 개가 될 것이다.

x값 인수로 다른 순차 번호를 사용해도 예상 판매량은 같다. 예를 들어, known_x's의 기본값 {1 ; 2 ; 3 ; 4 ; 5 ; 6}을 사용할 수 있다.

GROWTH(UnitsSold, {7 ; 8},)={320197 ; 468536}

H

HARMEAN

데이터 집합의 조화 평균을 구한다.

|구문| HARMEAN(number1, number2, …, number30)

Number1, number2, … 평균 계산에 사용하는 인수로서, 30개까지 지정할 수 있으며 인수를 콤마로 구분하는 대신 하나의 배열이나 배열 참조를 사용할 수 있다.

- 인수는 숫자나 숫자를 포함한 이름, 배열, 참조 영역 등이어야 한다.
- 문자열, 논리값, 빈 셀 등을 포함하는 배열이나 참조 영역의 인수값은 무시되지만 0 값을 갖는 셀은 포함된다.
- 데이터 요소가 0 이하이면 #NUM! 오류
- 조화 평균은 항상 기하 평균보다 작고 기하 평균은 산술 평균보다 작다.
- 조화 평균을 구하는 식은 다음과 같다.

$$\frac{1}{H_x} = \frac{1}{n}\sum_{i=1}^{n}\frac{1}{x_i}$$

| 예제 | HARMEAN(4, 5, 8, 7, 11, 4, 3) = 5.028376

HYPGEOMDIST

초기하 분포의 확률을 구한다. HYPGEOMDIST는 주어진 표본의 크기, 모집단의 성공 도수와 크기에 대하여 주어진 표본의 성공 도수가 출현할 확률을 구한다. 각 사건의 결과가 성공 또는 실패이고, 주어진 크기의 모집단에서 각 부분집합 표본을 동등하게 추출하는 유한 모집단의 문제에 이 함수를 사용한다.

| 구문 | HYPGEOMDIST(sample_s, number_sample, population_s, number_ population)

Sample_s 표본에서의 성공 도수이다.

Number_sample 표본 크기이다.

Population_s 모집단에서의 성공 도수이다.

Number_population 모집단 크기이다.

- 모든 인수는 정수로 변환

- 인수가 숫자가 아니면 #VALUE! 오류
- sample_s가 음수이거나 number_sample과 population_s중 작은 값보다 크면 #NUM! 오류
- sample_s가 0과 (number_sample − number_population − population_s) 중에서 큰 값보다 작으면 #NUM! 오류
- number_sample < 0거나 number_sample > number_population이면 #NUM! 오류
- population_s < 0거나 population_s > number_population이면 #NUM! 오류
- number_population < 0이면 #NUM! 오류
- 초기하 분포 식은 다음과 같다.

$$P(X=x)=h(x\ ;\ n,M,N)=\frac{\binom{M}{x}\binom{N-M}{n-x}}{\binom{N}{n}}$$

여기서

x = sample_s

n = number_sample

M = population_s

N = number_population

HYPGEOMDIST 함수는 유한 모집단에서 표본이 비복원으로 추출될 때 사용된다.

| 예제 | 시식용 초코렛 20개 중에서 8개는 카라멜이고 나머지는 땅콩이라면 한 사람이 임의로 4개를 선택했을 때 정확하게 1개가 카라멜일 확률을 다음과 같이 구한다.

HYPGEOMDIST(1, 4, 8, 20) = 0.363261

5}) = 0.0483871

INTERCEPT

Known_x's와 Known_y's의 데이터 요소로 이루어진 선형 회귀선의 절편을 구한다. 절편은 known_x's와 known_y's의 값으로 이루어진 회귀선이 y축과 만나는 점이다. 독립변수의 값이 0일 때 종속변수의 값을 결정하려는 경우에 절편을 사용한다. 예를 들어 데이터가 상온이나 그 이상의 온도에서 측정된 경우 INTERCEPT를 사용하여 0도에서의 금속의 전기 저항을 예측할 수 있다.

구문 INTERCEPT(known_y's, known_x's)

Known_y's 관찰값이나 데이터의 종속변수 집합

Known_x's 관찰값이나 데이터의 독립변수 집합

- 인수는 숫자이거나 숫자가 들어 있는 이름, 배열, 참조 영역이어야 한다.
- 배열이나 참조 영역 인수에 들어 있는 문자열, 논리값, 빈 셀 등은 무시된다. 그러나 0값을 가진 셀은 포함된다.
- Known_y's와 Known_x's에 서로 다른 개수의 데이터 요소가 들어 있거나 데이터가 들어 있지 않은 경우 #N/A 오류
- 회귀선 절편을 구하는 식은 다음과 같다.

$$a = \overline{y} - b\overline{x}$$

$$b = \frac{S_{xy}}{S_{xx}} = \frac{\sum_{i=1}^{n}(x_i - \overline{x})(y_i - \overline{y})}{\sum_{i=1}^{n}(x_i - \overline{x})^2}$$

예제 INTERCEPT({2, 3, 9, 1, 8}, {6, 5, 11, 7, 5})=0.0483871

K

KURT

데이터의 첨도를 구한다. 첨도란 분포의 뾰족한 정도를 정규 분포와 비교하여 나타내는 것으로 양의 첨도는 상대적으로 더 뾰족하고 음의 첨도는 덜 뾰족하다.

| 구문 | KURT(number1, number2, …, number30)

Number1, number2, … 첨도를 계산할 인수로서 30개까지 지정할 수 있으며 콤마를 사용하여 각각의 인수를 구별하는 대신 하나의 배열이나 배열 참조를 사용할 수 있다.

- 인수는 숫자나 숫자를 포함한 이름, 배열, 참조 영역 등이어야 한다.
- 문자열, 논리값, 빈 셀 등을 포함하는 배열이나 참조 영역의 인수 값은 무시되지만 0 값을 갖는 셀은 포함된다.
- 데이터 요소가 4개 미만이거나 표본의 표준 편차가 0이면 #DIV/0! 오류.
- 첨도는 다음과 같이 정의한다.

$$\left\{\frac{n(n+1)}{(n-1)(n-2)(n-3)}\sum\left(\frac{x_i-\overline{x}}{s}\right)^4\right\}-\frac{3(n-1)^2}{(n-2)(n-3)}$$

여기서 s는 표본의 표준 편차이다.

| 예제 | KURT(3, 4, 5, 2, 3, 4, 5, 6, 4, 7)=−0.1518

L

LARGE

데이터 집합에서 k번째로 큰 값을 구한다. 이 함수를 사용하여 상대 순위 값을 선택할 수 있다. 예를 들어, LARGE 함수를 사용하여 1등, 2등, 3등의 점수를 구할 수 있다.

| 구문 | LARGE(array, k)

Array　k번째 큰 값을 결정할 데이터 배열 또는 범위이다.

K　데이터의 배열이나 셀 범위에서 가장 큰 값과의 상대 순위이다.

- array가 비어 있으면 #NUM! 오류
- k가 0 이하이거나 데이터 요소 개수보다 크면 #NUM! 오류

n이 범위에 있는 데이터 요소 개수이면, LARGE(array,1)은 가장 큰 값을 LARGE(array,n)은 가장 작은 값을 구한다.

| 예제 | LARGE({3, 4, 5, 2, 3, 4, 5, 6, 4, 7}, 3)=5

LARGE({3, 4, 5, 2, 3, 4, 5, 6, 4, 7}, 7)=4

LINEST

데이터에 가장 적합한 직선을 구하는 "최소 자승법"을 사용하여 구한다. 이 함수는 배열값을 구하므로 배열식으로 입력해야 한다.
선의 방정식은 다음과 같다.

$$y = mx + b \text{ 또는 } y = m1x1 + m2x2 + \cdots + b$$

(x값의 범위가 여러 개일 때)

여기서 종속변수 y는 독립변수 x의 함수이다. m 값은 x의 계수이고 b는 상수이다. x, y, m은 벡터가 될 수 있다. LINEST 함수는 {mn, mn-1, …, m1, b} 배열을 구하며 또한 추가의 회귀 통계를 구할 수 있다.

구문

LINEST(known_y's, known_x's, const, stats)

Known_y's　　y=mx+b 식에서 이미 알고 있는 y 값의 집합이다.

- 배열 known_y's가 한 열에 있으면 known_x's의 각 열은 개별 변수로 해석된다.
- 배열 known_y's가 한 행에 있으면 known_x's의 각 행은 개별 변수로 해석된다.

Known_x's　　y=mx+b 식에서 이미 알고 있는 x 값의 집합으로서 생략할 수 있다.

- 배열 known_x's는 하나 이상의 변수 집합을 포함할 수 있다. 하나의 변수만 사용하고 known_y's와 known_x's가 같은 차원이면 어떤 형태의 영역도 될 수 있다. 둘 이상의 변수를 사용할 때 known_y's는 벡터(한 행의 높이 또는 한 셀의 너비를 가진 영역)이어야 한다.
- known_x's를 생략하면 known_y's와 같은 크기의 배열 {1, 2, 3, …}로 간주한다.

Const　　상수 b를 0으로 할 것인지를 결정하는 논리값이다.

- const가 TRUE거나 생략되면 b는 값대로 계산된다.
- const가 FALSE이면 b는 0으로 지정되고 m 값은 y=mx에 맞게 조정된다.

Stats　　추가의 회귀 통계량을 구할지의 여부를 정의하는 논리값이다.

- stats가 TRUE이면 LINEST 함수는 추가 회기 통계량을 구하여 {mn, mn−1, …, m1, b ; sen, sen−1, …, se1, seb ; r2, sey ; F, df ; ssreg, ssresid}를 나타낸다.
- stats가 FALSE이거나 생략되면 m 계수값과 상수 b만을 구한다.

추가의 회귀 통계량은 다음과 같다.

se1, se2, …, sen　계수 m1, m2, …, mn에 대한 표준 오차값이다.

Seb 상수 b에 대한 표준 오차값(const가 FALSE이면 seb=#N/A)이다.

r2 결정계수로서 y값의 추정값과 실제값을 비교하며 범위는 0과 1 사이이다. 계수가 1이면 표본은 완전한 상관 관계가 성립하고 추정값과 실제값은 아무런 차이가 없다. 결정계수가 0이면 그 회귀 방정식은 y값을 예상하는데 아무런 도움이 되지 못한다. r2의 계산 방법은 이 주제의 "주의" 부분을 참고하라.

sey y 추정값에 대한 표준 오차이다.

F F 통계량 또는 F－관측값으로서 F 통계량을 사용하여 종속변수와 독립변수 사이에서 관측된 관계가 우연히 발생된 것인지를 판단할 수 있다.

df 자유도로서 통계표에서 F 임계값 찾기를 쉽게 해 줍니다. 모델에 대한 신뢰도를 판단하기 위해 LINEST 함수로 구한 F 통계량과 표에서 찾은 값들을 비교한다.

ssreg 회기 제곱의 합이다.

ssresid 잔차 제곱의 합이다.

|예제 1| 기울기와 Y 절편

LINEST({1, 9, 5, 7}, {0, 4, 2, 3})={2, 1}, 기울기는 2 이고 y 절편은 1이다.

|예제 2| 단순 선형 회귀

어떤 작은 회사에서 어느 회계 연도의 6개월간 판매 실적이 3,100, 4,500, 4,400, 5,400, 7,500, 8,100일 경우, 값을 B2：B7에 입력했다면 9개월간의 판매 실적을 추정하기 위하여 다음과 같은 단순 선형 회귀모형을 사용할 수 있다.

SUM(LINEST(B2：B7)*{9, 1})=SUM({1000, 2000}*{9, 1})=

11,000

일반적으로 SUM({m, b}*{x, 1})=mx+b로, 주어진 x 값에 대응하는 y 추정값과 같다.

LOGEST

회귀 분석에서 데이터에 맞는 지수 곡선을 계산하여 그 곡선을 설명하는 배열을 구한다. 이 함수는 값을 배열로 나타내므로 배열 수식으로 입력해야 한다.
지수 방정식은 다음과 같다.

y=b*m^x 또는 y=(b*(m1^x1)*(m2^x2)*…)(x 값이 여러 개인 경우)

여기에서 종속변수 y값은 독립변수 x값의 함수이다. m값은 각 지수 x값에 해당하는 밑이고 b는 상수 값이다. y, x, m은 벡터일 수도 있다. LOGEST가 구하는 배열은 {mn, mn-1, …, m1, b}이다.

구문 LOGEST(known_y's, known_x's, const, stats)

예제 10개월 동안 판매가 부진한 이후, 시장에 새 상품을 내놓고 기하 급수적인 매출 신장을 하여 6개월 동안 연속하여 매출은 매월 33,100, 47,300, 69,000, 102,000, 150,000, 220,000 단위로 증가하였고 이 값이 UnitsSold라는 6개의 셀에 입력된다고 할 때 다음 수식을 입력하면

LOGEST(UnitsSold, {11 ; 12 ; 13 ; 14 ; 15 ; 16}, TRUE, TRUE)

셀 D1 : E5에 다음과 같은 결과가 발생된다.

{1.46327563, 495.30477 ; 0.0026334, 0.03583428 ; 0.99980862, 0.01101631 ; 20896.8011, 4 ; 2.53601883, 0.00048544}

y=b*m1^x1 또는 배열에서 값을 사용하면 다음과 같다.

y=495.3 * 1.4633^x

이 방정식에서 x에 월 수를 대입하여 앞으로의 월 매출을 예측할 수 있으며 GROWTH 함수를 사용할 수도 있다. (자세한 내용은 GROWTH를 참고.)

추가로 회귀 통계치(위의 출력 배열에서 셀 D2 : E5)를 사용하여 미래 값을 예측하는 데 방정식이 유용하다.

주의 : LOGEST를 사용하여 방정식을 검사하는 방법은 LINEST를 사용하는 방법과 유사하다. 그러나 LOGEST가 구하는 추가 통계치는 다음과 같은 선형 모델을 기초로 한다.

ln y=x1 ln m1 + … + xn ln mn + ln b

추가로 통계치를 계산할 때, 특히 sei 와 seb 값은 mi 와 b가 아니라 ln mi 와 ln b에 비교되어야 한다.

LOGINV

ln(x)가 매개변수 mean과 standard_dev으로 정규 분포될 때 x의 로그 정규 누적 분포의 역함수값을 구한다. p=LOGNORMDIST(x, ...)면 LOGINV(p, ...)=x이다. 로그 정규 분포를 사용하여 로그값으로 변형된 데이터를 분석한다.

구문 LOGINV(probability, mean, standard_dev)

Probability	로그 정규 분포와 연관된 확률
Mean	ln(x)의 평균이다.
Standard_dev	ln(x)의 표준 편차이다.

- 숫자가 아닌 인수가 있으면 #VALUE! 오류
- Probability < 0 또는 Probability > 1이면 #NUM! 오류
- Standard_dev ≤ 0이면 #NUM! 오류

| 예제 | LOGINV(0.039084, 3.5, 1.2)=4.000014

LOGNORMDIST

ln(x)가 매개 변수 mean과 standard_dev를 가진 정규 분포일 때 x의 로그 정규 누적 분포의 확률을 구한다. 이 함수를 사용하여 로그로 변환된 데이터를 분석한다.

| 구문 | LOGNORMDIST(x, mean, standard_dev)

X	함수를 구하려는 값이다.
Mean	ln(x)의 평균이다.
Standard_dev	ln(x)의 표준 편차이다.

- 인수가 숫자가 아니면 #VALUE! 오류
- x가 0 이하이거나 standard_dev가 0 이하이면 #NUM! 오류

| 예제 | LOGNORMDIST(4, 3.5, 1.2)=0.039084

M

MAX

인수 목록에서 최대값을 구한다.

| 구문 | MAX(number1, number2, …, number30)

Number1, number2, … 최대값을 찾기 위한 인수로 30개까지 정의할 수 있다.

- 숫자, 빈 셀, 논리값 또는 숫자로 표시되는 문자열을 인수로 정의할 수 있다.
  인수가 오류값 또는 숫자로 변환할 수 없는 문자열이면 오류가 발생한다.

- 인수가 배열 또는 참조 영역이면 배열 또는 참조 영역의 숫자만 사용되며 빈 셀, 논리값, 문자열, 오류값은 무시된다. 논리값과 문자열을 무시하지 않으려면 MAXA를 사용한다.
- 인수가 숫자를 포함하지 않을 때, MAX의 결과는 0이 된다.

| 예제 | A1 : A5에 10, 7, 9, 27, 2가 저장되었으면 다음과 같다.

MAX(A1 : A5)=27

MAX(A1 : A5, 30)=30

MAXA

인수 목록에서 최대값을 구한다. 숫자 뿐아니라 문자열과 TRUE와 FALSE 같은 논리값도 비교된다.

MAXA 함수와 MINA 함수는 유사하다.

| 구문 | MAXA(value1, value2, …, value30)

Value1, Value2, … 최대값을 찾을 인수로서 30개까지 정의할 수 있다.

- 숫자, 빈 셀, 논리값, 숫자로 표시한 문자열 등을 인수로 정의할 수 있다.
  인수가 오류 값을 가지면 오류가 발생한다. 계산에 문자열, 논리값이 없으면 MAX 워크시트 함수를 사용한다.
- 인수가 배열이나 참조 영역이면 배열이나 참조 영역의 숫자만 사용되고 빈 셀과 문자열은 무시된다.
- 인수가 TRUE면 1이 되고 문자열이나 FALSE면 0이 된다.
- 인수가 배열이나 참조 영역이면 배열이나 참조 영역의 숫자만 사용되고 빈 셀, 논리값, 문자열, 오류값 등은 무시된다.

| 예제 | A1 : A5에 10, 7, 9, 27, 2가 들어있으면

MAXA(A1 : A5)=27이고

MAXA(A1 : A5,30)=30이다.

A1 : A5에 0, 0.2, 0.5, 0.4, TRUE가 들어있으면

MAXA(A1 : A5)=1이다.

MEDIAN

주어진 수들의 중앙값을 구한다. 중앙값은 수 집합에서 가운데에 있는 수이다. 즉, 수의 반은 중앙값보다 큰 값을 갖고 나머지 반은 중앙값보다 작은 값을 갖는다.

구문 MEDIAN(number1, number2, …, number30)

Number1, number2, … 중앙값을 구할 숫자들이다. 30개까지 사용할 수 있다.

- 인수는 숫자이거나 숫자가 들어 있는 이름, 배열, 참조 영역이어야 한다. 각 참조 영역이나 배열 인수의 숫자가 모두 검사된다.
- 배열이나 참조 영역 인수에 들어 있는 문자열, 논리값, 빈 셀 등은 무시된다. 그러나 0값을 가진 셀은 포함된다.
- 숫자 집합에 있는 수의 개수가 짝수면, MEDIAN은 가운데에 있는 두 수의 평균을 계산한다.

예제 MEDIAN(1, 2, 3, 4, 5)=3

MEDIAN(1, 2, 3, 4, 5, 6)=3.5 (3과 4의 평균)

MIN

인수 목록에서 가장 작은 수를 구한다.

구문 MIN(number1, number2, …, number30)

Number1, number2, … 최소값을 구할 숫자들이다. 30개까지 사용할 수 있다.

- 인수로 숫자, 빈 셀, 논리값, 숫자의 문자열 표시 등을 지정할 수 있다.
- 오류값이나 숫자로 번역될 수 없는 문자열을 인수로 사용하면 오류가 발생한다.
- 인수가 배열이나 참조 영역이면 배열이나 참조 영역의 숫자만이 사용된다.
- 배열이나 참조 영역의 빈 셀, 논리값, 문자열, 오류값은 무시된다.
- 인수에 숫자가 들어있지 않으면 MIN은 0을 표시한다.

| 예제 | A1 : A5에 10, 7, 9, 27, 2가 들어 있으면

MIN(A1 : A5)＝2

MIN(A1 : A5, 0)＝0

MIN은 MAX와 유사하다.

MINA

인수 목록에서 가장 작은 수를 구한다. 숫자 뿐아니라 문자열과 TRUE와 FALSE 같은 논리값도 비교된다.

| 구문 | MINA(value1, value2, …, value30)

Value1, value2, … 최소값을 찾을 인수로서 30개까지 정의할 수 있다.

- 숫자, 빈 셀, 논리값, 숫자로 표시한 문자열 등을 인수로 정의할 수 있다.
- 인수가 오류 값을 가지면 오류가 발생한다. 계산에 문자열이나 논리값이 없으면 MIN 워크시트 함수를 사용한다.
- 인수가 배열이나 참조 영역이면 배열이나 참조 영역의 숫자만 사

용되고 빈 셀, 문자열은 무시된다.

- 인수가 TRUE면 1이 되고 문자열이나 FALSE면 0이 된다.
- 인수가 아무 값도 가지지 않으면 0값을 구한다.

| 예제 | A1 : A5에 10, 7, 9, 27, 2가 들어있으면
MINA(A1 : A5)=2이고
MINA(A1 : A5, 0)=0이다.
A1 : A5에 FALSE, 0.2, 0.5, 0.4, 0.8이 들어있으면
MINA(A1 : A5)=0이다.
MINA 함수와 MAXA 함수는 유사하다.

MODE

배열이나 데이터 범위에서 가장 빈도수가 높은 값을 구한다.

| 구문 | MODE(number1, number2, …, number30)
Number1, number2, … 최빈값을 계산할 인수로서, 30개까지 사용할 수 있다. 콤마로 구분된 인수 대신에 단일 배열이나 배열의 참조 영역을 사용할 수 있다.

- 인수는 숫자이거나 숫자가 들어 있는 이름, 배열, 참조 영역이어야 한다.
- 배열이나 참조 영역 인수에 들어 있는 문자열, 논리값, 빈 셀 등은 무시된다. 그러나 0값을 가진 셀은 포함된다.
- 데이터 집합에 중복되는 데이터 요소가 없으면 #N/A 오류

| 예제 | MODE({5.6, 4, 4, 3, 2, 4})=4

N

NEGBINOMDIST

음의 이항 분포의 확률을 구한다. NEGBINOMDIST 함수는 일정한 성공 확률이 probability_s일 때 number_s번째 성공 전에 number_f 실패일 확률을 구한다. 성공 횟수가 일정하고 시행 횟수가 가변적인 것을 제외하고는 이항 분포와 비슷하며 이항 분포와 같이 독립 시행이다.

예를 들어, 반사 능력이 뛰어난 사람을 10명 찾으려고 할 때 이런 능력을 가진 사람의 확률이 0.3이라고 하면, NEGBINOMDIST 함수는 자격을 갖춘 10명을 모두 발견하기 전에 자격을 갖추지 못한 어떤 수의 후보자들을 면접할 확률을 계산할 수 있다.

| 구문 | NEGBINOMDIST(number_f, number_s, probability_s)

Number_f	실패 횟수
Number_s	성공의 한계값이다.
Probability_s	성공 확률

- Number_f와 number_s는 정수로 변환
- 인수가 숫자가 아니면 #VALUE! 오류
- probability_s < 0거나 probability > 1이면 #NUM! 오류
- (number_f + number_s − 1) ≤ 0이면 #NUM! 오류

| 예제 | NEGBINOMDIST(10, 5, 0.25)=0.055049

NORMDIST

정규분포의 누적의 확률을 구한다. 이 함수는 가설 검정 등 통계의 광범위한 영역에서 응용된다.

| 구문 | NORMDIST(x, mean, standard_dev, cumulative)

X	확률 분포를 구하려는 변량의 값이다.
Mean	확률 분포의 산술 평균이다.
Standard_dev	확률 분포의 표준 편차이다.
Cumulative	함수의 형태를 결정하는 논리값으로서 TRUE이면 NORMDIST는 누적 분포 함수를 FALSE이면 X 값에 대한 확률밀도함수 값을 구한다.

- mean이나 standard_dev가 숫자가 아니면 #VALUE! 오류
- standard_dev가 0 이하이면 #NUM! 오류
- mean=0이고 standard_dev=1이면 표준 정규 분포인 NORMSDIST 함수가 표시된다.

| 예제 | NORMDIST(42, 40, 1.5, TRUE)=0.908789

NORMINV

지정한 평균과 표준 편차에 대한 누적 정규 분포의 역함수 값을 구한다.

| 구문 | NORMINV(probability, mean, standard_dev)

Probability	분포에 따른 변량의 확률값이다.
Mean	분포의 산술 평균이다.
Standard_dev	분포의 표준 편차이다.

- 인수가 숫자가 아니면 #VALUE! 오류.
- probability < 0거나 probability > 1이면 #NUM! 오류
- standard_dev이 0 이하이면 #NUM! 오류
- mean=0이고 standard_dev=1이면 표준 정규 분포와 같다. (NORMSINV 참고).
- 확률값이 주어지면 $\pm 3 \times 10^{-7}$의 오차 범위에 들어올 때까지 반복 계산을 한다. 100번 반복 계산 후에도 수렴하지 않으면 #N/A 오류

| 예제 | NORMINV(0.908789, 40, 1.5)=42

P

PEARSON

−1.0에서 1.0까지의 값을 가지며 두 데이터 집합 사이의 선형 관계를 나타내는 피어슨의 곱 적률 상관 계수(표본상관계수) r을 구한다.

| 구문 | PEARSON(array1, array2)

Array1 독립 변량의 집합이다.

Array2 종속 변량의 집합이다.

- 인수는 숫자나 숫자를 포함한 이름, 배열 상수, 참조 영역이어야 한다.
- 문자열, 논리값, 빈 셀을 포함하는 배열이나 참조 영역 인수값은 무시되지만 0값을 갖는 셀은 포함된다.
- array1과 array2가 비어 있거나 데이터 요소 개수가 다르면 #N/A 오류

| 예제 | PEARSON({9, 7, 5, 3, 1}, {10, 6, 1, 5, 3})=0.699379

PERCENTILE

범위에서 k번째 백분위수 값을 구한다. 이 함수를 사용하여 수용 한계값을 정할 수 있다. 예를 들어 90번째 백분위수 점수 이상의 후보들을 검색하도록 할 수 있다.

| 구문 | PERCENTILE(array, k)

Array 상대 순위를 정의하는 데이터 배열 또는 범위이다.

K 0에서 1까지 백분위수 값 범위이다.

- array가 비어 있거나 8191개 이상의 데이터를 포함하면 #NUM! 오류

- k가 숫자가 아니면 #VALUE! 오류
- k < 0거나 k > 1이면 #NUM! 오류
- k가 1/(n − 1)의 배수가 아니면 보간법을 사용하여 k번째 백분위수의 값을 결정한다.

예제 PERCENTILE({1, 2, 3, 4}, 0.3)=1.9

PERCENTRANK

데이터 집합에서 백분율 순위를 구한다. 이 함수를 사용하여 데이터 집합에서 관측값의 상대 순위를 구할 수 있다. 예를 들어, PERCENTRANK 함수로 적성 검사 점수를 모집단으로 하여 점수의 상대 순위를 구할 수 있다.

구문 PERCENTRANK(array, x, significance)

Array	상대 순위를 정의하는 숫자 값의 배열 또는 범위이다.
X	순위를 알고자 하는 값이다.
Significance	백분율 값의 유효숫자를 정의하는 값으로서, 생략하면 PERCENTRANK는 세 자리(0.xxx%)의 유효 숫자를 사용한다.

- array가 비어 있으면 #NUM! 오류
- significance < 1이면 #NUM! 오류
- x와 일치하는 배열 값이 없으면 보간법을 사용하여 정확한 백분율 순위를 구한다.

예제 PERCENTRANK({1, 2, 3, 4, 5, 6, 7, 8, 9, 10},4)=0.333

PERMUT

숫자 개체들 중에서 주어진 개수의 개체를 선택하여 만들 수 있는 순열의 수를 구한다. 순열은 나열 순서가 분명한 개체 또는 사건의 집합이거나 부분 집합이다. 순열은 나열 순서가 분명하지 않은 조합과 다르다. 이 함수를 사용하여 복권 유형의 확률을 계산한다.

| 구문 | PERMUT(number, number_chosen)

Number	개체 수를 나타내는 정수이다.
Number_chosen	각 순열의 개체 수를 나타내는 정수이다.

- 두 인수 모두 정수로 변환
- number나 number_chosen이 숫자가 아니면 #VALUE! 오류
- number ≤ 0거나 number_chosen < 0이면 #NUM! 오류
- number < number_chosen이면 #NUM! 오류

| 예제 | 복권에 당첨될 승산을 계산할 때 각 복권은 0에서 99까지의 3개의 수를 가진다면 다음 함수는 가능한 순열의 수를 계산한다.

PERMUT(100, 3) = 970,200

POISSON

포아송 분포의 확률값을 구한다. 포아송 분포를 사용하여 유료 주차장에 1분 동안 도착하는 자동차의 수를 알아보는 것처럼 지정 시간에 일어나는 사건을 예측할 수 있다.

| 구문 | POISSON(x, mean, cumulative)

X	사건의 수이다.
Mean	기대값이다.
Cumulative	구하는 확률 분포의 형태를 결정하는 논리값으

로서 TRUE이면 발생한 임의의 사건 수가 0에서 x 사이에 있는 누적 포아송 확률 분포 함수를 구하고, FALSE이면 사건 발생수가 정확히 x개인 포아송 확률 밀도 함수를 구한다.

- x가 정수가 아니면 정수로 변환
- mean이 숫자가 아니면 #VALUE! 오류
- x가 0 이하이면 #NUM! 오류
- mean이 0 이하이면 #NUM! 오류

예제
POISSON(2, 5, FALSE)=0.084224
POISSON(2, 5, TRUE)=0.124652

PROB

범위의 두 한계값 사이에 값이 들어갈 확률을 구한다. upper_limit이 정의되지 않으면, x_range의 값이 lower_limit과 같을 확률

구문
PROB(x_range, prob_range, lower_limit, upper_limit)

X_range	확률과 관련된 변량 x의 범위이다.
Prob_range	x_range의 값과 관련된 확률의 집합이다.
Lower_limit	확률을 구하려는 범위의 하한값
Upper_limit	확률을 구하려는 범위의 상한값

- prob_range의 값이 0 이하이거나 1보다 크면 #NUM! 오류
- prob_range의 값의 합이 1이 아니면 #NUM! 오류
- upper_limit를 생략하면 PROB의 결과는 값이 lower_limit일 확률과 같다.
- x_range와 prob_range의 데이터 개수가 다르면 #N/A 오류

| 예제 | PROB({0, 1, 2, 3}, {0.2, 0.3, 0.1, 0.4}, 2)=0.1

PROB({0, 1, 2, 3}, {0.2, 0.3, 0.1, 0.4}, 1, 3)=0.8

Q

QUARTILE

데이터 집합의 사분위수를 구한다. 사분위수는 판매 자료나 조사 자료의 모집단을 몇 개의 그룹으로 나눌 때 사용한다. 예를 들어, QUARTILE 함수를 사용하여 모집단에서 수익이 상위 25%인 자료들을 구할 수 있다.

| 구문 | QUARTILE(array, quart)

Array	사분위수를 구하려는 숫자 값의 배열 또는 셀 범위이다.
Quart	구하려는 사분위수이다.
quart	QUARTILE 함수값
0	최소값
1	제1사분위수 (25번째 백분위수)
2	제2사분위수 (50번째 백분위수)
3	제3사분위수 (75번째 백분위수)
4	최대값

- array가 비어 있거나 데이터가 8,191개보다 많으면 #NUM! 오류
- quart가 정수가 아니면 정수로 변환
- quart < 0거나 quart > 4이면 #NUM! 오류
- quart가 0, 2, 4일 때의 QUARTILE 함수값은 MIN, MEDIAN, MAX 값과 각각 같다.

| 예제 | QUARTILE({1, 2, 4, 7, 8, 9, 10, 12}, 1)=3.5

R

RANK

수의 목록에 있는 어떤 수의 순위를 구한다. 수의 순위는 목록에 있는 다른 수와의 상대 크기를 말한다. 목록을 정렬하면 수의 위치와 순위가 같아질 수 있다.

| 구문 | RANK(number, ref, order)

Number 순위를 구하려는 수이다.

Ref 수 목록의 배열이나 참조 영역으로서, ref에서 숫자가 아닌 값은 무시된다.

Order 순위 결정 방법을 정의하는 수이다.

- order가 0이거나 생략되면 ref가 내림차순으로 정렬된 목록처럼 number의 순위를 부여한다.
- order가 0이 아니면 ref가 올림차순으로 정렬된 목록처럼 number의 순위를 부여한다.
- RANK 함수는 중복된 수에 같은 순위를 부여한다. 그러나 중복된 수가 있으면 다음 수의 순위에 영향을 준다. 예를 들어 정수 목록에서 10이 순위 5로 중복되면 11은 순위 7이 되고 순위 6에 해당하는 숫자는 없다.

| 예제 | A1 : A5에 각각 7, 3.5, 3.5, 1, 2가 들어 있다면 다음과 같다.

RANK(A2, A1 : A5, 1)=3

RANK(A1, A1 : A5, 1)=5

RSQ

known_y's와 known_x's의 데이터 요소에 대하여 피어슨의 곱 적률 상관 계수의 제곱값을 구한다(자세한 내용은 PEARSON을 참고). r 제곱값은 x 분산에 영향을 주는

y 분산의 비율로 해석될 수 있다.

| 구문 | RSQ(known_y's, known_x's)

Known_y's 데이터 배열이나 범위이다.

Known_x's 데이터 배열이나 범위이다.

- 인수는 숫자나 숫자를 포함한 이름, 배열, 참조 영역이어야 한다.
- 문자열, 논리값, 빈 셀을 포함하는 배열 또는 참조 영역의 값은 무시된다. 그러나 0 값을 갖는 셀은 포함된다.
- known_y's와 known_x's가 비어 있거나 데이터 개수가 다르면 #N/A 오류

| 예제 | RSQ({2, 3, 9, 1, 8, 7, 5}, {6, 5, 11, 7, 5, 4, 4})=0.05795

S

SKEW

분포의 왜도를 구한다. 왜도란 평균에 대한 분포의 비대칭 정도를 나타낸다. 왜도가 양수 이면 분포의 비대칭 꼬리가 양의 값 쪽으로 치우쳐 있으며, 왜도가 음수이면 이와 반대이다.

| 구문 | SKEW(number1, number2, …, number30)

Number1, number2… 왜도를 구하려는 1에서 30까지의 인수로서 인수를 구분할 때 콤마 대신 단일 배열이나 참조 영역을 사용할 수 있다.

- 인수는 숫자나 숫자를 포함한 이름, 배열, 참조 영역이어야 한다.
- 문자열, 논리값, 빈 셀을 포함하는 배열 또는 참조 영역의 값은 무시된다. 그러나 0 값을 갖는 셀은 포함된다.
- 데이터 수가 3개 미만이거나 표준 편차가 0이면 #DIV/0! 오류

| 예제 | SKEW(3, 4, 5, 2, 3, 4, 5, 6, 4, 7)=0.359543

SLOPE

known_y's와 known_x's사이의 데이터 요소에 대한 선형 회귀선의 기울기를 구한다. 기울기는 선의 두 점 사이의 수직 거리를 수평 거리로 나눈 회귀선의 변화율이다.

| 구문 | SLOPE(known_y's, known_x's)

Known_y's 종속변수의 셀 배열 또는 범위이다.

Known_x's 독립변수의 집합이다.

- 인수는 숫자나 숫자를 포함한 이름, 배열, 참조 영역이어야 한다.
- 문자열, 논리값, 빈 셀을 포함하는 배열 또는 참조 영역의 값은 무시된다. 그러나 0 값을 갖는 셀은 포함된다.
- known_y's와 known_x's가 비어 있거나 데이터 개수가 다르면 #N/A 오류

| 예제 | SLOPE({2, 3, 9, 1, 8, 7, 5}, {6, 5, 11, 7, 5, 4, 4})=0.305556

SMALL

데이터 집합에서 k번째로 작은 값을 구한다. 이 함수를 사용하여 데이터 집합에서 특정 상대 순위를 갖는 값을 찾을 수 있다.

| 구문 | SMALL(array, k)

Array k번째로 작은 값을 구하기 위한 숫자 데이터의 범위 또는 배열이다.

K 데이터 범위나 배열에서 구하려는 가장 작은 값으로부터의 위치이다.

- array가 비어 있으면 #NUM! 오류
- k가 0 이하이거나 k가 데이터 수를 초과하면 #NUM! 오류
- n이 배열의 데이터 요소 수일 때, SMALL(array,1)은 최소값이고 SMALL(array,n)은 최대값이다.

| 예제 | SMALL({3, 4, 5, 2, 3, 4, 5, 6, 4, 7}, 4)=4

SMALL({1, 4, 8, 3, 7, 12, 54, 8, 23},2)=3

STANDARDIZE

mean과 standard_dev로 특성화된 분포에서 표준화 변수의 값을 구한다.

| 구문 | STANDARDIZE(x, mean, standard_dev)

X	표준화하려는 변량의 값이다.
Mean	분포의 산술 평균이다.
Standard_dev	분포의 표준 편차이다.

- standard_dev가 0 이하이면 #NUM! 오류

| 예제 | STANDARDIZE(42, 40, 1.5)=1.333333

STDEV

표본의 표준 편차를 예측한다. 표준 편차는 데이터들이 평균값에서 벗어나 있는 정도를 나타낸다.

| 구문 | STDEV(number1, number2, …)

Number1, number2, … 모집단의 표본에 해당하는 인수로 30개까지 가능하며 인수를 구분할 때 콤마 대신 배열이나 배열 참조 영역을 사용할 수 있다.

- 논리값(TRUE나 FALSE로 표시)이나 문자열은 무시된다. 이를 방지하려면 STDEVA 워크시트 함수를 사용한다.
- STDEV 함수는 인수들을 모집단의 표본으로 간주한다. 데이터 집합이 모집단 전체를 나타내면 STDEVP 함수를 사용하여 표준 편차를 계산해야 한다.
- 표준 편차는 "불편(nonbiased)" 또는 "n-1" 방법을 사용하여 계산한다.

| 예제 | 같은 기계에서 생산된 10개의 공구를 임의로 추출하여 표본으로 하고, 측정한 표본 파단 강도 1345, 1301, 1368, 1322, 1310, 1370, 1318, 1350, 1303, 1299를 셀 A2 : E3에 저장한다고 가정한다. STDEV는 모든 공구의 파단 강도의 표준 편차를 추정한다.

STDEV(A2 : E3) = 27.46

STDEVA

표본 집단의 표준 편차를 구한다. 표준 편차는 데이터들이 평균값에서 벗어나 있는 정도를 나타낸다. 문자열과 TRUE와 FALSE 같은 논리값도 계산에 포함된다.

| 구문 | STDEVA(value1, value2, …, number30)

Value1, value2, … 모집단의 표본인 인수로서 30개까지 정의할 수 있다. 각각의 인수를 콤마로 구분하는 대신 단일 배열이나 배열 참조 영역을 사용할 수 있다.

- STDEVA 함수는 모집단의 표본을 인수로 간주한다. 모집단 전체가 인수라면 STDEVPA 함수로 표준 편차를 계산한다.
- 인수가 TRUE면 1이 되고 문자열이나 FALSE면 0이 된다. 계산에 문자열이나 논리값이 없으면 STDEV 워크시트 함수를 사용한다.
- 표준 편차는 "불편(nonbiased)" 또는 "n-1" 방법을 사용하여 계산

한다.

예제 같은 기계에서 생산된 10개의 공구를 임의로 추출하여 표본으로 하고 분쇄 강도를 측정할 때 표본 값 1345, 1301, 1368, 1322, 1310, 1370, 1318, 1350, 1303, 1299는 셀 A2 : E3에 저장된다. 이 때 STDEV는 모든 공구의 분쇄 강도의 표준 편차를 추정한다.

STDEV(A2 : E3)=27.46

STDEVP

인수로 주어진 모집단 전체의 표준 편차를 구한다. 표준 편차는 데이터들이 평균값에서 벗어나 있는 정도를 나타낸다.

구문 STDEVP(number1, number2, …, number30)

Number1, number2, … 모집단에 해당하는 인수로 30개까지 가능하다. 각각의 인수를 콤마로 구분하는 대신 하나의 배열 또는 배열 참조 영역을 사용할 수 있다.

- 논리값(TRUE나 FALSE로 표시)이나 문자열은 무시된다. 이를 방지하려면 STDEVPA 워크시트 함수를 사용한다.
- STDEVP 함수는 인수를 모집단 전체로 가정한다. 데이터 집합이 모집단의 표본이면 STDEV 함수를 사용하여 표준 편차를 계산해야 한다.
- 대규모의 표본에 대하여 STDEV와 STDEVP 값은 거의 같게 나타난다.
- 표준 편차는 "편의(biased)" 또는 "n" 방법을 사용하여 계산한다.

예제 STDEV의 예와 같은 데이터를 사용하고 생산기간 동안 10개의 공구만을 생산했다고 하면 STDEVP는 모든 공구에 대한 파단 강도의 표준 편차를 계산한다.

STDEVP(A2 : E3) = 26.05

STDEVPA

문자열과 논리 값을 포함하여 인수로 주어진 모집단 전체의 표준 편차를 구한다. 표준 편차는 데이터들이 평균값에서 벗어나 있는 정도를 나타낸다.

| 구문 | STDEVPA(value1, value2, …, value30)

Value1, value2, … 모집단 전체인 인수로서 30개까지 정의할 수 있다. 각각의 인수를 콤마로 구분하는 대신 단일 배열이나 배열 참조 영역을 사용할 수 있다.

- STDEVPA 함수는 모집단 전체를 인수로 간주한다. 모집단의 표본이 인수라면 STDEVA 함수로 표준 편차를 계산한다.
- 인수가 TRUE면 1이 되고 문자열이나 FALSE면 0이 된다. 계산에 문자열이나 논리값이 없으면 STDEVP 워크시트 함수를 사용한다.
- 대규모 표본일 때는 STDEVA 함수와 STDEVPA 함수의 값은 거의 같다.
- 표준 편차는 "편의(biased)" 또는 "n" 방법을 사용하여 계산한다.

| 예제 | STDEVA 함수의 예제에서 작업 중에 10개의 공구만을 생산했다면 STDEVP 함수는 모든 공구의 분쇄 강도의 표준 편차를 계산한다.

STDEVP(A2 : E3) = 26.05

STEYX

회귀 분석에서 각각의 x에 대하여 예측한 y 값의 표준 오차를 구한다. 표준 오차는 각각의 x 값에 대한 y 예측값의 오차량을 나타낸다.

| 구문 | STEYX(known_y's, known_x's)

Known_y's 종속변수의 배열이나 범위이다.

Known_x's 독립변수의 배열이나 범위이다.

- 인수는 숫자, 숫자를 포함한 이름, 배열, 참조 영역이어야 한다.
- 문자열, 논리값, 빈 셀을 포함하는 배열이나 참조 영역의 값은 무시된다. 그러나 0 값을 갖는 셀은 포함된다.
- known_y's와 known_x's가 비어있거나 데이터 개수가 다르면 #N/A 오류

| 예제 | STEYX({2, 3, 9, 1, 8, 7, 5}, {6, 5, 11, 7, 5, 4, 4})=3.305719

T

TDIST

t-분포의 꼬리 부분 확률값을 구한다. t-분포는 작은 표본의 데이터를 가설 검정할 때 사용한다. t-분포의 임계값 표 대신 이 함수를 사용할 수 있다.

| 구문 | TDIST(x, degrees_freedom, tails)

X 분포의 확률값을 계산하려는 변량의 값이다.

Degrees_freedom 자유도를 나타내는 정수이다.

Tails 분포가 단측 분포인지 양측 분포인지를 나타내는 숫자로서, tails=1이면 단측 분포를 tails=2이면 양측 분포를 사용하여 확률값을 구한다.

- 인수가 숫자가 아니면 #VALUE! 오류
- degrees_freedom < 1이면 #NUM! 오류
- degrees_freedom과 tails 인수는 정수로 변환
- tails이 1, 2 이외의 값을 가지면 #NUM! 오류

- TDIST 함수는 TDIST=p(x〈X)와 같이 계산하며, 여기서 X는 t-분포에 따른 무작위 변량이다.

| 예제 | TDIST(1.96, 60, 2)=0.054645

TINV

지정한 자유도에 대하여 소표본 t-분포 확률값의 역함수를 구한다.

| 구문 | TINV(probability, degrees_freedom)

Probability	양측 소표본 t-분포의 확률값이다.
Degrees_freedom	분포의 자유도를 나타내는 숫자이다.

- 인수가 숫자가 아니면 #VALUE! 오류
- probability < 0이거나 probability > 1이면 #NUM! 오류
- degrees_freedom이 정수가 아니면 정수로 변환
- degrees_freedom < 1이면 #NUM! 오류
- TINV 함수는 TINV=p(t〈X)와 같이 계산하며 여기서 X는 t-분포에 따르는 무작위 변량이다.
- 확률값이 주어지면 $\pm 3 \times 10^{-7}$의 오차 범위에 결과값이 들어올 때까지 반복 계산한다. 100번 반복 계산 후에도 값이 수렴하지 않으면 #N/A 오류

| 예제 | TINV(0.054645,60)=1.96

TREND

선형 추세 위의 값을 구한다. 최소 자승법을 사용하여 known_y's와 known_x's 배열에 한 직선을 접근 시키고, 지정한 new_x's의 배열에 대한 그 직선 위의 y값을 계산

한다.

구문 TREND(known_y's, known_x's, new_x's, const)

Known_y's y=mx + b에서 이미 알려진 y값의 집합이다.

- 배열 known_y's가 한 열에 있으면 known_x's의 각 열은 개별 변수로 해석된다.
- 배열 known_y's가 한 행에 있으면 known_x's의 각 행은 개별 변수로 해석된다.

Known_x's y=mx + b에서 이미 알려진 x값의 집합이다.

- 배열 known_x's는 한 개 이상의 변수를 포함한다. 한 개의 변수만 사용되고 known_y's와 known_x's가 같은 차원이면 어떤 모양의 영역이어도 가능한다. 2개 이상의 변수가 사용되면 known_y's는 반드시 벡터(하나의 열 너비 또는 하나의 행 높이의 영역)이어야 한다.
- known_x's가 생략되면 known_y's와 같은 크기의 배열 {1,2,3, …}로 간주한다.

New_x's TREND 함수를 사용하여 해당 y 값을 계산하기 위한 새 x 값이다.

- New_x's는 known_x's와 마찬가지로 반드시 각 독립변수에 대한 하나의 열 또는 행을 포함해야 한다. 그러므로, known_y's가 단일 열이면 known_x's와 new_x's는 서로 같은 수의 열을 가져야 한다. known_y's가 단일 행이면 known_x's와 new_x's는 서로 같은 수의 행을 가져야 한다.
- new_x's가 생략되면 known_x's와 같은 것으로 간주한다.
- known_x's와 new_x's를 모두 생략하면 known_y's와 같은 크기의 배열 {1, 2, 3, …}으로 간주한다.

Const 상수 b를 0으로 할지를 결정하는 논리값이다.

- const가 TRUE이거나 생략되면 b 값대로 계산한다.

* const가 FALSE이면 b는 0으로 설정되고, y=mx가 되도록 m값을 조절한다.
* 데이터에 직선을 접근시키는 방법에 대한 자세한 내용은 LINEST 함수를 참고.
* 같은 변수에 다른 지수를 사용하여 회귀 분석을 해서 다항식 곡선에 접근시킬 때에도 TREND 함수를 사용할 수 있다. 예를 들어, 열 A는 y값을 열 B는 x값을 포함한다면 열 C에 x^2 열 D에 x^3 등의 식을 입력한다. 그 다음 열 B에서 D까지를 열 A에 회귀한다.
* 배열을 구하는 식은 반드시 배열식으로 입력해야 한다.
* known_x's와 같은 인수를 배열 상수로 입력할 때 콤마를 사용하여 같은 행의 값을 구분하고 세미콜론을 사용하여 행을 분리한다.

예제 어느 업체가 차기 회계 년도가 시작되는 7월에 1000평의 공장 부지를 사려고 한다. 마땅한 지역의 땅에 대해 최근 12개월 동안의 가격 정보를 수집한다. known_y's는 수집한 가격 정보로 13389000, 13500000, 13579000, 13730000, 1381300, 13910000, 13990000, 14112000, 14189000, 14323000, 14400000, 14529000이며 각각 B2：B13에 저장된다.

C2：C6 범위에 수직 배열로서 입력될 때 다음 수식은 3, 4, 5, 6, 7월에 대한 예상 가격을 구한다.

TREND(B2：B13, {13；14；15；16；17})={14617200；14719000；14820800；14922600；15024400}

이 회사는 7월까지 기다리면 1000평 부지를 15024400 정도에 살 수 있다. 앞의 수식은 12개월의 가격 데이터에 해당하는 known_x's의 인수로 {1；2；3；4；5；6；7；8；9；10；11；12}를 기본 배열로 사용한다. 배열 {13；14；15；16；17}은 다음 5개월에 해당한다.

TRIMMEAN

데이터 집합의 내부 평균을 구한다. TRIMMEAN 함수는 데이터 집합의 위, 아래 끝에 있는 데이터 요소의 일정 비율 만큼을 제외하고 평균을 계산한다. 분석을 할 때 중심에서 멀리 벗어난 자료를 제외시키려면 이 함수를 사용한다.

구문 TRIMMEAN(array, percent)

Array 양 끝에 있는 데이터는 제외하고 평균을 구하려는 데이터 배열 또는 범위이다.

Percent 계산에서 제외시킬 데이터 비율이다. 예를 들어, percent=0.2이면 20개의 자료에서 4(20×0.2)개 즉 위, 아래에서 각각 2개씩 제외시킨다.

- percent < 0이거나 percent > 1이면 #NUM! 오류
- TRIMMEAN 함수는 가장 가까운 2의 배수로 내림하여 제외시킬 자료의 수를 정한다. percent=0.1이면 30개의 10%는 3개이지만 아래, 위의 대칭을 고려하여 각각 1개씩을 제외한다.

예제 TRIMMEAN({4, 5, 6, 7, 2, 3, 4, 5, 1, 2, 3}, 0.2)=3.777778

TTEST

소규모 표본의 t-검정과 관련된 확률값을 구한다. TTEST 함수를 사용하여 두 개의 표본이 같은 평균값을 갖는 두 개의 같은 모집단에서 추출한 것인지를 판단할 수 있다.

구문 TTEST(array1, array2, tails, type)

Array1 첫째 데이터 집합이다.

Array2 둘째 데이터 집합이다.

Tails 분포가 단측인지 양측인지를 지정하는 숫자이다. tails=1이면 단측 분포이고 tails=2이면 양측 분포이다.

Type	실행할 t-검정의 종류이다.
type	실행할 검정
1	쌍
2	분산이 같은 두 표본
3	분산이 다른 두 표본

- array1과 array2의 데이터 개수가 다르고 type=1 (쌍)이면 #N/A 오류
- tails과 type 인수는 정수로 변환
- tails나 type이 숫자가 아니면 #VALUE! 오류
- tails가 1, 2 이외의 숫자이면 #NUM! 오류

| 예제 | TTEST({3, 4, 5, 8, 9, 1, 2, 4, 5}, {6, 19, 3, 2, 14, 4, 5, 17, 1}, 2, 1)=0.196016

V

VAR

표본의 분산을 계산한다.

| 구문 | VAR(number1, number2, …, number30)

Number1, number2, … 모집단의 표본에 해당하는 인수로 30개까지 정의할 수 있다.

- VAR 함수의 인수를 모집단의 표본으로 간주한다. 데이터 집합이 모집단 전체를 나타낼 때 분산을 계산하려면 VARP 함수를 사용해야 한다.
- 논리값(TRUE나 FALSE로 표시)이나 문자열은 무시된다. 이를 방지하려면 VARA 워크시트 함수를 사용한다.

| 예제 | 생산 가동 중 같은 기계에서 만들어 낸 10개의 공구를 무작위로 뽑아 표본을 만들어 분쇄 강도를 측정한다. 표본값(1345, 1301, 1368, 1322, 1310, 1370, 1318, 1350, 1303, 1299)은 셀 A2 : E3에 저장된다. VAR 함수는 공구의 분쇄 강도에 대한 분산을 측정한다.

VAR(A2 : E3)=754.3

VARA

표본의 분산을 구한다. 숫자와 함께 문자열과 TRUE와 FALSE 같은 논리값도 계산에 포함된다.

| 구문 | VARA(value1, value2, …, number30)

Value1, value2, … 모집단의 표본인 인수로서 30개까지 정의할 수 있다.

- VARA 함수는 모집단의 표본을 인수로 간주한다. 모집단 전체가 인수라면 VARPA 함수를 사용하여 분산을 계산한다.
- 인수가 TRUE면 1이 되고 문자열이나 FALSE면 0이 된다. 계산에 문자열이나 논리값이 없으면 VAR 워크시트 함수를 사용한다.

| 예제 | 같은 기계에서 생산된 10개의 공구를 임의로 추출하여 표본으로 하고 분쇄 강도를 측정할 대 표본 값 1345, 1301, 1368, 1322, 1310, 1370, 1318, 1350, 1303, 1299는 셀 A2 : E3에 저장된다. 이 때 VAR 함수는 모든 공구의 분쇄 강도의 분산을 추정한다.

VARA(A2 : E3)=754.3

VARP

모집단 전체의 분산을 구한다.

구문 VARP(number1, number2, …, number30)

Number1, number2, … 모집단에 해당하는 인수로 30개까지 정의할 수 있다.

- 논리값(TRUE나 FALSE로 표시)이나 문자열은 무시된다. 이를 방지하려면 VARPA 워크시트 함수를 사용한다.
- VARP 함수의 인수를 모집단 전체로 간주한다. 데이터 집합이 모집단의 표본일 때 분산을 계산하려면 VAR 함수를 사용해야 한다.

예제 VAR 예제에서 10개의 공구만 생산했다고 하면 VARP 함수는 모든 공구의 분쇄 강도에 대한 분산을 측정하게 된다.

VARP(A2 : E3)=678.8

VARPA

모집단 전체의 분산을 구한다. 숫자와 함께 문자열이나 TRUE와 FALSE 같은 논리값도 계산에 포함된다.

구문 VARPA(value1, value2, …, value30)

Value1, value2, … 모집단인 인수로서 30개까지 정의할 수 있다.

- VARPA 함수는 모집단 전체를 인수로 간주한다. 모집단의 표본이 인수라면 VARA 함수를 사용하여 분산을 계산한다.
- 인수가 TRUE면 1이 되고 문자열이나 FALSE면 0이 된다. 계산에 문자열이나 논리값이 없으면 VARP 워크시트 함수를 사용한다.

예제 VAR 함수의 예제에서 작업 중에 10개의 공구만 생산했다면 VARPA 함수는 모든 공구의 분쇄 강도의 분산을 추정한다.

VARPA(A2 : E3)=678.8

W

WEIBULL

와이블 분포 함수의 확률값을 구한다. 기계의 평균 고장 시간을 계산하는 것처럼 신뢰도 분석에 이 분포를 사용한다.

| 구문 | WEIBULL(x, alpha, beta, cumulative)

X	분포의 확률값을 구하려는 변량값
Alpha	분포의 매개 변수
Beta	분포의 매개 변수
Cumulative	함수의 형태를 결정하는 변수

- x, alpha, beta 등이 숫자가 아니면 #VALUE! 오류
- x < 0이면 #NUM! 오류
- alpha나 beta가 0 이하이면 #NUM! 오류
- alpha=1이면 와이블 함수의 식은 지수 분포와 같다.

| 예제 | WEIBULL(105,20,100,TRUE)=0.929581

WEIBULL(105,20,100,FALSE)=0.035589

Z

ZTEST

z-검정의 양측 P-값을 구한다. z-검정은 데이터 집합과 배열에 대한 x의 표준 점수를 계산하여 정규 분포의 양측 확률을 구한다. 이 함수를 사용하여 특정 관측값이 특정 모집단에서 추출된 것인지를 평가할 수 있다.

| 구문 | ZTEST(array, x, sigma)

Array	x를 검정하기 위한 데이터의 배열 또는 범위이다.
X	검정할 변량이다.
Sigma	알려진 모집단의 표준 편차로서, 생략하면 표본의 표준 편차를 사용한다.

* array가 비어 있으면 #N/A 오류

예제 ZTEST({3, 6, 7, 8, 6, 5, 4, 2, 1, 9}, 4)=0.090574

2 확률 분포표

〈표1〉 누적이항확률분포표

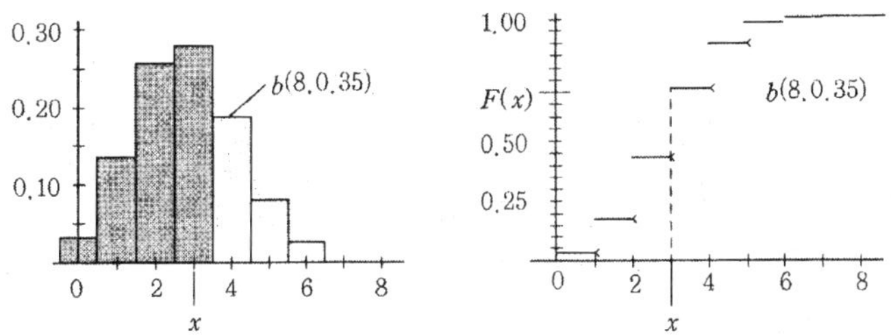

$$F(x)=P(X\leq x)=\sum_{k=0}^{x}\frac{n!}{k!(n-k)!}p^{k}(1-p)^{n-k}$$

n	x	p: 0.05	0.10	0.15	0.20	0.25	0.30	0.35	0.40	0.45	0.50
2	0	0.9025	0.8100	0.7225	0.6400	0.5625	0.4900	0.4225	0.3600	0.3025	0.2500
	1	0.9975	0.9900	0.9775	0.9600	0.9375	0.9100	0.8775	0.8400	0.7975	0.7500
	2	1.0000	1.0000	1.0000	1.0000	1.0000	1.0000	1.0000	1.0000	1.0000	1.0000
3	0	0.8574	0.7290	0.6141	0.5120	0.4219	0.3430	0.2746	0.2160	0.1664	0.1250
	1	0.9928	0.9720	0.9392	0.8960	0.8438	0.7840	0.7182	0.6480	0.5748	0.5000
	2	0.9999	0.9990	0.9966	0.9920	0.9844	0.9730	0.9571	0.9360	0.9089	0.8750
	3	1.0000	1.0000	1.0000	1.0000	1.0000	1.0000	1.0000	1.0000	1.0000	1.0000
4	0	0.8145	0.6561	0.5220	0.4096	0.3164	0.2401	0.1785	0.1296	0.0915	0.0625
	1	0.9860	0.9477	0.89052	0.8192	0.7383	0.6517	0.5630	0.4752	0.3910	0.3125
	2	0.9995	0.9963	0.9880	0.9728	0.9492	0.9163	0.8735	0.8208	0.7585	0.6875
	3	1.0000	0.9999	0.9995	0.9984	0.9961	0.9919	0.9850	0.9744	0.9590	0.9375
	4	1.0000	1.0000	1.0000	1.0000	1.0000	1.0000	1.0000	1.0000	1.0000	1.0000
5	0	0.7738	0.5905	0.4437	0.3277	0.2373	0.1681	0.1160	0.0778	0.0503	0.0312
	1	0.9774	0.9185	0.8352	0.7373	0.6328	0.5282	0.4284	0.3370	0.2562	0.1875
	2	0.9988	0.9916	0.9734	0.9421	0.8965	0.8369	0.7648	0.6826	0.5931	0.5000
	3	1.0000	0.9995	0.9978	0.9933	0.9844	0.9692	0.9460	0.9130	0.8688	0.8125
	4	1.0000	1.0000	0.9999	0.9997	0.9990	0.9976	0.9947	0.9898	0.9815	0.9688
	5	1.0000	1.0000	1.0000	1.0000	1.0000	1.0000	1.0000	1.0000	1.0000	1.0000

〈표1〉 계속

$$F(x)=P(X\leq x)=\sum_{k=0}^{x}\frac{n!}{k!(n-k)!}p^{k}(1-p)^{n-k}$$

n	x	p 0.05	0.10	0.15	0.20	0.25	0.30	0.35	0.40	0.45	0.50
6	0	0.7351	0.5314	0.3771	0.2621	0.1780	0.1176	0.0754	0.0467	0.0277	0.0156
	1	0.9672	0.8857	0.7765	0.6553	0.5339	0.4202	0.3191	0.2333	0.1636	0.1094
	2	0.9978	0.9842	0.9527	0.9011	0.8306	0.7443	0.6471	0.5443	0.4415	0.3438
	3	0.9999	0.9987	0.9941	0.9830	0.9624	0.9295	0.8826	0.8208	0.7447	0.6562
	4	1.0000	0.9999	0.9996	0.9984	0.9954	0.9891	0.9777	0.9590	0.9308	0.8906
	5	1.0000	1.0000	1.0000	0.9999	0.9998	0.9993	0.9982	0.9959	0.9917	0.9844
	6	1.0000	1.0000	1.0000	1.0000	1.0000	1.0000	1.0000	1.0000	1.0000	1.0000
7	0	0.6983	0.4783	0.3206	0.2097	0.1335	0.0824	0.0490	0.0290	0.0152	0.0078
	1	0.9556	0.8503	0.7166	0.5767	0.4449	0.3294	0.2338	0.1586	0.1024	0.0625
	2	0.9962	0.9743	0.9262	0.8520	0.7564	0.6471	0.5323	0.4199	0.3164	0.2266
	3	0.9998	0.9973	0.9879	0.9667	0.9294	0.8740	0.8002	0.7102	0.6083	0.5000
	4	1.0000	0.9998	0.9988	0.9953	0.9871	0.9712	0.9444	0.9037	0.8471	0.7734
	5	1.0000	1.0000	0.9999	0.9996	0.9987	0.9962	0.9910	0.9812	0.9643	0.9375
	6	1.0000	1.0000	1.0000	1.0000	0.9999	0.9998	0.9994	0.9984	0.9963	0.9922
	7	1.0000	1.0000	1.0000	1.0000	1.0000	1.0000	1.0000	1.0000	1.0000	1.0000
8	0	0.6634	0.4305	0.2725	0.1678	0.1001	0.0576	0.0319	0.0168	0.0084	0.0039
	1	0.9428	0.7231	0.6572	0.5033	0.3671	0.2553	0.1691	0.1064	0.0632	0.0352
	2	0.9942	0.9619	0.8948	0.7969	0.6785	0.5518	0.4278	0.3154	0.2201	0.1445
	3	0.9996	0.9950	0.9786	0.9437	0.8862	0.8059	0.7064	0.5941	0.4770	0.3633
	4	1.0000	0.9996	0.9971	0.9896	0.9727	0.9420	0.8939	0.8263	0.7396	0.6367
	5	1.0000	1.0000	0.9998	0.9988	0.9958	0.9887	0.9747	0.9502	0.9115	0.8555
	6	1.0000	1.0000	1.0000	0.9999	0.9996	0.9987	0.9964	0.9915	0.9819	0.9648
	7	1.0000	1.0000	1.0000	1.0000	1.0000	0.9999	0.9998	0.9993	0.9983	0.9961
	8	1.0000	1.0000	1.0000	1.0000	1.0000	1.0000	1.0000	1.0000	1.0000	1.0000
9	0	0.6302	0.3874	0.2316	0.1342	0.0751	0.0404	0.0207	0.0101	0.0046	0.0020
	1	0.9288	0.7748	0.5995	0.4362	0.3003	0.1960	0.1211	0.0705	0.0385	0.0195
	2	0.9916	0.9470	0.8591	0.7382	0.6007	0.4628	0.3373	0.2318	0.1495	0.0898
	3	0.9994	0.9917	0.9661	0.9144	0.8343	0.7297	0.6089	0.4826	0.3614	0.2539
	4	1.0000	0.9991	0.9944	0.9804	0.9511	0.9012	0.8283	0.7334	0.6214	0.5000
	5	1.0000	0.9999	0.9994	0.9969	0.9900	0.9747	0.9464	0.9006	0.8342	0.7461
	6	1.0000	1.0000	1.0000	0.9997	0.9987	0.9957	0.9888	0.9750	0.9502	0.9102
	7	1.0000	1.0000	1.0000	1.0000	0.9999	0.9996	0.9986	0.9962	0.9909	0.9805
	8	1.0000	1.0000	1.0000	1.0000	1.0000	1.0000	0.9999	0.9997	0.9992	0.9980
	9	1.0000	1.0000	1.0000	1.0000	1.0000	1.0000	1.0000	1.0000	1.0000	1.0000

〈표2〉 누적포아송확률분포표

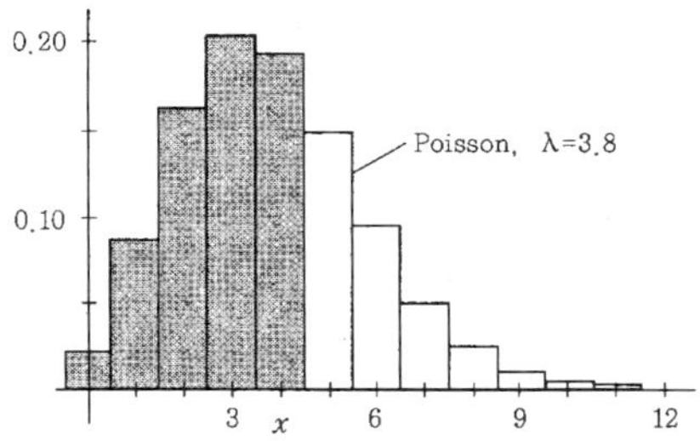

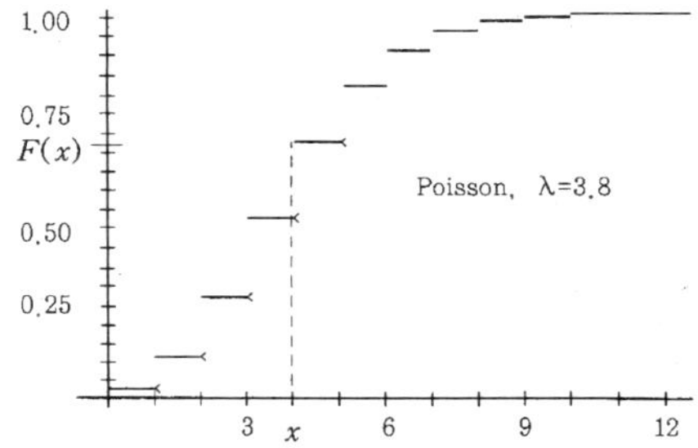

x	$\lambda = E(X)$									
x	0.1	0.2	0.3	0.4	0.5	0.6	0.7	0.8	0.9	1.0
0	0.905	0.819	0.741	0.670	0.607	0.549	0.497	0.449	0.407	0.368
1	0.995	0.982	0.963	0.938	0.910	0.878	0.844	0.809	0.772	0.736
2	1.000	0.999	0.996	0.992	0.986	0.977	0.966	0.953	0.937	0.920
3	1.000	1.000	1.000	0.999	0.998	0.997	0.994	0.991	0.987	0.981
4	1.000	1.000	1.000	1.000	1.000	1.000	0.999	0.999	0.998	0.996
5	1.000	1.000	1.000	1.000	1.000	1.000	1.000	1.000	1.000	0.999
6	1.000	1.000	1.000	1.000	1.000	1.000	1.000	1.000	1.000	1.000
x	1.1	1.2	1.3	1.4	1.5	1.6	1.7	1.8	1.9	2.0
0	0.333	0.301	0.273	0.247	0.223	0.202	0.183	0.165	0.150	0.135
1	0.699	0.663	0.627	0.592	0.558	0.525	0.493	0.463	0.434	0.406
2	0.900	0.879	0.857	0.833	0.809	0.783	0.757	0.731	0.704	0.677
3	0.974	0.966	0.957	0.946	0.934	0.921	0.907	0.891	0.875	0.857
4	0.995	0.992	0.989	0.986	0.981	0.976	0.970	0.964	0.956	0.947
5	0.999	0.998	0.998	0.997	0.996	0.994	0.992	0.990	0.987	0.983
6	1.000	1.000	1.000	0.999	0.999	0.999	0.998	0.997	0.997	0.995
7	1.000	1.000	1.000	1.000	1.000	1.000	1.000	0.999	0.999	0.999
8	1.000	1.000	1.000	1.000	1.000	1.000	1.000	1.000	1.000	1.000
x	2.2	2.4	2.6	2.8	3.0	3.2	3.4	3.6	3.8	4.0
0	0.111	0.091	0.074	0.061	0.050	0.041	0.033	0.027	0.022	0.018
1	0.355	0.308	0.267	0.231	0.199	0.171	0.147	0.126	0.107	0.092
2	0.623	0.570	0.518	0.469	0.423	0.380	0.340	0.303	0.269	0.238
3	0.819	0.779	0.736	0.692	0.647	0.603	0.558	0.515	0.473	0.433
4	0.928	0.904	0.877	0.949	0.815	0.781	0.744	0.706	0.668	0.629
5	0.975	0.964	0.951	0.935	0.916	0.895	0.871	0.844	0.816	0.785
6	0.993	0.988	0.983	0.976	0.966	0.955	0.942	0.927	0.909	0.889
7	0.998	0.997	0.995	0.992	0.988	0.983	0.977	0.969	0.960	0.949
8	1.000	0.999	0.999	0.998	0.996	0.994	0.992	0.988	0.984	0.979
9	1.000	1.000	1.000	0.999	0.999	0.998	0.997	0.996	0.994	0.992

〈표2〉 계속

10	1.000	1.000	1.000	1.000	1.000	1.000	0.999	0.999	0.998	0.997
11	1.000	1.000	1.000	1.000	1.000	1.000	1.000	1.000	0.999	0.999
12	1.000	1.000	1.000	1.000	1.000	1.000	1.000	1.000	1.000	1.000

x	4.2	4.4	4.6	4.8	5.0	5.2	5.4	5.6	5.8	6.0
0	0.015	0.012	0.010	0.008	0.007	0.006	0.005	0.004	0.003	0.002
1	0.078	0.066	0.056	0.048	0.040	0.034	0.029	0.024	0.021	0.017
2	0.210	0.185	0.163	0.143	0.125	0.109	0.095	0.082	0.072	0.062
3	0.985	0.359	0.326	0.294	0.265	0.238	0.213	0.191	0.170	0.151
4	0.590	0.551	0.513	0.476	0.440	0.406	0.373	0.342	0.313	0.285
5	0.753	0.720	0.686	0.651	0.616	0.581	0.546	0.512	0.478	0.446
6	0.867	0.844	0.818	0.791	0.762	0.732	0.702	0.670	0.638	0.606
7	0.936	0.921	0.905	0.887	0.867	0.845	0.822	0.797	0.771	0.744
8	0.972	0.964	0.955	0.944	0.932	0.918	0.903	0.886	0.867	0.847
9	0.989	0.985	0.980	0.975	0.968	0.960	0.951	0.941	0.929	0.916
10	0.996	0.994	0.992	0.990	0.986	0.982	0.977	0.972	0.965	0.957
11	0.999	0.998	0.997	0.996	0.995	0.993	0.990	0.988	0.984	0.980
12	1.000	0.999	0.999	0.999	0.998	0.997	0.996	0.995	0.993	0.991
13	1.000	1.000	1.000	1.000	0.999	0.999	0.999	0.998	0.997	0.996
14	1.000	1.000	1.000	1.000	1.000	1.000	0.999	0.999	0.999	0.999
15	1.000	1.000	1.000	1.000	1.000	1.000	1.000	1.000	1.000	0.999
16	1.000	1.000	1.000	1.000	1.000	1.000	1.000	1.000	1.000	1.000

x	6.5	7.0	7.5	8.0	8.5	9.0	9.5	10.0	10.5	11.1
0	0.002	0.001	0.001	0.000	0.000	0.000	0.000	0.000	0.000	0.000
1	0.011	0.007	0.005	0.003	0.002	0.001	0.001	0.000	0.000	0.000
2	0.043	0.030	0.020	0.014	0.009	0.006	0.004	0.003	0.002	0.001
3	0.112	0.082	0.059	0.042	0.030	0.021	0.115	0.010	0.007	0.005
4	0.224	0.173	0.132	0.100	0.074	0.055	0.040	0.029	0.021	0.015
5	0.369	0.301	0.241	0.191	0.150	0.116	0.089	0.067	0.050	0.038
6	0.527	0.450	0.378	0.313	0.256	0.207	0.165	0.130	0.102	0.079
7	0.673	0.599	0.525	0.453	0.386	0.324	0.269	0.220	0.179	0.143
8	0.792	0.729	0.662	0.593	0.523	0.456	0.392	0.333	0.279	0.232
9	0.877	0.830	0.776	0.717	0.653	0.587	0.522	0.458	0.397	0.341
10	0.933	0.901	0.862	0.816	0.763	0.706	0.645	0.583	0.521	0.460
11	0.966	0.947	0.921	0.888	0.849	0.803	0.752	0.697	0.639	0.579
12	0.984	0.973	0.957	0.936	0.909	0.876	0.936	0.792	0.742	0.589
13	0.993	0.987	0.978	0.966	0.949	0.926	0.898	0.864	0.825	0.781
14	0.997	0.994	0.990	0.983	0.973	0.959	0.940	0.917	0.888	0.854
15	0.999	0.998	0.9695	0.992	0.986	0.978	0.967	0.951	0.932	0.907
16	1.000	0.999	0.998	0.996	0.993	0.989	0.982	0.973	0.960	0.944
17	1.000	1.000	0.999	0.998	0.997	0.995	0.991	0.986	0.978	0.968
18	1.000	1.000	1.000	0.999	0.999	0.998	0.996	0.993	0.988	0.982
19	1.000	1.000	1.000	1.000	0.999	0.999	0.998	0.997	0.994	0.991
20	1.000	1.000	1.000	1.000	1.000	1.000	0.999	0.998	0.997	0.995
21	1.000	1.000	1.000	1.000	1.000	1.000	1.000	0.999	0.999	0.998
22	1.000	1.000	1.000	1.000	1.000	1.000	1.000	1.000	0.999	0.999
23	1.000	1.000	1.000	1.000	1.000	1.000	1.000	1.000	1.000	1.000

〈표2〉 계속

x	11.5	12.0	12.5	13.0	13.5	14.0	14.5	15.0	15.4	16.0
0	0.000	0.000	0.000	0.000	0.000	0.000	0.000	0.000	0.000	0.000
1	0.000	0.000	0.000	0.000	0.000	0.000	0.000	0.000	0.000	0.000
2	0.001	0.001	0.000	0.000	0.000	0.000	0.000	0.000	0.000	0.000
3	0.003	0.002	0.002	0.001	0.001	0.000	0.000	0.000	0.000	0.000
4	0.011	0.008	0.005	0.004	0.003	0.002	0.001	0.001	0.001	0.000
5	0.028	0.020	0.015	0.011	0.008	0.006	0.004	0.003	0.002	0.001
6	0.060	0.046	0.035	0.026	0.019	0.014	0.010	0.008	0.006	0.004
7	0.114	0.090	0.070	0.054	0.041	0.032	0.024	0.018	0.013	0.010
8	0.191	0.155	0.125	0.100	0.079	0.062	0.048	0.037	0.029	0.02
9	0.289	0.242	0.201	0.166	0.135	0.109	0.088	0.070	0.055	0.043
10	0.402	0.347	0.297	0.252	0.211	0.176	0.145	0.118	0.096	0.077
11	0.520	0.462	0.406	0.353	0.304	0.260	0.220	0.185	0.154	0.127
12	0.633	0.576	0.519	0.463	0.409	0.358	0.311	0.268	0.228	0.193
13	0.733	0.682	0.628	0.573	0.518	0.464	0.413	0.363	0.317	0.275
14	0.815	0.772	0.725	0.675	0.623	0.570	0.518	0.466	0.415	0.368
15	0.878	0.844	0.806	0.764	0.718	0.669	0.619	0.568	0.517	0.467
16	0.924	0.899	0.869	0.835	0.798	0.756	0.711	0.664	0.615	0.566
17	0.954	0.937	0.916	0.890	0.861	0.827	0.790	0.749	0.715	0.659
18	0.974	0.963	0.948	0.930	0.908	0.883	0.853	0.819	0.782	0.742
19	0.986	0.979	0.969	0.957	0.942	0.923	0.901	0.875	0.846	0.812
20	0.992	0.988	0.983	0.975	0.965	0.952	0.936	0.917	0.894	0.868
21	0.996	0.994	0.991	0.986	0.980	0.971	0.960	0.947	0.930	0.911
22	0.998	0.997	0.995	0.992	0.989	0.983	0.976	0.967	0.956	0.942
23	0.999	0.999	0.998	0.996	0.994	0.991	0.986	0.981	0.973	0.963
24	0.000	0.999	0.999	0.998	0.997	0.995	0.992	0.989	0.984	0.978
25	1.000	1.000	0.999	0.999	0.998	0.997	0.996	0.994	0.991	0.987
26	1.000	1.000	1.000	1.000	0.999	0.999	0.998	0.997	0.995	0.993
27	1.000	1.000	1.000	1.000	1.000	0.999	0.999	0.998	0.997	0.996
28	1.000	1.000	1.000	1.000	1.000	1.000	0.999	0.999	0.999	0.998
29	1.000	1.000	1.000	1.000	1.000	1.000	1.000	1.000	0.999	0.999
30	1.000	1.000	1.000	1.000	1.000	1.000	1.000	1.000	1.000	0.999
31	1.000	1.000	1.000	1.000	1.000	1.000	1.000	1.000	1.000	1.000
32	1.000	1.000	1.000	1.000	1.000	1.000	1.000	1.000	1.000	1.000
33	1.000	1.000	1.000	1.000	1.000	1.000	1.000	1.000	1.000	1.000
34	1.000	1.000	1.000	1.000	1.000	1.000	1.000	1.000	1.000	1.000
35	1.000	1.000	1.000	1.000	1.000	1.000	1.000	1.000	1.000	1.000

〈표3〉 표준정규분포표

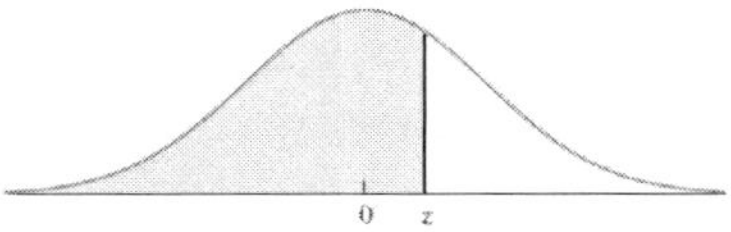

Z	0.00	0.01	0.02	0.03	0.04	0.05	0.06	0.07	0.08	0.09
0.0	0.5000	0.5040	0.5080	0.5120	0.5160	0.5199	0.5239	0.5279	0.5319	0.5359
0.1	0.5398	0.5438	0.5478	0.5517	0.5557	0.5596	0.5636	0.5675	0.5714	0.5753
0.2	0.5793	0.5832	0.5871	0.5910	0.5948	0.5987	0.6026	0.6064	0.6103	0.6141
0.3	0.6179	0.6217	0.6255	0.6293	0.6331	0.6368	0.6406	0.6443	0.6480	0.6517
0.4	0.6554	0.6591	0.6628	0.6664	0.6700	0.6736	0.6772	0.6808	0.6844	0.6879
0.5	0.6915	0.6950	0.6985	0.7019	0.7054	0.7088	0.7123	0.7157	0.7190	0.7224
0.6	0.7257	0.7291	0.7324	0.7357	0.7389	0.7422	0.7454	0.7486	0.7517	0.7549
0.7	0.7580	0.7611	0.7642	0.7673	0.7703	0.7734	0.7764	0.7794	0.7823	0.7852
0.8	0.7881	0.7910	0.7939	0.7967	0.7995	0.8023	0.8051	0.9078	0.8106	0.8133
0.9	0.8159	0.8186	0.8212	0.8238	0.8264	0.8289	0.8315	0.9340	0.8365	0.8389
1.0	0.8413	0.8438	0.8461	0.8485	0.8508	0.8531	0.8554	0.8577	0.8599	0.8621
1.1	0.8643	0.8665	0.8686	0.8708	0.8729	0.8749	0.8770	0.8790	0.8810	0.8830
1.2	0.8849	0.8869	0.8888	0.8907	0.8925	0.8944	0.8962	0.8980	0.8997	0.9015
1.3	0.9032	0.9049	0.9066	0.9082	0.9099	0.9115	0.9131	0.9147	0.9162	0.9177
1.4	0.9192	0.9207	0.9222	0.9236	0.9251	0.9265	0.9279	0.9292	0.9306	0.9319
1.5	0.9332	0.9345	0.9357	0.9370	0.9382	0.9394	0.9406	0.9418	0.9429	0.9441
1.6	0.9452	0.9463	0.9474	0.9484	0.9495	0.9505	0.9515	0.9525	0.9535	0.9545
1.7	0.9554	0.9564	0.9573	0.9582	0.9591	0.9599	0.9608	0.9616	0.9625	0.9633
1.8	0.9641	0.9649	0.9656	0.9664	0.9671	0.9678	0.9686	0.9693	0.9699	0.9706
1.9	0.9713	0.9719	0.9726	0.9732	0.9738	0.9744	0.9750	0.9756	0.9761	0.9767
2.0	0.9772	0.9778	0.9783	0.9788	0.9793	0.9798	0.9803	0.9808	0.9812	0.9817
2.1	0.9821	0.9826	0.9830	0.9834	0.9838	0.9842	0.9846	0.9850	0.9854	0.9857
2.2	0.9861	0.9864	0.9868	0.9871	0.9875	0.9878	0.9881	0.9884	0.9887	0.9890
2.3	0.9893	0.9896	0.9898	0.9901	0.9904	0.9906	0.9909	0.9911	0.9913	0.9916
2.4	0.9918	0.9920	0.9922	0.9925	0.9927	0.9929	0.9931	0.9932	0.9934	0.9936
2.5	0.9938	0.9940	0.9941	0.9943	0.9945	0.9946	0.9948	0.9949	0.9951	0.9952
2.6	0.9953	0.9955	0.9956	0.9957	0.9959	0.9960	0.9962	0.9962	0.9963	0.9964
2.7	0.9965	0.9966	0.9967	0.9968	0.9969	0.9970	0.9972	0.9972	0.9973	0.9974
2.8	0.9974	0.9975	0.9976	0.9977	0.9977	0.9978	0.9979	0.9979	0.9980	0.9981
2.9	0.9981	0.9982	0.9982	0.9983	0.9984	0.9984	0.9985	0.9985	0.9986	0.9986
3.0	0.9987	0.9987	0.9987	0.9988	0.9988	0.9989	0.9989	0.9989	0.9990	0.9990

α	0.400	0.300	0.200	0.100	0.050	0.025	0.010	0.005	0.001
z_{α}	0.253	0.524	0.842	1.282	1.645	1.960	2.326	2.575	3.090
$z_{\alpha/2}$	0.842	1.036	1.282	1.645	1.960	2.240	2.576	2.807	3.291

〈표4〉 t − 분포표

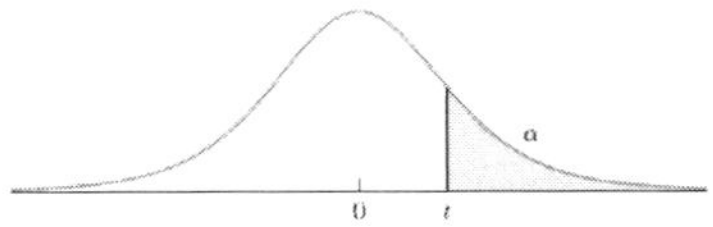

	$P(X \le x)$							
	0.010	0.025	0.050	0.100	0.900	0.950	0.975	0.990
n	$x^2_{0.99}(n)$	$x^2_{0.975}(n)$	$x^2_{0.95}(n)$	$x^2_{0.90}(n)$	$x^2_{0.10}(n)$	$x^2_{0.05}(n)$	$x^2_{0.025}(n)$	$x^2_{0.01}(n)$
1	0.000	0.001	0.004	0.016	2.706	3.841	5.024	6.635
2	0.020	0.051	0.103	0.211	4.605	5.991	7.378	9.210
3	0.115	0.216	0.352	0.584	6.251	7.815	9.348	11.34
4	0.297	0.484	0.711	1.064	7.779	9.488	11.14	13.28
5	0.554	0.831	1.145	1.410	9.236	11.07	12.83	15.09
6	0.872	1.237	1.635	2.204	10.64	12.59	14.45	16.80
7	1.239	1.690	2.167	2.833	12.02	14.07	16.01	18.48
8	1.646	2.180	2.733	3.490	13.36	15.51	17.54	20.09
9	2.088	2.700	3.325	4.168	14.68	16.92	19.02	21.67
10	2.558	3.247	3.940	4.865	15.99	18.31	20.48	23.21
11	3.053	3.816	4.575	5.578	17.28	19.68	21.92	24.72
12	3.571	4.404	5.226	6.304	18.55	21.03	23.34	26.22
13	4.107	5.009	5.892	7.042	19.82	22.36	24.74	27.49
14	4.660	5.629	6.571	7.790	21.06	23.68	26.12	29.14
15	5.229	6.262	7.261	8.547	22.31	25.00	27.49	30.58
16	5.812	6.908	7.962	9.312	23.54	26.30	28.84	32.00
17	6.408	7.564	8.672	10.08	24.77	27.59	30.19	33.41
18	7.015	8.231	9.390	10.86	25.99	28.87	31.53	34.80
19	7.633	8.907	10.12	11.65	27.20	30.14	32.85	36.19
20	8.260	9.591	10.85	12.44	28.41	31.41	34.17	37.57
21	8.897	10.28	11.59	13.24	29.62	32.67	35.48	38.93
22	9.542	10.98	12.34	14.04	30.72	33.92	36.78	40.29
23	10.20	11.69	13.09	14.85	32.01	35.17	38.08	41.64
24	10.86	12.40	13.85	15.66	33.20	36.42	39.36	42.98
25	11.52	13.12	14.61	16.47	34.38	37.65	40.65	44.31
26	12.20	13.84	15.38	17.29	35.56	38.88	41.92	45.61
27	12.88	14.57	16.15	18.11	36.74	40.11	43.19	46.96
28	13.56	15.31	16.93	18.94	37.92	41.34	44.43	48.28
29	14.26	16.05	17.71	19.77	39.09	42.56	45.72	49.59
30	14.95	16.79	18.49	20.60	40.26	43.77	46.98	50.89
40	22.16	24.43	26.51	29.05	51.80	55.76	59.34	63.69
50	29.72	32.36	34.76	37.69	63.17	67.50	71.42	76.15
60	37.48	40.48	43.19	46.46	74.40	79.08	83.30	88.28
70	45.44	48.76	51.74	55.33	85.53	90.53	95.02	100.4
80	53.34	57.15	60.39	64.28	96.58	101.9	106.6	112.3

〈표5〉 χ^2 − 분포표

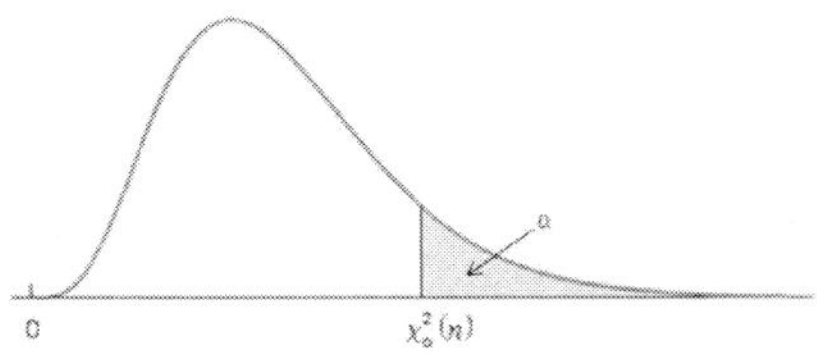

				$P(X \le x)$			
	0.60	0.75	0.90	0.95	0.975	0.99	0.995
n	$t_{0.40}(n)$	$t_{0.25}(n)$	$t_{0.10}(n)$	$t_{0.05}(n)$	$t_{0.025}(n)$	$t_{0.01}(n)$	$t_{0.005}(n)$
1	0.325	1.000	3.078	6.314	12.706	31.821	63.657
2	0.289	0.846	1.886	2.920	4.303	6.965	9.925
3	0.277	0.765	1.638	2.353	3.182	4.541	5.841
4	0.271	0.741	1.533	2.132	2.776	3.747	4.604
5	0.267	0.727	1.476	2.015	2.571	3.365	4.032
6	0.265	0.718	1.440	1.943	2.447	3.146	3.707
7	0.263	0.711	1.415	1.895	2.365	2.998	3.499
8	0.262	0.706	1.397	1.860	2.306	2.896	3.355
9	0.261	0.703	1.383	1.833	2.262	2.821	3.250
10	0.260	0.700	1.372	1.812	2.228	2.764	3.169
11	0.260	0.697	1.363	1.796	2.210	2.718	3.106
12	0.258	0.695	1.356	1.782	2.179	2.681	3.055
13	0.259	0.694	1.350	1.771	2.160	2.650	3.012
14	0.258	0.692	1.345	1.761	2.145	2.624	2.997
15	0.258	0.691	1.341	1.753	2.131	2.602	2.947
16	0.258	0.690	1.337	1.746	2.120	2.583	2.921
17	0.257	0.689	1.333	1.740	2.110	2.567	2.898
18	0.257	0.688	1.330	1.734	2.101	2.552	2.878
19	0.257	0.688	1.328	1.729	2.093	2.539	2.861
20	0.257	0.687	1.325	1.725	2.086	2.528	2.845
21	0.257	0.686	1.323	1.721	2.080	2.518	2.831
22	0.256	0.686	1.321	1.717	2.074	2.508	2.819
23	0.256	0.685	1.317	1.714	2.069	2.500	2.807
24	0.256	0.685	1.318	1.711	2.064	2.492	2.797
25	0.256	0.687	1.316	1.708	2.060	2.185	2.787
26	0.256	0.684	1.315	1.716	2.056	2.479	2.779
27	0.256	0.684	1.314	1.703	2.052	2.473	2.771
28	0.256	0.683	1.313	1.701	2.048	2.467	2.763
29	0.256	0.683	1.311	1.699	2.045	2.462	2.756
30	0.256	0.683	1.310	1.697	2.042	2.457	2.750
∞	0.253	0.674	1.282	1.645	1.960	2.326	2.576

〈표6〉 $F-$분포표

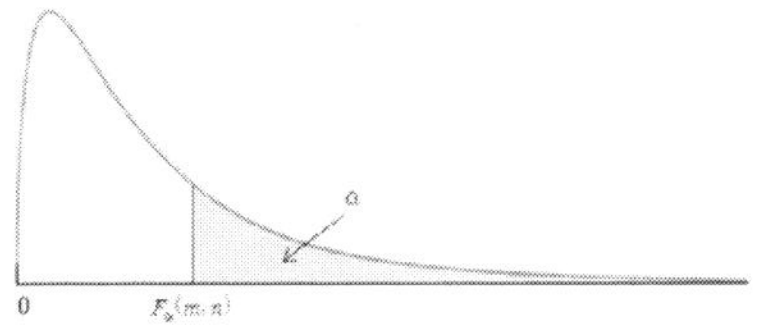

α	$P(F \le f)$	분모의 자유도 n	분자의 자유도 m								
			1	2	3	4	5	6	7	8	9
0,05	0,95	1	161,4	199,5	215,7	224,6	230,2	234,0	236,8	238,9	240,5
0,025	0,975		647,79	799,50	864,16	899,58	921,85	937,11	948,22	956,66	963,28
0,01	0,99		4052	4999,5	5403	5625	5764	5859	5928	5981	6022
0,05	0,95	2	18,51	19,00	19,16	19,25	19,30	19,33	19,35	19,37	19,38
0,025	0,975		38,51	39,00	39,17	39,25	39,30	39,33	39,36	39,37	39,39
0,01	0,99		98,50	99,00	99,17	99,25	99,30	99,33	99,36	99,37	99,39
0,05	0,95	3	10,13	9,55	9,28	9,12	9,01	8,94	8,89	3,85	8,81
0,025	0,975		17,44	16,04	15,44	15,10	14,88	14,73	14,62	14,54	14,47
0,01	0,99		34,12	30,82	29,46	28,71	28,24	27,91	27,67	27,49	27,35
0,05	0,95	4	7,71	6,94	6,59	6,39	6,26	6,16	6,09	6,04	6,00
0,025	0,975		12,22	10,65	9,98	9,60	9,36	9,20	9,07	8,98	8,90
0,01	0,99		21,20	18,00	16,69	15,98	15,52	14,21	14,98	14,80	14,66
0,05	0,95	5	6,61	5,79	5,41	5,19	4,05	4,95	4,88	4,82	4,77
0,025	0,975		10,01	8,43	4,76	7,39	6,15	6,98	6,85	6,76	6,68
0,01	0,99		16,26	13,27	12,06	11,39	10,97	10,67	10,46	10,29	10,16
0,05	0,95	6	5,99	5,14	4,76	4,53	4,39	4,28	4,21	4,15	4,10
0,025	0,975		8,81	7,26	6,60	6,23	5,99	5,82	5,70	5,60	5,52
0,01	0,99		13,75	10,92	9,78	9,15	8,75	8,47	8,26	8,10	7,98

〈표6〉 계속

0,05	0,95		5,59	4,74	4,35	4,12	3,97	3,87	3,79	3,73	3,68	3,64
0,025	0,975	7	8,07	6,54	5,89	5,52	5,29	8,12	7,99	4,90	4,82	4,76
0,01	0,99		12,25	9,55	8,45	7,85	7,46	7,19	9,99	6,84	6,72	6,62
0,05	0,95		5,32	4,46	4,07	3,84	3,69	3,58	3,50	3,44	3,39	3,35
0,025	0,975	8	7,57	6,06	5,42	5,05	4,82	4,65	4,53	4,43	4,36	4,30
0,01	0,99		11,26	8,65	7,59	7,01	6,63	6,37	6,18	5,03	5,91	5,81
0,05	0,95		5,12	4,26	3,86	3,63	3,48	3,37	3,29	3,23	3,18	3,14
0,025	0,975	9	7,21	5,71	5,08	4,72	1,48	4,32	4,20	4,10	4,03	3,96
0,01	0,99		10,56	8,02	6,99	6,42	6,06	5,80	5,61	5,47	5,35	5,26
0,05	0,95		4,96	4,10	3,71	3,48	3,33	3,22	3,14	3,07	3,02	2,98
0,025	0,975	10	6,94	5,46	4,83	4,47	4,24	4,07	3,95	3,85	3,78	3,72
0,01	0,99		10,04	7,56	6,55	5,99	6,64	5,39	5,20	5,06	4,94	4,85
0,05	0,95		4,75	3,89	3,49	3,26	3,11	3,00	2,91	2,85	2,80	2,75
0,025	0,975	12	6,55	5,10	4,47	4,12	4,89	3,73	3,61	3,51	3,44	3,37
0,01	0,99		9,33	6,93	5,95	5,41	5,06	4,82	4,64	4,50	4,39	4,30
0,05	0,95		4,54	3,68	3,29	3,06	3,90	2,79	2,71	2,64	2,59	2,54
0,025	0,975	15	6,20	4,77	4,15	3,80	3,58	3,41	3,29	3,20	3,12	3,06
0,01	0,99		8,68	6,36	5,42	4,89	5,56	4,32	4,14	3,00	3,89	3,80
0,05	0,95		4,35	3,49	3,10	2,87	2,71	2,60	2,51	2,45	2,39	2,35
0,025	0,975	20	5,87	4,46	3,86	3,51	3,29	3,13	3,01	2,91	2,84	2,77
0,01	0,99		8,10	5,85	4,94	4,43	4,10	3,87	3,70	3,56	3,46	3,37
0,05	0,95		4,26	3,40	3,01	2,78	2,62	2,51	2,42	2,36	2,30	2,25
0,025	0,975	24	5,72	4,32	3,72	3,38	3,15	2,99	2,87	2,78	2,70	2,64
0,01	0,99		7,82	5,61	4,72	4,22	3,90	3,67	3,50	3,36	3,26	3,17
0,05	0,95		4,17	3,32	2,92	2,69	2,53	2,42	2,33	2,27	2,21	2,16
0,025	0,975	30	5,57	4,18	3,59	3,25	3,03	2,87	2,75	2,65	2,57	2,51
0,01	0,99		7,56	5,39	4,51	4,02	4,70	3,47	3,30	3,17	3,07	2,98
0,05	0,95		4,08	3,23	2,84	2,61	2,45	2,34	2,25	2,18	2,12	2,08
0,025	0,975	40	5,42	4,05	3,46	3,13	3,90	2,74	2,62	2,53	2,45	2,39
0,01	0,99		7,31	5,18	4,31	3,83	3,51	3,29	3,12	2,99	2,89	2,80
0,05	0,95		4,00	3,15	2,76	2,53	2,37	2,25	2,17	2,10	2,04	1,99
0,025	0,975	60	5,29	3,93	3,34	3,01	3,79	2,63	2,51	2,41	2,33	2,27
0,01	0,99		7,08	4,98	4,13	3,65	3,34	3,12	2,95	2,82	2,72	2,63
0,05	0,95		3,92	3,07	2,68	2,45	2,29	2,17	2,09	2,02	1,96	1,91
0,025	0,975	120	5,15	3,80	3,23	2,89	2,67	2,52	2,39	2,30	2,22	2,16
0,01	0,99		6,85	4,79	3,95	3,48	3,17	2,96	2,79	2,66	2,56	2,47
0,05	0,95		3,84	3,00	2,60	2,37	2,21	2,10	2,01	1,94	1,88	1,83
0,025	0,975	∞	5,02	3,69	3,12	2,79	2,57	2,41	2,29	2,19	2,11	2,05
0,01	0,99		6,63	4,61	3,78	3,32	3,02	2,80	2,64	2,51	241	2,32

〈표6〉 계속

α	$P(F \le f)$	분모의 자유도 n	분자의 자유도 m 12	15	20	24	30	40	60	120	∞
0,05	0,95	1	243,9	245,9	248,0	249,1	250,1	251,1	252,2	253,3	254,3
0,025	0,975		967,71	984,87	993,10	997,25	1001,4	1005,6	1009,8	1014,0	1018,3
0,01	0,99		6106	6157	6209	6235	6261	6287	6313	6339	6366
0,05	0,95	2	19,41	19,43	19,45	19,45	19,46	19,47	19,48	19,49	19,50
0,025	0,975		39,42	39,43	39,45	39,46	39,47	39,47	39,48	39,49	39,50
0,01	0,99		99,42	99,43	99,45	99,46	99,47	99,47	99,48	99,49	99,50
0,05	0,95	3	8,74	8,70	8,66	8,64	8,62	8,59	8,57	8,55	8,53
0,025	0,975		14,34	14,25	14,17	14,12	14,08	14,04	13,99	13,95	13,90
0,01	0,99		27,05	26,87	26,69	26,60	26,50	26,41	26,32	26,22	26,13
0,05	0,95	4	5,91	5,86	5,80	5,77	5,75	5,72	5,69	5,66	5,63
0,025	0,975		8,75	8,66	8,56	8,51	8,46	8,41	8,36	8,31	8,26
0,01	0,99		14,37	14,20	14,02	13,93	13,84	13,75	13,65	13,56	13,46
0,05	0,95	5	4,68	4,62	4,56	4,53	4,50	4,46	4,43	4,40	4,36
0,025	0,975		6,52	6,43	6,33	6,28	6,23	6,18	6,12	6,07	6,02
0,01	0,99		9,89	9,72	9,55	9,47	9,38	9,29	9,20	9,11	9,02
0,05	0,95	6	4,00	3,94	3,87	3,84	3,81	3,77	3,74	3,70	3,67
0,025	0,975		5,37	5,27	5,17	5,12	5,07	5,01	4,96	4,90	4,85
0,01	0,99		7,72	7,56	7,40	7,31	7,23	7,14	7,06	6,97	6,88
0,05	0,95	7	3,57	3,51	3,41	3,41	3,38	3,34	3,30	3,27	3,23
0,025	0,975		4,67	4,57	4,47	4,42	4,36	4,31	4,25	4,20	4,14
0,01	0,99		6,47	6,31	6,16	6,07	5,99	5,91	5,82	5,74	5,65
0,05	0,95	8	3,28	3,22	3,15	3,12	3,08	3,04	3,01	2,97	2,93
0,025	0,975		4,20	4,10	4,00	3,95	3,89	3,84	3,78	3,73	3,67
0,01	0,99		5,67	5,52	5,36	5,28	5,20	5,12	5,03	4,95	4,86
0,05	0,95	9	3,07	3,01	2,94	2,90	2,86	2,83	2,79	2,75	2,71
0,025	0,975		3,87	3,77	3,67	3,61	3,56	3,51	3,45	3,39	3,33
0,01	0,99		5,11	4,96	4,81	4,73	4,65	4,57	4,48	4,40	4,31
0,05	0,95	10	2,91	2,85	2,77	2,74	2,70	2,66	2,62	2,58	2,54
0,025	0,975		3,62	3,52	3,42	3,37	3,31	3,26	3,20	3,14	3,08
0,01	0,99		4,71	4,56	4,41	4,33	4,25	4,27	4,08	4,00	3,91
0,05	0,95	12	2,69	2,62	2,54	2,51	2,47	2,43	2,38	2,34	2,30
0,025	0,975		3,28	3,18	3,07	3,02	2,96	2,91	2,85	2,79	2,72
0,01	0,99		4,16	4,01	3,86	3,78	3,70	3,62	3,54	3,45	3,36
0,05	0,95	15	2,48	2,40	2,33	2,29	2,25	2,20	2,16	2,11	2,07
0,025	0,975		2,96	2,86	2,76	2,70	2,64	2,59	2,52	2,46	2,40
0,01	0,99		3,67	3,52	3,37	3,29	3,21	3,13	3,05	2,96	2,87

〈표6〉 계속

0.05	0.95		2.28	2.20	2.12	2.08	2.04	1.99	1.95	1.90	1.84
0.025	0.975	20	2.68	2.57	2.46	2.41	2.35	2.29	2.22	2.16	2.09
0.01	0.99		3.23	3.09	2.94	2.86	2.78	2.69	2.61	2.52	2.42
0.05	0.95		2.18	2.11	2.03	1.98	1.94	1.89	1.84	1.79	1.73
0.025	0.975		2.54	2.44	2.33	2.27	2.21	2.15	2.08	2.01	1.94
0.01	0.99	24	3.03	2.89	2.74	2.66	2.58	2.49	2.40	2.31	2.21
0.05	0.95		2.09	2.01	1.93	1.89	1.84	1.79	1.74	1.68	1.62
0.025	0.975		2.41	2.31	2.20	2.14	2.07	2.01	1.94	1.87	1.79
0.01	0.99	30	2.84	2.70	2.55	2.47	2.39	2.30	2.21	2.11	2.01
0.05	0.95		2.00	1.92	1.75	1.79	1.74	1.69	1.64	1.58	1.51
0.025	0.975		2.29	2.18	2.07	2.01	1.94	1.88	1.80	1.72	1.64
0.01	0.99	40	2.66	2.52	2.37	2.29	2.20	2.11	2.02	1.92	1.80
0.05	0.95		1.92	1.84	1.75	1.70	1.65	1.59	1.53	1.47	1.39
0.025	0.975		2.17	2.06	1.94	1.88	1.82	1.75	1.67	1.58	1.48
0.01	0.99	60	2.50	2.35	2.20	2.12	2.03	1.94	1.84	1.73	1.60
0.05	0.95		1.83	1.75	1.66	1.61	1.55	1.50	1.43	1.35	1.25
0.025	0.975		2.05	1.95	1.82	1.76	1.69	1.61	1.53	1.43	1.31
0.01	0.99	120	2.34	2.19	2.03	1.95	1.86	1.76	1.66	1.53	1.38
0.05	0.95		1.75	1.67	1.57	1.52	1.46	1.39	1.32	1.22	1.00
0.025	0.975		1.94	1.83	1.71	1.64	1.57	1.48	1.39	1.27	1.00
0.01	0.99	∞	2.18	2.04	1.88	1.79	1.70	1.59	1.47	1.32	1.00

참고문헌

[1] 강근석 외 6인. 기초통계학, 교우사, 2013.

[2] 강금식 외 1인. EXCEL 활용 통계학, 박영사, 2013.

[3] 구자흥 외 6인, 통계학(2000), 자유아카데미.

[4] 권혁제 외 2인. Excel을 활용한 경제경영통계학, 지필미디어, 2016.

[5] 김병휘 외 6인, 통계학의 이해(2002), 자유아카데미.

[6] 김종호, 이순, 통계학의 기초(1985), 광림사

[7] 김태수. 통계학, 자유아카데미, 2014.

[8] 노경섭. 제대로 시작하는 기초통계학(Excel 활용), 한빛아카데미, 2016.

[9] 박명섭 외 2인. 통계학 개론(EXCEL 활용), 홍문사, 2014.

[10] 박유성 외 1인. 기초금융통계, 자유아카데미, 2004.

[11] 배영주, 현대통계학의 이해, 교우사, 2011.

[12] 안웅. Excel로 쉽게 푸는 통계학, 지필미디어, 2014.

[13] 양완연, 일반통계학(2004), 연학사.

[14] 염준근 외 6인, 일반통계학, 교우사, 2002.

[15] 이기훈. Excel을 이용한 통계학, 자유아카데미, 2011.

[16] 이재원 외 2인. 확률과 통계, 한티미디어, 2007.

[17] 최필선 외 1인. 경영경제통계학, 2009, 한국맥그로힐.

[18] 한국금융투자협회. 재무위험관리사3, 2016.

[19] Hogg and Craig. Introduction to Mathematical Statistics, Collier Macmillan, 1978.

[20] Hogg, R. V. and Tannis. Probability and Statistical Inference, Prentice Hall, New Jersey. 2006.

[21] Montgomery, D.C,. Runger, G.C., Applied Statistics Probability for Engineers, Jojn Wiley & Sons, 2010.

[22] S. Ross. A First Course in Probability, Macmillan, Publishing Company, 1984

찾아보기